普通高等教育土木与交通类"十三五"规划教材

钢 结 构

主编 赵荣飞 刘建鑫

中国水利水电出版社
www.waterpub.com.cn
·北京·

内 容 提 要

本教材根据《钢结构设计规范》(GB 50017—2017)、《冷弯薄壁型钢结构技术规范》(GB 50018—2016)、《门式刚架轻型房屋钢结构技术规范》(GB 51022—2015)及《水利水电工程钢闸门设计规范》(SL 74—2013)编写。内容包括绪论，钢结构的材料，钢结构的连接，受弯构件，轴心受力构件和拉弯、压弯构件，单层房屋钢结构，平面钢闸门。教材中设置相应的例题，各章节设置了思考题和习题，文末设有附录和附图，列出了计算和设计需要的各种参数和公式。

本教材在介绍设计规范有关内容的同时，还重视钢结构基本理论和设计方法的讲解，理论和实际并重。本教材可作为土木工程和水利类专业钢结构课程教材，也可供有关工程技术人员参考、阅读。

图书在版编目（C I P）数据

钢结构 / 赵荣飞，刘建鑫主编. -- 北京 ：中国水利水电出版社，2019.9
普通高等教育土木与交通类"十三五"规划教材
ISBN 978-7-5170-8055-8

Ⅰ．①钢… Ⅱ．①赵… ②刘… Ⅲ．①钢结构—高等学校—教材 Ⅳ．①TU391

中国版本图书馆CIP数据核字(2019)第208392号

书　　　名	普通高等教育土木与交通类"十三五"规划教材 **钢结构** GANGJIEGOU	
作　　　者	主编　赵荣飞　刘建鑫	
出 版 发 行	中国水利水电出版社 （北京市海淀区玉渊潭南路1号D座　100038） 网址：www. waterpub. com. cn E - mail：sales@waterpub. com. cn 电话：(010) 68367658（营销中心）	
经　　　售	北京科水图书销售中心（零售） 电话：(010) 88383994、63202643、68545874 全国各地新华书店和相关出版物销售网点	
排　　　版	中国水利水电出版社微机排版中心	
印　　　刷	清淞永业（天津）印刷有限公司	
规　　　格	184mm×260mm　16开本　23.25印张　551千字　1插页	
版　　　次	2019年9月第1版　2019年9月第1次印刷	
印　　　数	0001—3000册	
定　　　价	**58.00元**	

本书编委会

主　编　赵荣飞　刘建鑫

副主编　南　波　姬建梅　刘　莹
　　　　　杨春晓　张国滨　高　微

QIANYAN 前言

　　我国钢产量多年居世界首位，2018 年产量高达 9 亿 t，约占世界钢产量的 50％。钢结构有强度高、抗震性能好、施工速度快、环境污染低等优点，是理想的土木工程结构形式。然而，我国在高性能钢材生产、复杂钢结构工程设计和施工以及结构设计理论和规范方面与发达国家相比还有一定差距，限制了钢结构在土木工程领域的应用。近年来，我国出台和完善了一系列钢结构材料和设计规范。有必要按照新规范要求更正和引入相关内容，做到课程教学紧跟时代需求，保证教学质量。

　　本教材的第 1 章、第 7 章由沈阳农业大学赵荣飞编写，第 2 章由沈阳农业大学张国滨编写，第 3 章由黑龙江大学刘莹编写，第 4 章由沈阳工学院杨春晓编写，第 5 章由沈阳农业大学姬建梅编写，第 6 章和附录 1、附录 2 由沈阳农业大学南波编写，各章思考题和习题由呼伦贝尔学院刘建鑫编写，附录 3～附录 13 由沈阳农业大学高微编写。本教材由赵荣飞、刘建鑫当任主编，南波、姬建梅、刘莹、杨春晓、张国滨、高微担任副主编，全书由赵荣飞统稿。

　　本教材编写工作得到了编写人员单位领导和同事的鼓励和支持，特此表示感谢。教材编写过程中引用了较多文献和图片资料，在此对本书引用参考资料的作者们表示衷心的感谢。

　　因编者水平有限，教材中难免存在一定的错误和不足之处，诚请同行专家和广大读者不吝指教。

编者

2019 年 4 月

1.1 钢结构的特点与应用

1.1.1 钢结构的特点

钢结构是由型钢、钢板及钢索通过焊接、螺栓连接或铆接而成的结构。与传统钢筋混凝土结构、砌体结构和木结构相比,钢结构具有以下特点。

(1) 钢材强度高、质量轻。钢与传统的钢筋混凝土和砌体相比,虽然密度较大,但强度更高。承受相同的荷载时,按照钢结构设计出来的建筑结构要比其他结构轻盈。比如,当跨度和荷载均相同时,钢屋架的质量仅为钢筋混凝土屋架的1/4～1/3,冷弯薄壁型钢屋架甚至可减至钢筋混凝土屋架的 1/10。此外,由于钢结构构件重量轻、尺寸小,安装和运输都比较方便。但是,由于钢结构构件通常比较纤细,稳定问题比较突出,设计中应予以注意。

(2) 材质均匀,塑性、韧性强。钢材属于单一材料,因此组织构造比较均匀,而且接近各向同性。钢材的弹性模量大 ($E = 206 \times 10^3 \text{N/m}^2$),在正常使用情况下具有良好的延性,可简化为理想弹塑性体,最符合一般工程力学的基本假定。由于质量轻、塑性和韧性好,钢结构的抗震性能也优于其他结构,这一点在 1978 年的唐山大地震中表现尤为突出。

(3) 加工和焊接性能好。钢材具有良好的冷热加工性能和焊接性能,便于在专业化的金属结构加工车间大批量生产出精度较好的构件,然后运至现场,进行工地拼接和吊装,既可以保证结构质量,又可以缩短工期,降低工程造价。

(4) 密闭性好。钢结构采用焊接连接后密封性好,适宜于建造气密性和水密性要求较高的气罐、油罐、管道和高压容器等。

(5) 装拆简单,使用灵活。用螺栓连接的钢结构,易于拆卸,故适宜于建造连接简便、可拆卸及可移动的结构,适用于超市货架、脚手架、广场小品及雕塑、临时展厅,还可用于制造塔式起重机、钻井塔架、钢闸门等移动性结构。

(6) 钢材耐热,但不耐火。钢材长期经受 100℃ 热辐射时,性能变化不大,具有一定的耐热性能。但当温度超过 200℃ 时,会出现"蓝脆"现象;当温度达 600℃ 时,钢材进入热塑性状态,丧失承载能力。因此,在有防火要求的建筑中采用钢结构时,必须考虑防火问题。美国纽约世界贸易中心大楼的最终坍塌就是钢材不耐火的体现。

（7）耐腐蚀性差。钢材在潮湿环境，特别是处于有腐蚀性介质的环境中容易锈蚀，必须注意防护，可用油漆或镀锌加以保护，而且在使用期间还应定期维护，与其他结构相比，钢结构维护费用高。虽然已经研制出耐锈、抗腐蚀性能较好的耐候钢，但由于价格较贵，主要用于铁道、桥梁、光伏、高速工程等长期暴露在大气中使用的钢结构，以及制造集装箱、石油井架和化工石油设备中含硫化氢腐蚀介质的容器等结构件。

（8）低温冷脆趋势。由厚钢板焊接而成的承受拉力和弯矩的构件及其连接节点，在低温下有脆性破坏的倾向，应该引起足够的重视。处于零摄氏度以下工作的重要钢结构，尤其是可能承受动载荷作用的构件，一定要保证其具有良好的负温冲击韧性，确保结构具有足够的抵抗脆性破坏的能力。

1.1.2　钢结构的应用

1. 重型工业厂房结构

设有工作繁忙和起重量大的起重运输设备及有较大振动的生产设备的车间，多采用钢结构。例如，冶金工厂的炼钢车间、轧钢车间，重型机械厂的铸钢车间、水压机车间、锻压车间，造船厂的船体车间，电厂的锅炉框架，飞机制造厂的装配车间等。

2. 大跨度房屋的屋盖结构

为了减轻大跨度房屋屋盖结构的自重，可采用自重较轻的钢结构。例如，各种大型体育场馆、会议展览中心、飞机库等大跨度房屋的屋盖，常采用钢结构网架、悬索等结构形式。

3. 多层及高层建筑

由于钢结构自重轻、体积小、施工简便，在多层及高层民用建筑中得到了广泛的应用。高层建筑钢结构的结构体系主要有框架结构体系、框架-剪力墙结构体系、框架-支撑结构体系、框架-核心筒结构体系和筒体结构体系。

4. 高耸结构

高耸结构包括塔架和桅杆等结构。高耸结构高度越大，所受风荷载和地震作用的影响也越大，采用钢结构形式，正好发挥钢材韧性好的特点。

5. 大跨桥梁结构

钢结构桥梁施工简便、快捷且易于维修。因此，钢结构在大、中跨度桥梁中应用十分广泛。

6. 密闭结构

应用于密闭性要求较高的板壳结构，如高压容器、煤气柜、储油罐、高压输水管等。

7. 可拆卸结构

应用于需经常装拆和移动的各类起重运输设备和钻探设备，如塔式起重机和采油井架等以及可拆迁的建筑工地的生产、生活用房和临时的展览馆、看台等。

8. 轻型钢结构

轻型钢结构围护结构自重和所受恒荷载轻，承重结构截面尺寸小，容易做到标准化、自动化、机械化快速制作安装，劳动强度低，适用于大、中、小跨度结构及单、多层的工业、农业、民用建筑。

9. 水工钢结构

例如，可移动或转动的钢闸门、阀门、拦污栅、升船机，可拆移的钢栈桥，以及海洋工程中的钻井、采油平台等结构。

10. 钢与混凝土组合结构

为充分发挥钢和混凝土两种材料各自的优势，近年来，钢与混凝土组合结构发展较快，如钢与混凝土组合梁、钢与混凝土组合楼板和钢管混凝土柱等。

1.2　钢结构的设计方法

1.2.1　设计思想、技术措施与设计原则

1. 设计思想

（1）钢结构在运输、安装和使用过程中必须有足够的强度、刚度和稳定性，整个结构必须安装可靠。

（2）应从工程实际情况出发，合理选用材料、结构方案和构造措施，应符合建筑物的使用要求，具有良好的耐久性。

（3）尽可能节约钢材，减轻钢结构重量。

（4）尽可能缩短制造、安装时间，节约劳动工日。

（5）结构要便于运输、便于维护。

（6）可能条件下，尽量注意美观，特别是外露结构，有一定建筑美学要求。

根据以上各项要求，钢结构设计应该重视、贯彻和研究充分发挥钢结构特点的设计思想和降低造价的各种措施，做到技术先进、经济合理、安全适用、确保质量。

2. 技术措施

（1）尽量在规划结构时采用尺寸模数化、构件标准化、构造简洁化，便于钢结构制造、运输和安装。

（2）尽量采用新的结构体系。例如，用空间结构体系代替平面结构体系，结构形式要简化、明确、合理。

（3）尽量采用新的计算理论和设计方法，推广适当的线性和非线性有限元方法，研究薄壁结构理论和结构稳定理论。

（4）尽量采用焊缝和高强螺栓连接，研究和推广新型钢结构连接方式。

（5）尽量采用具有较好经济指标的优质钢材、合金钢或其他轻金属，使用薄壁型钢。

（6）尽量采用组合结构或复合结构，如钢与钢筋混凝土组合梁、钢管混凝土构件及由索网体系组成的复合结构等。

钢结构设计应因地制宜，量材使用，切忌生搬硬套。上述措施不是在任何场合都行得通的，应结合具体条件进行方案比较，采用技术经济指标都好的方案。此外，还要总结、创造和推广先进的制造工艺和安装技术，任何脱离施工的设计都不

是成功的设计。

3. 设计原则

设计钢结构时，必须满足一般的设计准则，即在充分满足功能要求的基础上，做到安全可靠、技术先进、确保质量和经济合理。结构计算的目的是保证结构构件在使用荷载作用下能安全可靠地工作，既要满足使用要求，又要符合经济要求。结构计算是根据拟定的结构方案和构造，按所承受的荷载进行内力计算，确定出各杆件的内力，再根据所用材料的特性，对整个结构和构件及其连接进行核算，看其是否符合经济、安全、适用等方面的要求。但从一些现场记录、调查数据和试验资料来看，计算中所采用的标准荷载和结构实际承受的荷载之间、钢材力学性能的取值和材料实际数值之间、计算截面和钢材实际尺寸之间、计算所得的应力值和实际应力数值之间，以及估计的施工质量与实际质量之间，都存在着一定的差异，所以计算的结果不一定很安全可靠。为了保证安全，结构设计时的计算结果必须留有余地，使之具有一定的安全度。建筑结构的安全度是保证房屋或构筑物在一定使用条件下，连续正常工作的安全储备。有了这个储备，才能保证结构在各种不利条件下的正常使用。

1.2.2　钢结构设计计算方法

中华人民共和国成立以来，我国钢结构计算方法有过 4 次变化。即：中华人民共和国成立初期到 1957 年，采用总安全系数的容许应力计算法；1957—1974 年采用 3 个系数的极限状态计算方法；1974—1988 年采用以结构的极限状态为依据，进行多系数分析，用单一安全系数的容许应力计算法；最新钢结构设计规范中，采用以概率论为基础的一次二阶矩极限状态设计法。

1957 年前，钢结构采用容许应力的安全系数法进行设计。安全系数为定值且都凭经验选定，因而设计的结构和不同构件的安全度不可能相等，这种设计方法显然是不合理的。

20 世纪 50 年代，出现一种新的设计方法——按照极限状态的设计法，即根据结构或构件能否满足功能要求来确定它们的极限状态。一般地规定有两种极限状态。第一种是结构或构件的承载力极限，包括静力强度、动力强度和稳定等计算。达此极限状态时，结构或构件达到了最大承载能力而发生破坏，或达到了不适于继续承受荷载的巨大变形。第二种是结构或构件的变形极限状态，或称为正常使用极限状态。达此极限状态时，结构或构件虽仍保持承载能力，但在正常荷载作用下产生的变形使结构或构件已不能满足正常使用的要求（静力作用产生的过大变形和动力作用产生的剧烈振动等），或不能满足耐久性的要求。各种承重结构都应按照上述两种极限状态进行设计。

极限状态设计法比安全系数设计法更合理、先进。它把有变异性的设计参数采用概率分析引入了结构设计中。根据应用概率分析的程度可分为 3 种水准，即半概率极限状态设计法、近似概率极限状态设计法和全概率极限状态设计法。

我国采用的极限状态设计法属于水准一，即半概率极限状态设计法。只有少量设计参数，如钢材的设计强度、风雪荷载等，采用概率分析确定其设计采用值，大多数荷载及其他不定性参数由于缺乏统计资料而仍采用经验值；同时结构构件的抗力（承载力）和作用效应之间并未进行综合的概率分析，因而仍然不能使所设计的各种构件得到相同的安全度。

20 世纪 60 年代末，国外提出了近似概率设计法，即水准二。水准二主要引入了可靠性设计理论。可靠性包括安全性、适用性和耐久性。把影响结构或构件可靠性的各种因素都视为独立的随机变量，根据统计分析确定失效概率来度量结构或构件的可靠性。

1.2.3 承载力极限状态

1. 近似概率极限状态设计法

结构或构件的承载力极限状态方程可表达为

$$Z = g(X_1, X_2, \cdots, X_n) \tag{1.1}$$

式中：X_n 为影响结构或构件可靠性的各物理量，都是相互独立的随机变量，如材料抗力、几何参数和各种作用产生的效应（内力）。各种作用包括恒载、各种可变荷载、地震、温度变化和支座沉陷等。

将各因素概括为两个综合随机变量，即结构或构件的抗力 R 和各种作用对结构或构件产生的效应 S，式（1.1）可写成

$$Z = g(R, S) = R - S \tag{1.2}$$

结构或构件的失效概率可表示为

$$P_f = P \quad (Z < 0) \tag{1.3}$$

显然，$Z > 0$ 时，表示结构抗力大于荷载效应，结构处于可靠状态；$Z = 0$ 时，表示结构达到临界状态，即极限状态；$Z < 0$ 时，表示结构处于失效状态。

把结构的可靠度用 P_S 表示，则有

$$P_S = P \quad (Z \geqslant 0) \tag{1.4}$$

结构的可靠度与失效概率之间的关系为

$$P_S = 1 - P_f \tag{1.5}$$

设 R、S 均为正态变量，其平均值分别为 μ_R 和 μ_S，标准差分别为 σ_R 和 σ_S，则功能函数 Z 也服从正态分布，其平均值和标准差分别为

$$\mu_z = \mu_R \mu_S \tag{1.6}$$

$$\sigma_z = \sqrt{\sigma_R^2 + \sigma_S^2} \tag{1.7}$$

功能函数 Z 的概率分布密度曲线如图 1.1 所示。

图 1.1 所示阴影部分面积表示失效概率，失效概率可积分求得

$$P_f = P(Z < 0) = \int_{-\infty}^{0} f_z(Z) \mathrm{d}z \tag{1.8}$$

令图 1.1 中坐标原点 O 到绝对值 μ_Z 的距离为 $\beta\sigma_z$，σ_z 为 Z 的标准差，则有

$$\beta = \frac{\mu_z}{\sigma_z} = \frac{\mu_R - \mu_S}{\sqrt{\sigma_R^2 + \sigma_S^2}} \tag{1.9}$$

式中：β 值越大，P_f 值越小，结构就

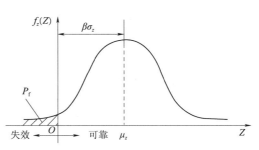

图 1.1 功能函数 Z 的概率分布密度曲线

越可靠。因此，β 被称为可靠指标或安全指标。β 与失效概率 P_f 的对应关系为

$$P_f = \varphi(-\beta) \tag{1.10}$$

表 1.1 为 β 与 P_f 的对应值。

表 1.1　　　　　　　　　失效概率与可靠指标的对应关系

β	2.7	3.2	3.7	4.2	4.5
P_f	3.5×10^{-3}	6.9×10^{-4}	1.1×10^{-4}	1.3×10^{-5}	3.4×10^{-6}

当 R 与 S 不按正态分布时，结构构件的可靠指标应以结构构件作用效应和抗力当量正态分布的平均值和标准差代入式（1.9）计算。

当功能函数 Z 为非线性函数时，可将此函数展开为泰勒级数而取其线性项来计算 β 值。由于 β 值的计算只采用分布的特征值，即均值 μ_z（一阶原点矩）和方差 σ^2（二阶中心矩），而不考虑 Z 的全分布，故此法被称为一次二阶矩法。

《建筑结构可靠性设计统一标准》（GB 50068—2018）（以下简称《统一标准》）规定各类结构构件的可靠指标见表 1.2，钢结构一般情况下属延性破坏，总体安全等级为二级，故钢结构构件的可靠指标一般取 3.2。

表 1.2　　　　　　　　　结构构件承载能力极限状态的可靠指标

破坏类型 等级	安 全 等 级		
	一级	二级	三级
延性破坏	3.7	3.2	2.7
脆性破坏	4.2	3.7	3.2

这种设计方法只需知道 R 和 S 的平均值和标准差或变异系数，就可计算构件的安全指标 β 值，使 β 值满足规定值即可。我国采用的安全指标为：Q235 钢，$\beta = 3 \sim 3.1$，对应的失效概率 $P_f \approx 0.001$，Q345 钢，$\beta = 3.2 \sim 3.3$，对应的 $P_f \approx 0.0005$。

由上述公式可见，此法把构件的抗力（承载力）和作用效应的概率分析联系在一起，以安全指标作为度量结构构件安全度的尺度，可以较合理地对各类构件的安全度做定量分析比较，以达到等安全度的设计目的。但是这种设计方法比较复杂，较难掌握，很多人也不习惯，因而宜采用广大设计人员所熟悉的分项系数设计公式。

2. 分项系数表达式

因为

$$S = G + Q_1 + \sum_{i=2}^{n} \psi_{ci} Q_i \tag{1.11}$$

其中　　　　　　　　$G = \gamma_G C_G G_K$；$Q_1 = \gamma_{Q1} C_Q Q_{1K}$；$Q_i = \gamma_{Qi} C_Q Q_{iK}$

引入结构重要性系数，则

$$S = \gamma_0 \left(\gamma_G C_G G_K + \gamma_{Q1} C_Q Q_{1K} + \sum_{i=2}^{n} \psi_{ci} \gamma_{Qi} C_{Qi} Q_{iK} \right) \tag{1.12}$$

式中：γ_0 为结构重要性系数；把结构分成一、二、三等 3 个安全等级，γ_0 值分别采用 1.1、1.0 和 0.9；C 为荷载效应系数，即单位荷载引起的结构构件截面或连接

中的内力，按一般力学方法确定（其角标 G 指永久荷载，Q_i 指各可变荷载）；G_K 和 Q_{iK} 为永久荷载和可变荷载标准值，见《建筑结构荷载规范》（GB 50009—2012），kN；ψ_{ci} 为第 i 个可变荷载的组合系数，取 0.6，只有一个可变荷载时取 1.0；γ_G 为永久荷载分项系数，一般采用 1.2，当永久荷载效应对结构构件的承载力有利时，宜采用 1.0；γ_{Q1} 和 γ_{Qi} 为第一个和其他第 i 个可变荷载分项系数，一般情况可采用 1.4。

上式中 Q 是引起构件或连接最大荷载效应的可变荷载效应。对于一般排架和框架结构，由于很难区分产生最大效应的可变荷载，可采用以下简化式计算，即

$$S = \gamma_0 \left(\gamma_G C_G G_K + \psi \sum_{i=1}^{n} \gamma_{Qi} C_{Qi} Q_{iK} \right) \tag{1.13}$$

式中：ψ 荷载为组合系数，取 0.85。

构件本身的承载能力（抗力）R 是材料性能和构件几何因素等的函数，即

$$R = f_K \frac{A}{\gamma_R} = f_d A \tag{1.14}$$

式中：γ_R 为抗力分项系数，Q235 钢和 Q345 钢材取 1.087，Q390 钢取 1.111；f_K 为材料强度的标准值，N/mm^2；f_d 为结构所用材料和连接的设计强度，N/mm^2；A 为构件或连接的几何因素（如截面面积和截面抵抗矩等）。

考虑到一些结构构件和连接工作的特殊条件，有时还应乘以调整系数。例如，施工条件较差的高空安装焊缝和铆钉连接，应乘以 0.9；单面连接的单个角钢按轴心受力计算强度和连接时，应乘以 0.85 等。

将式（1.12）～式（1.14）代入式（1.2），可得

$$\gamma_0 \left(\gamma_G C_G G_K + \gamma_{Q1} C_{Q1} Q_{1K} + \sum_{i=1}^{n} \psi_{ci} \gamma_{Qi} C_{Qi} Q_{iK} \right) \leqslant f_d A \tag{1.15}$$

及

$$\gamma_0 \left(\gamma_G C_G G_K + \psi \sum_{i=1}^{n} \gamma_{Qi} C_{Qi} Q_{iK} \right) \leqslant f_d A \tag{1.16}$$

为了照顾到设计者的习惯，将上述公式再改写成应力表达式，即

$$\gamma_0 \left(\sigma_{Gd} + \sigma_{Q1d} + \sum_{i=2}^{n} \psi_{ci} Q_{Qid} \right) \leqslant f_d \tag{1.17}$$

及

$$\gamma_0 \left(\sigma_{Gd} + \psi \sum_{i=1}^{n} \sigma Q_{Qid} \right) \leqslant f_d \tag{1.18}$$

式中：σ_{Gd} 为永久荷载设计值 G_d 在结构构件的截面或连接中产生的应力，$G_d = \gamma_G G_K$，N/mm^2；σ_{Q1d} 为第一个可变荷载的估计值，N/mm^2；σ_{Qid} 为第 i 个可变荷载设计值，N/mm^2；其余符号含义同前。

这就是现行钢结构设计规范中采用的计算公式。

各分项系数值是经过校准法确定的。校准法是使按式（1.15）计算的结果，基本符合式（1.9）要求的可靠指标 β。不过当荷载组合不同时，应采用不同的各分项系数，才能符合 β 值的要求，这给设计带来困难。因此，用优选法对各分项系数采用定值，而使各不同荷载组合计算结果的 β 值相差为最小。

当考虑地震荷载的偶然荷载组合时，应按抗震设计规范的规定进行。对于结构

构件或连接的疲劳强度计算，由于疲劳极限状态的概念还不够确切，只能暂时沿用容许应力设计法，还不能采用上述的极限状态设计法。

式（1.16）和式（1.17）虽然是用应力计算式表达，但和过去的容许应力设计方法根本不同，是比较先进的一种设计方法。不过由于有些因素尚缺乏统计数据，暂时只能根据以往设计经验来确定。还有待于继续研究和积累有关的统计资料，才能进而采用更为科学的全概率极限状态设计法。

1.2.4　正常使用极限状态

结构构件的第二种极限状态是正常使用极限状态。钢结构设计主要控制变形和挠度，仅考虑短期效应组合，不考虑荷载分项系数。

对于正常使用极限状态，《统一标准》要求分别采用荷载的标准值组合、频遇值组合和准永久值组合进行设计，使其变形值不超过容许值。

$$v_{GK} + v_{Q1K} + \sum_{i=2}^{n} \psi_{ci} v_{QiK} \leqslant [v] \tag{1.19}$$

式中：v_{GK} 为永久荷载的标准值在结构或结构构件中产生的变形值，mm；v_{Q1K} 为起控制作用的第一个可变荷载的标准值在结构或结构构件中产生的变形值（该值使变形值计算结果最大），mm；v_{QiK} 为其他第 i 个可变荷载标准值在结构或结构构件中产生的变形值，mm；$[v]$ 为结构或结构构件的容许变形值，mm。

钢材的强度设计值见表 1.3，钢铸件的强度设计值见表 1.4。

表 1.3　　　　　　　　　　钢 材 的 强 度 设 计 值

牌　号		厚度或直径/mm	抗拉、抗压和抗弯 f/mm	抗剪 f_v/mm	端面承压（刨平顶紧）f_{ce}/mm
碳素结构钢	Q235 钢	≤16	215	125	320
		>16，≤40	205	120	
		>40，≤100	200	115	
低合金高强度结构钢	Q345 钢	≤16	305	175	400
		>16，≤40	295	170	
		>40，≤63	290	165	
		>63，≤80	280	160	
		>80，≤100	270	155	
	Q390 钢	≤16	345	200	415
		>16，≤40	330	190	
		>40，≤63	310	180	
		>63，≤100	295	170	
	Q420 钢	≤16	375	215	440
		>16，≤40	355	205	
		>40，≤63	320	185	
		>63，≤100	305	175	

牌　号		厚度或直径/mm	抗拉、抗压和抗弯 f/mm	抗剪 f_v/mm	端面承压（刨平顶紧）f_{ce}/mm
低合金高强度结构钢	Q460 钢	≤16	410	235	470
		>16，≤40	390	225	
		>40，≤63	355	205	
		>63，≤100	340	195	

注　1. 表中直径指实心棒材直径，厚度系指计算点的钢材或钢管壁厚度，对轴心受拉和轴心受压构件系指截面中较厚板件的厚度。

　　2. 冷弯型材和冷弯钢管，其强度设计值应按国家现行有关标准的规定采用。

表 1.4　　　　　　　　　　钢铸件的强度设计值　　　　　　　　　单位：N/mm²

类别	钢　号	铸件厚度/mm	抗拉、抗压和抗弯 f/mm	抗剪 f_v/mm	端面承压（刨平顶紧）f_{ce}/mm
非焊接结构用铸钢件	ZG230-450	≤100	180	105	290
	ZG270-500		210	120	325
	ZG310-570		240	140	370
焊接结构用铸钢件	ZG230-450H	≤100	180	105	290
	ZG270-480H		210	120	310
	ZG300-500H		235	135	325
	ZG340-550H		265	150	355

1.3　我国钢结构的发展方向

　　我国钢产量已跃居世界第一，且还在不断增加，钢结构的应用也会有更大的发展。为了适应这一新的形势，钢结构的设计水平应该迅速提高。通过对国内外的现状分析可知，钢结构设计的方向有以下几点。

1. 高效能钢材的研究和应用

　　高效能钢材的含义：采用各种可能的技术措施，提高钢材的承载力，使钢材发挥更高的效能。H 型钢的应用也具有了长足的发展，现正在赶超世界水平。压型钢板在我国的应用也趋于成熟。冷弯薄壁型钢的经济性是大家熟知的，但目前产量不多，有待进一步提高产量，供生产设计中采用。

　　由于 Q345 钢强度高（屈服强度为 345MPa），可节约大量钢材，我国目前已较普遍采用 Q345 钢。北京首都体育馆的网架、上海电视塔的塔柱钢管就采用了这种材料。现在更高强度的 Q390 钢材（屈服强度为 390MPa）已开始应用。其他高强度钢，如 30 硅钛钢（屈服强度≥400MPa）、15 锰钒氮钢（屈服强度为 450MPa）也有应用，但未列入钢结构设计规范。国外高强度钢发展很快，1969 年美国规范列入屈服强度为 685MPa 的钢材，1975 年苏联规范列入屈服强度为 735MPa 的钢材。今后，随着冶金工业的发展，研究强度更高的钢材及其合理使用将是重要的课题。

用于连接材料的高强度钢已有 45 钢和 40 硼钢，这两种材料制成的高强度螺栓广泛应用于各种工程。40 硼钢屈服强度为 635MPa，抗拉强度为 785MPa，经热处理后屈服强度不低于 970MPa，抗拉强度 1080MPa。现推荐采用 20 锰钛硼钢作为高强度螺栓专用钢材，其强度级别与 40 硼钢相同。

2. 结构和构件计算的研究和改进

现在已广泛应用新的计算技术和测试技术，对结构和构件进行深入计算和测试，为了解结构和构件的实际性能提供了有利条件。计算和测试手段越先进，就越能反映结构和构件实际工作情况，从而合理使用材料，发挥其经济效益，并保证结构的安全。例如，钢材塑性的充分利用问题经过多年研究，已将成果反映于现行的钢结构设计规范中；其他如动力荷载作用下的结构反应问题、残余应力对压杆稳定的影响问题、板件屈曲后的承载能力问题等，都已用新计算技术和测试手段取得了新的进展。

最近，在应用概率理论来考虑结构安全度方面也得到新的进展。新规范采用以概率理论为基础的极限状态设计方法，用可靠指标度量结构的可靠度，以分项系数的设计表达式进行计算，也是改进计算方法的一个重要方面。

自从欧拉提出轴心受压柱的弹性稳定理论的临界力计算公式以来，迄今已有 200 多年。在此期间，很多学者对各类构件的稳定问题做了不少理论分析和试验研究工作，有了很多贡献。但是在结构的稳定理论计算方面还存在着不少问题。例如，各种压弯构件的弯扭屈曲，薄板屈曲后强度的利用，各种刚架体系的稳定以及空间结构的稳定等。所有这些方面的问题都有待深入研究。

3. 结构形式的革新和应用

新的结构形式有薄壁型钢结构、悬索结构、悬挂结构、网架结构和预应力钢结构等。这些结构适用于轻型、大跨屋盖结构、高层建筑和高耸结构等，对减少耗钢量有重要意义。我国应用新结构逐年有所增长，特别是网架结构发展更快，平板网架结构经济效果很好。新近出现了网架与悬索的复合结构，并已用在 2008 年北京奥运会的体育馆及其他大型公共建筑中（图 1.2 和图 1.3）。

 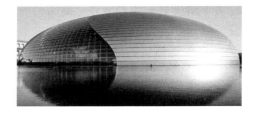

图 1.2　北京奥运会主体育场——鸟巢　　　　图 1.3　国家大剧院

新的结构形式还有薄壁型钢结构、网壳结构、悬挂结构和预应力钢结构等。这些结构适用于轻型屋盖结构大跨度屋盖结构或其他钢结构。采用新结构对减少耗钢量具有重要意义。

4. 预应力钢结构的研究

在一般钢结构中增加一些高强度钢构件，并对结构施加预应力，这是预应力钢结构中采用最普遍的形式之一。它的实质是以高强度钢材代替部分普通钢材，从而达到节约钢材的目的。但是，两种强度不相同的钢材用于同一构件中共同受力，必须采取施加预应力的方法才能使高强度钢材充分发挥作用。我国从 20 世纪 50 年代开始对预应力钢结构进行了理论和试验研究，并在一些工程中采用。21 世纪预应力结构又有一个飞跃，现在仍应继续进行研究和进一步予以推广应用。

5. 空间结构的研究

以空间体系的空间网格结构代替平面结构可以节约钢材，尤其是跨度较大时，经济效果尤为显著。空间网格结构对各种平面形式的建筑物的适应性很强，近年来在我国发展很快，特别是采用了市场化的空间结构分析程序后，如首都体育馆、上海体育馆、上海文化广场以及全国各地的体育馆和展览馆等已不下数千座工程。近年来还开始将网格结构应用于各种房盖中。

悬索结构也属于空间结构体系，它最大限度地利用了高强度钢材，因而用钢量很省（图 1.4 和图 1.5）。它对各种平面形式建筑物的适应性很强，极易满足各种建筑平面和立面的要求。但由于材料来源比较困难，施工也较复杂，因而应用受到一定的限制。今后应进一步研究各种形式的悬索结构的计算和推广应用问题。

图 1.4　江阴长江大桥　　　　　　　　图 1.5　苏通大桥

6. 钢和混凝土组合结构的应用

钢材受压时常受稳定条件的控制，往往不能发挥它的强度承载力，而混凝土则最宜于承受压力。钢的强度高，宜受拉，混凝土则宜受压，将二者组合在一起，可以发挥各自的长处，取得较大的经济效果，是一种合理的结构形式。钢梁和钢筋混凝土板组成的组合梁，混凝土位于受压区，钢梁则位于受拉区。但梁板之间必须设置抗剪连接件，以保证二者的共同工作。由钢筋混凝土板作为受压翼缘与钢梁组合可节约钢材。这种结构已经较多地用于桥梁结构中，也可推广于荷载较大的平台和楼层结构中，专用规范也已出台。

在钢管中填素混凝土的钢管混凝土结构。这种结构最适合用作轴心受压构件，对于大偏心受压构件则可采用格构式组合柱。这种构件的特点：在压力作用下，钢管和混凝土之间产生相互作用的紧箍力，使混凝土处于三向受压应力状态下工作，大大提高了它的抗压强度，还改善了它的塑性，提高抗震性能。对于薄钢管，因得到了混凝土的支持，提高了稳定性，使钢材强度得以充分发挥。这种结构已在国内推广应用，用作厂房柱和框架柱等已建成的工程不下七八十个，是一种很有发展前途的新结构。因此，应进一步深入研究它的工作性能、合理的计算理论及构造和施工等问题。

7. 高层钢结构的研究和应用

随着我国对外开放政策的实施，工业建设得到了迅速发展。随着城市人口的不断增多、大城市的不断扩大，城市用地的矛盾也就不断上升。为了节约用地，减少城市公共设施的投资，近年来在北京、广州、深圳和上海等地相继修建了一些高层和超高层建筑物，如上海中心（632m）、深圳平安金融中心（599m）、广州周大福金融中心（530m）、北京中国尊（528m）、天津117大厦、南京紫峰大厦、上海希尔顿饭店、北京长富宫大厦等（图1.6～图1.8）。这些高层建筑都采用了钢结构框架体系，楼层结构很多采用了钢梁、压型钢板上浇混凝土的组合楼层，施工简便迅速。

图 1.6 上海中心

图 1.7 深圳平安金融中心

图 1.8 北京中国尊

我国在高层和超高层建筑方面过去没有经验，上述建筑物大都是引进外资兴建的。有的从材料、设计到加工制作全由国外引进，国内只担负安装建造；有的设计和材料由国外引进，国内担负加工制作安装建造以及施工图设计的任务。显然，在这一领域内我们和发达国家相比还存在着差距。

8. 优化原理的应用

结构优化设计包括确定优化的结构形式和确定优化的截面尺寸。由于电子计算机的逐步普及，促使结构优化设计得到相应的发展。我国编制的钢吊车梁标准图集就是根据耗钢量最小的条件写出目标函数把强度、稳定度、刚度等系列设计要求作为约束条件，用计算机解得优化的截面尺寸，比过去的标准设计节省钢材5%～10%。优化设计已逐步推广到塔桅结构、网架结构设计等各个方面。

思考题

1.1 简述钢结构的定义，试述所了解的钢结构工程。

1.2 钢结构具有哪些特点？试举例说明这些特点。

1.3 钢结构主要有哪些结构形式？

1.4 高效钢材包括哪些类型？

1.5 展望钢结构的发展前景。

1.6 结构的可靠度和可靠性有什么区别？

1.7 什么是极限状态？如何使承载能力极限状态和正常使用极限状态满足要求？

第 2 章

钢结构的材料

2.1 钢材的主要性能

钢材的主要性能包括强度、塑性、韧性、冷弯性能。这些性能指标可通过标准条件下建筑钢材的一次静力拉伸试验、冲击试验和冷弯试验反映出来。

2.1.1 钢材在单向均匀受拉时的工作性能

1. 应力-应变曲线

钢材在单向均匀受拉时的工作性能，通常是以标准条件下静力拉伸试验的应力-应变（或荷载-变形）曲线来表示的。标准条件指的是标准试件（GB/T 228）、常温（20℃±5℃）、缓慢加载，一次完成。标准拉伸试件如图 2.1 所示。

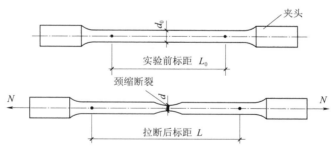

图 2.1　标准拉伸试件

图 2.2 所示为碳素结构钢和普通低合金高强度钢的应力-应变曲线。从图中可以看出，钢材的工作性能可以分为以下 4 个阶段。

（1）弹性阶段（$O-A$ 段）。OA 段是一条斜直线，应力-应变（$\sigma-\varepsilon$）呈线性关系，符合胡克定律。其斜率称为弹性模量，f_p 称为比例极限。

（2）弹塑性阶段（$A-B$ 段）。该段很短，变化出钢材的非弹性性质，即卸荷留下永久的残余变形。

（3）屈服阶段（$B-C$ 段）。当应力超过弹性极限后，荷载与变形将不成正比关系，变形增加很快。$\sigma-\varepsilon$ 曲线上形成水平段，即屈服平台。因此，BC 段称为屈服阶段，也称为塑性流动阶段。

在图 2.2 中，B 点的应力为屈服点 f_y，在此之后应力保持不变持续发展，形

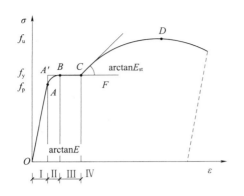

图 2.2　钢材单向均匀受拉时的应力-应变曲线
Ⅰ—弹性阶段；Ⅱ—弹塑性阶段；Ⅲ—塑性
阶段；Ⅳ—应变硬化阶段

成水平线段，即屈服平台 BC。应力超过 f_p 以后，任一点的变形中都将包括有弹性变形和塑性变形两部分，其中的塑性变形在卸载后不再恢复，故称残余变形或永久变形。

（4）强化阶段（C-D 段）。屈服平台结束后，钢材内部晶粒重新排列，因此又恢复了继续承载的能力。继续加载后，σ-ε 曲线开始缓慢上升至最高点，这个阶段称为强化阶段。对应于 D 点的应力为抗拉强度或极限强度，用符号 f_u 表示。

（5）颈缩阶段（D-断裂）。应力超过 f_u 后，试件发生不均匀变形，出现"颈缩"现象，试件被拉断。

2. 应力-应变曲线所反映的钢材力学性能

应力-应变曲线反映了钢材的强度和塑性两方面力学性能：表征钢材强度性能的指标有比例极限 f_p、屈服点 f_y 和抗拉强度 f_u。表征塑性性能的指标为断后伸长率 δ 和断面收缩率 ψ。

（1）比例极限 f_p。f_p 为 σ-ε 曲线保持直线关系时的强度上限，是钢结构稳定设计计算中弹性失稳和非弹性失稳的界限。

（2）屈服强度 f_y。f_y 是衡量结构承载能力和确定强度设计值的重要指标。通常将 f_y 作为钢材强度的标准值。应力达到 f_y 时的应变（约为 $\varepsilon=0.15\%$）与 f_p 时的应变（约为 $\varepsilon=0.1\%$）相差很小，比例极限与屈服点比较接近。达到 f_y 后在一个较大的应变范围内（从 $\varepsilon=0.15\%$ 到 $\varepsilon=2.5\%$）应力不会继续增加，表示结构一时丧失继续承担更大荷载的能力，故规范将 f_y 作为弹性计算时强度的标准。

由于钢材在应力小于 f_y 时接近于理想弹性体，而应力到达 f_y 后在很大变形范围内接近于理想塑性体，因此在实际应用时常将其应力-应变关系视为理想弹塑性模型（图 2.3），这就是钢结构按塑性设计的基础。

低碳钢和低合金钢有明显的屈服点和屈服平台，而热处理低合金钢没有明显的屈服点和屈服平台。对于没有明显屈服点的钢材，通常把卸载后残余应变为 $\varepsilon=0.2\%$ 时所对应的应力作为屈服点，记为 $f_{0.2}$。

（3）抗拉强度 f_u。f_u 对应于应力-应变曲线的最高点，是钢材破坏前所能够承受的最大应力。即钢材塑性

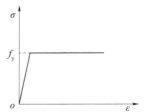

图 2.3　理想弹塑性模型的
应力-应变曲线

变形很大且即将破坏时的强度。钢材的抗拉强度与屈服点之比，称为强屈比，它是表明设计强度储备的一项重要指标。强屈比越小，强度储备越小，不够安全；反之，强屈比越大，强度储备越大，结构越安全。强屈比（f_u/f_y）是衡量钢材强度储备的重要指标，强屈比越大，钢材的强度储备越大。

（4）弹性模量。E 是弹性阶段应力 σ 与应变 ε 的比值，图 2.2 所示的 σ-ε 曲线

上弹性阶段（$O-A$）的倾角为 arctan$E$，由倾角大小可求得弹性模量 E。对钢材而言，E 值变化不大，计算时不论钢种，通常均可取 $E = 206 \times 10^3 \, \text{N/mm}^2$。

（5）断后伸长率 δ。δ 对应于应力-应变曲线最末端（拉断点）的相对塑性变形，其值等于试件拉断后的原标距间长度的伸长值和原标距长度的百分比。断后伸长率反映了钢材的塑性变形能力。断后伸长率 δ 与原标距长度 l_0 和试件中间部分的直径 d_0 的比值有关：当 $l_0/d_0 = 10$ 时，以 δ_{10} 表示；当 $l_0/d_0 = 5$ 时，以 δ_5 表示。δ 值可按式（2.1）计算，即

$$\delta = \frac{l_1 - l_0}{l_0} \times 100\% \tag{2.1}$$

式中：δ 为断后伸长率；l_0 为试件原标距长度，mm；l_1 为试件拉断后标距间长度，mm。

（6）断面收缩率 ψ。断面收缩率是指试件拉断后，颈缩区的断面面积缩小值与原断面面积的百分比，可按式（2.2）计算，即

$$\varphi = \frac{A_0 - A_1}{A_0} \times 100\% \tag{2.2}$$

式中：A_0 为试件原来的断面面积，mm^2；A_1 为试件拉断后颈缩区的断面面积，mm^2。

断面收缩率是衡量钢材塑性的一个比较真实和稳定的指标，但因测量困难，误差较大，因而钢材塑性指标一般采用断后伸长率而不采用断面收缩率。

2.1.2 钢材的冷弯性能

冷弯性能是指钢材在冷加工（即在常温下加工）产生塑性变形时，对产生裂纹的抵抗能力。钢材的冷弯性能常用冷弯试验来检验。冷弯试验在材料试验机上进行，根据试件厚度，按照规定的弯心直径 d 通过冷弯冲头加压，如图 2.4 所示。当试件弯曲至 $180°$ 时，如弯曲部分的表面无裂纹、断裂或分层，即认为试件冷弯性能合格。

通过冷弯试验不仅能检验钢材承受规定的弯曲变形能力的大小，还能暴露出钢材的内部冶金缺陷（晶粒组织、结晶情况和非金属夹杂物分布等缺陷），因此它是判断钢材塑性变形能力和冶金质量的综合试验。

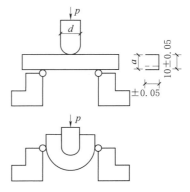

图 2.4 冷弯试验示意图

2.1.3 钢材的冲击性能

冲击韧性是钢材在塑性变形和断裂过程中吸收能量的能力。它反映的是钢材的抗冲击性能，其值可用冲击试验确定。在冲击试验中，一般采用截面尺寸为 10mm × 10mm、长度为 55mm、中间开有小槽（国际上通常采用夏比 V 形缺口）的长方形试件。如图 2.5 所示，将其放在摆锤式冲击试验机上进行试验。冲断试样后，可由式（2.3）求出其冲击韧性，即

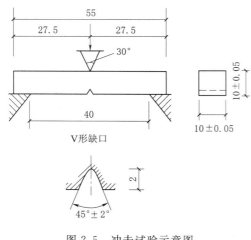

图 2.5　冲击试验示意图

$$a_{KV} = \frac{A_{KV}}{A_n} \qquad (2.3)$$

式中：a_{KV} 为冲击韧性，J/cm^2；A_{KV} 为冲击功，J；A_n 为试件缺口处净截面面积，cm^2。

冲击韧性 a_{KV} 受试验温度影响很大，温度越低，冲击韧性越低，当温度低于某一临界值时，其值急剧降低。

因此，低温对钢材的脆性破坏有显著影响，我国钢材标准中将试验分为 4 挡，常温（20℃）、0℃、−20℃与 −40℃冲击韧性指标。在寒冷地区承受动力作用的重要承重结构，应根据其工作温度和所用钢材牌号，对钢材提出相应温度下的冲击韧性指标的要求，以防脆性破坏发生。

2.1.4　钢材的焊接性能

钢材的焊接性能又称为可焊性，是指在给定的构造形式和焊接工艺条件下获得合格（无裂纹）焊缝的性能。

钢材的可焊性受含碳量和合金元素含量的影响。碳含量在 $0.12\% \sim 0.20\%$ 范围内的碳素钢，可焊性最好。碳含量超出上述范围，焊接的热影响区容易产生热裂纹或冷裂纹，焊接质量不容易保证。Q235A 碳含量较高，这一钢号通常不能用于焊接构件，而 Q235B、Q235C、Q235D 的碳含量就定在这一适宜范围，是适合焊接使用的普通碳素钢钢号。提高钢材强度的合金元素大多也对可焊性有不利影响。

钢材的焊接性能的优劣除了与钢材的碳当量有直接关系外，还与母材的厚度、焊接的方法、焊接工艺参数以及结构形式等条件有关。

2.2　钢材的主要破坏形式

为保证钢结构的安全，必须了解钢材的主要破坏形式，才能采用有效的措施加以预防。钢材的主要破坏形式包括塑性破坏和脆性破坏。

2.2.1　塑性破坏

塑性破坏是由于变形过大，超过了材料或构件的应变能力而产生的。由于塑性破坏在破坏前有很明显的变形，并有较长的变形持续时间，故很容易被及时发现以便采取措施予以补救，不致引起严重后果。

2.2.2　脆性破坏

脆性破坏的特点是结构或构件前没有明显的变形，平均应力低于抗拉强度 f_u，甚至低于屈服点 f_y。由于脆性破坏前没有任何预兆，无法被及时发现，故一旦发生可能导致整个结构瞬间塌毁，极易造成人员伤亡和重大经济损失，危险性极大。因此，在设计、施工和使用钢结构时，要特别注意防止脆性破坏的发生。

2.3　钢材力学性能的主要影响因素

影响钢材力学性能的主要因素包括化学成分、钢材的冶金和轧制工艺、硬化、温度、应力集中和残余应力等。

2.3.1　化学成分的影响

钢是碳的质量分数小于 2% 的铁碳合金，碳的质量分数大于 2% 时则为铸铁，俗称生铁。结构用钢的主要化学成分是铁（在普通碳素钢中约占 99%），此外还有碳、硅、锰等有益元素以及硫、磷、氧、氮等有害元素。在合金钢中还添加有钒、铌、钛、铜、铬等元素，这些元素含量虽少，但对钢材性能却有很大的影响。

1. 碳（C）

在普通碳素钢中，碳是除铁以外最主要的元素，直接影响钢材的强度、塑性、韧性和焊接性能等。随着含碳量的升高，钢材的屈服点和抗拉强度升高，但塑性和韧性特别是负温冲击韧性降低，焊接性能也变差，因此，建筑钢结构所用钢材的碳的质量分数一般不超过 0.22%，在焊接结构中应控制在 0.2% 以下。

2. 硅（Si）

硅在钢材中是一种有益元素，一般作为脱氧剂加入钢中，以制成质量较高的镇静钢。添加适量的硅可以使钢材强度大为提高，而对塑性、冲击韧性、冷弯性能及焊接性能均无明显不良影响。一般镇静钢中硅的质量分数为 0.1%～0.3%，含量过高时（1% 左右）则会降低钢材的塑性、冲击性、耐蚀性和焊接性能。

3. 锰（Mn）

锰是一种有益合金元素，它属于弱脱氧剂。添加适量的锰可以有效提高钢材强度，消除硫、氧对钢材的热脆影响，改善钢材的冷脆倾向，同时又不显著降低钢材的塑性和冲击韧性。锰在普通碳素钢（Q235）中的质量分数为 0.3%～0.8%，在低合金钢中的质量分数一般为 1.2%～1.6%。但锰含量过高（1.5% 以上）时会使钢材变脆、变硬，并降低钢材的耐蚀性和焊接能力。

4. 钒（V）、铌（Nb）和钛（Ti）

钒、铌和钛能使钢材的晶粒细化，提高钢材的强度和耐蚀能力，同时又能使钢材保持良好的塑性和韧性。

5. 铜（Cu）

铜在碳素结构钢中属于杂质成分。它可以显著改善钢材的抗锈蚀能力，也可以提高钢材的强度，但对焊接性能有不利影响。

6. 硫（S）

硫是有害杂质元素，与铁化合会生成易于熔化的硫化铁，散布在纯铁体晶粒中。当热加工及焊接温度高达 800～1000℃ 时，硫化铁即熔化，从而使钢材变脆并产生裂纹，这种现象称为钢材的"热脆"。此外，硫还会降低钢材的塑性、冲击韧性、疲劳强度、焊接性能和抗锈蚀能力等。因此，建筑钢材中应严格控制含硫量，一般其质量分数不允许超过 0.05％，在焊接结构中不允许超过 0.045％，有特殊要求时更要严格控制。

7. 磷（P）

磷也是一种有害元素。磷的存在使钢材的强度和抗锈蚀能力提高，但会严重降低钢材的塑性、冲击韧性、冷弯性能和焊接性能，特别是在低温时能使钢材变脆（冷脆），不利于钢材的冷加工。因此磷的含量也应该严格控制，一般其质量分数不允许超过 0.05％，在焊接结构中应控制在 0.045％ 以内，质量等级高的钢材其含量则应更少。

8. 氧（O）和氮（N）

氧和氮都属于有害元素。氧会使钢材发生热脆，其作用比硫更剧烈，钢材中氧的质量分数一般应控制在 0.05％ 以内。氮和磷的作用类似，会使钢材发生冷脆，一般钢材中氮的质量分数不应超过 0.008％。

2.3.2　冶炼、浇铸和轧制过程的影响

1. 冶炼

冶炼方法在我国主要有 3 种，即碱性平炉炼钢法、氧气转炉炼钢法及电炉炼钢法。冶炼过程主要用于控制钢材的化学成分。从化学成分波动的范围及其平均值分析结果来看，平炉钢和氧气转炉钢比较接近，但氧气转炉钢具有投资少、建厂快、生产效率高、原料适应性强等优点，目前已成为炼钢工业的主要发展方向。电炉钢主要用于制造特殊合金钢，钢结构中一般不采用。

2. 浇铸

冶炼好的钢液出炉后，注入模具，浇铸成钢锭。由于析出的氧和铁化合成的氧化铁以杂质的形式混杂在钢内，会严重降低钢材的力学性能，因此需对其进行清除。清除氧化铁的方法是向模具中投入脱氧剂。根据脱氧程度的不同，钢可分为沸腾钢、半镇静钢、镇静钢和特殊镇静钢。

在浇铸过程中，如果向钢液内投入锰作为脱氧剂，则由于锰的脱氧能力较弱，不能充分脱氧，钢液中还含有较多的氧化铁，浇铸时氧化铁和碳相互作用，形成一氧化碳气体和氧气、氮气一起从钢液中逸出，产生钢液剧烈沸腾的现象。这种钢材称为沸腾钢。沸腾钢的塑性、韧性和焊接性能均较差，轧成的钢板和型钢中常有夹层和偏析现象。但沸腾钢生产周期短，耗用脱氧剂少，轧钢时切头很小，成品率高，所以在土木建筑工程中仍被大量采用（采用率约占 80％）。

如果在浇铸过程中加入适量的强脱氧剂（硅或铝），此时硅或铝在还原氧化铁的过程中释放出大量的热，使钢液冷却缓慢，气体杂质有充分时间逸出，浇铸时钢锭模内液面平静，故称之为镇静钢。镇静钢中有害杂质少，晶粒较细，组织致密，气泡少，偏析度小，因而具有冲击韧性较高，冷弯性能、焊接性能和抗锈蚀性较好、时效敏感性较低等优点。但镇静钢在辊轧时必须先将钢锭头部切去（切头率占 15％～20％），故其成品率低、成本较高。

半镇静钢的脱氧程度介于沸腾钢和镇静钢之间，其性能也介于二者之间。

特殊镇静钢是采用硅脱氧之后，再用铝或钛进行补充脱氧而形成的更为细密的晶粒结构。

3. 轧制

轧制是指在 1200～1300℃高温和压力作用下将钢锭热轧成钢板和型钢。轧制过程能使钢材晶粒更加细小，也能使钢锭中的小气泡、裂纹焊合，因而改善了钢材的内部组织，显著提高了钢材的力学性能。大量研究表明，钢材的力学性能与轧制方向有关，沿轧制方向轧制所得的钢材比沿垂直于轧制方向轧制的强度高。因此，轧制后的钢材在一定程度上不再是各向同性体，进行钢板拉力试验时，试件应在垂直于轧制方向上切取。经过轧制的钢材，厚度越薄，其强度越高，塑性和冲击韧性越好。

4. 热处理

钢的热处理是将钢在固态范围内，施以不同的加热、保温和冷却措施，提高强度同时保持良好的塑性和韧性性能的一种加工工艺。钢材的普通热处理包括退火、正火、淬火和回火4种基本工艺。

退火和正火是应用非常广泛的热处理工艺。对一般低碳钢和低合金钢而言，其操作方法为：把钢材加热至850～900℃并保温一段时间后，随炉温冷却至500℃以下，再放至空气中冷却的工艺称为完全退火；保温后从炉中取出在空气中冷却的工艺称为正火。如果钢材在终止轧制时温度正好控制在上述温度范围，可得到正火的效果，称为控轧。

淬火是将钢件加热到900℃以上，保温一段时间，然后放入水或油中快速冷却；回火是将淬火后的钢材加热到某一温度进行保温，而后在空气中冷却。其目的是消除残余应力，调整强度和硬度，减少脆性，增加塑性和韧性。淬火加高温回火的工艺为调质处理，强度很高的钢材，包括高强度螺栓的材料都要经过调质处理。

钢材在冶炼过程中，常因冶炼及浇铸方法不当而产生各种冶金缺陷。

（1）偏析。钢材中化学元素分布不均匀的现象称为偏析。偏析严重影响钢材的力学性能，特别是硫、磷等有害杂质的偏析，将降低偏析区内钢材的强度、塑性、韧性和焊接性能。

（2）非金属夹杂。钢材中含有硫化物和氧化物等非金属杂质，它们对钢材的性能极为不利。硫化物会使钢材在800～1200℃时变脆；氧化物（特别是粗大的氧化物）可严重降低钢材的力学性能和工艺性能。

（3）气孔和裂纹。如钢材在浇铸后的冷凝过程中冷却过快，内部气体来不及完全排除钢材已经凝固，就会形成气孔。冷脆、热脆及不均匀收缩等原因可能使成品钢材中存在微观或宏观的裂纹。气孔和裂纹的存在使钢材的均质性遭到破坏，因而成为脆性破坏的根源，同时使钢材的冲击韧性、冷弯性能以及疲劳强度大大降低。

（4）分层。钢材在轧制时，由于其内部的非金属夹杂物被压成薄片，在其厚度方向上形成多个层次，但各层之间仍互相连接，并不脱离，这种现象称为分层。分层使钢材在厚度方向上几乎失去抗拉承载能力，同时会严重降低钢材的冷弯性能。此外，在分层的夹缝里还容易侵入潮气，从而引起钢材锈蚀，在应力作用下钢材锈蚀还会加快，甚至形成裂纹，因而会大大降低钢材的韧性、疲劳强度和抗脆断能力。

2.3.3 钢材硬化的影响

1. 时效硬化

随着存放时间的延长，钢材强度逐渐提高，塑性、韧性降低，这种现象称为时效硬化，俗称老化。这是由于纯铁体的结晶粒内常留有一些数量极少的碳和氮的固熔物质，它们在结晶粒中的存在是不稳定的。随着时间的延长，这些固熔物质逐渐从结晶粒中析出，形成自由的碳化物和氮化物微粒，能起到阻碍滑移以及约束塑性发展的作用，从而使钢材强度提高、塑性降低。

2. 冷作硬化

冷作硬化是指钢材在冷加工（常温加工）过程中超过其弹性极限后卸载，出现残余塑性变形，再次加载时弹性极限或屈服点升高的现象。

冷作硬化会改变钢材的力学性能，即强度提高，但塑性和冲击韧性降低，这对直接承受动力荷载的结构非常不利。因此，钢结构一般不利用冷作硬化所提高的强度，且为消除冷作硬化的影响，对重要结构所用钢材进行刨边处理。

2.3.4 温度的影响

钢的内部晶体组织对温度非常敏感，温度升高与降低都会使钢材性能发生变化。以 0℃ 为界，可将温度分为正温范围和负温范围。

1. 正温范围

在常温范围内，当温度升高时，钢材强度和弹性模量基本不变，塑性的变化也不大。当温度超过 85℃ 且在 200℃ 以下时，随着温度的升高，钢材各项性能指标的变化总趋势是抗拉强度、屈服点及弹性模量均降低，塑性、韧性升高。但在 250℃ 左右时，钢材的抗拉强度反而升高到高于常温时的数值，而塑性和冲击韧性下降，脆性增加，这种现象称为"蓝脆"现象。为防止钢材出现热裂纹，应避免在"蓝脆"温度范围内进行热加工。当温度超过 300℃ 时，钢材屈服点和抗拉强度显著下降，塑性变形能力迅速增强。当温度达到 600℃ 时，钢材进入热塑状态，强度几乎等于零，失去承载能力。

2. 负温范围

在负温范围内，钢材性能变化的总趋势是：随着温度的降低，钢材的强度略有提高，而塑性和冲击韧性显著下降，脆性增加。特别是当温度下降到某一数值时，钢材的冲击韧性突然急剧下降，试件发生脆性破坏，这种现象称为低温冷脆现象。

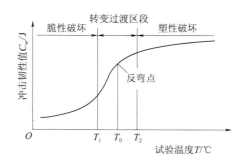

图 2.6 冲击韧性值与试验温度的关系

国外试验资料给出的夏比冲击韧性值与试验温度的关系如图 2.6 所示。当温度高于 T_2 时，曲线比较平缓，冲击韧性值受温度影响较小，钢材产生塑性破坏。当温度低于 T_1 时，曲线也趋于平缓，冲击韧性值很小，钢材产生脆性破坏。在 $T_1 < T < T_2$ 范围内，随着温度的下降，冲击韧性值急剧下降，钢材由塑性破坏变为脆性破坏，此温度区间称为冷脆转变温度区。该区间

的曲线反弯点所对应的温度 T_0 称为冷脆转变温度或冷脆临界温度。对于钢结构来说，选用钢材时应使结构所处的环境温度高于冷脆转变温度区的下限值 T_1，且在环境温度下具有足够的冲击韧性值。

2.3.5 应力集中的影响

在构件及其连接中，常因存在表面不平整，有刻槽、缺口、裂纹、厚度或宽度突变，使应力不均匀，缺陷处产生高峰应力，出现应力高峰的现象称为应力集中。高峰区的最大应力与净截面的平均应力的比值称为应力集中系数。

实际结构中不可避免地存在孔洞、槽口、截面突然改变以及内部缺陷等，此时截面中的应力分布不再保持均匀，不仅在缺陷边缘处会产生沿力作用方向的应力高峰，而且会在缺陷附近产生垂直于力的作用方向的横向应力，甚至会产生三向拉应力，使钢材变脆。应力集中系数越大，变脆的倾向也越大。

如图 2.7 所示，第 1 种试件为标准试件，试件 2～4 为不同应力集中水平的对比试件。具有不同缺口形状的钢材拉伸试验结果也表明，截面改变的尖锐

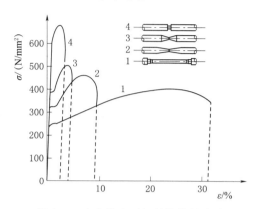

图 2.7 应力集中对钢材性能的影响

程度越大的试件，其应力集中现象就越严重，伸长率急剧下降，引起钢材脆性破坏的危险性就越大，第 4 种试件已无明显屈服点，表现出高强钢的脆性破坏特征。

应力集中现象还可能由内应力产生，如轧制和焊接加工过程中，因不同部位钢材的冷却速度不同，残余应力的量值往往很高，甚至达到屈服点。焊接加工过程中，在焊缝交叉处经常出现双向甚至三向残余拉应力场，使钢材局部变脆。

建筑钢具有良好的塑性，当荷载增加时，在高峰应力区产生塑性变形，应力高峰值达到屈服强度时即不再增大，可使应力集中现象得以缓和。应力集中是引起钢结构构件脆性破坏的主要原因之一。设计时应尽量避免截面突变，截面变化处应做成平缓过渡区，必要时可采取表面加工措施。此外，在构件制作、运输和安装过程中也应尽可能避免刻痕、划伤等缺陷。

2.3.6 残余应力的影响

残余应力是指在冶炼、轧制、焊接、冷加工等过程中，由于不均匀冷却、组织构造的变化而在钢材内部产生的不均匀应力。通常情况下，在冷却较慢处产生拉应力，在冷却较快处产生压应力。残余应力是在构件内部自相平衡的应力，对结构的静力强度影响不大，但对钢构件在外力作用下的变形、稳定性、抗疲劳等方面都可能产生不利影响。

2.3.7 钢材在复杂应力作用下的工作性能

钢材在单向均匀应力作用下，当应力达到屈服点 f_y 时，钢材屈服进入塑性状

态。实际钢结构中，钢材往往在双向或三向复杂应力状态下工作。

在弹性范围内，钢材 σ-ε 服从广义胡克定律。在一般情况下，复杂应力状态包括 3 个正应力分量（σ_x、σ_y、σ_z）和 3 个剪应力分量（τ_{xy}、τ_{yz}、τ_{zx}），如图 2.8 所示。此时钢材的屈服不取决于一个方向的应力，而是由反映各方向应力综合影响的折算应力 σ_{red} 来表示。

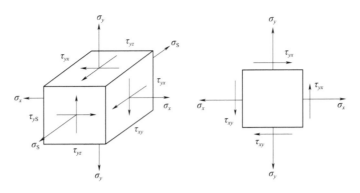

图 2.8　钢材单元体上的复杂应力状态

当用应力分量表示时，有

$$\sigma_{red}=\sqrt{\sigma_x^2+\sigma_y^2+\sigma_z^2-(\sigma_x\sigma_y+\sigma_y\sigma_z+\sigma_z\sigma_x)+3(\tau_{xy}^2+\tau_{yz}^2+\tau_{zx}^2)} \tag{2.4}$$

当用主应力表示时，有

$$\sigma_{red}=\sqrt{\frac{1}{2}\left[(\sigma_1-\sigma_2)^2+(\sigma_2-\sigma_3)^2+(\sigma_3-\sigma_1)^2\right]} \tag{2.5}$$

在普通梁中，一般只存在正应力 σ 和剪应力 τ，因此相应的折算应力可表示为

$$\sigma_{red}=\sqrt{\sigma^2+3\tau^2} \tag{2.6}$$

当受纯剪时，则

$$\sigma_{red}=\sqrt{3\tau^2} \tag{2.7}$$

取 $\sigma_{red}=f_y$，可得

$$\tau=\frac{f_y}{\sqrt{3}}=0.58f_y \tag{2.8}$$

当平面或立体应力皆为拉应力时，材料破坏时没有明显的塑性变形产生，即材料处于脆性状态。

2.3.8　防止脆性破坏的方法

影响钢材在一定条件下出现脆性破坏的因素包括钢材的化学成分、内部缺陷、构造缺陷、低温影响、动荷作用、冷作硬化和应变时效硬化等。因此，为了防止脆性破坏的发生，应在钢结构的选材、设计、施工和使用各环节予以注意。

1. 合理选材、设计

（1）在选材方面，考虑化学成分对钢材性能的影响，要有碳、硫、磷含量的合格保证，尤其对于焊接结构、承受动荷载的结构和构件；考虑低温对钢材性能的影响，对于低温下工作、受动力荷载的钢结构，应使所选钢材的脆性转变温度低于结构的工作温度；应正确选用钢材，随着钢材强度的提高，其韧性和工艺性能一般都有所下降，因此，应根据实际情况，选用符合实际需要的强度材料钢材。

（2）在设计方面，应尽量使用截面开展的、较薄的型钢和板材；构造应力求合理，避免构件截面的突然改变，使之能均匀、连续地传递应力，减少构件和节点的应力集中；满足强度、刚度和稳定的要求。

2. 正确制造

严格遵守设计对制造所提出的设计要求；在冷加工过程中，应尽量采用钻孔或冲孔后再扩钻，以及对剪切边进行刨边等方法来避免冷作硬化现象；在焊接时，尽量减少焊接残余应力和残余变形，选择合理的焊接工艺和技术；在制作和安装过程中所造成的缺陷应进行清理和修复；对制作、安装环节，执行严格的质量检验制度。

3. 合理使用

不随意改变结构使用用途或任意超负荷使用结构；注意检查维护，及时油漆防锈；避免因生产和运输不当对结构造成撞击或机械损伤等。

2.4 钢材的疲劳

2.4.1 疲劳破坏的特征

微观裂纹在连续反复荷载作用下不断扩展直至断裂的脆性破坏，称为疲劳破坏。钢材的疲劳破坏经历的时间比较长，其破坏过程包括 3 个阶段，即裂纹的形成、裂纹缓慢扩展、最后迅速断裂而破坏。

引起疲劳破坏的交变荷载有两种类型：一种为常幅交变荷载，引起的应力称为常幅循环应力，简称循环应力；另一种为变幅交变荷载，引起的应力称为变幅循环应力，简称变幅应力，如图 2.9 所示。由这两种荷载引起的疲劳分别称为常幅疲劳和变幅疲劳。

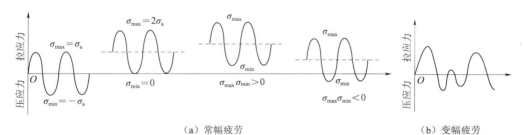

（a）常幅疲劳　　　　　　　　　　　　　　（b）变幅疲劳

图 2.9　循环应力和变幅应力

经试验结果观察表明，钢材疲劳破坏后的截面断口有光滑和粗糙两个区域。光滑部分为裂纹的扩张或闭合过程，是由裂纹逐渐发展而形成的；而粗糙部分为钢材瞬间撕裂所造成的。

疲劳破坏具有以下特征。

（1）疲劳破坏具有突然性，破坏前没有明显的塑性变形，属于脆性破坏。但与一般脆断的瞬间断裂不同，疲劳是经历了长期的累积损伤过程后才突然发生的，而脆断的瞬间断裂经历时间较短，有时甚至是瞬间一次加载就发生的破坏形式。疲劳

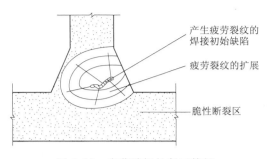

产生疲劳裂纹的焊接初始缺陷

疲劳裂纹的扩展

脆性断裂区

图 2.10　疲劳破坏的断口特征

破坏过程一般经历 3 个阶段，即裂纹的萌生、裂纹的缓慢扩展和最后迅速断裂。

（2）疲劳破坏的断口可分为 3 个区域，即裂纹源、裂纹扩展区和断裂区，如图 2.10 所示。裂纹扩展区表面较光滑，有放射状和年轮状花纹，是疲劳断裂的主要断口特征。

（3）疲劳对缺陷（包括缺口、裂纹及组织缺陷等）十分敏感，缺陷部位的截面应力分布不均匀，产生应力集中现象，形成双向或三向同号应力场，使钢材性能变脆。

试验结果证明，影响钢材疲劳强度的主要因素是应力集中、应力幅和应力的循环次数。应力集中对疲劳强度影响最大，应力集中以截面几何形状突然改变处最为明显，但对没有截面改变的钢材，也存在着微观裂纹引起的应力集中的因素，如构件及连接中的夹渣、微裂纹等；冷加工产生的孔洞、刻槽等。

由于疲劳破坏为没有明显变形的脆性破坏，危险性较大，因此，《钢结构设计标准规范》（GB 50017—2017）（后文简称为《规范》）规定承受直接动力荷载重复作用的钢结构构件及其连接，当应力变化的循环次数 $n \geqslant 5 \times 10^4$ 次时，应进行疲劳计算。疲劳计算应采用基于名义应力的容许应力幅法，名义应力按弹性状态计算，容许应力幅按构件和连接类别、应力循环次数以及计算部位的板件厚度确定。对非焊接的构件和连接，其应力循环中不出现拉应力的部分可不计算疲劳强度。

2.4.2　疲劳计算

1. 常幅疲劳

根据疲劳试验，发现构件或连接的应力幅 $\Delta\sigma$ 与疲劳寿命 n 之间呈指数为负数的幂函数关系，如图 2.11（a）所示。它是疲劳验算的基础。对应某一循环次数 n_1，在曲线上就有一个应力幅 $\Delta\sigma_1$ 与之相应，也就是说，在应力幅 $\Delta\sigma_1$ 的连续作用下，它的使用次数是 n_1 次，所以循环次数 n_1 又称为疲劳寿命。为了方便分析，可对该曲线关系取对数，则 $\Delta\sigma$ 和 $\lg n$ 之间在双对数坐标系中呈直线关系，如图 2.11（b）所示，疲劳直线方程为

$$\lg n = b - \beta \lg(\Delta\sigma) \tag{2.9}$$

式中：β 为直线的斜率（绝对值）；b 为直线与横坐标轴的截距。

考虑到试验数据的离散性，取平均值减去 2 倍 $\lg n$ 的标准差（$2s$）作为疲劳强度的下限值，如图 2.11（b）中的虚线所示。如果 $\lg n$ 符合正态分布，则构件或连接的疲劳强度的保证率为 97.7%，称该虚线上的应力幅为对应某疲劳寿命的容许应力幅 $[\Delta\sigma]$。下限值的直线方程为

$$\lg n = b - \beta \lg(\Delta\sigma) - 2s \tag{2.10}$$

式中：s 为标准差，表示 $\lg n$ 的离散程度。

将图 2.11（b）中的虚线延长与横坐标交于 $\lg C$ 点，设该线对纵坐标的斜率为 $-1/\beta$，则对应疲劳寿命 n 的容许应力幅可由两个相似三角形的关系求出，即

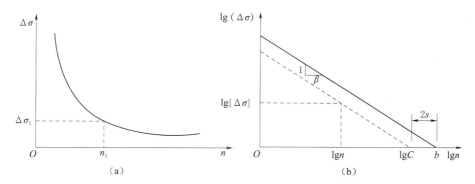

图 2.11 应力幅与循环寿命的关系

$$\frac{1}{\beta}=\frac{\lg[\Delta\sigma]}{\lg C-\lg n}=\frac{\lg[\Delta\sigma]}{\lg\dfrac{C}{n}}或\ n[\Delta\sigma]^{\beta}=C \tag{2.11}$$

可求得容许应力幅的表达式为

$$[\Delta\sigma]=\left(\frac{C}{n}\right)^{\frac{1}{\beta}} \tag{2.12}$$

式中：C、β 均为不同构件和连接类别的试验参数，根据附录 2 中的构件和连接类别按表 2.1 采用。

表 2.1 参数 C、β 值

构件和连接类别	1	2	3	4	5	6	7	8
C	1940×10^{12}	861×10^{12}	3.26×10^{12}	2.18×10^{12}	1.47×10^{12}	0.96×10^{12}	0.65×10^{12}	0.41×10^{12}
β	4	4	3	3	3	3	3	3

常幅疲劳按下式计算，即

$$\Delta\sigma\leqslant[\Delta\sigma] \tag{2.13}$$

式中：$\Delta\sigma$ 对焊接部位为应力幅，N/mm^{2}，$\Delta\sigma=\sigma_{\max}-\sigma_{\min}$；对非焊接部位为折算应力幅，$\Delta\sigma=\sigma_{\max}-0.7\sigma_{\min}$；$\sigma_{\max}$ 为计算部位每次应力循环中的最大拉应力（取正值），N/mm^{2}；$\sigma_{\min}$ 为计算部位每次应力循环中的最小拉应力或正应力（拉应力取正值，压应力取负值），N/mm^{2}；$[\Delta\sigma]$ 为常幅疲劳的容许应力幅，N/mm^{2}，按式（2.12）计算。

式（2.13）同样适用于剪应力情况。

2. 变幅疲劳

当应力循环内的应力幅随机变化时称为变幅。变幅疲劳的计算比常幅疲劳的计算复杂，如果能够预测出结构在使用寿命期间各种荷载的频率分布、应力幅水平以及频次分布总和所构成的设计应力谱，则可将变幅应力幅折算为常幅等效应力幅，然后按常幅疲劳进行校核。计算公式为

$$\Delta\sigma_{e}\leqslant[\Delta\sigma_{e}] \tag{2.14}$$

其中
$$\Delta\sigma_e = \left[\frac{\sum n_i (\Delta\sigma_i)^{\beta}}{\sum n_i}\right]^{\frac{1}{\beta}} \tag{2.15}$$

式中：$\Delta\sigma_e$ 为变幅疲劳的等效应力幅，N/mm^2；$\sum n_i$ 为以应力循环次数表示的结构预期使用寿命；n_i 为预期寿命内应力幅水平达到 $\Delta\sigma_i$ 的应力循环次数。

对于重级工作制吊车梁和重级、中级工作制吊车桁架的疲劳可视作常幅疲劳，按下式计算，即

$$\alpha_f \Delta\sigma \leqslant [\Delta\sigma]_{2\times10^6} \tag{2.16}$$

式中：α_f 为欠载效应的等效系数，对于重级工作制硬钩吊车为 1.0，软钩吊车为 0.8，对于中级工作制吊车为 0.5；$[\Delta\sigma]_{2\times10^6}$ 为循环次数 n 为 2×10^6 次的容许应力幅，N/mm^2，见表 2.2。

表 2.2　　　　　　循环次数 n 为 2×10^6 的容许应力幅　　　　　单位：N/mm^2

构件和连接类别	1	2	3	4	5	6	7	8
$[\Delta\sigma]_{2\times10^6}$	176	144	125	112	100	90	80	71

2.4.3　验算疲劳强度方法

《规范》指出，在结构使用寿命期间，当常幅疲劳或变幅疲劳的最大应力符合下列公式时，则疲劳强度满足要求。

（1）正应力幅的疲劳计算

$$\Delta\sigma < \gamma_t [\Delta\sigma_L]_{1\times10^8} \tag{2.17}$$

对于焊接部位，有

$$\Delta\sigma = \sigma_{max} - \sigma_{min} \tag{2.18}$$

对于非焊接部位，有

$$\Delta\sigma = \sigma_{max} - 0.7\sigma_{min} \tag{2.19}$$

（2）剪应力幅的疲劳计算

$$\Delta\tau < [\Delta\tau_L]_{1\times10^8} \tag{2.20}$$

对焊接部位，有

$$\Delta\tau < \tau_{max} - \tau_{min} \tag{2.21}$$

（3）板厚或直径修正系数 γ_t 应按下列规定采用。

对于横向角焊缝连接和对接焊缝连接，当连接板厚 t（mm）超过 25mm 时，应按下式计算，即

$$\gamma_t = \left(\frac{25}{t}\right)^{0.25} \tag{2.22}$$

对于螺栓轴向收拉连接，当螺栓公称直径 d（mm）大于 30mm 时，应按下式计算，即

$$\gamma_t = \left(\frac{30}{d}\right)^{0.25} \tag{2.23}$$

其余情况取 $\gamma_t = 1.0$。

式中：$\Delta\sigma$ 为构件或连接计算部位的正应力幅，N/mm^2；σ_{max} 为计算部位应力循环中的最大拉应力（取正值），N/mm^2；σ_{min} 为计算部位应力循环中的最小拉应力或压应力，N/mm^2，拉应力取正值，压应力取负值；$\Delta\tau$ 为构件或连接计算部位的剪应力幅，N/mm^2；τ_{max} 为计算部位应力循环中的最大剪应力，N/mm^2；τ_{min} 为计算部位应力循环中的最小剪应力，N/mm^2；$[\Delta\sigma_L]_{1\times10^8}$ 为正应力幅的疲劳截止限，N/mm^2；$[\Delta\tau_L]_{1\times10^8}$ 为剪应力幅的疲劳截止限，N/mm^2。

《规范》指出，本节规定的结构构件及其连接的疲劳计算，不适用于下列条件。

（1）构件表面温度高于 150℃。

（2）处于海水腐蚀环境。

（3）焊后经热处理消除残余应力。

（4）构件处于低周-高应变疲劳状态。

2.4.4 疲劳计算应注意的问题

（1）承受直接动力荷载重复作用的钢结构构件及其连接，当应力变化的循环次数 $n \geqslant 5\times10^4$ 次时，应进行疲劳计算。

（2）按概率极限状态计算方法进行疲劳计算，目前正处于研究阶段。《规范》疲劳计算采用的是容许应力幅法，计算公式是以试验为依据的，试验中已包含了动力的影响，故荷载应采用标准值，且不乘动力系数，应力幅按弹性工作计算。

（3）在完全压应力（不出现拉应力）循环中，由于压应力不会使裂纹继续扩展，故《规范》规定此种情况可不进行疲劳计算。

2.5 钢材的种类、规格和选用原则

2.5.1 钢材的种类

1. 碳素结构钢

《碳素钢结构》（GB/T 700—2006）规定，碳素结构钢的牌号由代表屈服强度的字母 Q、屈服强度值（N/mm^2）、质量等级符号（A、B、C、D）和脱氧方法（F、b、Z、TZ）4 部分顺序组成。

目前，根据钢材的屈服强度值，常用的碳素结构钢可分为 Q195、Q215、Q235、Q255 和 Q275 等 5 种。从 Q195 到 Q275，强度和硬度逐渐升高，塑性则逐渐降低。

钢材按质量等级可分为 A、B、C、D 4 级，由 A 到 D 质量等级逐渐升高。在钢材供货时，A 级钢只保证屈服点、抗拉强度和断后伸长率，不作冲击韧性试验要求，对冷弯试验只在必要时进行。B 级、C 级、D 级钢除应保证屈服点、抗拉强度和断后伸长率外，还要求提供冷弯试验合格证书。此外，B 级钢要求做常温（20℃）冲击韧性试验，C 级钢要求做 0℃ 冲击韧性试验，D 级钢要求做 −20℃ 冲击韧性试验，对上述 B 级、C 级、D 级钢，在其各自不同温度要求下，均要求冲击韧性指标 $A_{KV} \geqslant 27J$。值得注意的是，不同质量等级的钢材对化学成分的要求也有区别。

以 Q235 钢为例，各牌号表示的含义如下：Q235AF 的含义为屈服强度为 235N/mm² 的 A 级沸腾钢，Q235A 的含义为屈服强度为 235N/mm² 的 A 级镇静钢，Q235Bb 的含义为屈服强度为 235N/mm² 的 B 级半镇静钢，Q235C 的含义为屈服强度为 235N/mm² 的 C 级镇静钢，Q235D 的含义为屈服强度为 235N/mm² 的 D 级特殊镇静钢。

2. 低合金高强度结构钢

低合金高强度结构钢是钢在冶炼过程中适量添加几种合金元素（总量不超过 5%），从而可使钢的强度明显提高。《低合金高强度结构钢》（GB/T 1591—2008）采用与碳素结构钢相同的表现方法，仍然根据钢材厚度（直径）不大于 16mm 时的屈服强度值，将低合金高强度结构钢分为 Q295、Q345、Q390、Q420、Q460 等 5 种，其中 Q345、Q390、Q420 是《规范》推荐采用的钢材品种。

低合金高强度结构钢供货时应提供力学性能质量保证书，其内容包括屈服强度、抗拉强度、断后伸长率、冷弯试验以及化学成分质保书。不同质量等级对冲击韧性的要求不同：A 级钢无冲击韧性要求，B 级钢要求做常温（20℃）冲击韧性试验，C 级钢要求做 0℃ 冲击韧性试验，D 级钢要求做 -20℃ 冲击韧性试验，E 级钢要求保证 -40℃ 时的冲击韧性。

与碳素结构钢不同的是，低合金高强度结构钢中没有沸腾钢，只有镇静钢和特殊镇静钢。此外，其质量等级除了具有 A、B、C、D 等 4 个等级外，还增加了一个等级 E。由 A 到 E 钢材质量逐渐提高，其中 A 级、B 级属于镇静钢，C 级、D 级、E 级属于特殊镇静钢。以 Q345 和 Q390 为例，各牌号表示的含义如下：Q345B 的含义为屈服强度为 345N/mm² 的 B 级镇静钢，Q345C 的含义为屈服强度为 345N/mm² 的 C 级特殊镇静钢，Q390A 的含义为屈服强度为 390N/mm² 的 A 级镇静钢，Q390E 的含义为屈服强度为 390N/mm² 的 E 级特殊镇静钢。

由于低合金高强度结构钢具有较高的屈服强度和抗拉强度，也有良好的塑性和冲击韧性（尤其是低温冲击韧性），并具有较强的耐蚀、耐低温性能，因此采用低合金高强度结构钢可以节约钢材，减轻结构质量，延长结构使用寿命。

2.5.2 钢材的规格

钢结构所用钢材主要为热轧成形的钢板和型钢，以及冷弯成形的薄壁型钢，如图 2.12 所示。

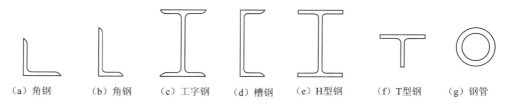

（a）角钢　　（b）角钢　　（c）工字钢　　（d）槽钢　　（e）H 型钢　　（f）T 型钢　　（g）钢管

图 2.12　热轧型钢

1. 热轧钢板

热轧钢板有厚钢板、薄钢板及扁钢等，见表 2.3。钢板在钢结构施工图中的表示方法为"—宽×厚×长"，如"—450×83×100"，单位为 mm。

表 2.3 热 轧 钢 板

类别	厚度/mm	宽度/mm	长度/m	用　途
厚钢板	4.5～100	600～3000	4～12	梁、柱、实腹式框架等构件的腹板和翼缘，以及桁架中的节点板
薄钢板	0.35～4	500～1500	0.5～4	制造冷弯薄壁型钢
扁钢	4～60	12～200	3～9	组合梁的翼缘板、各种构件的连接板、桁架节点板和零件等，螺旋焊接钢管的原材料

2. 热轧型钢

建筑钢结构中常用的型钢是角钢、工字钢、槽钢、H 型钢和钢管等。除 H 型钢和钢管有热轧和焊接成形的区分外，其余型钢均为热轧成形。各类热轧型钢的表示方法、长度及用途见表 2.4。

表 2.4 热 轧 型 钢

类　别		表示方法	长度/m	用　途
角钢	等边	∟肢宽×肢厚，如∟100×10 即为肢宽为 100mm，肢厚为 10mm 的等边角钢	4～19	组成独立的受力构件，也可作为受力构件之间的连接零件。我国目前生产的最大不等边角钢的肢宽为 200mm 和 125mm
	不等边	∟两肢的宽度×肢厚，如∟100×80×8 即为长肢宽为 100mm，短肢宽为 80mm，肢厚为 8mm 的不等边角钢		
工字钢	普通	[截面高度（cm），高度在 20cm 以上的工字钢用字母 a、b、c 表示不同的腹板厚度，a 类腹板最薄，c 类腹板最厚	5～19	在其腹板平面内受弯的构件，或由几个工字钢组成的组合构件，不宜单独用作轴心受压构件或承受斜弯曲和双向弯曲的构件。最大号数为 ¬63
	轻型			
槽钢	普通	[截面高度（cm），如 [12 即为截面高度为 12cm 的槽钢	5～9	屋盖檩条，承受斜弯曲或双向弯曲的最大构件。最大号数为 [40
	轻型			
H 型钢		分为宽翼缘（HW）、中翼缘（HM）、窄翼缘（HN）和 H 型钢柱（HP）。表示方法为高度(H)×宽度(B)×腹板厚度(t_1)×翼缘厚度(t_2)	6～15（焊接 H 型钢为 6～12）	高层建筑、轻型工业厂房和大型工业厂房
T 型钢		分为宽翼缘（TW）、中翼缘（TM）和窄翼缘（TN）。表示方法为高度(H)×宽度(B)×腹板厚度(t_1)×翼缘厚度(t_2)		
钢管	热轧无缝	φ外径（d）×壁厚（t），无缝钢管的外径为 32～630mm	3～12	网架与网壳结构的受力构件，工业厂房和高层建筑、高耸结构的柱子，钢管混凝土组合柱
	焊接	φ外径（d）×壁厚（t），直缝钢管的外径为 19.1～426mm	3～10	
		φ外径（d）×壁厚（t），螺旋钢管的外径为 219.1～1420mm	8～12.5	

3. 冷弯薄壁型钢

冷弯薄壁型钢采用薄钢板辊压或冷轧制成，壁厚一般为 1.5～5mm。如图 2.13 所示，由于冷弯薄壁型钢的厚壁非常小，截面展开后能充分利用钢材的强度，节约钢材，因此在轻型钢结构中得到了广泛应用。

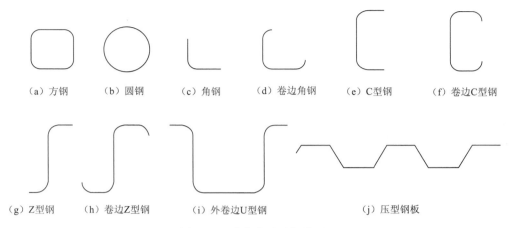

（a）方钢　　（b）圆钢　　（c）角钢　　（d）卷边角钢　　（e）C 型钢　　（f）卷边 C 型钢

（g）Z 型钢　　（h）卷边 Z 型钢　　（i）外卷边 U 型钢　　（j）压型钢板

图 2.13　冷弯薄壁型钢截面

2.5.3　钢材的选用原则

钢结构设计中的第一个环节就是选用钢材。其一般原则为：在使结构安全可靠并满足使用要求的同时，尽最大可能地节约钢材，降低造价。选择钢材时应考虑以下因素。

1. 结构的重要性

根据使用条件、结构所处部位等的不同，结构可以分为重要、一般和次要 3 类，应根据不同情况有区别地选用钢材的牌号。例如，大跨度结构、重级工作制吊车梁、高层或超高层民用建筑等就属于重要结构，应考虑选用优质钢材；普通厂房的屋架和柱等属于一般结构，可选取普通质量的钢材；爬梯、栏杆、平台等则属于次要结构，可以选用一些质量稍差的钢材。

2. 荷载情况

按所承受荷载的性质，结构可分为承受静力荷载和承受动力荷载两种。在承受动力荷载的结构或构件中，又有经常满载和不经常满载的区别。因此，荷载性质不同，应选用不同的牌号。例如，对于重级工作制吊车梁，就要选用冲击韧性和抗疲劳性能好的钢材，如 Q345C 和 Q235C；而对于一般承受静力荷载的结构或构件，如普通焊接屋架及柱等，在常温条件下，可用 Q235BF。

3. 连接方法

钢结构的连接方法有焊接和非焊接两种。连接方法不同，对钢材质量的要求也不同。例如，对焊接的钢材，由于在焊接过程中会不可避免地存在焊接应力、焊接变形和其他焊接缺陷，在受力性质改变以及温度变化的情况下，容易使构件产生裂纹，甚至发生脆性断裂，所以焊接钢结构对钢材的化学成分、力学性能和焊接性能都有严格要求；对于非焊接钢结构（如用高强度螺栓连接的结构）来说，这些要求就可放宽。

4. 结构所处的环境和工作条件

结构所处的环境和工作条件，如室内、室外、温度变化、腐蚀作用等对钢材的影响很大。钢材有低温脆断的特性，低温下钢材的塑性、冲击韧性都显著降低。当温度下降到冷脆温度时，钢材随时都可能突然发生脆性断裂。因此对经常在低温下工作的焊接结构，应选用具有良好抗低温脆断性能的镇静钢。

5. 钢材厚度

薄钢材辊轧次数多，轧制的压缩比大，而较厚的钢材压缩比小，因此厚度大的钢材不仅强度低，而且塑性、韧性和焊接性能也较差。因此，厚钢板的焊接连接应选用质量较好的钢材。

思考题

2.1 简述 Q235 钢应力-应变曲线图中的各个阶段及各个工作阶段的典型特征。

2.2 在钢结构设计中，衡量钢材力学性能好坏的 3 项重要指标，它们的作用如何？

2.3 钢材中常见的冶金缺陷有哪些？

2.4 什么是钢材的疲劳和疲劳强度？什么情况下需要进行疲劳验算？

2.5 什么叫塑性破坏？什么叫脆性破坏？如何防止脆性破坏的发生？

2.6 影响钢材性能的因素主要有哪些？

2.7 应力集中是怎样产生的？其又有怎样的危害？在设计中应如何避免？

2.8 简述建筑钢结构对钢材的基本要求，《规范》推荐使用的钢材有哪些？

2.9 在钢材的选择中应考虑哪些因素？

2.10 影响钢材性能的主要化学成分有哪些？碳、硫、磷对钢材性能有何影响？

第 3 章

钢结构的连接

钢结构是钢板、钢管、热轧型钢或冷加工成形的型钢通过焊接、铆钉或螺栓组合连接形成基本构件，再通过安装连接装配而成整体结构。因此，钢结构的连接设计得是否合理、规范以及施工质量的优劣对钢结构工程的安全可靠性、经济合理性、施工建造难易程度和施工速度均有着重大影响。

合理高效的钢结构连接设计应符合以下几点。

（1）安全可靠，即连接部位应有足够的强度、刚度及延性。

（2）传力明确，使被连接构件及节点部件间的相互位置合理而准确。

（3）构造简单，制作方便，便于调整构造形式，并考虑临时定位措施，利于运输和安装。

（4）节约钢材，降低综合造价。

保证在对整个连接体系正确的受力分析基础上进行合理的连接方式选择、构造设计、连接的焊缝尺寸计算或螺栓合理布置，最终校核方案的可靠性。

3.1 钢结构的连接方法

3.1.1 钢结构的连接方法概述

钢结构的连接有的是在钢结构制造厂完成的，称为工厂连接；有的是在建造现场工地上完成的，称为工地连接。

钢结构的连接方法目前规范中推荐有焊接连接、螺栓连接和铆钉连接 3 种。其中，铆钉连接方式广泛应用于我国 20 世纪初建设的钢桥上，目前钢结构工程中已经很少采用。各种连接方式如图 3.1 所示。

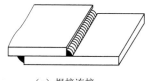
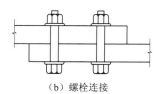
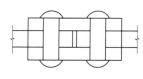

（a）焊接连接　　　　　　　（b）螺栓连接　　　　　　　（c）铆钉连接

图 3.1　钢结构的连接方法

3.1.2 焊接连接

焊接是一门具有悠久历史的连接技术。我国远在商代就出现了铁与铜铸焊的武器，战国时代就已有用钎焊来连接青铜器的技术。近代钢结构焊接技术是在 19 世纪末至 20 世纪初发展起来的。20 世纪 30 年代出现了厚涂料的优质电焊条，显示了焊接方法的优越性，同时又发明了使用焊丝和焊剂的埋弧焊。中国的手工电弧焊始于 20 世纪 40 年代，并于 50 年代推广应用埋弧自动焊技术，60 年代开始试验 CO_2 气体保护焊、电渣焊技术，并逐步推广应用于钢结构制造中。随着焊接技术、焊接设备、焊接材料的不断革新，20 世纪 20 年代开始焊接已成为钢结构连接中应用最广泛的连接方法。

焊接原理是通过加热或加压，或两者并用，采用或不采用填充材料使焊件达到结合，形成永久性连接的整体。

1. 焊接优点

（1）构造简单，任何形状的构件都可直接焊接，无需辅助零配件。

（2）省工省料，不需钻孔，制作加工方便，节约钢材，重量轻，不削弱构件截面。

（3）施工快速，可采用自动化操作，生产效率高。

（4）结构刚度大，连接的密封性能好，整体性好。

2. 焊接缺点

（1）钢材脆性加大。焊缝附近存在热影响区，由高温快速降到常温时不均匀的热胀冷缩过程降低了焊接构件金属组织的塑性和韧性，导致焊缝热影响区部分变脆。

（2）焊件中难免存在焊接残余应力、残余变形、微裂纹或焊渣等缺陷，使构件承载能力降低，对结构工作性能有不利影响。尤其是当焊接结构出现裂纹缺陷，可能会迅速扩展到整个界面。

（3）焊接结构在低温条件下容易产生冷脆性。

（4）焊接材料要求高，焊接程序严格，质量依赖焊工技术水平，焊缝等级高时质检工作量大。

（5）焊接结构是不可拆卸的永久性连接结构，不利于维修和回收。

钢结构中所用焊接方法很多，进行施工图设计时应对设计的施工图中所有连接方法、技术要求进行详细标注。

选择焊接方法时不仅要了解各种焊接方法的特点和适用范围，还要根据结构的工作要求做出选择，选择原则如下。

（1）焊接接头使用性能及质量要符合结构技术要求。

（2）提高生产率，降低成本。

3. 焊接根据工艺特点分类

（1）熔化焊。在焊接过程中将金属母材连接处局部加热至熔化状态，并附加熔化的填充金属，使金属分子间相互结合、渗透熔合在一起，经冷却后形成焊缝，连接的两被焊金属成为一体。根据所采用热源的不同，熔化焊有电弧焊、气焊等，适用于各种常用金属材料的焊接。

（2）压焊。在焊接过程中对被焊金属加压（加热或不加热），并在压力作用下使金属接触部位产生塑性变形或局部熔化，通过原子扩散使两部分被焊金属连接成一个整体。该方法只适用于塑性较高的金属材料的焊接。

钢结构中应用最广泛的焊接方法是电弧焊，在薄钢板、冷弯型钢结构的连接时常有气焊、电阻点焊等焊接方法的应用。

3.1.3　螺栓连接

螺栓连接通过螺栓这种紧固件把被连接件连成一体，是钢结构的重要连接手段之一。通常用于构件间的连接、固定、定位等。螺栓连接只需要在连接件上钻孔，装入螺栓，拧紧螺母，即可完成施工，分为普通螺栓连接和高强螺栓连接两种形式。钢结构采用的螺栓的形式为六角头型，粗牙普通螺纹，代号用字母 M 和公称直径的毫米数表示，建筑工程中常用螺栓有 M16、M20、M24 等。

1. 螺栓连接优点

（1）施工工艺简单，操作方便，不需要特殊设备，可适用于厂地安装连接。

（2）工程进度快，质量稳定。

（3）装拆方便，适用于需要装拆结构连接和临时性连接。

（4）摩擦型高强度螺栓耐疲劳性能好，承受动荷载可靠。

2. 螺栓连接缺点

（1）螺栓连接需制孔，拼装和安装需对孔，工作量增加，且对制造的精度要求较高。

（2）螺栓连接因开孔对母材截面有一定的削弱，在构造上还需增设辅助连接件，故用料增加，构造复杂，应力集中明显。

（3）高空安装精度要求高，增加了施工难度和成本。

3.1.4　铆钉连接

铆钉连接是一种永久性连接方式，其制作方法主要有热铆和冷铆两种。热铆是把铆钉加热到 1000～1500℃，将烧红的钉坯插入构件的钉孔中，用铆钉枪或压铆机铆合而成；冷铆是在常温下铆合而成，适用于直径较小铆钉。建筑结构中常用热铆，铆钉打铆完成后，钉杆由高温慢慢冷却而发生收缩，但被钉头之间的钢板阻止，故钉杆中产生收缩应力，对钢板则产生压紧力，使得连接十分紧密。当构件受剪力作用时，钢板接触面上产生很大的摩擦力，因而大大提高连接的工作性能。

铆钉连接出现于 19 世纪 20—30 年代，曾经是钢结构的主要连接方法。我国在20 世纪初开始修建了大量的铆接钢桥，如武汉长江大桥、南京长江大桥等。但是由于铆钉连接结构复杂，费钢费工，目前在钢结构建设中已很少采用。

1. 铆钉连接优点

（1）塑性和韧性较好，适用于承受各种荷载的永久性结构。

（2）传力可靠，对主体钢材要求低。

（3）质量易于检查，在一些重型和直接承受动力荷载的结构中，有时仍然采用。

2. 铆钉连接缺点

（1）工艺复杂，得完成定位、预紧、烧钉和铆合等施工程序。

（2）施工噪声大、制作所需工作量大，尤其是现代建筑施工经常高空作业，铆接施工条件差，因此已逐渐被焊接、螺栓连接所替代。

（3）铆钉钉孔削弱主材截面，需要附加拼接板，钢材消耗量大。

综上所述，目前最常用的钢结构连接方法是焊接连接和螺栓连接。本章将重点介绍这两种连接方式的连接方法特性、构造和计算。

3.2 焊接特性

与其他钢结构连接方法相比，焊接具有构造简单、省工省料、施工速度快、刚度大、脆性大、质量检验工作量大等特性，要扬长避短，需要了解焊接特性的影响因素。其影响因素包括焊接连接方法、焊接材料、焊缝形式、焊缝质量等级等。

3.2.1 焊接方法

钢结构的焊接方法很多，目前应用最多的是手工电弧焊和自动埋弧焊、半自动埋弧焊以及气体保护焊等。这些都是利用电弧产生的热能使连接处的焊件钢材局部熔化，并加添焊接时由焊条或焊丝熔化的钢液，冷却后共同形成焊缝而使两焊件连成一体，因而钢结构的焊缝连接是钢材熔化后经冶金反应而形成焊件钢材分子间的接合。上述 3 种焊接方法都属熔化焊。

电弧焊是钢结构中最常用的焊接方法，可分为手工电弧焊、自动埋弧焊和半自动埋弧焊。

1. 手工电弧焊

图 3.2 所示为手工电弧焊示意图，基本设备是电焊机，电焊机可以是交流或直流。当为直流电焊机时，电弧的两极释放的热量不等（正极的热量略高于负极）。如将正极接于焊件，负极接于焊条时，称为"正接"；反之则称为"反接"。根据接法不同，可调节焊件钢材与焊条的熔化情况。焊件厚度较大时，一般宜用正接，使在焊件上有适当的熔化深度。

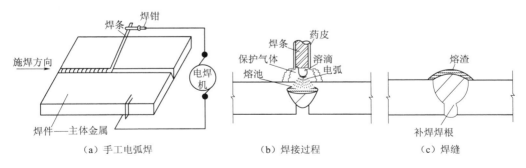

（a）手工电弧焊　　　　　（b）焊接过程　　　　　（c）焊缝

图 3.2　手工电弧焊示意图

手工电弧焊焊接时如图 3.2（a）所示，首先电焊机的一个电极用导线连接于焊件，另一个电极连接于焊把，焊把夹住焊条上端未涂焊药的头部。电焊机一般采用 50～70V 低压电，几十安培到几百安培的大电流引燃电弧。通电后，将焊条一端与焊件稍微接触形成"短路"后又马上移开，即完成"打火"，焊条末端与焊件间将发生电子放射而产生电弧，发出集中的高热及强烈的弧光。电弧温度可达 5000℃以上，焊件钢材局部在高温下熔化形成凹槽状的熔池，同时由于电弧的喷射作用把熔化的焊条金属滴落熔池，与焊件熔化部分结合，冷却后即形成焊缝。同时，焊条药皮形成的熔渣和气体覆盖熔池，可防止空气中的氧、氮等有害气体与熔化的液体金属接触而形成脆性易裂的化合物。

手工电弧焊的焊条能够与大多数焊件金属性能相匹配，接头的性能可以达到被焊金属的性能。不但能焊接碳钢和低合金钢、不锈钢、耐热钢及铸铁、高合金钢、有色金属等，还可以进行异种钢焊接和各种材料的堆焊等。不适合活泼金属、难熔金属及薄钢板的焊接。

相对于机械化的自动（或半自动）埋弧焊，手工电弧焊操作灵活，适用性和可达性强，适用各种焊缝（各种焊接位置、接头形式、焊件厚度的焊缝，只要焊条可以达到均可进行焊接。尤其一些机械化无法焊的不规则的、空间位置不方便、小或短的焊缝）；可改善焊接残余应力及焊接变形。对结构复杂而焊缝比较集中的焊件、长焊缝和大厚度焊件采用焊条电弧焊，可以通过跳焊、分段退焊、对称焊等方法，来减少变形和改善焊接应力的分布；焊接设备简单、成本较低。手工电弧焊使用的交流焊机和直流焊机，其结构都比较简单，维护保养也较方便，设备轻便且易于移动，而且焊接中具有较强的抗风能力，投资少，成本相对较低。因此，在钢结构连接中手工电弧焊应用最广泛。

但同时由于手工电弧焊的施工速度和质量依赖于焊工的技术水平和精神状态，质量变异性大；每焊完一根焊条后必须停止焊接，更换新的焊条，而且每一焊道焊完后要清渣，焊接过程不能连续进行，所以生产效率低、劳动强度大；焊接工人在高温烘烤、强烈弧光、有毒烟尘及熔化金属飞溅环境下工作，劳动条件差。

2. 自动（或半自动）埋弧焊

图 3.3（a）和图 3.3（b）所示为埋弧焊及其熔池示意图。自动（或半自动）埋弧焊是机械化的焊接方法，采用的是盘状连续的焊丝在散粒焊剂下燃弧焊接，电弧并不外露，因此得名埋弧焊。

电焊机通电后，沿直线轨道按规定速度移动，焊机的前方有一装有颗粒状焊剂的漏斗，沿焊接方向不断在母材拟焊接处铺上焊剂。电弧发生在转盘转下的裸焊丝与焊件之间，使埋于焊剂下的焊丝和附近的焊剂熔化，部分焊剂在熔化后成为焊渣，较轻的熔渣浮在熔化的焊缝金属上保护熔化的金属不与空气接触，同时还供给焊缝必要的合金元素以改善焊缝质量，多余的焊剂由吸收管回收再用。随着焊枪头的自动前进，颗粒状的焊剂不断由漏斗流下，焊丝也自动地随着熔化而送丝补给。

埋弧焊一般用于厚度为 6～50mm 的焊件中，但由于埋弧焊焊剂的成分主要是 MnO 和 SiO_2 等金属及非金属氧化物，不适合焊铝、钛等易氧化的金属及其合金、铸铁、镁、铅、锌等低熔点金属材料。

与手工电弧焊相比，自动埋弧焊没有强烈弧光和烟尘，劳动强度小，施工速度快；焊缝化学成分均匀，机械化施工质量稳定，焊缝表面平整、美观；使用的电流较大，热量的散失小、熔深大、生产效率高，可一次性焊透 20mm 以下不开口的

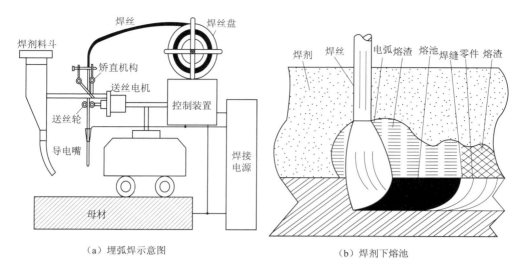

（a）埋弧焊示意图　　　　　　　　　（b）焊剂下熔池

图 3.3　埋弧焊及熔池示意图

钢板；避免了焊接飞溅损耗，对接焊缝可以不开坡口或少开坡口，节约焊接材料；熔池不与空气接触可有效保护熔化金属不受空气氧化及掺杂氮等不利杂质，热影响区宽度也由于施工速度快而相对于手工电弧焊小，焊缝塑性好，冲击韧性高，抗腐蚀性好。

自动埋弧焊的缺点在于焊接前对于焊缝间隙等要求精确，增加了焊接前的装配难度；且施焊时只能按照设置好的轨道前进，仅适用于长直的水平俯焊焊缝或倾角不大的斜焊缝、环形焊缝、角焊位置焊接。倾角较大则需要特殊装置来保证焊剂对焊缝区的覆盖和防止熔池金属的漏淌，对不规则焊缝无法焊接；焊接时不能直接观察电弧与坡口的相对位置，容易产生偏焊及未焊透现象，不能及时调整工艺参数，故需要采用焊缝自动跟踪装置来保证焊缝不焊偏；埋弧焊使用电流较大，电弧的电场强度较高，电流小于 100A 时，电弧稳定性较差，因此不适宜焊接厚度小于 1mm 的薄件，焊接设备比较复杂，维修保养工作量大。

半自动焊和自动焊的差别仅在于焊丝沿着焊接方向前进靠人工移动，焊丝送下补给和焊剂下落仍是自动的。其焊缝质量、劳动强度和灵活性介于自动焊和手工焊之间，可应用于直线、曲线、连续或间断的平面倾角不大的位置上焊缝焊接。

3. 气体保护焊

图 3.4 所示为气体保护焊示意图。气体保护焊是用外加气体作为电弧介质并保护电弧和焊接区的自动或半自动电弧焊方法，简称气体保护焊或气电焊。它是利用电弧作为热源，气体作为保护层防止氧气、氮气等有害气体影响焊缝质量的熔化焊，工厂焊接中常用。

与其他熔化焊方法相比，气体保护焊优势在于成本低廉，一般不需要用焊剂，熔池可见度好，焊前装配要求低，便于操作，因此生产效率比埋弧焊高；保护气体是喷射的，适宜全位置焊接，不受空间位置的限制，有利于实现焊接过程的机械化和自动化；电弧在保护气流的压缩下热量集中，可减少焊接层数或减小坡口尺寸；焊接熔池和热影响区很小，因此焊件变形小、焊接裂纹倾向不大。

气体保护焊缺点在于不宜在有风的地方施焊，在室外作业时须有专门的防风措

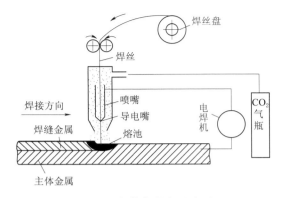

图 3.4　气体保护焊示意图

施；电弧光的辐射较强；焊接设备较复杂，容易出现故障。

气体保护焊尤其适用于薄板焊接。当采用氩、氦等惰性气体保护焊接化学性质较活泼的金属或合金时，可获得高质量的焊接接头。

4. 其他钢结构焊接连接方法

其他钢结构焊接连接方法主要还包括电阻焊和气焊。其中，电阻焊是压焊中应用最广泛的一种焊接方法，即利用电流通过焊件接触点表面的电阻所产生的热量来熔化金属，再通过压力使其焊合的连接方法，如图 3.5 所示。适用于厚度为 6～12mm 的板材连接，模压及冷弯薄壁型钢的焊接常采用这种接触点焊。

气焊是利用乙炔在氧气中燃烧形成的火焰来熔化焊条和基本金属逐渐形成焊缝，适用于薄钢板或小型结构的连接，如图 3.6 所示。

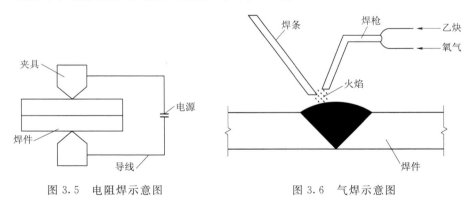

图 3.5　电阻焊示意图　　　　　　　　图 3.6　气焊示意图

3.2.2　焊接材料

电焊条的种类很多，要结合焊接结构的特点、施焊条件、设备状况和焊接工艺要求等综合考虑，正确选用焊条。例如，需适应焊接场地（工厂焊接、工地焊接）、焊接方法、焊接方式，特别是要与焊件钢材的强度和材质要求相适应。

1. 焊条

在熔化焊过程中，如果大气与熔池直接接触，大气中的氧、氮、水蒸气等就会进入熔池并恶化焊缝的质量和性能。例如，氧进入熔池会氧化金属，氮、水蒸气等进入熔池会在冷却过程中使焊缝形成气孔、夹渣、裂纹等焊缝缺陷。

手工电弧焊中所应用的焊条表面敷有药皮，焊条药皮在焊接过程中起着极为重要的作用。首先，焊条表面的药皮熔化后产生大量的惰性气体并形成熔渣，隔离空气与熔池。惰性气体使空中的氧、氮难以侵入熔池金属，熔渣可降低焊缝冷却速度。其次，药皮通过熔渣与熔化金属冶金反应，可有效去除有害杂质（如氧、氮、硫、磷等），给焊缝添加有益钢材性能元素，提升焊接结构力学性能。

（1）焊条的分类。按焊条的用途分类。焊条可分为碳钢焊条、低合金焊条、不锈钢焊条、堆焊焊条、铸铁焊条、铜及铜合金焊条、铝及铝合金焊条、镍及镍合金焊条。

按焊条药皮熔化后的熔渣特性，焊条可分为酸性焊条和碱性焊条两大类。酸性焊条适用于一般低碳钢和强度等级较低的普通低合金钢结构各种位置的焊接。碱性焊条适用于合金钢和重要碳钢结构焊接。

酸性焊条工艺性好，容易引弧，并且电弧稳定、飞溅少、脱渣性好、焊缝美观。酸性焊条可采用交流、直流焊接电源，焊前焊条的烘干温度较低。主要缺点是焊缝金属的力学性能差。焊缝金属的塑性和韧性均低于碱性焊条形成的焊缝，抗裂性能差。这主要是由于酸性焊条药皮氧化性强，使合金元素烧损较多，以及焊缝金属含硫量和扩散氢含量较高造成的。

使用碱性焊条时焊缝中含氧量较少，合金元素很少氧化，焊缝性能好。碱性焊条药皮中碱性氧化物较多，故脱氧、硫、磷的能力比酸性焊条强。此外，药皮中的萤石有较大的去氢能力，焊缝中含氢量低，所以也称低氢型焊条。使用碱性焊条，焊缝金属的力学性能，尤其是塑性、韧性和抗裂性能都比酸性焊条好。主要缺点是工艺性差，对油污、铁锈及水分等较敏感。焊接时如工艺不当，容易产生气孔。

（2）焊条的匹配。钢结构中所应用的碳钢焊条和低合金钢焊条型号是根据熔敷金属的力学性能、药皮类型、焊接位置和电流种类来划分的。首位字母"E"表示焊条；前两位数字表示熔敷金属抗拉强度的最小值，单位为MPa，如43、50和55表示焊条钢丝的抗拉强度分别为$420N/mm^2$、$490N/mm^2$和$540N/mm^2$；第三位数字表示焊条的焊接位置，如"0"及"1"表示焊条适用于全位置焊接（平、立、仰、横），"2"表示焊条适用于平焊及平角焊，"4"表示焊条适用于向下立焊；第三位和第四位数字组合时表示焊接电流种类及药皮类型，如对于直接承受动荷载的重要结构，应采用第三、第四位组合数字为15、16、18的低氢焊条，其他数字组合表示非低氢焊条。第三、第四位数字组合为01、15时仅适用于直流电，其余组合可用直流电或交流电。在第四位数字后附加"R"表示耐吸潮焊条，附加"M"表示耐吸潮和力学性能有特殊规定的焊条，附加"—1"表示冲击性能有特殊规定的焊条。

焊缝金属应与主体金属相适应，亦即采用的焊条型号应与焊件母材的钢号相匹配。例如，按照我国现行的国家标准对于Q235钢焊件应用E43系列（E4300～E4316型）焊条，Q345钢焊件应用E50系列（E5000～E5018型）焊条，Q390、Q420、Q460钢焊件应用E55系列（E5500～E5518型）焊条或E60系列类型。当不同钢种的钢材连接时，《钢结构焊接规范》（GB 50661）中明确规定了宜用与低强度钢材相适应的焊条。

焊条型号的合理匹配必须以足够的施焊经验为依据，如确定有困难可在图纸上只注明采用的焊条系列类型，如注明 E43 型或 E50 型焊条，其具体型号可由焊接技术人员确定。有关焊接材料匹配可参考表 3.1。

表 3.1　　　　　　　　常用钢材的焊接材料匹配推荐表

母　材				焊　接　材　料			
GB/T 700 和 GB/T 1591 标准材料	GB/T 19879 标准钢材	GB/T 4171 标准钢材	GB/T 7659 标准钢材	焊条电弧焊 SMAW	实心焊丝气体保护焊 GMAW	药芯焊丝气体保护焊 FCAW	埋弧焊 SAW
Q235	Q235GJ	Q235NH Q295NH Q295GNH	ZG270 - 480H	GB/T 5117： E43XX E50XX E50XX - X	GB/T 8110： ER49 - X ER50 - X	GB/T 10045： E43XTX - X E50XTX - X GB/T 17493： E43XTX - X E49XTX - X	GB/T 5293： F4XX - H08A GB/T 12470： F48XX - H08MnA
Q345 Q390	Q345GJ Q390GJ	Q355NH Q345GNH Q345GNHL Q390GNH	—	GB/T 5117： E50XX E5515 16 - X	GB/T 8110： ER50 - X ER55 - X	GB/T 10045： E50XTX - X GB/T 17493： E50XTX - X	GB/T 5293： F5XX - H08A F5XX - H10Mn2 GB/T 12470： F48XX - H08MnA F48XX - H10Mn2 F48XX - H10Mn2A
Q420	Q420GJ	Q415NH	—	GB/T 5117： E5515 16 - X	GB/T 8110： ER55 - X	GB/T 17493： E55XTX - X	GB/T 12470： F55XX - H10Mn2A F55XX - H08MnMoA
Q460	Q460GJ	Q460NH	—	GB/T 5117： E5515 16 - X	GB/T 8110： ER55 - X	GB/T 17493： E55XTX - X E60XTX - X	GB/T 12470： F55XX - H08MnMoA F55XX - H08Mn2MoVA

注　1. 被焊母材有冲击要求时，熔敷金属的冲击功应不低于母材的规定。
　　2. 当所焊接头的板厚不小于 25mm 时，宜采用低氢型焊接材料。
　　3. 表中 X 为对应焊材标准中的焊材类别。

2. 焊丝

埋弧焊焊接材料有焊丝和焊剂，它们的作用相当于焊条电弧焊的焊芯和药皮。

（1）焊丝的分类。焊丝按其使用的方法可分为自动埋弧焊焊丝、电渣焊焊丝、CO_2 气体保护焊焊丝、堆焊焊丝、气焊焊丝等。埋弧焊使用的焊丝有实心焊丝和药芯焊丝两类，生产中普遍使用的是实心焊丝，药芯焊丝只在某些特殊场合应用。CO_2 气体保护焊目前已较多地采用了药芯焊丝。

焊丝按被焊金属材料的不同可分为碳素结构钢焊丝、低合金钢焊丝、不锈钢焊丝、镍基合金焊丝、铸铁焊丝、有色金属焊丝和特殊合金焊丝等。

（2）焊丝的选用。钢结构连接中埋弧焊所采用的焊丝和焊剂，要保证其熔敷金属的抗拉强度不低于相应手工焊焊条的数值，可参考表 3.1 中推荐焊丝的方案匹配。例如，对于 Q235 钢焊件，可采用 H08、H08A 等焊丝；对于 Q345 钢焊件，可采用 H08A、H08MnA 和 H10Mn2 等焊丝；对于 Q390 钢焊件可采用 H08MnA、H10Mn2 等焊丝。

对焊接设计匹配焊接材料时，手工焊采用的焊条应符合现行国家标准《碳钢焊条》(GB/T 5117) 或《低合金钢焊条》(GB/T 5118) 的规定；焊丝应符合现行国家标准《熔化焊用钢丝》(GB/T 14957)、《气体保护电弧焊用碳钢焊丝》(GB/T 8110) 及《碳钢药芯焊丝》(GB/T 10045)、《低合金钢药芯焊丝》(GB/T 17493) 的规定；埋弧焊用的焊丝和焊剂应符合现行国家标准《埋弧焊用碳素钢焊丝和焊剂》(GB/T 5293)、《埋弧焊用低合金钢焊丝和焊剂》(GB/T 12470) 的规定；气体保护焊使用的氩气应符合现行国家标准《氩》(GB/T 484) 的规定，其纯度不应低于 99.95%，使用的二氧化碳应符合现行国家标准《焊接用二氧化碳》(HG/T 2537) 的规定。

3.2.3 焊缝形式

焊缝连接如图 3.7 所示，按连接构件相对位置可分为对接、顶接（T 形连接）、搭接和角接 4 种形式。

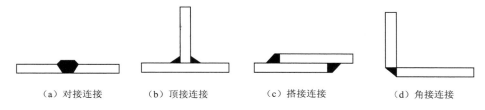

（a）对接连接　　（b）顶接连接　　（c）搭接连接　　（d）角接连接

图 3.7　焊接连接形式

可以看出，图 3.7（a）所示对接连接用料节约，传力均匀平顺，没有截面突变而产生的应力集中，因此焊缝强度及抗疲劳性能高。但是为了对接连接保证焊透需要精确的坡口加工，因此制作比较费工。图 3.7（b）所示顶接连接构造简单，节约材料，但是连接位置应力集中严重，焊缝强度及抗疲劳性能低。图 3.7（c）所示搭接连接用料不经济，传力不均匀，优势是允许施工时下料尺寸有偏差，施工简单。图 3.7（d）所示角接连接构造简单，传力不直接，用料经济。

按焊缝构造不同，焊缝可分为对接焊缝和角焊缝，如图 3.8 所示。

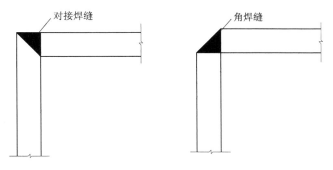

图 3.8　焊缝构造形式示意图

1. 对接焊缝

对接焊缝可用于除搭接以外的各种焊缝连接形式，焊缝与焊件在同一平面内，焊缝金属充满焊缝，将连接的两者结合成一个整体，主要适用于厚度相同或接近相同的两构件的相互连接。由于相互连接的两构件在同一平面内，因而具有传力直接、均匀平缓，没有明显的应力集中，受力明确且焊缝动力性能好的特点。对厚度较大的构件，施焊前在焊口处需要开设坡口。

图 3.9 所示为保证斜坡口和根部间隙组成一个焊条能够运转的空间，可以焊透又避免焊液烧漏，被连接两板的间隙、坡口深度、坡口角度等尺寸均有严格的要求。

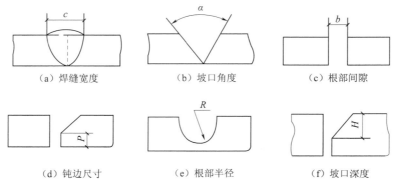

（a）焊缝宽度　　　（b）坡口角度　　　（c）根部间隙

（d）钝边尺寸　　　（e）根部半径　　　（f）坡口深度

图 3.9　焊缝尺寸示意图

设计时应根据《钢结构焊接规范》（GB 50661）选择合适的焊接方法、焊缝形式、尺寸等，并规范了标注（图 3.10），如焊条电弧焊、完全焊透、对接、Ⅰ 形坡口、背面加钢衬垫的单面焊接接头表示为 MC－BⅠ－BS1。

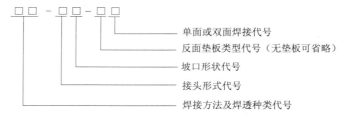

单面或双面焊接代号
反面垫板类型代号（无垫板可省略）
坡口形状代号
接头形式代号
焊接方法及焊透种类代号

图 3.10　焊接接头坡口形状和尺寸的标记

对接焊缝的焊件常需做成坡口，故又称为坡口焊缝。坡口形式选择与焊件的厚度有关（图 3.11）。由于坡口精度和装配精度是保证对接焊缝焊接质量的重要条件，超出《钢结构焊接规范》（GB 50661）允许偏差的坡口角度、钝边大小、间隙会影响焊接施工操作，影响焊缝内部焊接质量和接头质量，同时会造成焊接收缩应力过大，易于产生延迟裂缝。

当钢材厚度在 10mm 及以下时，手工焊对接焊缝通常采用 I 形坡口。对接连接的板件边缘不需加工，只需要保持根部间隙满足要求，当板材厚度在 5mm 及以下时可单面焊；当板厚在 20mm 以下时常采用半 V 形坡口或 V 形坡口；板厚大于20mm 时，则常采用单边 U 形、X 形或 K 形坡口。当焊件可随意翻转施焊时，使用 K 形坡口和 X 形坡口较好。K 形坡口疲劳强度高，重级工作制吊车梁的上翼缘和腹板的连接均采用这种坡口。X 形坡口两面施焊时费工费时，且坡口熔深难以控制，U 形坡口的曲线增加了施工难度，当 X 形坡口不能双面焊或板厚大于 50mm时可用 U 形坡口。在 T 形或角接接头中，以及对接接头一边板件不便开坡口时，

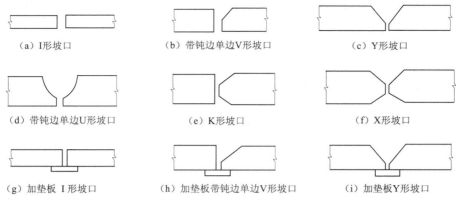

图 3.11 对接焊缝坡口形式

可采用单边 V 形、单边 U 形或 K 形开口。受装配条件限制板缝较大时或没有条件清根和补焊时，连接可采用上述各种坡口焊接时在下面加垫板，如图 3.11（g）～（i）所示，以保证焊透。

埋弧焊对接焊缝在钢材厚度达到 16mm 及以上时才采用 V 形坡口，对于安装中的立焊水平缝，应采用单面施焊的半 V 形焊缝或双面施焊的 K 形焊缝。在承受动载的 T 形连接中，为了保证焊件整个厚度都能熔透，也要采用半 V 形或 K 形对接焊缝，以保证焊透腹板全部厚度。

在对接焊缝的拼接处，当焊件的宽度或厚度不同，相差 4mm 以上时，应分别在宽度方向或厚度方向从一侧或两侧做成坡度不大于 1∶2.5 的斜角（图 3.12）；当厚度不同时，焊缝坡口形式应根据较薄焊件厚度选用坡口形式。直接承受动力荷载且需要进行疲劳计算的结构，斜角坡度不应大于 1∶4，保证截面过渡和缓，减小应力集中。

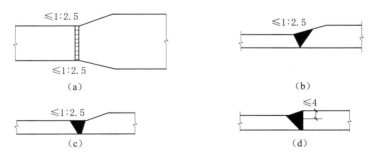

图 3.12 不同宽度或厚度钢板的拼接

2. 角焊缝

角焊缝对焊件尺寸、焊接工艺要求低。连接板件板边不必精加工，焊缝金属直接填充在两焊件形成的直角或斜角的区域内，不要求焊透，只要求焊缝材料将被焊件"粘"在一起。可方便解决不在同一平面内的焊件搭接或顶接，不同厚度构件的连接，焊接可达性强，目前这种焊缝构造在工程中应用最广。力学性能方面角焊缝传力不均匀，应力集中程度高，受力条件差，疲劳强度低，不能直接承受动载。

如图 3.13 所示，按施焊时的空间位置不同，焊缝分为俯焊缝、立焊缝和仰焊缝。焊缝施焊位置是由连接构造决定的，设计中要避免焊缝位置立体交叉和在一处集中大量焊缝，同时焊缝的布置要尽量对称构件形心。

设计时尽量考虑便于焊工操作以得到致密的优质焊缝，须减少构件变形、降低焊接收缩应力的数值及其分布不均匀性，尤其是要避免局部应力集中。俯焊缝最便于施焊，容易实现机械化施焊，焊缝质量较好。立焊中垂直焊缝、水平焊缝及仰焊多半在安装连接时选择，这些焊缝不利于机械化，手工施焊困难。尤其仰焊是仰望向上施焊，施焊难度最大。由于现代建筑钢结构类型日趋复杂，施工中难以避免经常遇到各种施焊位置，焊工技术水平也已随之提高。现在无论是工厂制作还是工地安装施工中仰焊位置已经广泛应用。

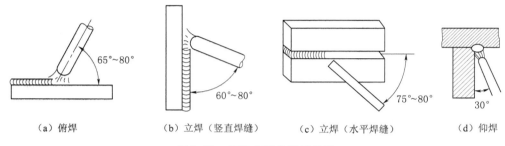

（a）俯焊　　　（b）立焊（竖直焊缝）　　（c）立焊（水平焊缝）　　（d）仰焊

图 3.13　焊缝空间位置示意图

3. 焊缝形式标注方法

在钢结构的施工图上需要采用统一的标准焊缝符号标注，如焊缝形式、焊缝计算厚度、焊接坡口形式等焊接有关要求，可以避免在工程实际中因理解偏差而产生质量问题。

完整、规范的焊缝符号包括基本符号、指引线、补充符号及数据等。为了简化，在图样上通常只采用基本符号和指引线，其他内容在焊接工艺规程等处明确。其中，基本符号表示焊缝横截面的基本形式或特征，见表 3.2。

表 3.2　　　　　　　　　　　焊缝基本符号应用示例

序号	符号	示意图	标注示例
1	∨		
2	∪		

续表

序号	符号	示意图	标注示例
3	△	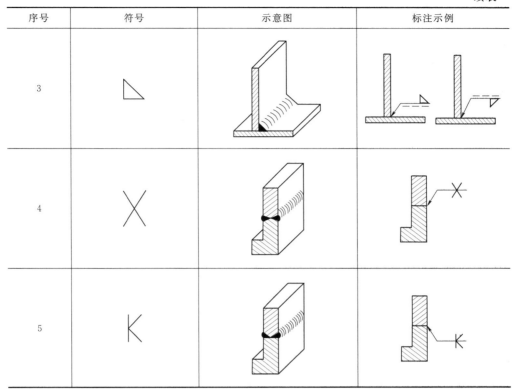	
4	X		
5	K		

指引线由箭头线和基准线（实线和虚线）组成。箭头指向图形上相应的焊缝，基准线的上、下用来标注基本符号和焊缝尺寸。标注在基准线上面表示箭头指向为焊缝所在面；反之则表示在箭头指向为焊缝所在的另一面。必要时，可在水平横线末端加辅助说明。

3.2.4 焊缝缺陷及质量等级

焊缝缺陷是指在焊接过程中，在焊缝金属或附近热影响区钢材表面或内部产生的缺陷，正确选用合适的钢材和焊接工艺可以避免焊接缺陷的不利影响。图 3.14 所示为合格的焊缝，即焊缝表面平整，高度、宽度、焊纹均匀一致，无明显焊缝缺陷，外形尺寸符合要求。

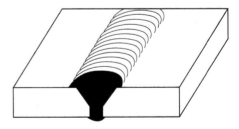

图 3.14　合格焊缝示意图

如图 3.15 所示，常见的焊缝缺陷有以下几种。

（1）形状尺寸缺陷。焊接变形、尺寸偏差（错边、角度偏差、焊缝尺寸过大或过小）、外形不良（焊缝高低不平、外表波形粗劣、焊缝宽窄不齐、焊缝超高、角焊缝焊脚不对称、焊缝形面不良、焊缝接头不良）以及飞溅和电弧擦伤等。

（2）结构缺陷。焊缝外表或内部的气孔、夹渣、未熔合、未焊透、焊瘤、凹坑、咬边等焊接缺陷。

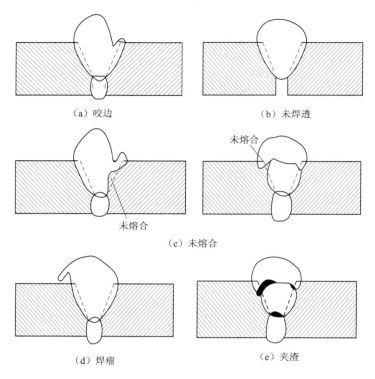

图 3.15　部分焊缝缺陷示意图

（3）性能缺陷。焊接接头的力学性能（如抗拉强度、屈服点、冲击韧性及冷弯角度）、化学成分以及其他如耐腐蚀性能等不符合技术标准。

焊接缺陷不仅会影响焊缝的美观，还有可能直接影响焊接结构使用的可靠性，如减小焊缝的有效承载面积、产生应力集中、降低承载能力、引起裂纹、缩短使用寿命、造成脆断等。

这些焊缝缺陷中裂纹是焊缝连接中最危险的缺陷，包括焊接时产生的热裂纹和在焊缝冷却过程中产生的冷裂纹。这些裂纹除降低焊接接头的力学性能指标外，裂纹末端的缺口还会产生严重应力集中并易于扩展，成为导致结构断裂失效的起源。在重要的焊接接头处是不允许裂纹存在的。采用合理的施焊次序以及预热或焊后热处理，可以减少焊接残余应力，避免出现裂纹。

咬边是指焊条熔化时把焊件过分熔化，使焊件截面受到损伤的现象。未焊透是指焊条熔化时焊件熔化的深度不够，焊件厚度的一部分没有焊接的现象。未融合是指焊条熔化时没有把焊件熔化，焊件与焊条熔合物没有连接或连接不充分的现象。焊瘤是指在焊缝表面存在多余的像瘤一样的焊条熔合物。夹渣是指焊条熔合物表面存在有熔合物锚固着的焊渣。其他缺陷还包括：弧坑，电弧焊时在焊缝的末端（熄弧处）或焊条接续处（起弧处）会出现低于焊弧坑道基体表面的凹坑，在这种凹坑中很容易产生气孔和微裂纹，影响焊缝的应力性能，在设计中要考虑弧坑对焊件的影响，对这方面设计要求本章在对接焊缝与角焊缝构造计算部分予以讲述。气孔，又叫砂眼，指焊条熔合物表面存在的人眼可辨的小孔，气孔可能存在于焊缝内部也可能在表面。烧穿，是指焊条熔化时把焊件底面熔化，熔合物从底面两焊件缝隙中流出形成焊瘤的现象。

对于这些焊缝缺陷，焊缝质量等级不同时，在质量验收标准中都有一定的容许尺寸和数量范围。焊缝金属或部分母材的缺陷超过相应的质量验收标准时，可以选择进行修补或除去而重焊不合格焊缝。若发现焊缝有裂纹缺陷，应彻底铲除后补焊。焊接或母材的缺陷修补前需要分析缺陷的性质、种类和产生原因。如不是因焊工操作或执行工艺规范不严格造成的缺陷，应从工艺方面进行改进，编制新的工艺或经过试验评定后进行修补，以确保返修成功。多次对同一部位进行返修，会造成母材的热影响区的热应变脆化，对结构的安全有不利影响。

焊缝的缺陷，尤其是裂纹对结构极为不利。因此，必须进行焊缝质量检查。其中，焊缝质量检查三级检验是外观检查。一级检验和二级检验是在外观检查基础上，加上超声波、X射线等无损检验。

焊缝在结构中所处的位置不同，承受荷载不同，破坏后产生的危害程度有所差异，因此对应的焊缝质量要求是不同的。《钢结构工程施工质量验收规范》（GB 5020）规定，焊缝质量检查标准分为三级：三级质量检查时，检查焊缝实际尺寸是否符合设计要求和有无可见裂纹、咬边等缺陷；二级质量检查需保证外观检查、超声波探伤（用超声波检验每条焊缝20％长度且不小于200mm，以便揭示焊缝内部缺陷）合格；一级焊缝需保证外观检查、超声波探伤（用超声波检验每条焊缝全部长度）、X射线检验都合格。外观检查时，对一级焊缝不允许存在如裂纹、未焊透、表面气孔等各种缺陷，而对二级焊缝和三级焊缝，除裂纹及焊瘤外一律不允许存在，二级焊缝不允许存在弧坑裂纹、电弧损伤、表面气孔等，其余如咬边和未焊透等缺陷规定了其容许存在的指标。

焊缝质量等级应根据结构的重要性、荷载特性、焊缝形式、工作环境以及应力状态等情况按下述原则分别确定。

（1）在承受动荷载且需要进行疲劳验算的构件中，凡要求与母材等强连接的焊缝应予焊透，其质量等级如下。

1）作用力垂直于焊缝长度方向的横向对接焊缝或T形对接与角接组合焊缝，受拉时应为一级，受压时应为二级。

2）作用力平行于焊缝长度方向的纵向对接焊缝应为二级。

（2）不需要疲劳计算的构件中，凡要求与母材等强的对接焊缝宜焊透，其质量等级当受拉时应不低于二级，受压时宜为二级。

（3）重级工作制（A6～A8）和起重量Q≥50t的中级工作制（A4、A5）吊车梁的腹板与上翼缘之间以及吊车桁架上弦杆与节点板之间的T形接头焊缝均要求焊透，焊缝形式宜为对接与角接的组合焊缝，其质量等级不应低于二级。

（4）部分焊透的对接焊缝，不要求焊透的T形接头采用的角焊缝或部分焊透的对接与角接组合焊缝，以及搭接连接采用的角焊缝，其质量等级如下。

1）对直接承受动荷载且需要验算疲劳的构件和起重机起重量不小于50t的中级工作制吊车梁以及梁柱、牛腿等重要节点，焊缝的质量等级应符合二级。

2）对其他结构，焊缝的外观质量等级可为三级。

焊缝质量等级应由设计人员根据焊缝的重要性在设计图纸上做出规定，制造厂则按图纸要求进行施焊和质量检查。

3.2.5 焊缝强度

焊缝的强度主要决定于焊接材料、焊接主体金属以及焊接工艺。

在正确的焊接工艺和传力均匀直接的焊接连接形式下，对接焊缝的静力强度一般均能达到焊接主体金属的强度。因此，对接焊缝抗压、抗剪强度设计值和满足一级、二级焊缝质量检验标准的抗拉强度设计值均与焊接主体金属相同。满足三级质量检验标准的对接焊缝由于缺乏焊缝内部缺陷检测，所以内部焊接缺陷对抗拉强度的影响要考虑，设计中抗拉强度大约取焊接主体金属强度设计值的85%。

角焊缝的应力状态极为复杂，设计中应取最低的平均剪应力控制角焊缝的强度。因此，在规范中角焊缝的强度设计值不论抗压、抗拉、抗剪，也不分焊缝质量等级均采用相同的焊缝强度设计值。

表 3.3　　　　　　　　焊缝的强度设计值　　　　　　　单位：N/mm²

焊接方法和焊条型号	构件钢材		对接焊缝强度设计值				角焊缝强度设计值
	牌号	厚度或直径 /mm	抗压 f_c^w	焊缝质量为下列等级时，抗拉 f_t^w		抗剪 f_v^w	抗拉、抗压和抗剪 f_f^w
				一级、二级	三级		
自动焊、半自动焊和 E43 型焊条手工焊	Q235 钢	≤16	215	215	185	125	160
		>16~40	205	205	175	120	
		>40~100	200	200	170	115	
自动焊、半自动焊和 E50、E55 型焊条手工焊	Q345 钢	≤16	305	305	260	175	200
		>16~40	295	295	250	170	
		>40~63	290	290	245	165	
		>63~80	280	280	240	160	
		>80~100	270	270	230	155	
自动焊、半自动焊和 E50、E55 型焊条手工焊	Q390 钢	≤16	345	345	295	200	200（E50） 220（E55）
		>16~40	330	330	280	190	
		>40~63	310	310	265	180	
		>63~100	295	295	250	170	
自动焊、半自动焊和 E55、E60 型焊条手工焊	Q420 钢	≤16	375	375	320	215	220（E55） 240（E60）
		>16~40	355	355	300	205	
		>40~63	320	320	270	185	
		>63~100	305	305	260	175	
自动焊、半自动焊和 E55、E60 型焊条手工焊	Q460 钢	≤16	410	410	350	235	220（E55） 240（E60）
		>16~40	390	390	330	225	
		>40~63	355	355	300	205	
		>63~100	340	340	290	195	
自动焊、半自动焊和 E50、E55 型焊条手工焊	Q345GJ 钢	>16~35	310	310	265	180	200
		>35~50	290	290	245	170	
		>50~100	285	285	240	165	

注　表中厚度系指计算点的钢材厚度，对轴心受拉和轴心受压构件系指截面中较厚板件的厚度。

3.3 对接焊缝的构造及计算

对接焊缝按焊缝是否焊透分为焊透焊缝和未焊透焊缝。一般采用焊透焊缝，当板件厚度较大而内力较小时，才可采用未焊透焊缝。由于未焊透焊缝应力集中和残余应力严重，故对直接承受动力荷载的构件不宜采用未焊透焊缝。

3.3.1 对接焊缝的受力性能和构造

对接焊缝传力直接、平顺，没有显著的应力集中现象，受力性能良好。但质量要求高，焊件间施焊间隙要求严格，一般多用于工厂制造的钢结构连接中。

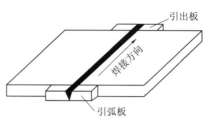

图 3.16 引弧板

一般情况下，每条焊缝的两端常因焊接时起弧、灭弧的影响而较易出现弧坑、未熔透等缺陷，常称为焊口。焊口的存在容易引起应力集中，降低焊缝力学性能。因此，如图 3.16 所示，对接焊缝施焊时，应在焊接接头的端部设置焊缝引弧板、引出板，使焊缝在提供的延长段上引弧和终止。焊条电弧焊和气体保护电弧焊焊缝引弧板、引出板长度应大于 25mm，埋弧焊引弧板、引出板长度应大于 80mm。引弧板和引出板宜采用火焰切割、碳弧气刨或机械等方法去除，不得伤及母材并将割口处修磨焊缝端部平整。严禁锤击去除引弧板和引出板。引弧板材质应为规范规定的可焊性钢材，对焊缝金属性能不产生显著影响。不要求完全与母材同一材质，材料强度等级应不高于所焊母材。

当对接焊缝为焊透时，焊缝的有效厚度与焊件厚度相同（焊缝表面的余高即凸起部分，常忽略不计）。因此，对接焊缝的有效截面等于焊件的截面。只在受条件限制，无法放置引弧板时才允许不用引弧板焊接，这时每条对接焊缝有效长度按实际长度减去 $2t$（其中 t 为较薄连接板件厚度），以考虑焊缝两端在起弧和熄弧时的不利影响。

对于焊透的 T 形连接焊缝，其构造要求如图 3.17 所示。钢板的拼接采用对接焊缝时，纵、横两方向的对接焊缝，可采用十字形交叉或 T 形交叉。当为 T 形交叉时，交叉点间的距离不得小于 20mm，且拼接料的长度和宽度均不得小于 300mm（图 3.18）。

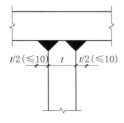

图 3.17 焊透的 T 形连接

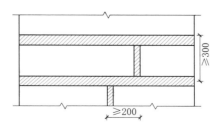

图 3.18 钢板拼接示意图

3.3.2 全熔透对接焊缝的计算

对接焊缝强度与所用钢材的牌号、焊条型号及焊缝质量检验标准等因素有关。

随着焊接技术的进步，实践证明钢结构对接焊缝接头在垂直于焊缝长度方向受拉时，焊件往往不在焊缝处而是在焊缝附近断裂，这说明对接焊缝的强度不低于焊件母材的强度。焊缝中各种焊接缺陷的存在虽对焊缝抗拉强度将有一定程度的削弱，但对垂直于焊缝方向的抗压和沿焊缝方向的抗剪强度影响不大。因此，在焊透对接焊缝的计算中认为受压、受剪时的对接焊缝与母材强度相等，可用计算焊件母材强度的方法计算对接焊缝强度；对于重要的构件，按一级、二级标准检验的焊缝抗拉强度可认为与母材强度相等，不必另行计算；对接焊缝受拉时，三级检验的焊缝其抗拉强度认定大约为母材强度的 85%，并取以 $5N/mm^2$ 为倍数的整数。

1. 轴心受力的对接焊缝

在对接接头和 T 形接头中，垂直于轴心拉力或轴心压力方向的对接焊接（图 3.19）或对接与角接组合焊缝，其强度应按下式验算，即

$$\sigma = \frac{N}{l_w t} \leqslant f_t^w \text{ 或 } f_c^w \tag{3.1}$$

式中：N 为按荷载设计值得出的轴心拉力或压力，kN，已考虑荷载分项系数、组合系数和结构重要性系数；l_w 为焊缝计算长度，当未采用引弧板施焊时，每条焊缝取实际长度减去 $2t$（t 为连接焊件中较薄板厚），当采用引弧板时，取焊缝实际长度，mm；t 为焊缝的计算厚度，取连接构件中较薄板厚，在 T 形连接中为腹板的厚度，mm；f_t^w、f_c^w 分别为对接焊缝的抗拉、抗压强度设计值，N/mm^2，见表 3.3。

其中，焊缝的计算厚度是结构设计中构件焊缝承载应力计算的依据，不论是角焊缝、对接焊缝或角接与对接组合焊缝中的全焊透焊缝或部分焊透焊缝，还是管材 T、K、Y 形相贯接头中的全焊透焊缝、部分焊透焊缝、角焊缝，均存在焊缝计算厚度问题。设计者应对此明确要求，以免在施工过程中引起混淆，影响结构安全。

全熔透对接焊缝采用双面焊时，反面应清根后焊接，其计算厚度 h_e 应为焊接部位较薄的板厚；采用加衬垫单面焊时，其计算厚度 h_e 应为坡口根部至焊缝表面（不计余高）的最短距离。

部分熔透对接焊缝及对接与角接焊缝，其焊缝计算厚度应根据焊接方法、坡口形状及尺寸、焊接位置分别对坡口深度予以折减。计算方法按《钢结构焊接规范》（GB 50661）执行。

在直接承受动力荷载的结构中，垂直于受力方向的焊缝不宜采用部分熔透对接焊缝。

从焊缝的强度设计值表（表 3.3）可以看出，当采用三级质量检验方法时，焊缝的抗拉强度设计值低于焊件母材的强度设计值或容许应力，表明对接直焊缝的焊件钢材性能常不能充分利用。若因此焊缝强度不足，为了提高连接的承载能力可采取以下几种方法。

（1）将直焊缝移到受力较小的部位。

（2）视情况采用二级焊缝检验方法，使焊缝连接和钢材的承载能力相等（即等

强度），并且焊接时在板的两端加引弧板来提高抗拉强度。

（3）改变焊缝形式、尺寸，如采用图 3.20 所示的斜对接焊缝连接。

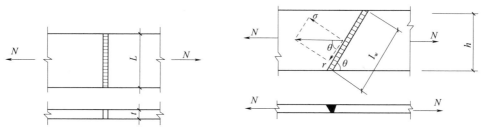

图 3.19 轴心受力对接焊缝   图 3.20 斜对接焊缝

轴心受拉斜对接焊缝可按下式进行验算强度，即

$$\sigma = \frac{N\sin\theta}{l_w t} \leqslant f_t^w \tag{3.2}$$

$$\tau = \frac{N\cos\theta}{l_w t} \leqslant f_v^w \tag{3.3}$$

式中：l_w 为焊缝计算长度，mm：当轴心拉力和斜焊缝之间的夹角 $\tan\theta > 1.5$，加引弧板时，$l_w = \dfrac{b}{\sin\theta}$，不加引弧板时，$l_w = \dfrac{b}{\sin\theta} - 2t$；$f_v^w$ 为对接焊缝的抗剪强度设计值，N/mm^2，见表 3.3。

斜焊缝承受轴心拉力作用时，增加了焊缝长度，可使焊接载力得到提高。但当焊件宽度较大时会造成斜切钢板费料较多，其应用受到限制。根据规范规定，当轴心拉力和斜焊缝之间的夹角 θ 符合 $\tan\theta \leqslant 1.5$，即坡度不大于 1.5：1 时，可认为焊缝和钢材等强度，而不必验算静力强度，为了在施工中方便操作，一般采用 1：1 坡度。

斜焊缝对接宜用于较狭的钢板。例如，可用于焊接"工"字形截面的受拉翼缘板的拼接，而不宜用于其腹板的拼接。

2. 承受弯矩和剪力的对接焊缝

在对接接头和 T 形接头中，承受弯矩和剪力共同作用的对接焊缝或对接角接组合焊缝，如图 3.21 所示的焊缝，焊缝中的应力状况和构件中的应力状况基本相同，正应力与剪应力图形分别为三角形和抛物线形，焊缝端部的最大正应力和焊缝截面中和轴处的最大剪应力，应分别按下列两式验算焊缝强度，即

$$\sigma = \frac{M}{W_w} \leqslant f_t^w \tag{3.4}$$

$$\tau = \frac{VS_w}{I_w t} \leqslant f_v^w \tag{3.5}$$

式中：W_w 为对接焊缝截面模量，即截面抵抗矩，mm^3；I_w 为对接焊缝截面对中和轴的惯性矩，mm^4；S_w 为所求应力点以上（或以下）焊缝截面对中和轴的面积矩，mm^3；f_v^w 为对接焊缝的抗剪强度设计值，N/mm^2，见表 3.3。

工字形、箱形、T 形截面等构件，在腹板与翼缘交接处（如图 3.21 中的 A 点），焊缝截面同时受有较大的正应力和较大的剪应力，应按下式校核折算应

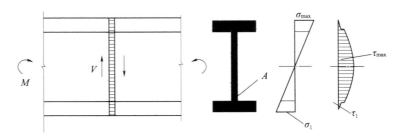

图 3.21　承受弯矩和剪力共同作用的对接焊缝

力，即

$$\sqrt{\sigma_A^2 + 3\tau_A^2} \leqslant 1.1 f_t^w \tag{3.6}$$

式中：σ_A、τ_A 分别为验算点处的焊缝正应力和剪应力，N/mm^2；1.1 为考虑最大折算应力仅在局部出现，规范中规定设计强度值提高 10%。

3. 对接焊缝承受轴心力、弯矩和剪力共同作用

如图 3.22 所示，当轴心力、弯矩和剪力共同作用时焊缝的最大应力应按式（3.7）计算，即轴心力和弯矩引起的应力之和，剪应力仍按式（3.5）计算，需要验算折算应力时按式（3.8）验算强度，即

$$\sigma_{max} = \sigma_N + \sigma_M = \frac{N}{A_w} + \frac{M}{W_w} \leqslant f_t^w \tag{3.7}$$

$$\sigma_{SS} = \sqrt{(\sigma_N + \sigma_M)^2 + 3\tau_A^2} \leqslant 1.1 f_t^w \tag{3.8}$$

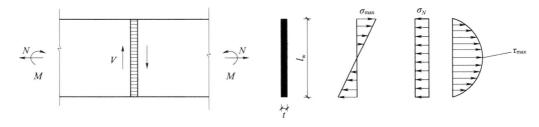

图 3.22　承受轴心力、弯矩和剪力共同作用的对接焊缝

【例 3.1】　如图 3.23 所示，两块钢板对接焊缝连接，钢材选择 Q235B，板件宽度 $a = 300mm$，手工电弧焊匹配 E43 型焊条，焊接时采用引弧板，按焊缝质量三级检验，需验算当同时受到由恒荷载标准值产生的 $N_{GK} = 110kN$，活荷载标准值产生的 $N_{QK} = 150kN$ 时，拟采用 $t = 6mm$ 钢板是否满足强度要求，如果不满足强度条件可采取哪些措施？

解：由于应用了引弧板，焊缝计算长度与实际长度相同，即 $l_w = 300mm$。

查表 3.3 可得 Q235B 钢板对接焊缝三级质量检验时，$f_t^w = 185N/mm^2$。焊缝所受轴心拉力设计值为

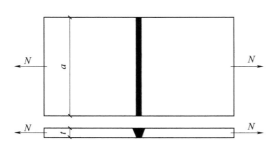

图 3.23　钢板对接连接

$$N = \gamma_G N_{GK} + \gamma_Q N_{QK} = 1.2 \times 110 + 1.4 \times 150 = 342 (kN)$$

式中：1.2、1.4 分别为恒荷载、活荷载的荷载分项系数。

焊缝正应力为

$$\sigma = \frac{N}{l_w t} = \frac{342 \times 10^3}{300 \times 6} = 190 (N/mm^2) > f_t^w = 185 N/mm^2$$

选用 $t = 6mm$ 钢板不能满足强度要求。焊缝正应力 $\sigma = 190 N/mm^2$ 大于焊缝三级检验合格时焊缝抗拉强度设计值 $f_t^w = 185 N/mm^2$。

方法 1：改变钢板厚度。应选用钢板厚度为

$$t \geqslant \frac{N}{l_w f_t^w} = \frac{342 \times 10^3}{300 \times 185} \approx 6.2 (mm)，可选取 \ t = 8mm \ 钢板。$$

方法 2：采用斜焊缝。如果改用焊缝坡度 $\theta = 45°$ 的斜对接焊缝，相应的焊缝计算长度为

$$l_w = \frac{a}{\sin\theta} = \frac{300}{0.7} = 428.6 (mm)$$

此时，焊缝正应力和剪应力分别为

$$\sigma = \frac{N \cdot \sin\theta}{l_w t} = \frac{342 \times 10^3 \times 0.7}{428.6 \times 6} = 93.1 (N/mm^2) \leqslant f_t^w = 185 N/mm^2$$

$$\tau = \frac{N \cdot \cos\theta}{l_w t} = \frac{342 \times 10^3 \times 0.7}{428.6 \times 6} = 93.1 (N/mm^2) \leqslant f_v^w = 125 N/mm^2$$

焊缝受力满足强度设计要求。

由计算可知，此焊缝按三级焊缝质量检验时，改用 $t = 8mm$ 钢板或坡度 $\theta = 45°$ 斜对接焊缝均可满足强度条件。

【例 3.2】 如图 3.21 所示，Q235 热轧普通工字钢 I22a 对接截面承受弯矩设计值 $M = 55 kN \cdot m$，剪力 $V = 130 kN$，采用手工焊匹配 E43 焊条，按二级焊缝质量检验，试验算工字钢对接焊缝强度。

解： 截面几何特征查型钢表可得

$$I_x = 3406 cm^4，W_x = 309.6 cm^3，S_x = 177.7 cm^3$$
$$I_x = I_w，W_x = W_w，S_x = S_w$$

查表 3.3 可得

$$f_c^w = f_t^w = 215 N/mm^2，\quad f_v^w = 125 N/mm^2$$

截面边缘处最大正应力为

$$\sigma_{max}^w = \frac{M}{W_w} = \frac{55 \times 10^6}{309.6 \times 10^3} = 177.6 (N/mm^2) \leqslant f_t^w = 215 N/mm^2$$

腹板中央截面最大剪应力为

$$\tau_{max}^w = \frac{V S_x}{I_x t_w} = \frac{130 \times 10^3 \times 177.7 \times 10^3}{3406 \times 10^4 \times 7.5} = 90.4 (N/mm^2) \leqslant f_v^w = 125 N/mm^2$$

腹板边缘与对接焊缝折算应力验算

$$\sigma_A^w = \frac{M}{I_x} \cdot \frac{h_0}{2} = \frac{55 \times 10^6}{3406 \times 10^4} \times \frac{195.4}{2} = 157.8 (N/mm^2)$$

$$S_A = tb \times \left(\frac{h}{2} - \frac{t}{2}\right) = 12.3 \times 110 \times \left(\frac{220}{2} - \frac{12.3}{2}\right) = 140.1 (cm^3)$$

$$\tau_A^w = \frac{VS_A}{I_x t_w} = \frac{130 \times 10^3 \times 140.1 \times 10^3}{3406 \times 10^4 \times 7.5} = 71.3(\text{N/mm}^2) \leqslant f_v^w = 125\text{N/mm}^2$$

$$\sigma_{SS} = \sqrt{(\sigma_A^w)^2 + 3(\tau_A^w)^2} = \sqrt{(157.8)^2 + 3 \times (71.3)^2}$$
$$= 200.4(\text{N/mm}^2) \leqslant 1.1f_t^w = 236.5\text{N/mm}^2$$

因此，该工字钢对接焊缝各点应力均能满足强度要求。

3.4　角焊缝的构造及计算

角焊缝为沿两直交或斜交焊件的交线焊接的焊缝，可用于对接、搭接以及直角或斜角相交的 T 形和角接接头中。由于角焊缝施焊时板边不需要加工坡口，施焊较方便，因此成为钢结构焊接中最常用的焊缝形式。

3.4.1　角焊缝形式

角焊缝应力集中现象比较严重，角焊缝强度与外力方向有着直接的关系。

1. 按受力形式不同分类

焊缝长度方向与外力方向平行的角焊缝称为侧面角焊缝（图 3.24 中焊缝 1），焊缝长度方向与作用力方向垂直的角焊缝称为端焊缝或正面角焊缝（图 3.24 中焊缝 2），介于两者之间角度的叫做斜焊缝（图 3.24 中焊缝 3）。

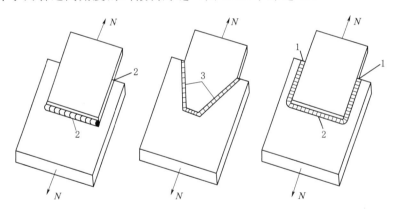

图 3.24　角焊缝受力形式
1—侧面角焊缝；2—正面角焊缝；3—斜向角焊缝

侧面角焊缝主要承受剪力作用，如图 3.25（a）所示，侧面角焊缝的内力要集中到边缘传递。由 N 引起的偏心弯矩产生的垂直于焊缝轴线方向的正应力 σ 往往可忽略不计。平行缝长度方向的剪应力 τ 沿焊缝长度分布不均，随着焊缝长度加大，两端大中间小的应力差异越大，因此侧面角焊缝的破坏经常在强度不高时从焊缝两端开始，出现裂纹后即迅速扩展，最终导致焊缝断裂。但在弹性阶段，由于其塑性较好，在出现塑性变形后，将产生应力重分布，在规范规定的焊缝长度范围内，应力分布可视为趋于均匀。

正面角焊缝的承受轴心力 N 作用下的应力状态较复杂，既受拉、剪，又受弯，破坏形式包括焊缝撕裂、焊缝与主板脱裂、焊缝与副板脱裂。如图 3.25（b）所示，传力带有偏心，力线通过正面角焊缝时弯折，在焊缝根部形成高峰应力，试验及工程应用中可以发现破坏都是从应力高峰点开始。其破坏强度和弹性模量比侧面角焊缝的高（高约 22%），但塑性变形要差些，常呈脆性破坏形式。不论是侧面角焊缝还是正面角焊缝，在强度验算时均取最低平均破坏力来确定强度，以保证焊缝可靠性。斜向角焊缝强度介于侧面角焊缝与正面角焊缝两者之间。

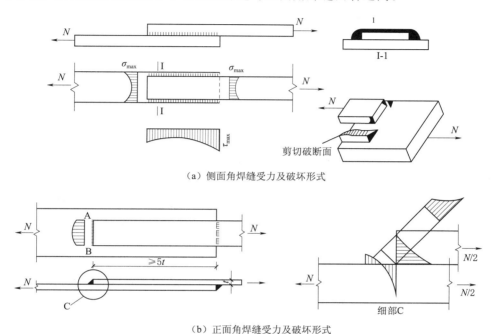

（a）侧面角焊缝受力及破坏形式

（b）正面角焊缝受力及破坏形式

图 3.25　角焊缝受力及破坏形式

2. 按截面形式分类

角焊缝焊脚边的夹角 α 一般为 $90°$，呈现表面微凸的等腰直角三角形截面，即直角角焊缝。直角角焊缝受力性能较好，应用广泛。如图 3.26 所示，斜角角焊缝常用于钢漏斗和钢管结构中，两焊脚边夹角 $\alpha > 135°$ 或 $\alpha < 60°$ 时，不宜作受力焊缝（钢管结构除外）。

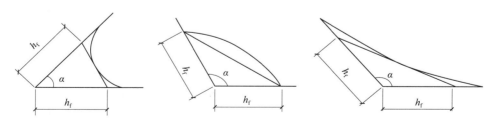

图 3.26　斜角角焊缝截面形式

如图 3.27 所示，直角角焊缝的截面形式可分为普通型、平坦型和凹面型 3 种。图中焊缝两个直角边长 h_f 称为角焊缝的焊脚尺寸。钢结构中为了施工方便一般采用普通型截面，其两焊脚尺寸比例为 $1:1$，近似于等腰直角三角形，力线弯折较多，应力集中严重。对直接承受动力荷载的结构为使传力平顺，减少应力集中，提高焊接构件的疲劳强度，通常正面角焊缝宜采用两焊脚尺寸比例为 1∶1.5 的平坦型（长边顺内力方向）截面，侧面角焊缝强度较低，宜采用费工的两焊脚尺寸比例为 1∶1 的凹面型截面。

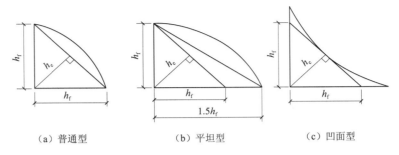

（a）普通型　　　　　　（b）平坦型　　　　　　（c）凹面型

图 3.27　直角角焊缝截面

普通型角焊缝截面计算焊缝强度时，按最小截面即 α 角处截面（直角角焊缝在 45°处截面）计算，该截面称为有效截面或计算截面。其截面厚度称为计算厚度 h_e。直角角焊缝的计算厚度 $h_e=0.7h_f$，由于余高在施焊时不好精确控制，因此不计凸出部分的余高。平坦型焊缝和凹面型焊缝的 h_f 和 h_e 按图 3.27 选取。

3.4.2　角焊缝的尺寸及构造要求

角焊缝的焊脚尺寸合理选用与焊件的厚度有关，当焊件较厚而侧面角焊缝焊脚尺寸又过小时，焊件由于焊缝内部冷却过快而产生淬硬组织，容易形成裂纹导致焊件破坏。当焊件较薄而侧面角焊缝焊脚尺寸又过大时，热影响区大，焊缝收缩时会产生较大的焊接残余应力和残余变形，焊件容易发生热脆，较薄焊件容易烧穿。

侧面角焊缝的焊角尺寸大而长度较小时，焊件的局部加热严重，焊缝起灭弧所引起的缺陷相距太近，使焊缝不够可靠。且由于力线弯折大，也会造成严重的应力集中，焊缝承载能力低，可能加载不大时先在焊缝两端造成破坏。但是，如果焊缝长度超过某一限值时，焊缝应力集中严重有可能首先在焊缝的两端破坏。只有焊缝长度适宜，当焊缝两端处的应力达到屈服强度后，继续加载，应力才会渐趋于均匀。

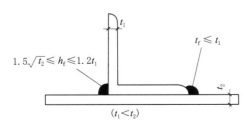

图 3.28　角焊缝焊脚尺寸构造要求

杆件端部搭接采用三面围焊时，围焊的转角处如果并未连续施焊，在转角处将产生截面突变，发生应力集中现象，加之起弧、灭弧，可能出现弧坑或咬边等缺陷，因此转角处需要连续施焊。

综上所述，角焊缝的尺寸应在适宜范围内选取，角焊缝的尺寸应符合下列构造要求（图 3.28）。

（1）最小焊脚尺寸。角焊缝的焊脚尺寸 h_f 不得小于 $1.5\sqrt{t}$（计算出的数值只进不舍），其中 t 为较厚焊件厚度（当采用低氢型碱性焊条施焊时，t 可采用较薄焊件的厚度）。对埋弧自动焊，最小焊脚尺寸可减小 1mm；对 T 形连接的单面角焊缝，应增加 1mm。当焊件厚度不大于 4mm 时，则最小焊脚尺寸应与焊件厚度相同。

（2）最大焊脚尺寸。角焊缝的焊脚尺寸不宜大于较薄焊件厚度的 1.2 倍（钢管结构除外），但板件（厚度为 t）边缘的角焊缝最大焊脚尺寸还应符合下列要求。

1）当 $t \leqslant 6mm$ 时，$h_f \leqslant t$。

2）当 $t > 6mm$ 时，$h_f \leqslant t-(1 \sim 2)mm$；圆孔或槽孔内的角焊缝焊脚尺寸不宜大于圆孔直径或槽孔短径的 1/3。

（3）角焊缝的两焊脚尺寸一般相等。当焊件的厚度相差较大且等焊脚尺寸不能符合上述最大、最小焊脚尺寸要求时，可采用不等焊脚尺寸。其中，与较薄焊件接触的焊脚边应符合上述最大焊脚尺寸要求；与较厚焊件接触的焊脚边应符合上述最小焊脚尺寸要求。

（4）角焊缝的计算长度小于 $8h_f$ 或 40mm 时不应用作受力焊缝。

（5）侧面角焊缝的计算长度不宜大于 $60h_f$，当实际长度大于上述限值时，其超过部分在计算中不予考虑。若内力沿侧面角焊缝全长分布时，其计算长度不受此限制。

采用角接焊缝的搭接接头，当焊缝计算长度超过 $60h_f$ 时，焊缝的承载力设计值应乘以折减系数 α_f，$\alpha_f = 1.5 - \dfrac{l_w}{120h_f} \geqslant 0.5$。

（6）当板件的端部仅有两侧面焊缝连接时，每条侧面角焊缝长度不宜小于两侧面角焊缝之间的距离；同时，两侧面角焊缝之间的距离不宜大于 $16t$（当 $t > 12mm$ 时）或 190mm（当 $t \leqslant 12mm$ 时），t 为较薄焊件的厚度。

（7）当角焊缝的端部在构件的转角做长度为 $2h_f$ 的绕角焊时，转角处必须连续施焊。在搭接连接中，搭接长度不得小于焊件较小厚度的 5 倍，并不得小于 25mm。

（8）在次要构件或次要焊接连接中，可采用断续角焊缝。断续角焊缝焊段的长度不得小于 $10h_f$ 或 50mm，其净距不应大于 $15t$（对受压构件）或 $30t$（对受拉构件），其中 t 为较薄焊件厚度。腐蚀环境中不宜采用断续角焊缝。

3.4.3　角焊缝的基本设计公式

角焊缝的计算方法：不同的规范有不同的计算方法。

（1）折算应力法。考虑焊缝有效截面的应力状态，按第四强度理论计算 [《钢结构设计规范》（GB 50017—2017）采用的方法]。

（2）单一应力法。不考虑焊缝有效截面的实际应力状态，均按单一剪应力计算 [《水利水电工程钢闸门设计规范》（SL 74—2013）采用的方法]。

角焊缝的应力分布十分复杂，难以精确计算焊缝强度，在理论分析和试验验证基础上，《钢结构设计规范》（GB 50017—2017）中推荐采用折算应力公式，即引入抗力分项系数得到的角焊缝的简化计算公式，见式（3.9）。

1. 直角角焊缝基本设计公式

由于合格直角角焊缝的破坏常发生在 45°方向的最小截面。角焊缝的计算将此截面定为计算截面。假定截面上的应力沿焊缝计算长度均匀分布，其面积为角焊缝

的计算厚度 h_e（也称为有效厚度，$h_e = \cos 45° \approx 0.7 h_f$ 为焊缝横截面的内接等腰三角形的最短距离，不考虑熔深和凸出余高）与焊缝计算长度 l_w 的乘积。

按照规范中应力分析认定正面角焊缝的静载破坏强度高于侧面角焊缝 22%，但在计算中考虑应力集中、传力偏心和焊缝有脆断倾向等因素，规范中规定对于直接承受动荷载的连接，不论是正面角焊缝还是侧面角焊缝，均按破坏时计算截面上的平均应力来确定其强度，并采用统一的强度设计值 f_f^w 来验算强度。

图 3.29 所示的角焊缝，作用于焊缝有效截面上的应力包括垂直于焊缝有效截面的正应力 σ_f、垂直于焊缝长度方向的剪应力 $\tau_\perp$ 以及与焊缝长度方向平行的剪应力 $\tau_{//}$，按强度理论计算角焊缝不破坏的强度条件为

$$\sqrt{\sigma_\perp^2 + 3(\tau_\perp^2 + \tau_{//}^2)} \leqslant \sqrt{3} f_f^w \tag{3.9}$$

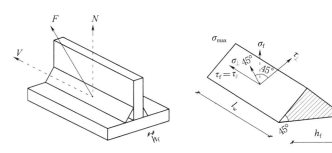

图 3.29　角焊缝应力分析

为便于计算，将式（3.9）做以下转换。

σ_f 为垂直于焊缝长度方向的按焊缝有效截面计算的应力，即

$$\sigma_f = \frac{N_x}{h_e \sum l_w}$$

将 σ_f 分解为正应力 $\sigma_\perp$ 和剪应力 $\tau_\perp$，有

$$\sigma_\perp = \tau_\perp = \frac{\sigma_f}{\sqrt{2}}$$

沿焊缝长度方向分力 V 通过焊缝形心，沿焊缝长度方向产生平均剪应力 τ_f 值为

$$\tau_f = \tau_{//} = \frac{N_V}{h_e \sum l_w}$$

将上述 $\sigma_\perp$、$\tau_\perp$、τ_f 代入式（3.9）中，得

$$\sqrt{\left(\frac{\sigma_f}{\beta_f}\right)^2 + \tau_f^2} \leqslant f_f^w \tag{3.10}$$

式中：σ_f 为按焊缝有效面积计算，垂直于焊缝长度方向的应力，N/mm^2；τ_f 为按焊缝有效截面计算，沿焊缝长度方向的应力，N/mm^2；h_e 为角焊缝的计算厚度，mm，对直角焊缝等于 $0.7 h_f$，h_f 为焊脚尺寸（图 3.27）；l_w 为角焊缝的计算长度，mm，对每条焊缝取实际长度减去 $2h_f$；f_f^w 为角焊缝强度设计值，N/mm^2，见表 3.3；β_f 为正面角焊缝的强度设计值增大系数。

式（3.10）为规范中角焊缝一般计算式。对承受静力荷载和间接承受动力荷载的结构，取 $\beta_f = 1.22$；对直接承受动力荷载的结构，考虑到正面角焊缝强度虽高，

但应力集中也较严重，取 $\beta_f = 1.0$，即不考虑正面角焊缝强度增大，和侧面角焊缝一样对待。

2. 斜角焊缝基本设计公式

前文已述斜角角焊缝两焊脚边夹角 $\alpha > 135°$ 或 $\alpha < 60°$ 时，不宜作受力焊缝（钢管结构除外）。因此，一般斜角角焊缝夹角为 $60° \leqslant \alpha \leqslant 135°$ 的 T 形接头，其斜角角焊缝如图 3.30 所示，强度计算公式按式（3.1）及式（3.10）计算，但取 $\beta_f = 1.0$，其计算厚度 $h_e = h_f \cos\dfrac{\alpha}{2}$（根部间隙 b_1、b_2，$b_2 \leqslant 1.5\text{mm}$）或 $h_e = \left[h_f - \dfrac{b(\text{或}\ b_1、b_2)}{\sin\alpha} \right] \cos\dfrac{\alpha}{2}$（$b_1$、$b_2$，$1.5\text{mm} < b_2 \leqslant 5\text{mm}$）。

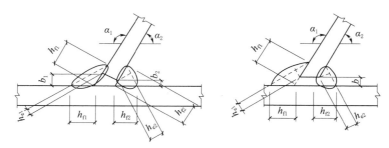

图 3.30　斜角角焊缝（T 形接头的根部间隙和焊缝截面）

3.4.4　轴心作用力时角焊缝计算

当焊件截面对称时，受到轴心作用力（拉力、压力、剪力）作用通过形心产生的焊缝应力可认为是均匀分布的。

1. 正面角焊缝受轴心作用力

如图 3.31 所示，当作用力垂直于焊缝长度方向时为正面角焊缝受力，此时式（3.10）中 $\tau_f = 0$。故得

$$\sigma_f = \frac{N}{h_e \sum l_w} \leqslant \beta_f f_f^w \tag{3.11}$$

2. 侧面角焊缝受轴心作用力

如图 3.32 所示，当作用力平行于焊缝长度方向时为侧面角焊缝受力，此时式（3.10）中 $\sigma_f = 0$。故得

$$\tau_f = \frac{N}{h_e \sum l_w} \leqslant f_f^w \tag{3.12}$$

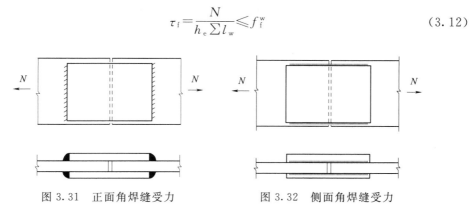

图 3.31　正面角焊缝受力　　　　图 3.32　侧面角焊缝受力

3. 三面围焊受轴心作用力

图 3.33 所示为三面围焊连接。当两方向力综合作用于焊缝时，其水平焊缝垂直于焊缝长度方向的分力 N_y 和平行焊缝垂直于焊缝长度方向的分力 N_x 的综合作用，而垂直焊缝则相反，因此应按式（3.10）分别计算各焊缝在 σ_f 和 τ_f 共同作用下的强度，即

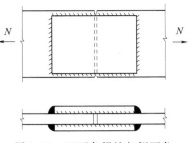

图 3.33 正面角焊缝与侧面角焊缝同时受力

$$\sqrt{\left(\frac{\sigma_f}{\beta_f}\right)^2 + \tau_f^2} \leqslant f_f^w \qquad (3.13)$$

其中

$$\sigma_f = \frac{N_x}{h_e \sum l_w}; \quad \tau_f = \frac{N_y}{h_e \sum l_w} \quad （对垂直焊缝）$$

$$\sigma_f = \frac{N_y}{h_e \sum l_w}; \quad \tau_f = \frac{N_x}{h_e \sum l_w} \quad （对水平焊缝）$$

式中：σ_f 为按焊缝有效截面计算，垂直于焊缝长度方向的应力，N/mm^2；τ_f 为按焊缝有效截面计算，平行于焊缝长度方向的应力，N/mm^2；β_f 为正面角焊缝的强度设计值增大系数，对于承受静力和间接承受动力荷载的结构取 $\beta_f = 1.22$，对直接承受动力荷载结构取 $\beta_f = 1.0$；f_f^w 为角焊缝的强度设计值，N/mm^2，见表 3.3；$\sum l_w$ 为在对于垂直、水平焊缝计算中应分别计算连接一侧的正面角焊缝或侧面角焊缝的计算长度总和，mm。

设计时还应注意，考虑到不加引弧板的工地焊接时，每条焊缝两端具有起弧和灭弧的缺陷，在各式中每条角焊缝的计算长度为实际长度每端各减去一个焊脚尺寸，即两面侧面角焊缝方式连接时，每条侧面角焊缝实际长度共减去 $2h_f$。

【例 3.3】 试设计轴心力 $N = 800kN$ 作用下一双盖板的对接接头，采用多种方案比较。已知钢板截面为 $340mm \times 14mm$，钢材为 Q235，焊条为 E43 型，焊接方法为手工电弧焊。

解： 根据盖板与母材等强原则，取盖板尺寸为 $2-300mm \times 8mm$。

角焊缝焊脚尺寸为

$$h_{fmax} \leqslant t_{min} - (1 \sim 2) = 8 - (1 \sim 2) = 6 \sim 7 (mm)$$

$$h_{fmax} \leqslant 1.2 t_{min} = 1.2 \times 8 = 9.6 (mm)$$

$$h_{fmin} \geqslant 1.5 \sqrt{t_{max}} = 1.5 \sqrt{14} = 5.6 (mm)$$

取 $h_f = 6mm$，查表 3.3 得 $f_f^w = 160 N/mm^2$

（1）两条侧面角焊缝方案。此时接头一侧共有 4 条侧面角焊缝，每条焊缝所需计算长度为

$$l_w = \frac{N}{4 h_e f_f^w} = \frac{800 \times 10^3}{4 \times 0.7 \times 6 \times 160} = 297.6 (mm)$$

$l_w' = 297.6 + 2h_f = 297.6 + 2 \times 6 = 309.6 (mm)$，实际每条焊缝长度取 $l_w' = 310mm$

校核：$l_w' = 310mm \geqslant [40, 8h_f]_{max} = 48mm$

$$l_w' = 310mm \leqslant 60 h_f = 60 \times 6 = 360 (mm)$$

满足构造要求。

盖板总长：$L = 2 \times 310 + 10 = 630 (mm)$。

（2）三面围焊方案。正面角焊缝所受的内力 N_3 为

$$N_3 = 2h_e l_w \beta_f f_f^w = 2 \times 0.7 \times 6 \times 300 \times 1.22 \times 160 = 491904(\text{N})$$

接头一侧所需侧面角焊缝长度为

$$l_w = \frac{N - N_3}{4h_e f_f^w} = \frac{800000 - 491904}{4 \times 0.7 \times 6 \times 160} = 114.6(\text{mm})$$

$l'_w = 114.6 + h_f = 114.6 + 6 = 120.6(\text{mm})$，取 $l'_w = 130\text{mm}$

校核：$l'_w = 130\text{mm} \geqslant [40, 8h_f]_{\max} = 48\text{mm}$

$$l'_w = 130\text{mm} \leqslant 60h_f = 60 \times 6 = 360(\text{mm})$$

满足构造要求。

盖板总长：$L = 2 \times 130 + 10 = 270\text{mm}$。

（3）采用菱形盖板。将拼接盖板做成菱形可使传力比较平顺和减少盖板四角处的应力集中。此时，连接焊缝由三部分组成，尺寸如下。

1）两条端焊缝：$l_{w1} = 100\text{mm}$。

2）四条斜焊缝：$\theta = 45°$，直角边为 100mm。

3）四条侧面角焊缝：通过计算获得。

其承载力分别如下。

端焊缝：$N_1 = 2h_e l_{w1} \beta_f f_f^w = 2 \times 0.7 \times 6 \times 100 \times 1.22 \times 160 = 163968(\text{N})$

斜焊缝：$N_2 = 4h_e l_{w2} \beta'_f f_f^w = 4 \times 0.7 \times 6 \times 143 \times 1.1 \times 160 = 422822(\text{N})$

则侧焊缝长度

$$l_{w3} = \frac{N - N_1 - N_2}{4h_e f_f^w} = \frac{213210}{4 \times 0.7 \times 6 \times 160} = 79.3(\text{mm})$$

$$l'_{w3} = l_{w3} + h_f = 79.3 + 6 = 85.3(\text{mm})，取 l'_{w3} = 90\text{mm}$$

所需盖板长度 $L = (100 + 90) \times 2 + 10 = 390(\text{mm})$，比采用三面围焊的矩形盖板的长度有所增加，但连接的工作性能得到了改善。

4. 角焊缝承受斜向轴心作用力

图 3.34 所示为受斜向轴心力的角焊缝连接，将力 N 分解为垂直于焊缝长度的分力 $N_x = N\sin\theta$ 和平行于焊缝长度的分力 $N_y = N\cos\theta$ 则

$$\begin{cases} \sigma_f = \dfrac{N\sin\theta}{\sum h_e l_w} \\ \tau_f = \dfrac{N\cos\theta}{\sum h_e l_w} \end{cases}$$

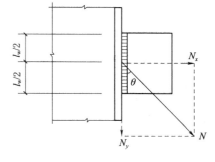

图 3.34 角焊缝连接倾斜受力

代入式（3.10）中，得

$$\sqrt{\left(\frac{N\sin\theta}{\beta_f \sum h_e l_w}\right)^2 + \left(\frac{N\cos\theta}{\sum h_e l_w}\right)^2} \leqslant f_f^w$$

取 $\beta_f^2 = 1.22^2 \approx 1.5$，得

$$\frac{N}{\sum h_e l_w}\sqrt{\frac{\sin^2\theta}{1.5} + \cos^2\theta} = \frac{N}{\sum h_e l_w}\sqrt{1 - \frac{\sin^2\theta}{3}} \leqslant f_f^w$$

令 $\beta_{f\theta}=\dfrac{1}{\sqrt{1-\dfrac{\sin^2\theta}{3}}}$，得焊缝计算式为

$$\frac{N}{\sum h_e l_w}\leqslant\beta_{f\theta}f_f^w$$

式中：$\beta_{f\theta}$ 为斜向角焊缝强度增大系数，其值在 1.0～1.22 之间（表 3.4）。对承受静力或间接动力荷载的结构，取 $\beta_{f\theta}=1.22$（正面角焊缝）或 $\dfrac{1}{\sqrt{1-\sin\theta/3}}$（斜向角焊缝，其中 θ 为角焊缝长度方向与受力方向的夹角）；对直接承受动力荷载的结构，则一律取 $\beta_f=\beta_{f\theta}=1.0$。

表 3.4　　　　　　　　　　斜向角焊缝强度增大系数 $\beta_{f\theta}$

$\theta/(°)$	20	30	40	45	50	60	70	80～90
$\beta_{f\theta}$	1.02	1.04	1.08	1.10	1.11	1.15	1.19	1.22

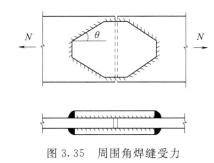

图 3.35　周围角焊缝受力

5. 周围角焊缝受轴心作用力

由侧面、正面和斜向角焊缝组成的开口或封闭的周围角焊缝是为了增加焊缝长度和使焊缝遍及板件全宽度，而把板件交搭处的所有交搭线尽可能多地加以焊接。周围角焊缝除了同时焊接侧面和正面角焊缝的形式外，也常采用图 3.35 所示的菱形盖板，并焊接斜向角焊缝，可使传力线更为均匀平顺。板件较宽时还可采用多块菱形盖板的形式。每条周围角焊缝必须沿全长连续施焊。假设破坏时各部分角焊缝都达到各自的极限强度，则

$$\frac{N}{\sum(\beta_f h_e l_w)}\leqslant f_f^w \qquad (3.14)$$

6. 槽焊缝或塞焊缝受轴心力

特殊情况下可在板件上开设槽孔（一端开口或长圆形槽孔）或圆孔；孔内用焊缝金属全部填充（开槽板厚度大于 16mm 时，填充厚度可略小于板厚）称为槽焊缝或塞焊缝（图 3.36）。槽焊缝在钢板切口端部应做成圆弧；圆孔塞焊缝有时称电铆钉。这类焊缝通常在承受静力或间接动力荷载的结构中作为侧面、正面或周围角焊缝的补充，共同承受剪力（计算时受剪面积按槽或孔的面积确定）。当槽宽或孔径较大时也可在槽或孔内设置周围角焊缝，按角焊缝计算。

若为圆形塞焊缝，则

$$\tau_f=\frac{N}{A_w}\leqslant f_f^w \qquad (3.15)$$

式中：A_w 为塞焊缝圆形面积，mm^2。

若为圆孔或槽孔内角焊缝，则

$$\tau_f=\frac{N}{h_e l_w}\leqslant f_f^w \qquad (3.16)$$

式中：l_w 为圆孔内或槽孔角焊缝的计算长度，mm。

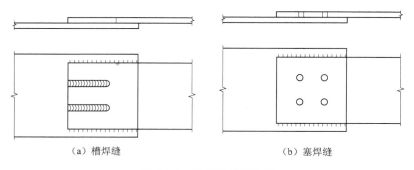

（a）槽焊缝 （b）塞焊缝

图 3.36 槽焊缝或塞焊缝

当焊件截面不对称，作用在重心线上的轴心力距离两侧侧面角焊缝不相等，则造成两侧侧面角焊缝受力情况不同。如图 3.37 所示，角钢与连接板连接，其中靠近重心轴线的肢背焊缝将承受较大内力，需要较长的焊缝长度。

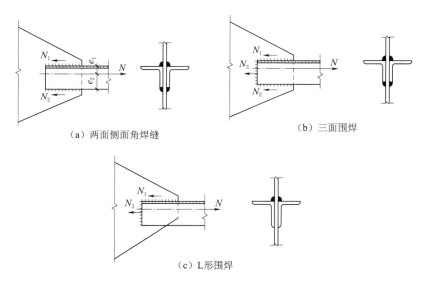

（a）两面侧面角焊缝 （b）三面围焊

（c）L 形围焊

图 3.37 角钢与节点板连接

这类焊缝常出现在桁架结构中，角钢腹杆与节点板的连接焊缝一般采用两面侧焊，也可以采用三面围焊，特殊情况也允许采用 L 形围焊。为了避免偏心受力，应使焊缝传递的合力作用线与角钢杆件的轴线重合。

以双角钢与节点板连接为例进行介绍。

（1）两面侧面角焊缝。当采用两侧面角焊缝时，根据力矩平衡条件可以得到角钢肢背焊缝及肢尖焊缝承担的内力为

$$N_1 = \frac{e_2}{e_1 + e_2} \cdot N = K_1 N \tag{3.17}$$

$$N_2 = \frac{e_1}{e_1 + e_2} \cdot N = K_2 N \tag{3.18}$$

式中：e_1、e_2 分别为角钢与连接板贴合肢重心轴线到肢背与肢尖的距离，mm；K_1、K_2 分别为角钢肢背与角钢肢尖焊缝的内力分配系数，实际设计时可按表 3.5 的近似值采用。

表 3.5　　　　　　　　　　　　角钢侧面角焊缝内力分配系数

角钢类型	连接形式	内力分配系数	
		肢背 K_1	肢尖 K_2
等肢角钢		0.7	0.3
不等肢角钢短肢连接		0.75	0.25
不等肢角钢长肢连接		0.65	0.35

求得内力后，再根据构造要求和强度计算确定肢背和肢尖的焊脚尺寸 h_{f1} 和 h_{f2}，进而分别计算角钢肢背和肢尖焊缝所需的计算长度 l_w。

肢背
$$l_{w1} = \frac{N_1}{2h_{e1}f_f^w} \qquad (3.19)$$

肢尖
$$l_{w2} = \frac{N_1}{2h_{e2}f_f^w} \qquad (3.20)$$

应考虑焊接起弧灭弧时的弧口影响，两面侧焊缝应采取两端绕焊 $2h_f$，焊缝实际所需长度应为计算长度加 $2h_f$，并且为了焊缝可靠和施工方便，实际长度计算应只进不舍取整（5mm 或 10mm 的倍数）。

所受轴心作用力由肢背焊缝承担较大，肢尖焊缝作用力较小，因此在设计中应在构造要求的焊脚尺寸选取范围内，肢背焊缝选取大于肢尖焊缝的焊脚尺寸，使两者实际长度趋于均匀。

（2）三面围焊。当采用三面围焊时，根据构造要求，首先选取正面角焊缝的焊脚尺寸，并计算其所能承受的内力为

$$N_3 = 2h_e b \beta_f f_f^w$$

式中：b 为正面角焊缝的长度，mm，即这里为搭接肢长。

由平衡条件可得

$$N_1 = K_1 N - \frac{N_3}{2}$$

$$N_2 = K_2 N - \frac{N_3}{2}$$

同样，由 N_1、N_2 分别计算角钢肢背和肢尖的侧面焊缝。

由于三面围焊时杆件端部转角必须连续施焊，每条侧焊缝只有一端起弧灭弧，因此侧面角焊缝实际长度为计算长度加上 h_f 后取整。

（3）L 形围焊。当杆件受力很小时，可采用 L 形围焊。L 形围焊没有肢尖焊缝，先根据三面围焊计算内力分配公式中代入 $N_2 = 0$，可以得到角钢肢背焊缝及肢尖焊缝承担的内力为

$$N_3 = 2K_2 N$$

$$N_1 = N - N_3$$

根据已知的正面角焊缝长度和所承担的内力可计算出正面角焊缝的焊脚尺寸，若求出的焊脚尺寸大于正面角焊缝允许的最大焊脚尺寸，则说明不能采用 L 形围焊的角焊缝连接。

【例 3.4】 图 3.38 所示为角钢与钢板连接，钢材为 Q235，手工电弧焊采用 E43 型焊条，轴心力设计值为 $N = 540 \text{kN}$，试按两面侧焊缝及三面围焊两种方案设计此角焊缝连接。

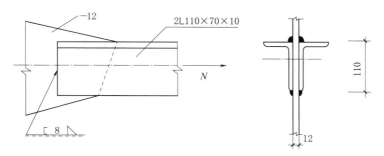

图 3.38 角钢与钢板连接

解： 查表 3.3 得角焊缝强度设计值为 $f_f^w = 160 \text{N/mm}^2$

角焊缝焊脚尺寸

$$h_{f\min} \geqslant 1.5\sqrt{t_{\max}} = 1.5\sqrt{12} = 5.2 \text{(mm)}$$

肢尖处　　　　$h_{f\max} \leqslant t_{\min} - (1 \sim 2) = 10 - (1 \sim 2) = 8 \sim 9 \text{mm}$

肢背处　　　　$h_{f\max} \leqslant 1.2 t_{\min} = 1.2 \times 10 = 12 \text{(mm)}$

（1）采用两面侧焊缝方案。肢背、肢尖处分担的内力分别为

$$N_1 = K_1 N = 0.65 \times 540 = 351 \text{(kN)}$$

$$N_2 = K_2 N = 0.35 \times 540 = 189 \text{(kN)}$$

根据计算选择肢背处 $h_{f1} = 10 \text{mm}$，则有

$$l_{w1} = \frac{N_1}{2 h_{e1} f_f^w} = \frac{350 \times 10^3}{2 \times 0.7 \times 10 \times 160} = 156.7 \text{(mm)}$$

考虑焊口影响，$l'_{w1} = l_{w1} 2 h_{f1} = 156.7 + 2 \times 10 = 176.7 \text{mm}$，取 $l'_{w1} = 180 \text{mm}$

肢尖处 $h_{f2} = 6 \text{mm}$，则有

$$l_{w2} = \frac{N_2}{2 h_{e2} f_f^w} = \frac{189 \times 10^3}{2 \times 0.7 \times 6 \times 160} = 140.6 \text{(mm)}$$

考虑焊口影响，$l'_{w2} = l_{w2} 2 h_{f2} = 140.6 + 2 \times 6 = 152.6 \text{(mm)}$，取 $l'_{w2} = 160 \text{mm}$

校核：　　$60 h_{f1} = 600 \text{mm} > l'_{w1} = 180 \text{mm} \geqslant [8 h_{f1}, 40]_{\max} = 80 \text{mm}$

$$60 h_{f2} = 360 \text{mm} > l'_{w2} = 160 \text{mm} \geqslant [8 h_{f2}, 40]_{\max} = 48 \text{mm}$$

满足构造要求。

《2）采用三面围焊方案，焊脚尺寸采用统一值 $h_f = 8 \text{mm}$，方便绕焊。

$$N_3 = 2 h_e b \beta_f f_f^w = 2 \times 0.7 \times 8 \times 110 \times 1.22 \times 160 = 240.5 \text{(N)}$$

$$N_1 = 0.65 N - \frac{1}{2} N_3 = 230.8 \text{N}$$

$$N_2 = 0.35 N - \frac{1}{2} N_3 = 68.8 \text{N}$$

肢背处　　　$l_{\text{w}1}=\dfrac{N_1}{2h_{\text{e}3}f_{\text{f}}^{\text{w}}}=\dfrac{230.8\times10^3}{2\times0.7\times8\times160}=128.8(\text{mm})$

$l_{\text{w}1}'=l_{\text{w}1}+h_{\text{f}3}=128.8+8=136.8(\text{mm})$，取 $l_{\text{w}1}'=140\text{mm}$

肢尖处　　　$l_{\text{w}2}=\dfrac{N_2}{2h_{\text{e}3}f_{\text{f}}^{\text{w}}}=\dfrac{68.8\times10^3}{2\times0.7\times8\times160}=38.4(\text{mm})$

$l_{\text{w}2}'=l_{\text{w}2}+h_{\text{f}3}=38.4+8=46.4(\text{mm})$，取 $l_{\text{w}2}'=70\text{mm}$

校核　　　$60h_{\text{f}3}=480\text{mm}\geqslant l_{\text{w}1}'=140\text{mm}\geqslant[8h_{\text{f}3},40]_{\max}=64\text{mm}$

$60h_{\text{f}3}=480\text{mm}\geqslant l_{\text{w}2}'=70\text{mm}\geqslant[8h_{\text{f}3},40]_{\max}=64\text{mm}$

满足构造要求。

3.4.5　弯矩、剪力、轴心力共同作用下角焊缝计算

同时承受弯矩 M、剪力 V 和轴心力 N 作用的 T 形连接（图 3.39）在计算时，应先分别计算角焊缝在弯矩剪力和轴心力作用下所产生的应力，然后再按式（3.10）进行组合。

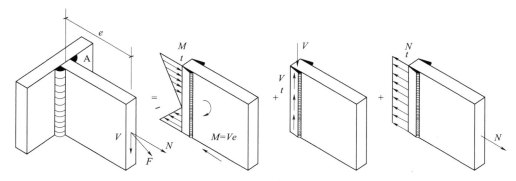

图 3.39　角焊缝承受弯矩、剪力、轴心力共同作用

在轴心力 N 作用下，产生垂直于焊缝长度方向的应力为

$$\sigma_{\text{f}}^{N}=\frac{N}{A_{\text{w}}}=\frac{N}{2h_{\text{e}}l_{\text{w}}} \tag{3.21}$$

在弯矩作用下，产生垂直于焊缝长度方向呈三角形分布的应力为

$$\sigma_{\text{f}}^{M}=\frac{M}{W_{\text{w}}}=\frac{6M}{2h_{\text{e}}l_{\text{w}}^{2}} \tag{3.22}$$

在剪力作用下，产生平行于焊缝长度方向的应力为

$$\tau_{\text{f}}^{V}=\frac{V}{A_{\text{w}}}=\frac{V}{2h_{\text{e}}l_{\text{w}}} \tag{3.23}$$

将应力代入式（3.10）中得到

$$\sqrt{\left(\frac{\sigma_{\text{f}}^{N}+\sigma_{\text{f}}^{M}}{\beta_{\text{f}}}\right)^{2}+\tau_{\text{f}}^{2}}\leqslant f_{\text{f}}^{\text{w}} \tag{3.24}$$

式中：A_{w} 为角焊缝的有效截面面积，mm^2；W_{w} 为角焊缝的有效截面模量，mm^3。

3.4.6 扭矩和剪力共同作用下角焊缝计算

图 3.40（a）所示为一受斜向力 F 作用的角焊缝连接搭接接头。将 F 力分解并向角焊缝有效截面的形心 O 简化后，可与图 3.40（b）所示的 $T=V_e$、V 和 N 共同作用等效。

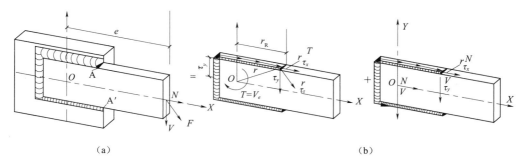

（a）   （b）

图 3.40　扭矩、剪力和轴心力共同作用时搭接接头的角焊缝

在计算扭矩 T 作用下焊缝产生的应力时 A 点的应力按下式计算，即

$$\tau_f^T = \frac{Tr}{I_p} = \frac{Tr}{I_x + I_y} \tag{3.25}$$

式中：I_x、I_y 分别为角焊缝有效截面对 x 轴和 y 轴的惯性矩，mm^4；r 为焊缝点 A 到焊缝形心的坐标距离，mm。

τ_f^T 可分解为垂直于水平焊缝长度方向的分应力 σ_{fy}^T 和平行于水平焊缝长度方向的分应力 τ_{fx}^T。

$$\sigma_{fy}^T = \tau_f^T \cos\theta = \frac{Tr}{I_p} \cdot \frac{r_x}{r} = \frac{Tr_x}{I_x + I_y} \tag{3.26}$$

$$\tau_{fx}^T = \tau_f^T \sin\theta = \frac{Tr}{I_p} \cdot \frac{r_y}{r} = \frac{Tr_y}{I_x + I_y} \tag{3.27}$$

在剪力 V 作用下

$$\sigma_{fy}^V = \frac{V}{h_e \sum l_w} \tag{3.28}$$

焊缝在轴心力 N、剪力 V 和扭矩 T 共同作用下应满足

$$\sqrt{\left(\frac{\sigma_{fy}^T + \sigma_{fy}^V}{\beta_f}\right)^2 + (\tau_{fx}^T + \tau_{fx}^N)^2} \leqslant f_f^w \tag{3.29}$$

【例 3.5】　图 3.41 所示为一支托板与柱的搭接连接，$l_1 = 300mm$，$l_2 = 400mm$。作用力的设计值 $N = 200kN$，钢材为 Q235B，焊条为 E43 型，手工焊，作用力 N 距柱边缘距离 $e = 300mm$，支托板厚度 $t = 12mm$，试设计角焊缝。

解： 为方便连续施焊，取 $h_f = 8mm$，并近似地按支托与柱的搭接长度来计算角焊缝的有效截面。在计算焊缝长度时，需考虑焊口影响，单根侧面角焊缝长度减去 $8mm$。

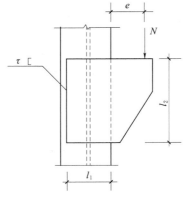

图 3.41　托板与柱的搭接连接

查表 3.3 可知 $f_f = 160\text{N/mm}^2$

角焊缝有效截面的形心位置：

$$x = \frac{0.7 \times 8 \times 292^2 / 2}{0.7 \times 8 \times (2 \times 292 + 400)} = 86.6(\text{mm})$$

角焊缝有效截面的惯性矩：

$$I_x = 0.7 \times 8 \times (400^3 / 12 + 2 \times 292 \times 200^2) = 1.607 \times 10^8 (\text{mm}^4)$$

$$I_y = 0.7 \times 8 \times [400 \times 86.6^2 + 2 \times 292^3 / 12 + 2 \times 292 \times (292/2 - 86.6)^2]$$
$$= 0.5158 \times 10^8 (\text{mm}^4)$$

$$I = I_x + I_y = 2.1228 \times 10^8 \, \text{mm}^4$$

扭矩：　$T = V(e_1 + e - x) = 200 \times (0.3 + 0.3 - 0.0866) = 102.68(\text{kN} \cdot \text{m})$

角焊缝有效截面上 A 点应力为

$$\tau_A^T = \frac{T\gamma_y}{I} = \frac{102.68 \times 10^6 \times 200}{2.1228 \times 10^8} = 96.74(\text{N/mm}^2)$$

$$\sigma_A^T = \frac{T\gamma_x}{I} = \frac{102.68 \times 10^6 \times (292 - 86.6)}{2.1228 \times 10^8} = 99.35(\text{N/mm}^2)$$

$$\sigma_A^V = \frac{V}{A} = \frac{200 \times 10^3}{0.7 \times 8 \times (400 + 2 \times 292)} = 36.30(\text{N/mm}^2)$$

$$\sqrt{\left(\frac{\sigma_A^T + \sigma_A^V}{\beta_f}\right)^2 + (\tau_A^T)^2} = \sqrt{\left(\frac{99.35 + 36.30}{1.22}\right)^2 + 96.74^2}$$
$$= 147.4(\text{N/mm}^2) < f_f^w = 160\text{N/mm}^2$$

因此，该设计方案满足要求。

3.5　焊接热效应

焊接时，加热是在焊件局部进行的。在高温电弧作用下焊件局部范围加热至熔化，结构经历了一个不均匀的升温冷却过程。由于加热升温的金属体积膨胀以及冷却降温时收缩变形均受到周围较低温度金属的限制，因而产生了焊件内部残余应力并引起变形。这就是钢结构残余应力和焊接变形产生的原因，这两者的存在直接影响焊接结构的性能和使用，易导致裂纹的发生。因此，焊接热效应成为焊接结构的重要问题之一，应在设计和焊接施工中加以控制和重视。

3.5.1　焊接残余应力

焊接残余应力分别有纵向残余应力、横向残余应力和厚度方向的残余应力，均表现为焊缝区域受拉，周围区域受压。其中，应力方向平行于焊缝长度方向称为纵向残余应力，垂直于焊缝长度方向且平行于焊件表面的残余应力称为横向残余应力，垂直于焊缝长度方向且垂直于焊件表面的残余应力称为厚度方向残余应力。

据试验分析可知，在厚度不大（小于 20mm）的焊接结构中，残余应力基本是纵、横双向的，厚度方向的残余应力很小，可以忽略。只有在大厚度的焊接结构中，厚度方向的残余应力才会出现较高的数值。

1. 纵向残余应力

如图 3.42 所示，两块钢板对接连接焊接时，钢板的焊缝受热金属将沿焊缝方向纵向伸长膨胀，但伸长过程受到钢板两侧温度较低金属的限制。由于这时焊缝金属是熔融塑性状态，伸长虽受限，却不产生应力，相当于塑性受压变形。焊缝金属冷却时恢复弹性，焊缝区域降温时的自由收缩又受到周围金属限制，将导致焊缝金属及其附近区域纵向受拉，在钢结构中应用的低碳钢和低合金钢中，这种残余拉应力经常达到钢材的屈服强度。两侧钢板则因焊缝收缩倾向牵制而纵向受压。可以看出，残余应力是一组在外荷载作用之前就已产生的自相平衡的内应力，拉压应力合力为零。

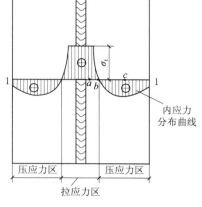

图 3.42 纵向残余应力

焊件产生纵向残余应力需要 3 个充分必要条件：①构件上存在不均匀的温度场；②构件进入了热塑性状态；③组成构件的各个纵向纤维不能自由纵向变形。

也就是说，在同时满足上述 3 个条件的情况下，构件将产生纵向残余应力。

纵向残余应力的分布规律为在焊缝纵截面端头，纵向应力为零，焊缝端部存在一个残余应力过渡区，焊缝中段是残余应力稳定区。当焊缝较短时，不存在稳定区，焊缝越短应力越小。

2. 横向残余应力

图 3.43 所示为焊缝横向残余应力示意图，横向残余应力产生的原因有两个：一是图 3.43（a）、图 3.43（b）由于焊缝纵向收缩，两块钢板趋向于形成反方向的弯曲变形，但实际上焊缝将两块钢板连成整体，不能分开，于是在焊缝中部产生横向拉应力，而在两端产生横向压应力；二是图 3.43（c）所示焊缝在施焊过程中先后冷却的时间不同，先焊的焊缝已经凝固，具有一定的强度，会阻止后焊焊缝在横向的自由膨胀，使其发生横向的塑性压缩变形。当焊缝冷却时，后焊焊缝的收缩受

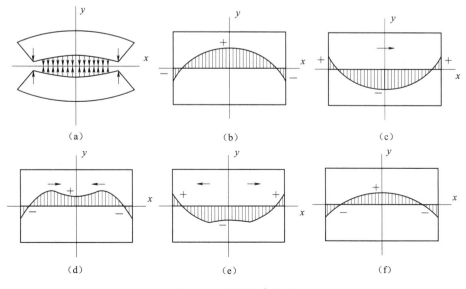

图 3.43 横向残余应力

到已凝固的焊缝限制而产生横向拉应力，同时在先焊部分的焊缝内产生横向压力。

这两种横向应力叠加即成为最后的焊缝横向残余应力，如图 3.43（d）所示。横向收缩引起的横向应力与施焊方向和顺序有关，见图 3.43（c）～（e）。

横向残余应力分布规律为：如果将一条焊缝分两段焊接，当从中间向两端焊时，中间部分先焊先收缩，两端部分后焊后收缩，则两端部分的横向收缩受到中间部分的限制，因此横向残余应力分布是中间部分为压应力，两端部分为拉应力；相反，如果从两端向中间部分焊接时，中间部分为拉应力，两端部分为压应力。

3. 厚度方向残余应力

如图 3.44 所示，在厚钢板的连接中，焊缝需要多层施焊。因此，除有纵向和横向焊接残余应力外，还存在着沿钢板厚度方向的焊接残余应力。尤其是厚板焊接时，表面冷却速度快，中心部位冷却较慢，最后冷却的收缩受周围金属制约，中心部位将出现较高的拉应力。

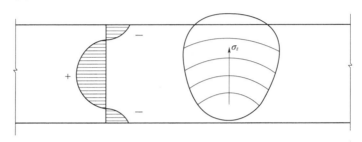

图 3.44　厚度方向残余应力

这 3 种方向的残余应力形成比较严重的同号三轴应力，大大降低结构连接的塑性，使焊缝脆性加大，是焊接结构易发生脆性破坏的重要原因之一。

若焊件在施焊时处于夹具等约束状态下，约束产生的应力将与残余应力叠加。因此，约束状态下焊件残余应力将随约束程度增大而增大。

3.5.2　焊接残余变形

焊接过程中的局部加热和不均匀的冷却收缩，使焊件在产生残余应力的同时还将伴随产生焊接残余变形，如纵向和横向收缩、弯曲变形、角变形、波浪变形和扭曲变形等，如图 3.45 所示。通常残余变形是集中变形的组合，由于残余变形会使焊接构件受力状态恶化且装配困难。因此，当焊接残余变形超过规范中允许的尺寸时必须校正甚至返修，以免影响焊接构件在正常使用条件下的承载能力。

1. 收缩变形

收缩变形分为纵向收缩变形和横向收缩变形。其中，横向收缩变形是指焊接构件焊接后在垂直于焊缝方向产生缩短，纵向收缩变形是指焊接构件焊后在焊缝方向上产生收缩。

2. 角变形

中厚板对接焊、堆焊、搭接焊及 T 形接头焊接时，都可能产生角变形，角变形产生的根本原因是由于焊缝的横向收缩沿板厚分布不均匀所致。焊缝接头形式不同，其角变形的特点也不同。

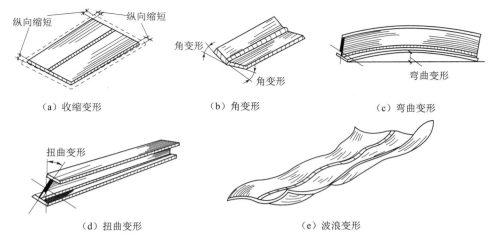

图 3.45 焊接变形

3. 弯曲变形

弯曲变形是由于焊缝的中心线与结构截面的中性轴不重合或不对称，焊缝的收缩沿构件宽度方向分布不均匀而引起的。弯曲变形分两种，即焊缝纵向收缩引起的弯曲变形和焊缝横向收缩引起的弯曲变形。

4. 扭曲变形

扭曲变形是焊后构件的角变形沿构件纵轴方向数值不同及构件翼缘与腹板的纵向收缩不一致而形成的变形。

5. 波浪变形

波浪变形是指薄板焊接后，母材受压应力区由于失稳而使板面产生翘曲。波浪变形常发生于板厚小于 6mm 的薄板焊接结构中或由于肋板结构角变形连贯造成，又称为失稳变形。

以上 5 种变形是焊接变形的基本形式，在这 5 种基本变形中，最基本的是收缩变形，收缩变形再加上不同的影响因素，就构成了其他 4 种基本变形。

3.5.3　焊接残余应力的影响

1. 静力强度方面的影响

在常温下承受静荷载的焊接结构，只要没有严重的应力集中，且所用钢材具有较好的塑性变形能力时，焊接残余应力并不影响结构的静力强度，即对承载力没有影响。

在常温下承受静荷载的焊接结构焊缝强度计算时假设：残余应力对焊缝强度没有影响；荷载沿焊缝均匀分布；焊缝的工作应力在其相应的剖面上均布，忽略应力集中对焊缝强度的影响。

2. 刚度方面的影响

残余应力与荷载应力相加以后，部分材料将提前进入屈服阶段，继续增加的外力将仅由弹性区承担，因此构件变形将加快、刚度降低。

3. 焊接构件稳定性方面的影响

荷载引起的压应力与截面残余压应力叠加时，会使部分截面屈服，降低抗弯刚

度 EI，将降低构件的整体稳定性。

4. 疲劳和低温冷脆方面的影响

残余应力为三向拉应力状态时，材料易转向脆性，使裂纹容易产生和开展，导致疲劳强度降低，尤其易导致低温脆性断裂，危害较大。

试验及工程实践表明，当材料处于脆性状态时，如在工作温度低于材料脆性临界温度的条件下，拉伸内应力和严重应力集中的共同作用，将降低结构的静载强度，使之在远低于屈服点的外应力作用下就发生脆性断裂，即这种拉伸内应力和外荷载引起的拉应力叠加就有可能使局部区域的应力首先达到断裂强度。因此，焊接残余应力的存在将明显降低脆性材料结构的静载强度。

3.5.4 残余应力及残余变形防控措施

从焊接结构的设计开始，就应考虑控制残余应力及残余变形防控措施，即通过设计措施、焊接工艺措施及焊后矫正措施使焊接应力和残余变形减小到最低程度。

1. 设计措施

设计焊接结构时，在不影响结构使用性能的前提下，应尽量考虑采用能减小和改善焊接应力及防控残余变形的设计方案。

可在设计中减少不必要的焊缝，焊缝截面及长度尽量小，焊缝布置和坡口形式尽量对称，h_f 不宜过大；焊缝不宜过分集中和三向交叉。例如，在受力不大的焊接结构内，采用间断焊缝代替连续焊缝，是减小焊件纵向收缩变形的有效措施。

选择合理的坡口形式也可以减免焊接热效应的影响。例如，相同厚度的平板对接，开 V 形坡口焊缝的角变形大于双 V 形坡口焊缝。因此，具有翻转条件的结构，宜选用两面对称的坡口形式。

焊缝金属应与主体金属相适应。当不同强度的钢材连接时，可采用与低强度钢材相适应的焊接材料。

2. 工艺措施

（1）采用合理的装配焊接顺序和方向。合理的装配焊接顺序就是能使每条焊缝尽可能自由收缩的焊接顺序，如图 3.46 所示，如梁、柱等焊接构件常因焊缝偏心布置而产生弯曲变形。合理的设计应尽量把焊缝安排在结构截面的中性轴上或靠近中性轴，力求在中性轴两侧的变形大小相等、方向相反，起到相互抵消的作用。

图 3.46　合理的焊接顺序（图中数字为焊接顺序）

（2）降低焊接不均匀的冷却收缩。例如，采用预热后焊接和焊后缓慢冷却、强迫散热、减少受热区面积等减少焊接应力和变形的加工工艺方法。

（3）留余量法及反变形法。留余量法是在下料时，将焊件的长度或宽度尺寸比设计尺寸适当加大，以补偿焊件的收缩。余量的多少可根据公式并结合生产经验来确定。留余量法主要用于防止焊件的收缩变形。

反变形法是根据焊件的变形规律，焊前预先将焊件向着与焊接变形的相反方向进行人为的变形（反变形量与焊接变形量相等），使之达到抵消焊接变形的目的。此方法很有效，但必须准确地估计焊后可能产生的变形方向和大小，并根据焊件的结构特点和生产条件灵活地运用。

（4）刚性固定法。选用工艺装备控制焊件的焊接变形，如用装配夹具固定住再焊。

3. 矫正措施

当焊接结构中的残余变形超出技术要求的变形范围时，就必须对焊件的变形进行矫正。常用的矫正焊接变形的方法如下。

（1）手工矫正法。利用锤子、大锤等工具锤击焊件的变形处。主要用于矫正一些小型简单焊件的弯曲变形和薄板的波浪变形。

（2）机械矫正法。利用机器或工具来矫正焊接变形。具体地说，就是用千斤顶、拉紧器、压力机等将焊件顶直或压平。机械矫正法一般适用于塑性比较好的材料及形状简单的焊件。

（3）火焰加热矫正法。利用火焰对焊件进行局部加热，使焊件产生新的变形去抵消焊接变形。火焰加热矫正法在生产中应用广泛，主要用于矫正弯曲变形、角变形、波浪变形等，也可用于矫正扭曲变形。

3.6 螺栓连接

3.6.1 螺栓连接概述

螺栓连接通常由螺栓、螺母和垫圈组成。垫圈又分为平垫圈、弹簧垫圈和止退垫圈，其中弹簧垫圈和止退垫圈均有防止螺母松动的作用。作为钢结构连接中的紧固件，螺栓分为普通螺栓、高强螺栓和锚固螺栓（锚栓）三大类。螺栓连接通常应用于结构的安装连接、装拆式结构以及钢结构支座与混凝土基础或墩台的锚固连接等，施工时在被连接件上开有通孔，插入螺栓后在螺栓的另一端拧上螺母。

依据相关标准，螺栓性能等级分 3.6、4.6、4.8、5.6、6.8、8.8、9.8、10.9、12.9 等 10 余个等级，其中 8.8 级及以上螺栓材质为低碳合金钢或中碳钢并经热处理（淬火、回火），通称为高强度螺栓，其余通称为普通螺栓。螺栓性能等级标号由两部分数字组成，分别表示螺栓材料的抗拉强度值和屈强比值。例如，C级螺栓材料性能等级为 4.6 级或 4.8 级，小数点前的数字表示螺栓成品的抗拉强度的百分之一，即 C 级螺栓抗拉强度不小于 $400N/mm^2$；小数点及小数点以后数字表示其屈强比（屈服点与抗拉强度之比）为 0.6 或 0.8。

普通螺栓抗剪时依靠杆身承压和螺栓抗剪传递剪力，材料强度较低。高强螺栓材料强度高，扭紧螺栓时给螺栓施加很大的预应力，使被连接构件的接触面之间产生挤压力，从而沿接触面产生很大的摩擦力，对外力的传递有很大影响。锚固螺栓只能承受轴力或弯矩引起的拉力。

1. 普通螺栓

普通螺栓分为 A、B、C 三级（表 3.6）。其中 A 级与 B 级为精制螺栓，C 级为粗制螺栓。A 级、B 级精制螺栓性能等级则为 8.8 级，是由毛坯在车床上经过切削加工精制而成，表面光滑，尺寸准确，对成孔质量要求高，受剪性能好，但制作和安装复杂，价格较高。A、B 两级的区别只是尺寸不同。A 级螺栓为螺杆直径 $d \leqslant 24\text{mm}$，且螺杆长度 $L \leqslant 150\text{mm}$ 的螺栓，B 级螺栓为 $d > 24\text{mm}$ 或 $L > 150\text{mm}$ 的螺栓。A 级、B 级螺栓需要机械加工，尺寸准确，要求 I 类孔（即要求 A 级、B 级普通螺栓的孔径 d_0 比螺栓公称直径 d 大 $0.2 \sim 0.5\text{mm}$）。

C 级螺栓由未经加工的圆钢轧制而成。螺栓孔径 d_0 比螺栓公称直径 d 大 $1.0 \sim 1.5\text{mm}$，可见在制造上对孔径的准确度要求不高，制造和安装方便，成本较低。由于螺栓杆与螺栓孔之间有较大的间隙，受剪力作用时，将会产生较大的剪切滑移，因此连接的变形大，工作性能差。由于 C 级螺栓安装方便，且能有效地传递拉力，故一般常用于沿螺栓杆轴受拉的连接中，以及次要结构的抗剪连接或需要经常拆卸的结构在安装时的临时固定。

表 3.6　　　　　　　　　　　普通螺栓的分类及其相关内容

分类	钢材	强度等级	d_0（孔径）$-d$（栓径）	加工	受力特点	安装	应用
C 级（粗制螺栓）	普通碳素结构钢 Q235	4.6 4.8	$1.0 \sim 1.5\text{mm}$	粗糙，尺寸不准，成本低	抗剪性能差，抗拉性能好	方便	承拉，应用广泛，临时固定
A 级 B 级（精制螺栓）	优质碳素结构钢 45 钢 35 钢	8.8	$0.2 \sim 0.5\text{mm}$	精度高，尺寸准确，成本高	抗剪，抗拉性能均好	精度要求高	应用依赖于先进设备

2. 高强度螺栓连接

20 世纪以来，钢结构连接中开始采用高强螺栓，性能等级在 8.8 级或 8.8 级以上者，称为高强度螺栓，可承受的载荷比同规格的普通螺栓要大。高强度螺栓是采用高强度钢材制成并经热处理。需要特殊扳手拧紧螺栓，使板件接触面产生很大摩擦力，依靠摩擦力传力。这种连接与其他连接相比较具有变形小、受力性能好、连接紧密、耐疲劳、承受动荷载可靠等特性，是现代钢结构最主要的连接方法之一。

高强度螺栓连接有两种类型：一种是只依靠摩擦阻力传力，并以剪力不超过接触面摩擦力作为设计准则，称为摩擦型高强螺栓连接；另一种是允许接触面滑移，以连接达到破坏的极限承载力作为设计准则，称为承压型高强螺栓连接。

摩擦型连接螺栓的剪切变形小、弹性性能好、施工较简单、可拆卸、耐疲劳，特别适用于承受动力荷载的结构。承压型连接的承载力高于摩擦型高强度螺栓，连接紧凑，但剪切变形大，故不得用于承受动力荷载的结构中。

3.6.2　螺栓的排列和构造要求

螺栓的排列应遵循简单、整齐、紧凑，既要满足受力要求，又要构造合理便于安装。如图 3.47 所示，通常采取并列和错列两种形式。并列排列简单，所用连接板尺寸小，但螺栓孔对截面的削弱较大。错列排列减小了螺栓孔对截面的削弱，但施工难度加大、不紧凑。因此，一般并列难以满足构造要求时才考虑错列排列。

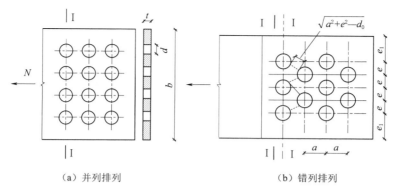

（a）并列排列　　　　　　　　　　　（b）错列排列

图 3.47　螺栓排列及间距

无论采用哪种排列方法，螺栓间距及螺栓到构件边缘的距离均应满足下列要求。

（1）受力要求。在受力方面，螺栓的端距过小时，钢板有被剪断的可能。当各排栓距和线距过小时，构件有沿直线或折线破坏的可能。对受压构件，当沿作用力方向的螺栓距过大时，在被连接的板件间易发生张口或鼓曲现象。因此，从受力的角度规定了最大和最小的容许间距，见表 3.7。排列螺栓时，宜按最小容许距离布置且应取 5mm 的倍数，并按等距离排列，以缩小连接的尺寸。最大容许距离一般只在起联系作用的构造连接中采用。

（2）构造要求。当螺栓的栓距和线距过大时，被连接构件接触面不够紧密，潮气易侵入缝隙而产生腐蚀，所以规范中规定了螺栓的最大容许间距。

（3）施工要求。要保证一定的施工空间，便于转动螺栓扳手。根据扳手尺寸及施工经验的总结，规范中规定了螺栓最小容许间距。

螺栓沿型钢长度方向上排列的间距，除应满足表 3.7 的最大、最小距离外，尚应充分考虑拧紧螺栓时的净空要求。在角钢、普通工字钢、槽钢规格截面上排列螺栓的线距应满足图 3.48 及表 3.8～表 3.10 的要求。

表 3.7　　　　　　　　　　　螺栓或铆钉的孔距、边距和端距容许值

名称	位置和方向			最大容许距离 （取两者的较小值）	最小 容许距离
中心间距	外排（垂直内力方向或顺内力方向）			$8d_0$ 或 $12t$	$3d_0$
	中间排	垂直内力方向		$16d_0$ 或 $24t$	
		顺内力方向	构件受压力	$12d_0$ 或 $18t$	
			构件受拉力	$16d_0$ 或 $24t$	
	沿对角线方向			—	
中心至构件 边缘距离	顺内力方向			$4d_0$ 或 $8t$	$2d_0$
	垂直内力方向	剪切边或手工切割边			$1.5d_0$
		轧制边、自动气割 或锯割边	高强度螺栓		
			其他螺栓或铆钉		$1.2d_0$

注　1. d_0 为螺栓或铆钉的孔径，对槽孔为短向尺寸，t 为外层较薄板件的厚度。

　　2. 钢板边缘与刚性构件（如角钢、槽钢等）相连的高强度螺栓的最大间距，可按中间排的数值采用。

　　3. 计算螺栓孔引起的截面削弱时取 $d+4mm$ 和 d_0 的较大者。

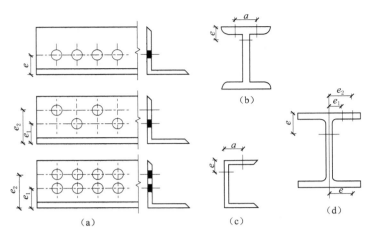

图 3.48　型钢的螺栓排列

表 3.8　　　　　　　　　　　角钢上螺栓容许最小间距　　　　　　　　单位：mm

肢宽		40	45	50	56	63	70	75	80	90	100	110	125	140	160	180	200
单行	e	25	25	30	30	35	40	40	45	50	55	60	70				
	d_0	12	13	14	15.5	17.5	20	21.5	21.5	23.5	23.5	26	26				
双行错列	e_1												55	60	70	70	80
	e_2												90	100	120	140	160
	d_0												23.5	23.5	26	26	
双行并列	e_1														60	70	80
	e_2														130	140	160
	d_0														23.5	23.5	26

表 3.9　　　　　　　　　　工字钢和槽钢腹板上的螺栓容许距离　　　　　　单位：mm

工字钢型号	12	14	16	18	20	22	25	28	32	36	40	45	50	56	63
线距 e_{min}	40	45	45	45	50	50	55	60	60	65	70	75	75	75	75
槽钢型号	12	14	16	18	20	22	25	28	32	38	40				
线距 e_{min}	40	45	50	50	55	55	55	60	65	70	75				

表 3.10　　　　　　　　　　工字钢和槽钢翼缘上的螺栓容许距离　　　　　　单位：mm

工字钢型号	12	14	16	18	20	22	25	28	32	36	40	45	50	56	63
线距 e_{min}	40	40	50	55	60	65	65	70	75	80	80	85	90	95	95
槽钢型号	12	14	16	18	20	22	25	28	32	38	40				
线距 e_{min}	30	35	35	40	40	45	45	45	50	56	60				

　　（4）在设计中螺栓连接除满足螺栓排列的允许距离外，还应满足下列构造要求。

　　1）当杆件在节点上或拼接接头的一端时，永久性的螺栓（或铆钉）数不宜少于两个。对组合构件的缀条，其端部连接可采用一个螺栓（或铆钉）。

　　2）高强度螺栓孔应采用钻成孔。

3）在高强度螺栓连接范围内，构件接触面的处理方法应在施工图中注明。

4）C级普通螺栓栓杆与螺栓孔有较大孔隙，只适合用于沿其杆轴方向受拉的连接，在下列情况下可用于受剪连接：①承受静荷载或间接承受动荷载结构中的次要连接；②承受静荷载的可拆卸结构的连接；③临时固定构件用的安装连接。

5）对直接承受动荷载的普通螺栓受拉连接应采用双螺母或其他能防止螺母松动的有效措施，如采用弹簧垫圈或将螺母（或螺杆）焊死等方法。

6）当型钢构件拼接采用高强度螺栓连接时，型钢的抗弯刚度较大，不能保证摩擦面紧密贴合，故不能用型钢作为拼接件，宜采用钢板。

3.7　普通螺栓连接的构造和计算

普通螺栓连接按螺栓传力方式，可分为抗剪螺栓和抗拉螺栓连接。当外力垂直于螺杆时，该螺栓为受剪螺栓；当外力沿螺栓杆长方向时，该螺栓为受拉螺栓。

3.7.1　抗剪螺栓工作性能及计算

图3.49所示为抗剪螺栓，依靠螺栓杆的承压和抗剪传力。抗剪螺栓连接在受力以后，首先由构件间的摩擦力抵抗外力，因摩擦力很小，构件间不久便会出现滑移，螺栓杆和螺栓孔壁发生接触，使螺栓杆受剪，同时螺栓杆和孔壁间互相接触挤压。抗剪螺栓的破坏形式（图3.50）共有5种：（a）当螺栓直径较小而钢板相对较厚时可能发生的栓杆剪断；（b）当螺栓直径较大而钢板相对较薄时可能发生的孔

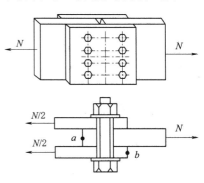

图3.49　抗剪螺栓连接

壁挤压破坏；（c）当钢板因螺栓孔削弱过多时可能发生的钢板被拉断；（d）当顺受力方向的端距过小时可能发生的端部钢板被剪断；以及（e）当螺栓过长时可能发

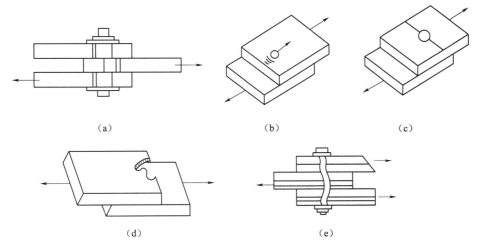

（a）　　　　　　　　（b）　　　　　　　　（c）

（d）　　　　　　　　（e）

图3.50　抗剪螺栓破坏形式

生的栓杆受弯破坏。前 3 种破坏形式需要通过计算校核强度避免，后两种破坏形式通过控制设计最小容许端距 $\geqslant 2d_0$（d_0 为螺栓的孔径）和板叠厚度 $\leqslant 5d$（d 为螺栓直径）来防止。

受剪螺栓中，假定螺栓杆沿受剪面均匀分布，孔壁承压应力换算为沿栓杆直径投影宽度内板件面上均匀分布的应力。

1. 单个螺栓或铆钉的承载力设计值

设计时应首先计算一个抗剪螺栓或铆钉的承载力设计值，计算时所取承载力应为受剪和承压承载力中的较小值，即 $N_{\min}^b = [N_v^b, N_c^b]$。

螺栓受剪承载力设计值为

$$N_v^b = n_v \frac{\pi d^2}{4} f_v^b \tag{3.30}$$

铆钉受剪承载力设计值为

$$N_v^r = n_v \frac{\pi d_0^2}{4} f_v^r \tag{3.31}$$

螺栓承压承载力设计值为

$$N_c^b = d \sum t f_c^b \tag{3.32}$$

铆钉承压承载力设计值为

$$N_c^r = d_0 \sum t f_c^r \tag{3.33}$$

式中：n_v 为螺栓受剪面的个数，单剪 $n_v = 1$ [图 3.50（b）]，双剪 $n_v = 2$ [图 3.50（a）]，四剪 $n_v = 4$；$\sum t$ 为在同一受力方向的承压构件总厚度的较小值，mm；d 为螺栓杆直径，mm；f_v^b、f_c^b 分别为螺栓的抗剪和承压强度设计值，N/mm²，按表 3.11 采用；f_v^r、f_c^r 分别为铆钉的抗剪和承压强度设计值，N/mm²。

表 3.11　　　　　　　　　螺栓和锚栓连接的强度设计值　　　　　　单位：N/mm²

螺栓的性能等级、锚栓和构件钢材的牌号		普通螺栓						锚栓抗拉 f_t^b	承压型连接或网架用高强度螺栓		
		C 级螺栓			A 级、B 级螺栓						
		抗拉 f_t^b	抗剪 f_v^b	承压 f_c^b	抗拉 f_t^b	抗剪 f_v^b	承压 f_c^b		抗拉 f_t^b	抗剪 f_v^b	承压 f_c^b
普通螺栓	4.6 级、4.8 级	170	140	—							
	5.6 级	—	—	—	210	190	—				
	8.8 级	—	—	—	400	320	—				
锚栓	Q235 钢	—	—	—	—	—	—	140			
	Q345 钢	—	—	—	—	—	—	180			
	Q390 钢	—	—	—	—	—	—	185			
承压型连接高强度螺栓	8.8 级	—	—	—	—	—	—	—	400	250	—
	10.9 级	—	—	—	—	—	—	—	500	310	—

螺栓的性能等级、锚栓和构件钢材的牌号		普通螺栓						锚栓抗拉 f_t^b	承压型连接或网架用高强度螺栓		
		C 级螺栓			A 级、B 级螺栓						
		抗拉 f_t^b	抗剪 f_v^b	承压 f_c^b	抗拉 f_t^b	抗剪 f_v^b	承压 f_c^b		抗拉 f_t^b	抗剪 f_v^b	承压 f_c^b
螺栓球节点用高强螺栓	9.8 级	—	—	—	—	—	—	385	—	—	—
	10.9 级	—	—	—	—	—	—	430	—	—	—
构件钢材牌号	Q235 钢	—	—	305	—	—	405	—	—	—	470
	Q345 钢	—	—	385	—	—	510	—	—	—	590
	Q390 钢	—	—	400	—	—	530	—	—	—	615
	Q420 钢	—	—	425	—	—	560	—	—	—	655
	Q460 钢	—	—	450	—	—	595	—	—	—	695
	Q345GJ 钢	—	—	400	—	—	530	—	—	—	615

注 1. A 级螺栓用于 $d \leqslant 24$mm 和 $l \leqslant 10d$ 或 $l \leqslant 150$mm（按较小值）的螺栓；B 级螺栓用于 $d > 24$mm 和 $l > 10d$ 或 $l > 150$mm（按较小值）的螺栓；d 为公称直径，l 为螺杆公称长度。

2. A、B 级螺栓孔的精度和孔壁表面粗糙度，C 级螺栓孔的允许偏差和孔壁表面粗糙度，均应符合现行国家标准《钢结构工程施工质量验收规范》（GB 50205）的要求。

3. 用于螺栓球节点网架的高强度螺栓，M12～M36 为 10.9 级，M39～M64 为 9.8 级。

2. 连接所需的螺栓数目计算

在轴心拉力作用下，螺栓受剪，由于轴心拉力通过螺栓群中心，可假定每个螺栓受力相等，则连接一侧所需螺栓数为

$$n = \frac{N}{N_{min}^b}$$

如果拼接一侧所排一列螺栓的数目过多，致使首尾两螺栓之间距离 l_1 过大时，各螺栓实际受力严重不均匀，两端的螺栓可能首先达到极限承载力破坏，然后依次向内解扣破坏。因此，当 $l_1 \geqslant 15d_0$ 时，各螺栓受力仍可按均匀分布计算，但螺栓承载力设计值 N_v^b 和 N_c^b 应乘以折减系数 β 给予降低。折减系数当 $l_1 \geqslant 15d_0$ 时，取 $\beta = 1.1 - \dfrac{l_1}{150d_0}$；当 $l_1 \geqslant 60d_0$ 时，取 $\beta = 0.7$。

3. 净截面验算

净截面强度验算应选择构件或连接板内力大或净截面小（螺栓孔多）的截面，即最不利截面。螺栓连接会削弱构件截面，因此净截面强度验算采用下式，即

$$\sigma = \frac{N}{A_n} \leqslant f \tag{3.34}$$

式中：N 为连接件或构件验算截面处的轴心力设计值，kN；A_n 为连接件或构件在所验算截面上的净截面面积，mm²，$A_n = (b - n_1 d_0)t$；n_1 为直线不利截面的螺栓孔数；d_0 为螺栓孔孔径，mm；t、b 为构件和连接板的厚度及宽度，mm。当螺栓为错列布置时，构件或连接板除可能沿较多螺栓孔直线截面破坏外，还可能沿折线截面破坏，还须计算其较多螺栓孔折线净截面面积，以确定最不利截面，即

$$A_n = [2e_1 + (n_2 - 1)\sqrt{a^2 + e^2} - n_2 d_0]t$$

式中：n_2 为不利折线截面上的螺栓孔数；a、e、e_1 如图 3.48 所示，mm；f 为钢材的抗拉（或抗压）强度设计值，N/mm²，按表 1.3 选用。

【例 3.6】 试设计采用普通 C 级粗制螺栓的双盖板拼接。钢板为 Q245 - A，截面为 14mm×400mm，螺栓采用 M20，钢板轴心拉力设计值 $N=940$kN。

解： 查表 1.3 及表 3.11 得

$$f=215\text{N/mm}^2, f_v^b=140\text{N/mm}^2, f_c^b=305\text{N/mm}^2$$

（1）单个螺栓承载力设计值。

$$N_v^b=n_v\frac{\pi d^2}{4}f_v^b=2\times\frac{\pi\times20^2}{4}\times140=87.9(\text{kN})$$

$$N_c^b=d\sum tf_c^b=20\times14\times305=85.4(\text{kN})$$

$$N_{min}^b=85.4\text{kN}$$

连接所需的一侧螺栓数目为

$$n=\frac{N}{N_{min}^b}=\frac{940}{85.4}=11\text{ 个，取 }n=12\text{ 个}$$

采用并列布置，布置如图 3.47（a）所示。布置端距、边距均为 50mm，中距 70mm，则连接盖板尺寸为—8×400×490。

（2）验算净截面强度。

$$A_n=(b-n_1d_0)t=(400-4\times21.5)\times14=4396(\text{mm}^2)$$

$$\sigma=\frac{N}{A_n}=\frac{940\times10^3}{4396}=213.8(\text{N/mm}^2)<f=215\text{N/mm}^2$$

3.7.2　受扭矩和剪力共同作用的抗剪螺栓计算

遇到偏心外力荷载 F 或扭矩与剪力共同作用螺栓连接时，将偏心外力荷载 F 向螺栓群的中心平移，转化为扭矩 $T=Fe$ 及竖向轴心力 $V=F$ 的共同作用。扭矩 T、竖向力 F 及水平轴心力 N 均使各螺栓受剪（图 3.51）。

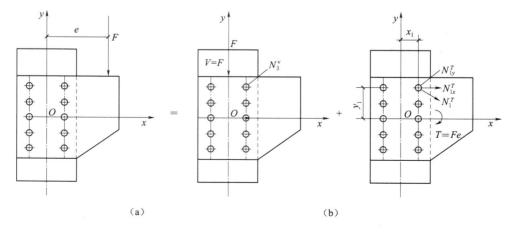

图 3.51　螺栓群受偏心外力荷载作用

螺栓群在扭矩作用下计算，应先布置好螺栓，再计算受力最大螺栓实际受剪是否满足强度要求。计算时假定：

（1）被连接构件是绝对刚性的，而螺栓则是弹性的。

（2）各螺栓都绕螺栓群的形心 O 旋转。

（3）产生的剪切力受力大小与到螺栓群形心的距离 γ 成正比，方向与螺栓到形心的连线垂直。

设螺栓 1、2、3、$\cdots$、n 到螺栓群形心 O 点的距离为 r_1、r_2、r_3、$\cdots$、r_n，各螺栓承受的剪力分别为 N_1^T、N_2^T、N_3^T、$\cdots$、N_n^T，各螺栓构成的抵抗力矩来平衡扭矩 T 得

$$T = N_1^T r_1 + N_2^T r_2 + N_3^T r_3 + \cdots + N_n^T r_n \tag{3.35}$$

各螺栓剪力与 γ 成正比，有

$$\frac{N_1^T}{r_1} = \frac{N_2^T}{r_2} = \frac{N_3^T}{r_3} = \cdots = \frac{N_n^T}{r_n}$$

各剪力都用距离中心 O 点最远的一个螺栓所受的最大剪切力 N_1 来表示，即

$$N_2^T = \frac{r_2}{r_1} N_1^T, N_3^T = \frac{r_3}{r_1} N_1^T, \cdots, N_n^T = \frac{r_n}{r_1} N_1^T$$

代入式（3.33）得到

$$T = \frac{N_1^T}{r_1} \cdot (r_1^2 + r_2^2 + \cdots + r_n^2) = \frac{N_1^T}{r_1} \cdot \sum r_i^2$$

螺栓所受的剪力最大剪切力 N_1 为

$$N_1^T = \frac{Tr_1}{\sum r_i^2} = \frac{Tr_1}{\sum x_i^2 + \sum y_i^2}$$

将 N_1^T 沿坐标轴分解，得

$$N_{1x}^T = \frac{Tr_1}{\sum x_i^2 + \sum y_i^2} \cdot \frac{y_1}{r_1} = \frac{Ty_1}{\sum x_i^2 + \sum y_i^2}$$

$$N_{1y}^T = \frac{Tr_1}{\sum x_i^2 + \sum y_i^2} \cdot \frac{x_1}{r_1} = \frac{Tx_1}{\sum x_i^2 + \sum y_i^2}$$

轴心力通过螺栓群中心 O，假设每个螺栓平均分担即受力相等，有

$$N_{1x}^N = \frac{N}{n}$$

$$N_{1y}^V = \frac{V}{n}$$

因此，螺栓群中受力最大的抗剪螺栓可按下式验算强度条件，即

$$\sqrt{(N_{1x}^T + N_{1x}^N)^2 + (N_{1y}^T + N_{1y}^V)^2} \leqslant N_{\min}^b$$

【例 3.7】 图 3.52 所示为用普通螺栓连接，钢材为 Q235，$F = 54\text{kN}$，螺栓为 M20C 级普通螺栓，试验算此连接的强度是否满足要求。

解： 单个螺栓的承载力由表 3.11 查得 $f_v^b = 140\text{N/mm}^2$，$f_c^b = 305\text{N/mm}^2$

$$N_v^b = n_v \frac{\pi d^2}{4} f_v^b = 1 \times \frac{\pi \times 20^2}{4} \times 140 = 43.96 \text{(kN)}$$

$$N_e^b = d \sum t f_e^b = 20 \times 12 \times 305 = 73.2 \text{(kN)}$$

所以，应按 $N_{\min}^b = 43.96\text{kN}$ 进行计算。

将偏心力 F 简化到螺栓群形心 O，则

$$T = Fe = 54 \times 300 = 16200 \text{(kN} \cdot \text{mm)}$$

$$V = F = 54\text{kN}$$

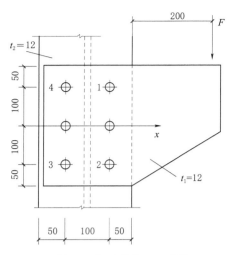

图 3.52 ［例 3.7］ 计算简图（单位：mm）

在 T 和 V 共同作用下，1 号螺栓处所受剪力最大，对其进行验算，即

$$N_{1x}^T = \frac{Tr_1}{\sum x_i^2 + \sum y_i^2} \cdot \frac{y_1}{r_1} = \frac{Ty_1}{\sum x_i^2 + \sum y_i^2} = \frac{16200 \times 100}{6 \times 50^2 + 4 \times 100^2} = 29.45(\text{kN})$$

$$N_{1y}^T = \frac{Tr_1}{\sum x_i^2 + \sum y_i^2} \cdot \frac{x_1}{r_1} = \frac{Tx_1}{\sum x_i^2 + \sum y_i^2} = \frac{16200 \times 50}{6 \times 50^2 + 4 \times 100^2} = 14.73(\text{kN})$$

$$N_{1y}^V = \frac{V}{n} = \frac{54}{6} = 9(\text{kN})$$

螺栓 1 承受的合力为

$$\sqrt{N_{1x}^{T2} + (N_{1y}^T + N_{1x}^V)^2} = \sqrt{29.45^2 + (14.73 + 9)^2} = 37.82(\text{kN}) \leqslant N_{\min}^b = 43.96\text{kN}$$

此连接接头满足强度要求。

3.7.3 抗拉螺栓工作性能及计算

如图 3.53 所示，抗拉螺栓连接在外力作用下，构件的接触面有分离趋势，栓杆被拉断作为抗拉螺栓连接的破坏极限，破坏部位多在螺栓截面削弱处，即螺纹削弱处。

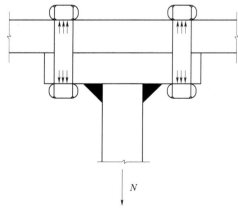

图 3.53 抗拉螺栓

螺栓受拉时，通常拉力不可能正好作用在螺栓的轴线上，而是常常通过连接角钢或 T 形钢传递。如果连接件的刚度小，受力后与螺栓杆垂直的板件会有变形，此时螺栓有撬开的趋势，犹如杠杆一样，会使端板外角点附近产生杠杆力或称撬力，使螺栓拉力增加。撬力 Q 的大小与连接件的刚度有关，刚度小，则撬力大。螺栓实际所受拉力为 $(Q + N)/2$。实际计算中撬力值很难计算，因此目前在计算中对普通螺栓连接不考

虑撬力作用，而是将螺栓抗拉强度设计值降低，一般取螺栓钢材抗拉强度设计值的
0.8 倍。此外，在构造上也可以采取在角钢中设加劲肋或增加角钢厚度等措施来减
少或消除撬力。

一般假定拉应力在螺栓螺纹处截面上均匀分布，因此单个螺栓（或锚栓、铆
钉）的抗拉承载力设计值为

$$N_{\mathrm{t}}^{\mathrm{b}} = A_{\mathrm{e}} f_{\mathrm{t}}^{\mathrm{b}} = \frac{\pi d_{\mathrm{e}}^2}{4} f_{\mathrm{t}}^{\mathrm{b}} \tag{3.36}$$

锚栓抗拉承载力设计值为

$$N_{\mathrm{t}}^{\mathrm{b}} = A_{\mathrm{e}} f_{\mathrm{t}}^{\mathrm{a}} = \frac{\pi d_{\mathrm{e}}^2}{4} f_{\mathrm{t}}^{\mathrm{a}} \tag{3.37}$$

铆钉抗拉承载力设计值为

$$N_{\mathrm{t}}^{\mathrm{b}} = A_{\mathrm{e}} f_{\mathrm{t}}^{\mathrm{r}} = \frac{\pi d_0^2}{4} f_{\mathrm{t}}^{\mathrm{r}} \tag{3.38}$$

式中：A_{e} 为螺栓螺纹处的有效截面面积，mm^2；d_{e} 为螺栓螺纹处的有效直径，
mm；$f_{\mathrm{t}}^{\mathrm{b}}$、$f_{\mathrm{t}}^{\mathrm{a}}$、$f_{\mathrm{t}}^{\mathrm{r}}$ 分别为螺栓、锚栓、铆钉的抗拉强度设计值，$\mathrm{N/mm}^2$，按表
3.11 选用。

当外力通过螺栓群形心，假定所有受拉螺栓受力相等，所需的螺栓数目为

$$n = \frac{N}{N_{\mathrm{t}}^{\mathrm{b}}}$$

式中：$N_{\mathrm{t}}^{\mathrm{b}}$ 为单个螺栓的抗拉承载力设计值，$\mathrm{N/mm}^2$。

确定数目后验算构件界面削弱后的强度。

3.7.4 同时受剪力和拉力的普通螺栓连接计算

C 级螺栓的抗剪能力差，对重要连接一般在端板下设置支托来承受剪力。考虑
支托承受剪力，M 由螺栓承受，V 由支托承受。支托与柱之间的焊缝引入偏心系
数（1.25~1.35）。

对次要连接，若端板不设支托，螺栓将同时承受剪力和偏心拉力的作用。计算
时应考虑两种可能的破坏形式：一是螺杆受剪兼受拉破坏；二是孔壁承压破坏。

根据试验，螺杆同时受剪和受拉的强度条件应满足下列圆曲线方程，即

$$\sqrt{\left(\frac{N_{\mathrm{v}}}{N_{\mathrm{v}}^{\mathrm{b}}}\right)^2 + \left(\frac{N_{\mathrm{t}}}{N_{\mathrm{t}}^{\mathrm{b}}}\right)^2} \leqslant 1 \tag{3.39}$$

孔壁承压的校核为

$$N_{\mathrm{v}} \leqslant N_{\mathrm{c}}^{\mathrm{b}}$$

铆钉承压的校核为

$$\sqrt{\left(\frac{N_{\mathrm{v}}}{N_{\mathrm{v}}^{\mathrm{r}}}\right)^2 + \left(\frac{N_{\mathrm{t}}}{N_{\mathrm{t}}^{\mathrm{r}}}\right)^2} \leqslant 1 \tag{3.40}$$

$$N_{\mathrm{v}} \leqslant N_{\mathrm{c}}^{\mathrm{r}}$$

式中：N_{v}、N_{t} 分别为单个普通螺栓或锚栓所承受的剪力和拉力，kN；$N_{\mathrm{v}}^{\mathrm{b}}$、$N_{\mathrm{c}}^{\mathrm{b}}$、
$N_{\mathrm{t}}^{\mathrm{b}}$ 分别为单个螺栓的抗剪、承压和抗拉承载力设计值，kN；$N_{\mathrm{v}}^{\mathrm{r}}$、$N_{\mathrm{c}}^{\mathrm{r}}$、$N_{\mathrm{t}}^{\mathrm{r}}$ 分别
为单个铆钉的抗剪、承压和抗拉承载力设计值，kN。

3.8　高强度螺栓连接的工作性能及计算

3.8.1　高强度螺栓连接类型及构造

高强度螺栓的性能等级分为 10.9 级和 8.8 级，有高强度螺栓摩擦型、高强度螺栓承压型之分。其杆身、螺母和垫圈都要用抗拉强度很高的钢材制作。设计中的构造要求、连接形式以及螺栓排列等与普通螺栓基本相同。螺栓的直径与孔径为了制造方便，同一结构中的同类型螺栓不论是粗制还是精制，高强度螺栓宜采用统一规格（即钢种、直径和孔径等都相同），只有当结构螺栓数众多且各部分杆件截面和受力相差较大时，可考虑用 2～3 种螺栓直径。见表 3.12，高强度螺栓承压型连接采用标准圆孔，高强度螺栓摩擦型连接可采用标准孔、大圆孔和槽孔。

表 3.12　　　　　　　　高强度螺栓连接的孔型尺寸匹配　　　　　　　单位：mm

螺栓公称直径			M12	M16	M20	M22	M24	M27	M30
孔型	标准孔	直径	13.5	17.5	22	24	26	30	33
	大圆孔	直径	16	20	24	28	30	35	38
	槽孔	短向	13.5	17.5	22	24	26	30	33
		长向	22	30	37	40	45	50	55

高强度螺栓的摩擦型连接和承压型连接是同一个高强度螺栓连接的两个阶段，分别为接头滑移前、后的摩擦和承压阶段。高强度螺栓摩擦型连接单纯依靠被连接构件间的摩擦阻力来传递剪力，安装时将螺栓拧紧，使螺杆产生预拉力压紧构件接触面，靠接触面的摩擦力来阻止其相对滑移，以达到传递外力的目的。当剪力等于摩擦力时，即为连接的承载能力极限状态。高强度螺栓摩擦型连接与普通螺栓连接的重要区别就是完全不靠螺杆的抗剪和孔壁的承压来传递外力，而是靠钢板间接触面的摩擦力来传力。适用于内力较大的永久性结构，以及直接承受动载的结构。

承压型高强度螺栓连接，当接头处于最不利荷载组合时才发生接头滑移直至破坏，荷载没有达到设计值的情况下，接头可能处于摩擦阶段。其承载力高，适用于承受静力荷载的永久性结构。因承压型连接允许接头滑移，并有较大变形，故对承受动力荷载的结构以及接头变形会引起结构内力和结构刚度有较大变化的敏感构件，不应采用承压型连接，如桥梁结构中不得使用此种螺栓类型。

冷弯薄壁型钢因板壁很薄，孔壁承压能力非常低，易引起连接板撕裂破坏，并因承压承载力较小且低于摩擦承载力，使用承压型连接非常不经济，故不宜采用承压型连接。但当承载力不是控制因素时，可以考虑采用承压型连接。

3.8.2　高强度螺栓连接设计

高强度螺栓的预拉力、连接表面的抗滑移系数和钢材种类都直接影响到高强度螺栓连接承载力。

1. 高强度螺栓连接设计方法

《规范》中规定高强度螺栓连接设计采用概率论为基础的极限状态设计方法，

用分项系数设计表达式进行计算。除疲劳计算外，高强度螺栓连接应按下列极限状态准则进行设计。

（1）承载能力极限状态应符合下列规定。

1）抗剪摩擦型连接的连接件之间产生相对滑移。

2）抗剪承压型连接的螺栓或连接件达到剪切强度或承压强度。

3）沿螺栓杆轴方向受拉连接的螺栓或连接件达到抗拉强度。

4）需要抗震验算的连接其螺栓或连接件达到极限承载力。

（2）正常使用极限状态应符合下列规定。

1）抗剪承压型连接的连接件之间应产生相对滑移。

2）沿螺栓杆轴方向受拉连接的连接件之间应产生相对分离。

2. 预拉应力

高强度螺栓用于摩擦型连接中控制预拉力即控制螺栓的紧固程度，是保证高强度螺栓连接结构质量的一个关键性因素。

高强度螺栓的预拉力是通过扭紧螺母实现的。一般采用扭矩法、转角法和扭断螺栓尾部梅花卡头法。

（1）扭矩法。采用普通扳手初拧（不小于终拧扭矩值50%），使连接件紧贴，然后用可以直接显示扭矩的特制扳手终拧。终拧扭矩值根据事先测定的扭矩和螺栓拉力之间的关系确定，并计入必要的超张拉值。施拧的偏差不得大于±10%。此法往往由于螺纹条件、螺母表面情况以及润滑情况等因素的变化，使扭矩和拉力间的关系变化幅度较大。

（2）转角法。先用人工扳手初拧螺母，使被连接构件相互紧密贴合，再用长扳手将螺母转动1/2～3/4圈（根据按螺栓直径和板叠厚度所确定的终拧角度）完成终拧。这种方法不须专业扳手，工具简单，但不够精确。

（3）扭剪法。扭剪型高强度螺栓的施工方法，先对螺栓初拧，然后用特制电动扳手的两个套筒分别套住螺母和螺栓尾部梅花卡头拧断，螺栓即达到规定的预拉力值。扭剪型高强度螺栓施工简便且准确，故近年来在国内得到广泛应用。

高强度螺栓预拉力计算时应考虑：①在扭紧螺栓时扭矩使螺栓产生的剪力将降低螺栓的抗拉承载力；②施加预拉力时补偿应力损失的超张拉；③材料抗力的变异。预拉力设计值按下式确定，即

$$P = \frac{0.9 \times 0.9 \times 0.9}{1.2} A_e f_u = 0.6075 f_u A_e \tag{3.41}$$

式中：A_e 为螺栓的有效截面积，mm^2；f_u 为螺栓材料经热处理后的最低抗拉强度，其中8.8级，取 $f_u = 830 N/mm^2$，10.9级，取 $f_u = 1040 N/mm^2$；预拉力设计值 P 取5kN的倍数，《规范》中规定的预拉力 P 值见表3.13。

| 表3.13 | 高强度螺栓的预拉力设计值 P | | | | | 单位：kN |

螺栓的承载性能等级	螺栓公称直径/mm					
	M16	M20	M22	M24	M27	M30
8.8级	80	125	150	175	230	280
10.9级	100	155	190	225	290	355

3. 高强度螺栓连接摩擦面抗滑移系数

国内外研究和工程实践表明，摩擦型连接的摩擦面抗滑移系数主要与钢材表面处理工艺和涂层厚度有关。常用的摩擦面处理方法和《规范》中规定的摩擦面抗滑移系数 μ 值见表 3.14。

表 3. 14　　　　　　　　　　　钢材摩擦面的抗滑移系数 μ

连接处构件接触面的处理方法	构件的钢号		
	Q235 钢	Q345 钢或 Q390 钢	Q420 钢或 Q460 钢
喷硬质石英砂或铸钢棱角砂	0.45	0.45	0.45
抛丸（喷砂）	0.40	0.40	0.40
钢丝刷清除浮锈或未经处理的干净轧制表面	0.30	0.35	—

注　1. 钢丝刷除锈方向应与受力方向垂直。
　　　2. 当连接构件采用不同钢材牌号时，μ 按相应较低强度者取值。
　　　3. 采用其他方法处理时，其处理工艺及抗滑移系数值均需经试验确定。

3.8.3　高强度摩擦型螺栓连接计算

摩擦型高强度螺栓连接同样分为受剪螺栓连接、受拉螺栓连接和剪拉螺栓连接 3 种。

1. 受剪高强度螺栓摩擦型连接的计算

高强度螺栓摩擦型连接承受剪力时的设计准则是外力不超过摩擦力。摩擦阻力大小与摩擦面抗滑移系数 μ、螺栓预拉力 P 及摩擦面数目 n_f 有关。单个高强度螺栓的抗剪承载力设计值为

$$N_v^b = K_1 K_2 n_f \mu P \qquad (3.42)$$

式中：N_v^b 为单个高强度螺栓的抗剪承载力设计值，kN；K_1 为系数，对冷弯薄壁型钢结构（板厚≤6mm）时取 0.8，其他情况取 0.9；K_2 为孔型系数，标准孔取 1.0，大圆孔取 0.85，内力与槽孔长向垂直时取 0.7，内力与槽孔长向平行时取 0.6；n_f 为传力摩擦面数目；μ 为摩擦面抗滑移系数，按表 3.14 选取；P 为每个高强度螺栓的预拉力设计值，kN，按表 3.13 选取。

与受剪普通螺栓连接的分析计算一样，受剪高强度摩擦型高强度螺栓连接在受轴心力或偏心力作用时的计算可以利用普通受剪螺栓的计算公式进行计算，只需将单个普通螺栓的抗剪承载力设计值改为单个高强度螺栓抗剪承载力的设计值，如计算轴心力作用下高强度螺栓摩擦型连接被连接构件一侧所需螺栓数目为

$$n \geqslant \frac{N}{N_v^b}$$

在净截面强度验算时，普通螺栓连接和摩擦型高强度连接有所区别。由于最外列以后各列螺栓处构件的内力显著减小，只有在螺栓数目显著增加的情况下，才进行其他截面的净截面强度验算。因此，一般只需验算最外列螺栓的净截面强度。则最外列构件的净截面强度按下式计算，即

$$\sigma = \frac{N'}{A_n} = \frac{N}{A_n}\left(1 - \frac{0.5 n_1}{n}\right) \leqslant f \qquad (3.43)$$

式中：A_n 为所验算的构件净截面面积，mm^2，即第一列螺栓孔处；n_1 为所验算的构件净截面，即第一列螺栓数目；n 为连接构件一侧螺栓数目；0.5 为系数，考虑到高强螺栓的传力特点，由于摩阻力作用假定所验算的削弱截面上，每个螺栓所分担的剪力 50% 已由孔前接触面传递到被连接的另一构件中。

2. 受拉高强度螺栓摩擦型连接计算

高强度螺栓连接高强度螺栓受到外拉力作用时，首先要抵消挤压力，在克服挤压力之前，螺杆的预拉力基本不变。单个受拉摩擦型高强度螺栓的承载力设计值为

$$N_t^b = 0.8P \tag{3.44}$$

受拉高强度螺栓摩擦型连接受轴心力 N 作用时，假定每个螺栓均匀受力，连接所需的构件一侧螺栓个数为

$$n \geqslant \frac{N}{N_t^b}$$

受拉高强度螺栓摩擦型连接受偏心拉力作用时，螺栓最大拉力不应大于 $0.8P$，以保证板件紧密贴合，端板不会被拉开。因此，可以按受拉普通螺栓连接小偏心受拉情况计算，即

$$N_{1max} = \frac{N}{n} + \frac{M \cdot y_1}{\sum y_i^2} \leqslant N_t^b = 0.8P \tag{3.45}$$

3. 剪拉高强度螺栓摩擦型连接计算

随着外力的增大，高强度螺栓摩擦型连接构件每个螺栓的抗剪承载力也随之减小，同时摩擦系数也下降。考虑这个影响，规范规定，当高强度螺栓摩擦型连接同时承受摩擦面间的剪力和螺栓杆轴方向的外拉力时，其抗剪承载力为

$$\frac{N_v}{N_v^b} + \frac{N_t}{N_t^b} \leqslant 1 \tag{3.46}$$

式中：N_v、N_t 分别为螺栓所受剪力和拉力设计值，kN；N_v^b、N_t^b 分别为单个高强螺栓的抗剪、抗拉承载力设计值，kN。

3.8.4　高强度螺栓承压型螺栓连接计算

承压型连接的高强度螺栓预拉力 P 应与摩擦型连接高强度螺栓相同。连接处构件接触面应清除油污及浮锈。在抗剪连接中，每个承压型连接高强度螺栓的承载力设计值的计算方法与普通螺栓相同，但当计算剪切面在螺纹处时，其受剪承载力设计值应按螺纹处的有效截面积进行计算。在杆轴受拉的连接中，每个承压型连接高强度螺栓的承载力设计值的计算方法与普通螺栓相同。

同时承受剪力和杆轴方向拉力的承压型连接的高强度螺栓，应符合下列公式的要求，即

$$\sqrt{\left(\frac{N_v}{N_v^b}\right)^2 + \left(\frac{N_t}{N_t^b}\right)^2} \leqslant 1 \tag{3.47}$$

$$N_v \leqslant \frac{N_c^b}{1.2}$$

式中：N_v、N_t 分别为某个高强度螺栓所受剪力和拉力设计值，kN；N_v^b、N_t^b、N_c^b 分别为高强度螺栓按普通螺栓计算时的抗剪、抗拉和承压承载力设计值，kN。

对于剪拉承压型高强度螺栓连接，要求螺栓所受的剪力 N_v 不得超过孔壁承压设计值除以 1.2。这是考虑由于螺栓同时承受外力，使连接件之间压紧力减少，导致孔壁承压强度降低的缘故。

　　注：在抗剪计算中，当剪切面在螺纹处时，采用螺杆的有效直径 d_e，即按螺纹处的有效面积计算 N_v^b。

【例 3.8】　如图 3.54 所示的螺栓连接，构件钢材为 Q235 钢，承受的轴心拉力设计值 $N=500$kN。试分别按下列情况验算此连接是否安全。

　　(1) 连接为普通螺栓的临时性连接，C 级螺栓直径 M20。

　　(2) 连接为高强度螺栓 M20（10.9 级）摩擦型连接，表面喷砂，$d_0=d+2$。

　　(3) 连接为高强度螺栓 M24（10.9 级）承压型连接，表面喷砂，$d_0=d+2$。

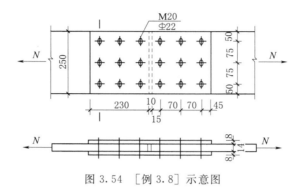

图 3.54　[例 3.8] 示意图

解：（1) 连接采用普通螺栓设计。

单个螺栓承载力设计值：

$$N_v^b=n_v\frac{\pi d^2}{4}f_v^b=2\times\frac{\pi\times 20^2}{4}\times 140=87.92\,(\text{kN})$$

$$N_c^b=d\sum tf_c^b=20\times 14\times 305=85.4\,(\text{kN})$$

$$N_{\min}^b=85.4\text{kN}$$

$$N_v=\frac{N}{n}=\frac{500}{9}=55.6\,(\text{kN})\leqslant N_{\min}^b=85.4\text{kN}$$

构件净截面强度验算：

$$A_n=(b-n_1 d_0)t=(250-3\times 21.5)\times 14=2597\,(\text{mm}^2)$$

$$\sigma=\frac{N}{A_n}=\frac{500\times 10^3}{2597}=192.5\,(\text{N/mm}^2)<f=215\text{N/mm}^2$$

螺栓承载力及净截面强度满足要求。

(2) 采用高强度螺栓摩擦型设计。

$$N_v^b=K_1 K_2 n_f\mu P=0.9\times 1.0\times 2\times 0.3\times 155=83.7\,(\text{kN})$$

$$N'=N\left(1-0.5\frac{n_1}{n}\right)=500\times\left(1-0.5\times\frac{3}{9}\right)=416.7\,(\text{kN})$$

$$N_v=\frac{N}{n}=\frac{500}{9}=55.6\,(\text{kN})\leqslant N_v^b=83.7\text{kN}$$

净截面强度验算：

$$\sigma=\frac{N'}{A_n}=\frac{416.7\times 10^3}{(250-22\times 3)\times 14}=161.8\,(\text{N/mm}^2)<f=215\text{N/mm}^2$$

螺栓承载力及净截面强度满足要求。

（3）采用高强度螺栓承压型连接设计。

单个螺栓承载力设计值：

$$N_v^b = n_v \frac{\pi d^2}{4} f_v^b = 2 \times \frac{\pi \times 24^2}{4} \times 310 = 280.3 (\text{kN})$$

$$N_c^b = d \sum t f_c^b = 24 \times 14 \times 470 = 157.9 (\text{kN})$$

$$N_{min}^b = 157.92 \text{kN}$$

$$N_v = \frac{N}{n} = \frac{500}{9} = 55.6 (\text{kN}) \leqslant N_{min}^b = 157.92 \text{kN}$$

净截面强度验算：

$$\sigma = \frac{N}{A_e} = \frac{500 \times 10^3}{(250 - 24 \times 3) \times 14} = 200.6 (\text{N/mm})^2 < f = 215 \text{N/mm}^2$$

螺栓承载力及净截面强度满足要求。

思考题

3.1　简述各种钢结构连接方法的适用范围。

3.2　什么情况不需要验算对接焊缝强度？

3.3　角焊缝的焊脚尺寸如何选取？

3.4　焊接残余应力对结构性能有哪些影响？通过哪些设计措施可以防控焊接残余应力和焊接残余变形？

3.5　角钢与节点板连接时的两面侧焊缝内力分配系数是根据什么确定的？

3.6　螺栓在钢板上应怎样排列合理？螺栓在钢板和型钢上的允许距离都是根据什么因素制定的？

3.7　抗剪普通螺栓连接有哪几种破坏形式？分别用什么方法可以防止？

3.8　承压型高强螺栓和摩擦型高强螺栓承受剪力作用时在传力和螺栓的验算上有什么区别？

3.9　两板件通过抗剪螺栓群承担剪力时，就板件的净截面强度来说，高强螺栓摩擦型连接与普通螺栓连接有何区别？采用何种连接方式更合理？

习题

3.1　两块拼接板对接焊缝，钢板截面为 12mm×500mm，承受轴心拉力标准 1200kN，钢材采用 Q235，采用手工电弧焊，焊缝质量为三级，焊接时不用引弧板，试验算焊缝强度。

3.2　图 3.55 所示为双层盖板用角焊缝三面围焊连接方案，承受静荷载轴心 $N = 800$kN，钢材选用 Q235 - B，焊条 E43 型，手工焊。确定盖板尺寸。

3.3　验算图 3.56 所示连接接头焊缝强度，钢材选用 Q235 - B，焊条 E43 型，手工焊，静力荷载设计值 $F = 180$kN。

3.4　图 3.57 所示为双角钢与节点板角焊缝连接，钢材选用 Q235 - B，焊条 E43 型，手工焊，静力荷载设计值 $F = 1000$kN，分别采用两面侧焊缝及三面围焊进行设计。

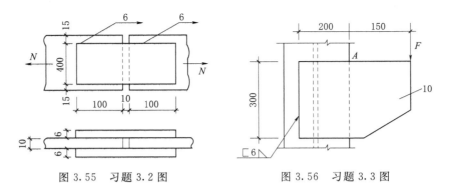

图 3.55　习题 3.2 图　　　　　图 3.56　习题 3.3 图

3.5　图 3.58 所示为梁用普通螺栓与柱翼缘相连接，$V=190\mathrm{kN}$，$e=150\mathrm{mm}$，梁端竖板下有承托。钢材为 Q235，螺栓为 M20 普通 C 级螺栓，试按考虑承托传递全部剪力和不传递剪力两种情况分别验算此连接的强度是否满足要求。

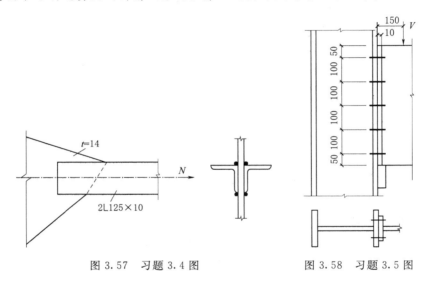

图 3.57　习题 3.4 图　　　　　图 3.58　习题 3.5 图

3.6　试计算图 3.59 所示螺栓拼接两钢板能承受的最大轴心力设计值。钢材为 Q235，螺栓为 M18 普通 C 级螺栓。

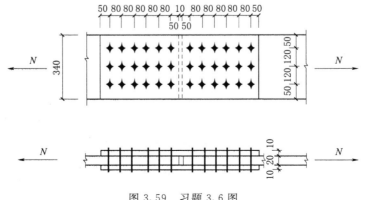

图 3.59　习题 3.6 图

3.7 图 3.60 所示为某钢板的搭接连接，承受轴心拉力 400kN，采用 8.8 级高强螺栓摩擦型 M20，摩擦面间喷砂处理，钢材为 Q235，试验算此连接是否可靠。

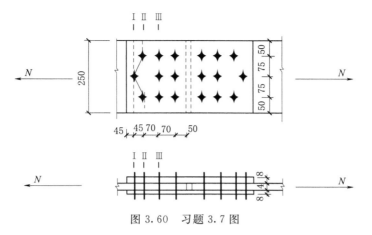

图 3.60 习题 3.7 图

3.8 试验算图 3.52 所示节点改用摩擦型高强螺栓群的强度。图中荷载为静力荷载设计值，高强螺栓为 10.9 级 M20，被连接板件钢材 Q235 - A·F，板件摩擦面间做喷砂处理。

第 4 章

受弯构件

受弯构件主要指的是梁，以承受横向荷载为主。本章主要介绍梁的类型、强度、挠度、整体稳定和局部稳定的计算。要求掌握型钢梁及组合梁的设计和整体稳定性的保障措施。

4.1 梁的类型与应用

梁的类型可以按其支撑情况、受力和使用要求以及承受荷载的情况进行划分。

（1）按支撑情况分为简支梁、连续梁和悬挑梁等。与连续梁相比，简支梁虽然截面上的弯矩常常较大，但它不受支座沉降及温度变化的影响，并且制造、安装、维修、拆换方便，因此得到了广泛应用。

（2）按受力和使用要求分为型钢梁和组合梁。型钢梁加工简单，价格较廉；但截面尺寸受到一定规格的限制。当荷载和跨度较大时，采用型钢梁截面若不能满足承载力或刚度要求时，需要采用组合梁。

型钢梁大多采用工字钢 [图 4.1 (a)]、H 型钢 [图 4.1 (b)] 或槽钢 [图 4.1 (c)] 制成。工字钢及 H 型钢截面呈双轴对称，受力性能好，应用广泛。槽钢多用作檩条、墙梁等。槽钢由于截面剪力中心在腹板外侧，弯曲时容易同时产生扭转，设计时应采取措施限制其截面的扭转。冷弯薄壁型钢梁 [图 4.1 (d) ～ (f)] 常用于承受较轻荷载的情况，其用钢量较省，但防锈要求较高。

组合梁由钢板或型钢用焊缝、铆钉或螺栓连接而成。最常用的是由 3 块钢板焊成的工字形截面梁 [图 4.1 (g)]，构造简单，制造方便，用钢量省。组合梁的连接方法一般用焊接 [图 4.1 (g) ～ (i)]。但对跨度和动荷载较大的梁，如所需厚钢板的质量不能满足焊接结构或动力荷载的要求时，可采用铆接或摩擦型高强度螺栓连接组合梁 [图 4.1 (j)]。当荷载较大而高度受限时，可采用双腹板的箱形梁 [图 4.1 (k)]，这种梁具有较好的抗扭刚度。

钢筋—混凝土组合梁是在梁的受压区采用混凝土而其余部分采用钢材，充分发挥两种材料的优势，大大减小受压翼缘的用钢量，经济效益好。《钢结构设计规范》(GB 50017—2017)（以下简称《规范》）中，已对这种梁的设计做出了相关规定。

（3）按承受荷载的情况，可分为仅在一个主平面内受弯的单向弯曲梁和在两个主平面内受弯的双向弯曲梁。

大多数梁为单向弯曲梁，屋面檩条和吊车梁（图 4.2）等可视为双向弯曲梁。

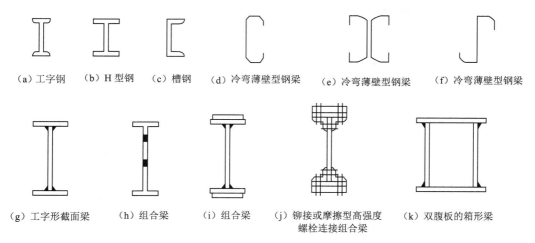

（a）工字钢　（b）H 型钢　（c）槽钢　（d）冷弯薄壁型钢梁　（e）冷弯薄壁型钢梁　（f）冷弯薄壁型钢梁

（g）工字形截面梁　（h）组合梁　（i）组合梁　（j）铆接或摩擦型高强度　（k）双腹板的箱形梁
螺栓连接组合梁

图 4.1　钢梁截面形式

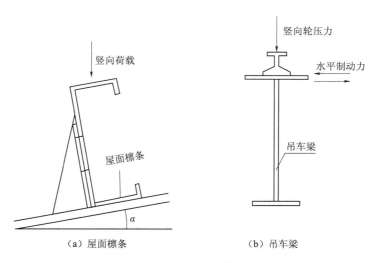

（a）屋面檩条　　　　　　　　（b）吊车梁

图 4.2　双向受弯构件

　　梁的应用非常广泛，如楼盖梁、屋盖梁、檩条、墙架梁、吊车梁和工作平台梁格以及桥梁、水工闸门、海上采油平台中的梁等。

　　钢梁设计时应满足承载能力极限状态和正常使用极限状态要求。承载能力极限状态包括强度、整体稳定和局部稳定 3 个方面。设计时，要求在荷载设计值作用下，梁的弯曲应力、剪应力、局部压应力和折算应力均不超过材料规定的强度设计值；整体稳定是指整根梁不会发生侧向弯扭屈曲；局部稳定是指组成梁的腹板和翼缘板件不会出现波状的局部屈曲。正常使用极限状态是刚度方面的要求，控制梁的最大变形不超过允许的挠度值。

4.2　梁的强度和刚度

　　梁的设计首先应考虑其强度和刚度满足设计要求，梁的强度计算包括抗弯强度（弯曲正应力 σ）、抗剪强度（剪应力 τ）、局部压应力 σ_c 和折算应力 σ_{eq}。梁的刚度计算指计算梁的挠度，使其满足设计要求。

4.2.1 梁的抗弯强度计算

1. 梁在弯矩作用下截面上正应力发展的 3 个阶段

分析时一般假定钢材为理想弹塑性材料，以工字钢为例，随着弯矩的增大，梁截面上弯曲应力的变化可分为 3 个阶段（图 4.3）。

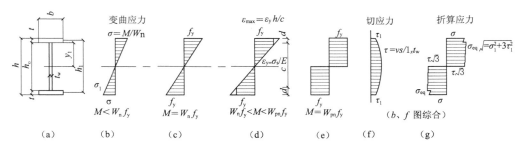

图 4.3 梁截面上的应力分布

（1）弹性工作阶段。荷载较小时，梁截面弯曲应力为三角形直线分布 [图 4.3（b）]，截面上下边缘最大应力 σ 未达到屈服点 f_y，材料未充分发挥作用；荷载继续增加，截面边缘应力达到屈服点 f_y，此时的弯矩即为梁弹性工作阶段的最大弯矩。

$$M_e = f_y W_n \tag{4.1}$$

式中：M_e 为梁的弹性极限弯矩，$N \cdot mm$；W_n 为梁的净截面系数，mm^3；f_y 为钢材的屈服强度（或屈服点），N/mm^2。

对于需要计算疲劳和直接承受动力荷载的梁，常采用弹性方法设计。

（2）弹塑性工作阶段。弯矩继续增加，截面边缘部分进入塑性受力状态，边缘区域因达到屈服强度而呈现塑性变形，但中间部分未达到屈服强度，仍保持弹性工作状态 [图 4.3（d）]。对于承受静力荷载或间接承受动力荷载的钢梁采用该阶段进行设计。

（3）塑性工作阶段。在弹塑性工作阶段，如果弯矩再继续增加，截面塑性变形逐渐由边缘向内部扩展，弹性核心部分逐渐减小，直到弹性区消失，整个截面达到屈服，截面全部进入塑性状态，形成塑性铰区。此时，梁截面弯曲应力呈上下两个矩形分布 [图 4.3（e）]，梁截面已不能负担更大的弯矩，而变形将继续增加。塑性极限弯矩为

$$M_p = W_{pn} f_y \tag{4.2}$$

式中：M_p 为梁的塑性极限弯矩，$N \cdot mm$；W_{pn} 为梁的塑性净截面系数，为截面中和轴以上和以下的净截面对中和轴的面积矩 S_{1n} 和 S_{2n} 之和，mm^3。

2. 梁的抗弯强度计算公式

在主平面内受弯的实腹式构件，承受静荷载或间接动荷载作用时，考虑截面部分产生塑性变形。

单向弯曲时，翼缘边缘纤维最大正应力，应满足以下强度要求，即

$$\sigma_{max} = \frac{M_x}{\gamma_x W_{nx}} < f \tag{4.3}$$

双向弯曲时，翼缘边缘一点的最大正应力满足强度要求，强度公式中应叠加另一方向的弯曲应力，即

$$\frac{M_x}{\gamma_x W_{nx}} + \frac{M_y}{\gamma_y W_{ny}} \leqslant f \tag{4.4}$$

式中：M_x、M_y 分别为同一截面处绕 x 轴和 y 轴的弯矩（对工字形截面：x 轴为强轴，y 轴为弱轴），N·mm；W_{nx}、W_{ny} 分别为对 x 轴和 y 轴的净截面模量，mm³；f 为钢材的抗弯强度设计值，N/mm²；γ_x、γ_y 为截面塑性发展系数（表4.1）。

表 4.1 　　　　　　　　截面塑性发展系数 γ_x、γ_y 值

截面形式	γ_x	γ_y	截面形式	γ_x	γ_y	截面形式	γ_x	γ_y
		1.2			1.2		1.15	1.15
				$\gamma_{x1}=$ 1.05 $\gamma_{x2}=$ 1.2				
	1.05	1.05		1.05				1.05
							1.0	
				1.2	1.2			1.0

对工字形截面：$\gamma_x = 1.05$，$\gamma_y = 1.2$；对箱形截面：$\gamma_x = 1 + 0.05/(h/b)^{0.7}$，$\gamma_y = 1.05$；$h$ 为箱形截面的高度，b 为箱形截面的宽度，mm；对其他截面，可按《规范》采用。

对需要进行疲劳计算的梁，宜取 $\gamma_x = \gamma_y = 1.0$。

4.2.2 梁的抗剪强度计算

在主平面内受弯的实腹式构件（不考虑腹板屈曲时），其抗剪强度应按下式计算，即

$$\tau = \frac{VS}{It_w} \leqslant f_v \tag{4.5}$$

式中：V 为计算截面沿腹板平面作用的剪力，kN；S 为计算剪应力处以外毛截面对中和轴的面积矩，mm³；I 为毛截面惯性矩，mm⁴；t_w 为腹板厚度，mm；f_v 为钢材的抗剪强度设计值，N/mm²。

因受轧制条件限制，工字钢和槽钢的腹板厚度 t_w 往往较厚，如无钻孔、焊接

等机械加工引起较大截面削弱，可不计算剪应力。

4.2.3 梁的局部压应力计算

当梁上翼缘受有沿腹板平面作用的集中荷载（图 4.4），且该荷载处又未设置支承加劲肋时，集中荷载会通过翼缘传给腹板，在集中荷载作用位置，腹板计算高度上边缘产生很大的局部压应力，应力分布如图 4.4（c）所示。为保证腹板不致受压破坏，必须验算腹板计算高度边缘的局部压应力。

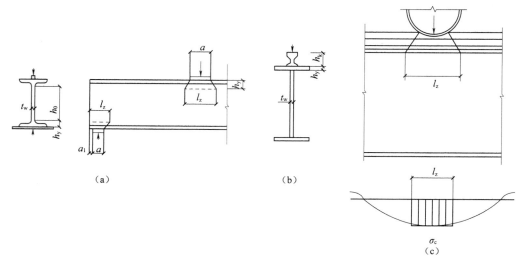

图 4.4 梁腹板局部压应力

实际计算时，假定集中荷载在 l_z 范围内的 σ_c 均匀分布，则腹板计算高度上边缘的局部承压强度可按下式计算，即

$$\sigma_c = \frac{\psi F}{t_w l_z} \leqslant f \qquad (4.6)$$

$$l_z = a + 5h_y + h_R \qquad (4.7)$$

式中：F 为集中荷载，对动荷载应考虑动力系数，kN；ψ 为集中荷载增大系数，对重级工作制起重机梁，$\psi = 1.35$，对其他梁，$\psi = 1.0$；f 为钢材的抗压强度设计值，N/mm^2；l_z 为集中荷载在腹板计算高度上边缘的假定分布长度，mm；a 为集中荷载沿梁跨度方向的支承长度，对钢轨上的轮压可取 50mm；h_y 为自梁顶面至腹板计算高度上边缘的距离，mm；h_R 为轨道的高度，对梁顶无轨道的梁，$h_R = 0$mm。

腹板的计算高度 h_0：对轧制型钢梁，为腹板在与上、下翼缘相交处两内弧起点间的距离；对焊接组合梁，为腹板高度；对铆接（或高强度螺栓连接）组合梁，为上、下翼缘与腹板连接的铆钉（或高强度螺栓）线间的最近距离。

在梁的支座处，当不设置支承加劲肋时，也应按式（4.6）计算腹板计算高度下边缘的局部压应力，但 ψ 取 1.0。支座集中反力的假定分布长度，应根据支座具体尺寸参照式（4.7）计算。

当计算不能满足要求时，对于固定集中荷载（包括支座反力），应在集中荷载处设置加劲肋，并对支承加劲肋进行计算，对移动集中荷载，则只能修改梁截面，加大腹板厚度。

4.2.4 梁的折算应力计算

在梁的腹板计算高度边缘处，若同时受较大的正应力、剪应力和局部压应力，或同时受较大的正应力和剪应力（如连续梁中部支座处或梁的翼缘截面改变处等）时，其折算应力按下式计算，即

$$\sqrt{\sigma^2+\sigma_c^2-\sigma\sigma_c+3\tau^2}\leqslant\beta_1 f \tag{4.8}$$

式中：β_1 为计算折算应力的强度设计值增大系数；σ、τ、σ_c 分别为腹板计算高度边缘同一点上同时产生的正应力（以拉应力为正值，压应力为负值）、剪应力和局部压应力，τ 和 σ_c 应按式（4.5）和式（4.6）计算，σ 应按下式计算，即

$$\sigma=\frac{M}{I_n}y_1 \tag{4.9}$$

式中：I_n 为梁净截面惯性矩，mm^4；y_1 为所计算点至梁中和轴的距离，mm；当 σ 与 σ_c 异号时，取 $\beta_1=1.2$；当 σ 与 σ_c 同号或 $\sigma_c=0$ 时，取 $\beta_1=1.1$。

计算时，首先沿梁长方向找出 M 和 y 都比较大的危险截面（一般是集中力作用的截面、支座反力作用的截面、变截面梁截面改变处以及均布荷载不连续的截面）；然后沿梁高度方向找出危险点（一般在集中荷载作用位置的腹板边缘处，这一点的弯曲应力、剪应力、局部压应力综合考虑相对较大），计算出危险点的 σ、τ、σ_c，最后按式（4.8）计算折算应力。

4.2.5 梁的挠度计算和允许挠度要求

为保证梁正常使用，梁应有足够的刚度，梁的正常使用极限状态要求限制的内容是梁的最大挠度，主要是控制荷载标准值引起的最大挠度不超过按受力和使用要求规定的允许值。

其表达式为

$$v<[v]\text{或}\frac{v}{l}\leqslant\left[\frac{v}{l}\right] \tag{4.10}$$

式中：l 为梁的跨度，悬臂梁取悬伸长度的 2 倍，m 或 mm；v 为梁的最大挠度，按毛截面上作用的荷载标准值计算，mm；$[v]$ 为《规范》中规定的受弯构件的容许挠度值，mm。

4.3 梁的整体稳定

4.3.1 梁的扭转和整体稳定的概念

钢梁一般做成高而窄的截面，承受横向荷载作用时，在最大刚度平面内产生弯曲变形，截面上翼缘受压，下翼缘受拉，当弯矩增大，受压翼缘的最大弯曲压应力达到某一数值时，受压翼缘屈曲将会产生侧向位移，而受拉翼缘却力图保持原来的稳定状态，从而使钢梁产生侧向弯曲的同时伴随着扭转变形。这种因弯矩超过临界

限值而使钢梁从稳定平衡状态转变为不稳定平衡状态，并发生侧向弯扭屈曲的现象，称为钢梁弯扭屈曲或钢梁丧失整体稳定（图 4.5）。

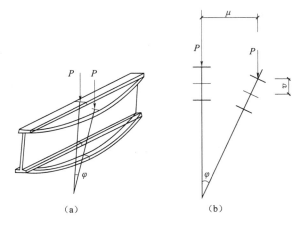

图 4.5 简支梁丧失稳定性的变形示意图

4.3.2 梁整体稳定的计算原理

图 4.6 所示为一双轴对称截面简支梁，在最大刚度 yoz 平面内受弯矩 M（常数）作用。图中 u、v 分别为剪切中心沿 x、y 方向的位移；φ 为扭转角；在小变形条件下梁处于弹性阶段，根据薄壁构件的计算理论得梁失稳的临界弯矩为

$$M_{cr} = \frac{\pi^2 E I_y}{l^2} \sqrt{\frac{I_w}{I_y}\left(1 + \frac{l^2 G I_t}{\pi^2 E I_w}\right)} \tag{4.11}$$

式中：$\pi^2 E I_y / l^2$ 为绕 y 轴屈曲的轴心受压构件欧拉公式。

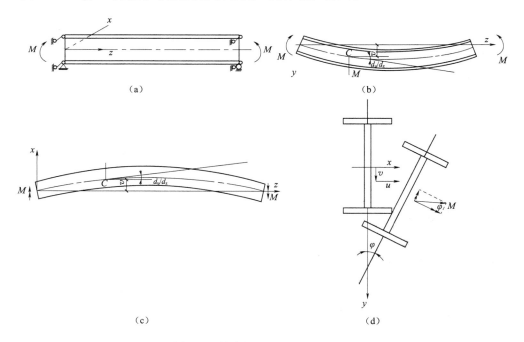

图 4.6 简支钢梁失稳变形示意图

式（4.11）为双轴对称截面简支梁受纯弯曲时的临界弯矩公式。当梁为单轴对称截面，不同支承情况或不同荷载类型时的一般式（可用能量法推导）为

$$M_{cr} = \beta_1 \frac{\pi^2 EI_y}{l^2} \left[\beta_2 a + \beta_3 y_b + \sqrt{(\beta_2 a + \beta_3 y_b) + \frac{I_w}{I_y} \left(1 + \frac{l^2 GI_t}{\pi^2 EI_w}\right)} \right] \quad (4.12)$$

$$y_b = y_0 + \frac{\int_A y(x^2 + y^2) dA}{2I_x}$$

式中：y_0 为剪切中心 S 至形心 D 的距离（SO 指向受拉翼缘为正，反之为负），mm；a 为剪切中心 S 至荷载作用点 P 的距离［荷载向下时，P 在 S 下方（如作用在下翼缘），a 值为正，不易失稳；反之，P 在 S 的上方（如作用在上翼缘），a 值为负值，易失稳（图 4.7）］，mm；β_1、β_2、β_3 为支承条件和荷载类型影响系数（表 4.2）。

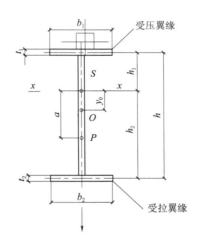

图 4.7 单轴对称工字形截面

表 4.2   工字形截面简支梁整体稳定系数 β_1、β_2、β_3

荷载情况	β_1	β_2	β_3
纯弯曲	1.00	0	1.00
全跨均布荷载	1.13	0.46	0.53
跨度中点集中荷载	1.35	0.55	0.40

4.3.3 整体稳定的主要影响因素

由式（4.12）不难看出，影响梁整体稳定承载力的因素有荷载类型、荷载作用于截面上的位置、截面平面外的抗弯刚度和抗扭刚度以及梁受压翼缘侧向支承点的距离。因此，提高梁整体稳定承载力的最有效措施是加大梁的侧向抗弯刚度和抗扭刚度（主要是加宽受压翼缘板的宽度），减小梁的侧向计算长度。

4.3.4 整体稳定的计算方法

1. 梁的整体稳定系数

梁的临界应力为

$$\sigma_{cr} = \frac{M_{cr}}{W_x}$$

式中：W_x 为梁截面对 x 轴的毛截面模量，mm^3。

梁的整体稳定应满足，$M \leqslant M_{cr}$，则

$$\sigma = \frac{M}{W_x} \leqslant \frac{M_{cr}}{W_x} = \sigma_{cr} = \frac{\sigma_{cr}}{f_y} f_y$$

$$\varphi_b = \frac{\sigma_{cr}}{f_y} \tag{4.13}$$

对纯受弯的双轴对称工字形截面简支梁，将式（4.11）代入，得

$$\varphi_b = \frac{4320}{\lambda_y^2} \frac{Ah}{W_x} \left[\sqrt{1 + \left(\frac{\lambda_y t_1}{4.4h} \right)^2} \right] \frac{235}{f_y} \tag{4.14}$$

对一般的受横向荷载或不等端弯矩作用的焊接工字形等截面简支梁，包括单轴对称和双轴对称工字形截面，应按下式计算其整体稳定系数，即

$$\varphi_b = \beta_b \frac{4320}{\lambda_y^2} \frac{Ah}{W_x} \left[\sqrt{1 + \left(\frac{\lambda_y t_1}{4.4h} \right)^2} + \eta_b \right] \frac{235}{f_y} \tag{4.15}$$

式中：β_b 为梁整体稳定的等效临界弯矩系数，查附表 4.1；λ_y 为梁在侧向支撑点间对截面弱轴 $y—y$ 的长细比，$\lambda_y = l_1/i_y$，l_1 为简支梁受压翼缘侧向支撑间的距离，i_y 为梁毛截面对 y 轴的截面回转半径，mm；A 为梁的毛截面面积，mm^2；h、t_1 为梁截面的全高和受压翼缘厚度，mm；η_b 为截面不对称影响系数，对双轴对称截面，$\eta_b = 0$，对单轴对称工字形截面：加强受压翼缘 $\eta_b = 0.8(2\alpha_b - 1)$，加强受拉翼缘 $\eta_b = 2\alpha_b - 1$，$\alpha_b = \frac{I_1}{I_1 + I_2}$，$I_1$、$I_2$ 分别为受压翼缘和受拉翼缘对 y 轴的截面二次矩，mm^4。

当按式（4.15）计算得的 φ_b 值大于 0.6 时，说明梁在弹塑性状态下失稳，应用下式计算的 φ_b' 代替 φ_b 值，即

$$\varphi_b' = 1.07 - \frac{0.282}{\varphi_b} \leqslant 1.0 \tag{4.16}$$

针对均匀弯曲受弯构件，当 $\lambda_y \leqslant 120/\sqrt{235/f_y}$ 时，其整体稳定系数可按下式近似计算。

（1）工字形截面（含 H 型钢）。

双轴对称时，有

$$\varphi_b = 1.07 - \frac{\lambda_y^2}{44000} \times \frac{f_y}{235} \tag{4.17}$$

单轴对称时，有

$$\varphi_b = 1.07 - \frac{W_x}{(2\alpha_b + 1)Ah} \times \frac{\lambda_y^2}{14000} \times \frac{f_y}{235} \tag{4.18}$$

（2）T 形截面（弯矩作用在对称轴平面，绕 x 轴）。

1）弯矩使翼缘受压时。

对双角钢 T 形截面，有

$$\varphi_b = 1 - 0.017\lambda_y \sqrt{\frac{f_y}{235}} \qquad (4.19)$$

部分 T 形钢和两板组合 T 形截面，有

$$\varphi_b = 1 - 0.0022\lambda_y \sqrt{\frac{f_y}{235}} \qquad (4.20)$$

2）弯矩使翼缘受拉，且腹板宽厚比不大于 $18\sqrt{\frac{235}{f_y}}$ 时，有

$$\varphi_b = 1 - 0.0005\lambda_y \sqrt{\frac{f_y}{235}} \qquad (4.21)$$

按式（4.17）～式（4.21）算得 $\varphi_b > 0.6$ 时，不需要按式（4.16）换算成 φ_b'；若算得 $\varphi_b > 1.0$ 时，取 $\varphi_b = 1.0$。

2. 梁整体稳定的计算

《规范》规定：在最大刚度平面内受弯的构件，其整体稳定性应按下式计算，即

$$\frac{M_x}{\varphi_b W_x} \leqslant f \qquad (4.22)$$

式中：M_x 为绕强轴作用的最大弯矩，kN·mm；W_x 为按受压纤维确定的梁毛截面模量，mm³；φ_b 为梁的整体稳定系数，应按式（4.15）确定。

在两个主平面受弯的 H 型钢截面或工字形截面构件，其整体稳定性应按下式计算，即

$$\frac{M_x}{\varphi_b W_x} + \frac{M_y}{\gamma_y W_y} \leqslant f \qquad (4.23)$$

式中：W_x、W_y 为按受压纤维确定的对 x 轴和对 y 轴毛截面模量，mm³；φ_b 为截面绕强轴弯曲所确定的梁整体稳定系数，应按式（4.15）确定；γ_y 为对弱轴的截面塑性发展系数。

3. 梁不需要计算整体稳定的条件

符合下列情况之一时，可不计算梁的整体稳定性。

（1）有铺板（各种钢筋混凝土板和钢板）密铺在梁的受压翼缘上并与其牢固相连，能阻止梁受压翼缘的侧向位移时。

（2）H 型钢或等截面工字形简支梁受压翼缘的自由长度 l_1 与其宽度 b_1 的比值不超过表 4.3 所规定的数值时。

表 4.3　H 型钢或等截面工字形简支梁不需计算整体稳定性的最大 l_1/b_1 值

钢号	跨中无侧向支承点的梁		跨中受压翼缘有侧向支承点的梁，不论荷载作用于何处
	荷载作用在上翼缘	荷载作用在下翼缘	
Q235	13.0	20.0	16.0
Q345	10.5	16.5	13.0

续表

钢号	跨中无侧向支承点的梁		跨中受压翼缘有侧向支承点的梁, 不论荷载作用于何处
	荷载作用在上翼缘	荷载作用在下翼缘	
Q390	10.0	15.5	12.5
Q420	9.5	15.0	12.0

注 1. 其他钢号的梁不需计算整体稳定性的最大 l_1/b_1 值,应取 Q235 钢的数值乘以 $\sqrt{235/f_{yk}}$,f_{yk} 为钢材牌号所指屈服点。

2. 对跨中无侧向支承点的梁,l_1 为其跨度;对跨中有侧向支承点的梁,l_1 为受压翼缘侧向支承点间的距离(梁的支座处视为有侧向支承)。

4.4 梁的局部稳定及腹板加劲肋设计

在梁的强度和整体稳定承载力都能得到保证的前提下,腹板或翼缘部分作为板件先发生屈曲失去稳定,称为梁丧失局部稳定性。梁丧失局部稳定性后,会使梁的强度和整体稳定性降低。

4.4.1 梁受压翼缘的局部稳定

梁的上翼缘受到均匀分布的最大弯曲压应力,当宽厚比超过某一限值时,上翼缘就会产生凸凹变形丧失稳定 [图 4.8 (a)]。为保证其局部稳定,《规范》规定:梁受压翼缘自由外伸宽度 b 与其厚度 t 之比,应符合下式要求,即

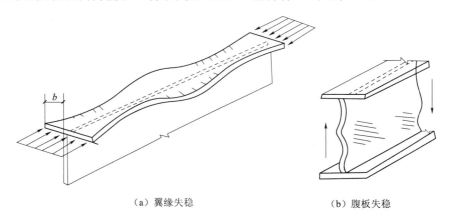

(a) 翼缘失稳 　　　　　 (b) 腹板失稳

图 4.8 梁的局部失稳

$$\frac{b}{t} \leqslant 13\sqrt{\frac{235}{f_y}} \tag{4.24a}$$

当计算梁抗弯强度取 $\gamma_x = 1.0$ 时,b/t 可放宽至 $15\sqrt{235/f_y}$。

箱形截面梁受压翼缘板在两腹板之间的无支承宽度 b_0 与其厚度 t 之比,应符合下式要求,即

$$\frac{b_0}{t} \leqslant 40\sqrt{\frac{235}{f_y}} \tag{4.24b}$$

当箱形截面梁受压翼缘板设有纵向加劲肋时,则式 (4.24b) 中的 b_0 取腹板与

纵向加劲肋之间的翼缘板无支承宽度。

4.4.2 梁腹板的局部稳定

1. 梁腹板的失稳形式

（1）腹板在纯弯曲作用下失稳［图 4.9（a）］。腹板纯弯失稳时，将沿长边方向屈曲成几个半波的正弦曲面，凸面和凹面的分界线垂直于压应力方向。

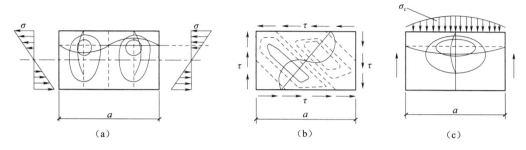

图 4.9 梁腹板的失稳形式

（2）在局部压应力作用下失稳［图 4.9（c）］。腹板在一个翼缘处承受局部压应力失稳时，在纵横方向均为一个半波。

（3）腹板在纯剪切作用下失稳［图 4.9（b）］。当薄板四边受均匀剪应力作用时，由于板中主压应力和主拉应力方向与剪应力成 45°角，薄板实际受力相当于一条对角线受压，另一条对角线受拉，板屈曲成若干个斜向的菱形曲面。

为防止薄板失稳就必须增加板的侧向刚度，即增加板的厚度或在腹板两侧设置加劲肋，由于梁的翼缘宽度不大，通常增加板厚来满足受压翼缘的局部稳定性。但对于组合梁的腹板，通常设置得比较高大，如果增加厚度就很不经济，因此一般采用设置加劲肋的方法来满足局部稳定性的要求。

2. 梁腹板加劲肋的设计

（1）梁腹板加劲肋的布置和构造要求。加劲肋的布置有图 4.10 所示的几种形式。图 4.10（a）中仅布置横向加劲肋，图 4.10（b）中同时布置纵向加劲肋和横向加劲肋，图 4.10（d）中同时布置纵向加劲肋、横向加劲肋和短加劲肋。纵向加劲肋对提高腹板的弯曲临界应力特别有效；横向加劲肋能提高腹板临界应力并作为纵向加劲肋的支承；短加劲肋常用于局部压应力较大的情况。

1)《规范》中加劲肋的布置原则。

a. 当 $h_0/t_w \leqslant 80\sqrt{235/f_y}$ 时，对有局部压应力（$\sigma_c \neq 0$）的梁，宜按构造配置横向加劲肋；但对无局部压应力（$\sigma_c = 0$）的梁，可不配置加劲肋。

b. 当 $170\sqrt{235/f_y} \geqslant h_0/t_w > 80\sqrt{235/f_y}$ 时，应配置横向加劲肋，无局部压应力（$\sigma_c = 0$）的梁和简支起重机梁，当其腹板用横向加劲肋加强或纵向加劲肋加强时，应计算加劲肋间距，其他情况的梁应计算腹板的局部稳定性。

c. 当 $h_0/t_w > 170\sqrt{235/f_y}$（受压翼缘扭转受到约束，如连有刚性铺板、制动板或焊有钢轨时）或 $h_0/t_w > 150\sqrt{235/f_y}$（受压翼缘扭转未受到约束时），或按计算需要时，在弯曲应力较大区格的受压区不但要配置横向加劲肋，还要配置纵向加

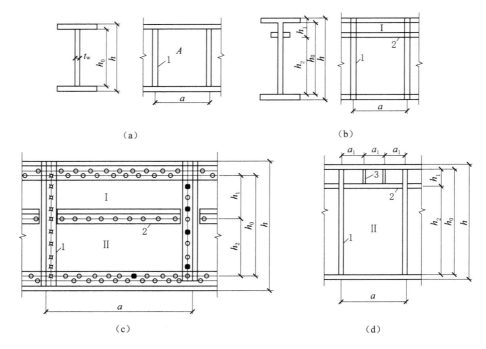

（a）　　　　　　　　　　　（b）

（c）　　　　　　　　　　　（d）

图 4.10　加劲肋布置
1—横向加劲肋；2—纵向加劲肋；3—短加劲肋

劲肋。局部压应力很大的梁，必要时还应在受压区配置短加劲肋。

d. 梁的支座处和上翼缘受有较大固定集中荷载处，宜设置支承加劲肋。

e. 任何情况下，h_0/t_w 均不应超过 250，此处 h_0 为腹板的计算高度（对单轴对称梁，当确定是否要配置纵向加劲肋时，h_0 应取腹板受压区高度 h_c 的 2 倍），t_w 为腹板的厚度。

2）加劲肋的构造要求。

a. 加劲肋宜在腹板两侧成对配置，也可单侧配置，但支承加劲肋和重级工作制吊车梁的加劲肋不应单侧配置。

b. 横向加劲肋的最小间距应为 $0.5h_0$，最大间距应为 $2h_0$（对无局部压应力的梁，当 $h_0/t_w \leqslant 100\sqrt{235/f_y}$ 时，可采用 $2.5h_0$）。纵向加劲肋至腹板计算高度受压边缘的距离应在 $h_c/2.5 \sim h_c/2$ 范围内，h_c 为梁腹板弯曲受压区高度，对双轴对称截面 $2h_c = h_0$。

c. 在腹板两侧成对配置的钢板横向加劲肋，其截面尺寸应符合下列公式要求。
外伸宽度为

$$b_s > \frac{h_0}{30} + 40\text{mm}$$

厚度为

$$t_s > \frac{b_s}{15}$$

d. 在腹板一侧配置的钢板横向加劲肋，其外伸宽度应大于按上式算得的 1.2 倍，厚度不应小于其外伸宽度的 1/15。

e. 在同时用横向加劲肋和纵向加劲肋加强的腹板中，横向加劲肋的截面尺寸除应符合上述规定外，其截面二次矩 I_z 还应符合下式要求，即

$$I_z \geqslant 3h_0 t_w^3 \tag{4.25}$$

纵向加劲肋的截面二次矩 I_y，应符合下列公式要求。

当 $a/h_0 \leqslant 0.85$ 时，有

$$I_y \geqslant 1.5h_0 t_w^3 \tag{4.26a}$$

当 $a/h_0 > 0.85$ 时，有

$$I_y \geqslant \left(2.5 - 0.45\frac{a}{h_0}\right)\left(\frac{a}{h_0}\right)^2 h_0 t_w^3 \tag{4.26b}$$

短加劲肋的最小间距为 $0.75h_1$（h_1 见图 4.10）。短加劲肋外伸宽度应取横向加劲肋外伸宽度的 $0.7\sim1.0$ 倍，厚度不应小于短加劲肋外伸宽度的 1/15。

注：①用型钢（H 型钢、工字钢、槽钢、肢尖焊于腹板的角钢）做成的加劲肋，其截面二次矩不得小于相应钢板加劲肋的截面二次矩；②在腹板两侧成对配置的加劲肋，其截面二次矩应按梁腹板中心线为轴线进行计算；③在腹板一侧配置的加劲肋，其截面二次矩应按与加劲肋相连的腹板边缘为轴线进行计算。

（2）仅设横向加劲肋梁腹板的局部稳定计算。仅配置横向加劲肋的腹板［图 4.10（a）］，各区格的局部稳定应按下式计算，即

$$\left(\frac{\sigma}{\sigma_{cr}}\right)^2 + \left(\frac{\tau}{\tau_{cr}}\right)^2 + \frac{\sigma_c}{\sigma_{c,cr}} \leqslant 1 \tag{4.27}$$

式中：σ 为所计算腹板区格内，由平均弯矩产生的腹板计算高度边缘的弯曲压应力，N/mm^2；τ 为所计算腹板区格内，由平均剪应力产生的腹板平均剪应力，N/mm^2，应按 $\tau = V/h_w t_w$ 计算，h_w 为腹板高度；σ_c 为腹板计算高度边缘的局部压应力，N/mm^2，应按式（4.6）计算，但取式中的 $\psi = 1.0$；η 为简支梁取 1.11，框架梁梁端最大应力区取 1；σ_{cr}、τ_{cr}、$\sigma_{c,cr}$ 分别为各种应力单独作用下的临界应力，N/mm^2，按下列方法计算。

1）σ_{cr} 计算。

当 $\lambda_b \leqslant 0.85$ 时，有

$$\sigma_{cr} = f \tag{4.28a}$$

当 $0.85 < \lambda_b \leqslant 1.25$ 时，有

$$\sigma_{cr} = [1 - 0.75(\lambda_b - 0.85)]f \tag{4.28b}$$

当 $\lambda_b > 1.25$ 时，有

$$\sigma_{cr} = \frac{1.1f}{\lambda_b^2} \tag{4.28c}$$

式中：λ_b 为用于腹板受弯计算时的通用高厚比。

当梁受压翼缘扭转受到约束时，有

$$\lambda_b = \frac{2h_c/t_w}{177}\sqrt{\frac{f_y}{235}} \tag{4.28d}$$

当梁受压翼缘扭转未受到约束时，有

$$\lambda_b = \frac{2h_c/t_w}{138}\sqrt{\frac{f_y}{235}} \tag{4.28e}$$

2) τ_{cr} 计算。

当 $\lambda_s \leqslant 0.8$ 时，有

$$\tau_{cr} = f_v \tag{4.29a}$$

当 $0.8 < \lambda_s \leqslant 1.2$ 时，有

$$\tau_{cr} = [1 - 0.59(\lambda_s - 0.8)] f_v \tag{4.29b}$$

当 $\lambda_s > 1.2$ 时，有

$$\tau_{cr} = \frac{1.1 f_v}{\lambda_s^2} \tag{4.29c}$$

式中：λ_s 为用于腹板受剪计算时的通用高厚比。

当 $a/h_0 \leqslant 1.0$ 时，有

$$\lambda_s = \frac{h_0/t_w}{37\eta \sqrt{4 + 5.34(h_0/a)^2}} \sqrt{\frac{f_y}{235}} \tag{4.29d}$$

当 $a/h_0 > 1.0$ 时，有

$$\lambda_s = \frac{h_0/t_w}{37\eta \sqrt{5.34 + 4(h_0/a)^2}} \sqrt{\frac{f_y}{235}} \tag{4.29e}$$

3) $\sigma_{c,cr}$ 计算。

当 $\lambda_c \leqslant 0.9$ 时，有

$$\sigma_{c,cr} = f \tag{4.30a}$$

当 $0.9 < \lambda_c \leqslant 1.2$ 时，有

$$\sigma_{c,cr} = [1 - 0.79(\lambda_c - 0.9)] f \tag{4.30b}$$

当 $\lambda_c > 1.2$ 时，有

$$\sigma_{c,cr} = \frac{1.1 f}{\lambda_c^2} \tag{4.30c}$$

式中：λ_c 为用于腹板受局部压力计算时的通用高厚比。

当 $0.5 < a/h_0 \leqslant 1.5$ 时，有

$$\lambda_c = \frac{h_0/t_w}{28\sqrt{10.9 + 13.4(1.83 - a/h_0)^3}} \sqrt{\frac{f_y}{235}} \tag{4.30d}$$

当 $1.5 < a/h_0 < 2.0$ 时，有

$$\lambda_c = \frac{h_0/t_w}{28\sqrt{18.9 - 5a/h_0}} \sqrt{\frac{f_y}{235}} \tag{4.30e}$$

（3）同时设纵、横加劲肋腹板的局部稳定。同时用横向加劲肋和纵向加劲肋加强的腹板 [图 4.10（b）、（c）]，其局部稳定性应按下列公式计算。

1）受压翼缘与纵向加劲肋之间的区格为

$$\frac{\sigma}{\sigma_{cr1}} + \left(\frac{\tau}{\tau_{cr1}}\right)^2 + \left(\frac{\sigma_c}{\sigma_{c,cr1}}\right)^2 \leqslant 1.0 \tag{4.31}$$

式中：σ_{cr1}、τ_{cr1}、$\sigma_{c,cr1}$ 分别按下列方法计算。

a. σ_{cr1} 按式（4.28a）～式（4.28c）计算：但式中的 λ_b 改用下列 λ_{b1} 代替。

当梁受压翼缘扭转受到约束时，有

$$\lambda_{b1} = \frac{h_1/t_w}{75}\sqrt{\frac{f_y}{235}} \quad\quad (4.32a)$$

当梁受压翼缘扭转未受到约束时，有

$$\lambda_{b1} = \frac{h_1/t_w}{64}\sqrt{\frac{f_{yk}}{235}} \quad\quad (4.32b)$$

b. τ_{cr1} 按式（4.29）计算，但将式中的 h_0 改为 h_1。

c. $\sigma_{c,cr1}$ 按式（4.28）计算：但式中的 λ_b 改用 λ_{c1} 代替。

当梁受压翼缘扭转受到约束时，有

$$\lambda_{c1} = \frac{h_1/t_w}{56}\sqrt{\frac{f_y}{235}} \quad\quad (4.33a)$$

当梁受压翼缘扭转未受到约束时，有

$$\lambda_{c1} = \frac{h_1/t_w}{40}\sqrt{\frac{f_y}{235}} \quad\quad (4.33b)$$

2）受拉翼缘与纵向加劲肋之间的区格为

$$\left(\frac{\sigma_2}{\sigma_{cr2}}\right)^2 + \left(\frac{\tau}{\tau_{cr2}}\right)^2 + \frac{\sigma_{c2}}{\sigma_{c,cr2}} \leqslant 1.0 \quad\quad (4.34)$$

式中：σ_2 为所计算区格内由平均弯矩产生的腹板在纵向加劲肋处的弯曲压应力，N/mm^2；σ_{c2} 为腹板在纵向加劲肋处的横向压应力，N/mm^2，取 $0.3\sigma_c$；σ_{cr2}、τ_{cr2}、$\sigma_{c,cr2}$ 分别按下列方法计算。

a. σ_{cr2} 按照式（4.28）计算：但是式中的 λ_b 改用 λ_{b2} 代替，即

$$\lambda_{b2} = \frac{h_2/t_w}{194}\sqrt{\frac{f_y}{235}} \quad\quad (4.35)$$

b. τ_{cr2} 按式（4.29）计算，但将式中的 h_0 改为 h_2（$h_2 = h_0 - h_1$）。

c. $\sigma_{c,cr2}$ 按式（4.28）计算，但将式中的 h_0 改为 h_2，当 $a/h_2 > 2$ 时，取 $a/h_2 = 2$。

3. 支承加劲肋

支撑加劲肋是指承受固定集中荷载或者支座反力的横向加劲肋。支承加劲肋一般由成对布置的钢板做成（图4.11），并应进行整体稳定和断面承压计算，截面通常较中间横向加劲肋大。

（1）梁的支承加劲肋整体稳定性计算。《规范》规定，应按承受梁支座反力或固定集中荷载的轴心受压构件计算其在腹板平面外的稳定性。此受压构件的截面应包括加劲肋和加劲肋每侧 $15t_w\sqrt{235/f_y}$ 范围内的腹板面积，计算长度取 h_0，则加劲肋平面外的稳定性公式为

$$\frac{N}{\varphi A} \leqslant f \quad\quad (4.36)$$

式中：N 为支承加劲肋承受的集中荷载或支座反力，kN；A 为支承加劲肋受压构件的截面面积，mm^2；φ 为轴心压杆稳定系数。

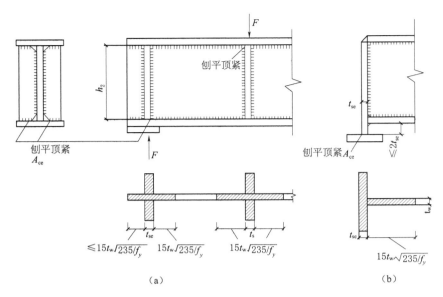

图 4.11 支撑加劲肋

（2）端部局部承压强度计算。当梁支承加劲肋的端部为刨平顶紧时，应按其所承受的支座反力或固定集中荷载计算其端面承压应力，计算公式为

$$\sigma_{ce} = \frac{F}{A_{ce}} \leqslant f_{ce} \qquad (4.37)$$

式中：F 为集中荷载或支座反力设计值，kN；A_{ce} 为端面承压面积，应为横向加劲肋切角厚端部净面积，mm^2；f_{ce} 为钢材端面承压强度设计值，N/mm^2，查表 1.3。

当端部为焊接时，应按传力情况计算其焊缝应力。支承加劲肋与腹板的连接焊缝，应按传力需要进行计算。

4. 短加劲肋

在受压翼缘与纵向加劲肋之间设有短加劲肋的区格［图 4.10（d）］，其局部稳定性按式（4.31）计算。该式中的 σ_{cr1} 仍按照式（4.28）计算；τ_{cr1} 按照式（4.29）计算，但将 h_0 和 a 改为 h_1 和 a_1（a_1 为短加劲肋间距）；$\sigma_{c,cr1}$ 按照式（4.28）计算，但是式中 λ_b 改用下列 λ_{c1} 代替。

当梁受压翼缘扭转受到约束时，有

$$\lambda_{c1} = \frac{a_1/t_w}{87} \sqrt{\frac{f_{yk}}{235}} \qquad (4.38a)$$

当梁受压翼缘扭转未受到约束时，有

$$\lambda_{c1} = \frac{a_1/t_w}{73} \sqrt{\frac{f_{yk}}{235}} \qquad (4.38b)$$

对于 $a_1/h_1 > 1.2$ 的区格，式（4.38）右侧应乘以 $\dfrac{1}{\sqrt{0.4 + 0.5a_1/h_1}}$。

4.5 型钢梁设计

型钢梁中应用最广泛的是工字钢和 H 型钢。型钢梁设计一般应满足强度、刚度和整体稳定性的要求。由于型钢梁的翼缘和腹板厚度较大，局部稳定有保证，因此不必计算局部稳定性。

4.5.1 单向弯曲型钢梁

单向弯曲型钢梁设计步骤如下。

（1）计算内力。根据梁的荷载设计值计算梁的最大弯矩 M_x 和最大剪力 V。

（2）计算截面抵抗矩。按抗弯强度求出需要的截面抵抗矩，即

$$W_{nx} = \frac{M_x}{\gamma_x f} \tag{4.39}$$

当梁最大弯矩处截面上有空洞（如螺栓孔等）时，可将算得的 W_{nx} 增大 $10\%\sim 15\%$，然后根据 W_{nx} 查型钢表选定型钢号。

（3）截面验算。按照所选定型钢的截面几何尺寸进行验算。

1）强度验算。

a. 抗弯强度验算。按式（4.39）计算，M_x 应包括所选型钢梁自重所产生的弯矩。

b. 抗剪强度计算。若型钢梁腹板无大的削弱，抗剪强度满足，一般不用计算。若需要计算可按照式（4.5）进行。

c. 局部承压强度计算。当梁上有集中荷载，且集中荷载作用处未设置加劲肋时，需按式（4.6）进行局部承压强度计算。如不满足，需改选腹板较厚的截面。

d. 折算应力的计算。对于梁上有较大弯矩和剪力的截面，需按式（4.8）进行折算应力计算。

2）刚度验算。按式（4.9）进行验算。

3）整体稳定性验算。需要进行整体稳定性验算的梁，可按式（4.22）进行计算。

4.5.2 双向弯曲型钢梁

双向弯曲型钢梁承受两个主平面方向的荷载，设计方法与单向弯曲型钢梁一样，应考虑强度、整体稳定、刚度等的计算。

双向弯曲梁的抗弯强度按式（4.40）计算，即

$$\sigma = \frac{M_x}{\gamma_x W_{nx}} + \frac{M_y}{\gamma_y W_{ny}} \leqslant f \tag{4.40}$$

设计时尽量满足不需计算整体稳定性的条件，这样可按抗弯强度条件选择型钢截面，由式（4.40）可得

$$W_{nx} = \left(M_x + \frac{\gamma_x W_{nx}}{\gamma_y W_{ny}} M_y\right)\frac{1}{\gamma_x f} = \frac{M_x + \alpha M_y}{\gamma_x f}$$

对小型号的型钢，可近似取 $\alpha = 6$（窄翼缘 H 型钢和工字钢）或 $\alpha = 5$（槽钢）；

否则按下式计算，即

$$\sigma = \frac{M_x}{\varphi_b W_x} + \frac{M_y}{\gamma_y W_y} \leqslant f \qquad (4.41)$$

其他设计步骤参照上述单向弯曲型钢梁的设计过程。

【例 4.1】 有一标高 5.5m 的工作平台梁格布置如图 4.12 所示。平台为预制钢筋混凝土板，厚度 100mm，上铺 20mm 厚素豆石混凝土，平台承受工作静荷载标准值 12.5kN/m²，钢材采用 Q235 的热轧普通工字钢，试选择次梁截面。

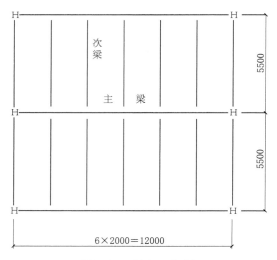

图 4.12　[例 4.1] 图

解： 次梁上有面板焊接牢固，不必计算整体稳定；型钢梁不必计算局部稳定，故只需考虑强度和刚度。

（1）荷载计算。钢筋混凝土、素豆石混凝土重度分别为 25kN/m³ 和 24kN/m³，平台板传来恒载标准值为 $25 \times 0.1 + 24 \times 0.02 = 2.98(\text{kN/m}^2)$。

次梁承受 2m 宽度范围内的平台荷载，设次梁自重为 0.8kN/m，则次梁承担的线荷载设计值为 $q = (2.98 \times 2 \times 1.2 + 12.5 \times 2 \times 1.3 + 0.8 \times 1.2) = 40.6(\text{kN/m})$。

（2）截面选择及强度验算次梁与主梁按铰接设计。次梁内力为

$$M_{max} = \frac{ql^2}{8} = \frac{40.6 \times (5.5)^2}{8} = 153.5(\text{kN} \cdot \text{m})$$

$$V_{max} = \frac{ql}{2} = \frac{40.6 \times 5.5}{2} = 111.7(\text{kN})$$

所需截面系数 $W_x = \dfrac{M_{max}}{\gamma_x f} = \dfrac{153.5 \times 10^6}{1.05 \times 215} = 680(\text{cm}^3)$

初选工 32a，查型钢表得 $W_x = 692\text{cm}^3 > 680\text{cm}^3$，$I_x = 11080\text{cm}^4$，$S = 400\text{cm}^3$，翼缘厚 $t = 15\text{mm} < 16\text{mm}$，腹板厚 $t_w = 9.5\text{mm} < 16\text{mm}$，$f = 215\text{N/mm}$，$f_v = 125\text{N/mm}^2$，腹板与翼缘交接圆角 $r = 11.5\text{mm}$，质量为 52.69kg/m，自重 $g_1 = 0.516\text{kN/m} < 0.8\text{kN/m}$（假定值），可不进行抗弯强度验算。

（3）挠度验算。次梁承担的线荷载标准值为

$$q_k = (2.98 \times 2 + 12.5 \times 2 + 0.8) = 31.76(\text{kN/m})$$

$$\frac{v}{l}=\frac{5}{384}\frac{q_k l^3}{EI}=\frac{5}{384}\times\frac{31.76\times5500^3}{206\times10^3\times11080\times10^4}=\frac{1}{332}<\left[\frac{v}{l}\right]=\frac{1}{250}$$

（4）抗剪强度验算。

1）设次梁与主梁用等高连接，连接处次梁上部切肢 50mm，假设端部剪力由腹板承受，可近似地假定最大剪应力为腹板平均剪应力的 1.2 倍，即

$$\tau=\frac{1.2V_{max}}{h'_w t_w}=\frac{1.2\times111.7\times10^3}{(320-50)\times9.5}=52.3(N/mm^2)<f_v=125N/mm^2$$

本梁没有 M 和 V 都较大的截面，不必计算折算应力。故截面工 32a 足够。

2）如果次梁和主梁用叠接，则梁端剪应力为

$$\tau=\frac{V_{max}S}{It_w}=\frac{111.7\times400\times10^3}{11080\times10^4\times9.5}=42.5(N/mm^2)<f_v=125N/mm^2$$

（5）局部承压强度验算设次梁支承于主梁的长度为 $a=80mm$，如不设支承加劲肋，则应计算支座处局部压应力为

$$h_y=t+r=15+11.526.5mm,l_z=a+5h_y=80+5\times26.5=212.5(mm)$$

$$\sigma_c=\frac{\psi V_{max}}{t_w l_z}=\frac{1.0\times111.7\times10^3}{9.5\times212.5}=55.3(N/mm^2)<f=215N/mm^2$$

支座处同时有 σ_c 和 τ 但都不大，而弯曲应力 $\sigma=0$，故按 σ_c 和 τ_1 的折算应力不再计算。工 32a 满足次梁截面设计要求。

4.6 焊接组合梁设计

本节内容包含焊接组合截面梁的设计和验算、变截面设计和翼缘焊缝的设计。

4.6.1 焊接组合梁的截面设计和验算

1. 截面设计

以下以焊接双轴对称工字形组合梁（图 4.13）为例来说明梁截面设计步骤。所需要确定的截面尺寸有截面高度 h、腹板高度 h_0 和厚度 t_w、翼缘宽度 b 和厚度 t。确定完尺寸后，还要验算梁的强度和稳定。

（1）截面高度 h。梁的截面高度应根据建筑高度、刚度要求和经济要求确定。

建筑高度是指按使用要求所允许的梁的最大高度，它往往由使用要求决定。如跨越河流的桥梁，梁的截面高度往往较大，为保证桥下有一定通航净空，就要对梁高有最大限制。

刚度要求决定了梁的最小高度。刚度要求是指梁在全部荷载标准值作用下的挠度 v 不大于容许挠度 $[v]$。

例如，受均布荷载作用的简支梁，由下式

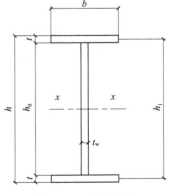

图 4.13 截面尺寸

$$v=\frac{5}{384}\frac{q_k l^4}{EI}\leqslant[v] \tag{4.42}$$

可算出刚度要求的最小梁高 h_{min}，h_{min} 推导如下。

式（4.42）中 q_k 为均布荷载标准值。若取荷载分项系数为平均值 1.3，则设计弯矩为 $M = \frac{1}{8} \times 1.3 q_k l^2$，设计应力 $\sigma = \frac{M}{W} = \frac{Mh}{2I}$，代入式（4.42）得

$$\nu = \frac{5}{1.3 \times 48} \frac{Ml^2}{EI} = \frac{5}{1.3 \times 24} \frac{\sigma l^2}{Eh} \leqslant [\nu]$$

若材料强度得到充分利用，上式中 σ 可达 f，若考虑塑性发展系数可达 $1.05f$。将 $\sigma = 1.05f$，$E = 206 \times 10^3 \text{N/mm}^2$，代入得

$$\frac{h}{l} \geqslant \frac{5}{1.3 \times 24} \times \frac{1.05fl}{206000[\nu]} = \frac{fl}{1.25 \times 10^6} \times \frac{1}{[\nu]} = \frac{h_{min}}{l} \qquad (4.43)$$

$\frac{h_{min}}{l}$ 的意义为当所选梁截面高跨比 $\frac{h}{l} > \frac{h_{min}}{l}$ 时，只要梁的抗弯强度满足，则梁的刚度条件也同时满足，则刚度要求的最小梁高为

$$h_{min} = \frac{fl}{1.25 \times 10^6 [v/l]} \qquad (4.44)$$

经济梁高是指使梁的自重最轻。目前实践中经常采用的经济高度公式为

$$h_e = 7\sqrt[3]{w_x} - 30 \quad (\text{cm}) \qquad (4.45)$$

其中，$w_x = \frac{M_x}{\gamma_x f}$，单位为 cm^3。

具体设计时通常按式（4.45）求出 h_e，先使 $h \approx h_e \approx h_0$，同时 h 也应满足 $h_{min} \leqslant h \leqslant h_{max}$。

（2）腹板厚度 t_w。腹板厚度应满足抗剪强度的要求。计算时，可近似地假定最大剪应力为腹板平均剪应力的 1.2 倍，即

$$\tau_{max} = 1.2 \frac{V_{max}}{h_0 t_w} \leqslant f_v \qquad (4.46)$$

于是，有

$$t_w \geqslant 1.2 \frac{V_{max}}{h_0 f_v} \qquad (4.47)$$

由于式（4.47）确定的 t_w 往往偏小，未来考虑局部稳定和构造要求，腹板厚度往往按下列经验公式进行估算，即

$$t_w = \frac{\sqrt{h_0}}{3.5} \qquad (4.48)$$

腹板厚度一般不小于 8mm，轻钢结构可适当减小。

（3）翼缘宽度 b 和厚度 t。确定翼缘板尺寸时，常先估算每个翼缘所需的截面积 $A_f = bt$。

对于工字形梁截面的惯性矩，有

$$I_x = \frac{1}{12} t_w h_0^3 + 2A_f \left(\frac{h_0 + t}{2}\right)^2$$

$$w_x = \frac{I_x}{h/2} \approx \frac{1}{6} t_w h_0^2 + A_f h_w$$

初选截面时取 $h_0 \approx h_0 + t \approx h$，经整理后可写成

$$A_f = \frac{w_x}{h_w} - \frac{1}{6} t_w h_w \qquad (4.49)$$

算出 A_f 之后再定 b、t 中的一个数值，即可确定另一个数值。选定 b、t 时注意以下要求。

1) 为了保证受压翼缘的局部稳定性，必须满足：$\frac{b}{t} \leqslant 26\sqrt{f_y/235}$（不考虑塑性发展时，可取 $\frac{b}{t} \leqslant 30\sqrt{f_y/235}$）。

2) 翼缘宽度与梁高关系通常取 $b = h/6 \sim h/2.5$。

3) 一般 b 取 10mm 的倍数，t 取 2mm 的倍数，且不小于 8mm。

2. 截面验算

截面尺寸确定后，求出截面的各种几何数据，如惯性矩、截面模量等，然后进行验算。梁的截面验算包括强度、刚度、整体稳定性和局部稳定性等。其中，刚度在确定梁高时已满足，梁翼缘局部稳定性在确定翼缘尺寸时也已满足，腹板局部稳定性一般由加劲肋来保证。

【例 4.2】 试设计工作平台主梁，如图 4.14 所示，主梁设计跨径为 15m。次梁跨度为 6m，间距 2.5m，预制钢筋混凝土铺板焊于次梁上翼缘。平台永久荷载（不包括次梁自重）8.5kN/m²，荷载分项系数为 1.2；活荷载为 20kN/m²，荷载分项系数为 1.4。钢材用 Q235（若考虑次梁叠接在主梁上，其支撑长度 $a = 15$cm，$[\nu] = 1/400$）。

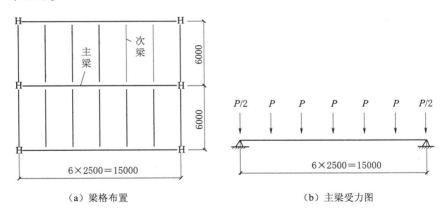

(a) 梁格布置　　　　　　　　　　(b) 主梁受力图

图 4.14　[例 4.2] 图

解：（1）主梁荷载及内力。由次梁传来的集中荷载：
$$p = 2V = 2 \times 290.15 = 580.3(\text{kN})$$

假设主梁自重为 3kN/m，加劲肋等附加重量构造系数为 1.1，荷载分项系数为 1.2，则自重荷载的设计值为 $1.2 \times 1.1 \times 3 = 3.96(\text{kN/m})$。

跨中最大弯矩设计值为
$$M_x = \frac{5}{2} \times 580.3 \times 7.5 - 580.3 \times (5+2.5) + \frac{1}{8} \times 3.96 \times 15^2 = 6639.75(\text{kN} \cdot \text{m})$$

支座最大剪力设计值为

$$V = 3 \times 580.3 + \frac{1}{2} \times 3.96 \times 15 = 1770.6 (\text{kN})$$

（2）截面设计及验算。

1）截面选择。考虑主梁跨度较大，翼缘板厚度在 16～40mm 范围内选用，$f = 205\text{N/mm}^2$，需要的净截面抵抗矩为

$$W_{nx} = \frac{M_x}{\gamma_x f} = \frac{6639.75 \times 10^6}{1.05 \times 205} = 30847 (\text{cm}^3)$$

计算梁的经济高度为

$$h_e = 7 \sqrt[3]{W_x} - 30 = 7 \times \sqrt[3]{30847} - 30 = 190 (\text{cm})$$

因此，取梁腹板高 $h_0 = 190\text{cm}$。

计算腹板抗剪所需的厚度，即

$$t_w \geqslant \frac{1.2 V_{max}}{h_w f_v} = \frac{1.2 \times 1770.6 \times 10^3}{1900 \times 120} = 9.3 (\text{mm})$$

由经验公式得

$$t_w = \frac{\sqrt{h_0}}{3.5} = \frac{\sqrt{1900}}{3.5} = 12.5 (\text{mm})$$

取腹板厚 $t_w = 14\text{mm}$，腹板采用一 1900×14 的钢板。

需要净截面惯性矩为

$$I_{nx} = W_{nx} \frac{h_0}{2} = 30847 \times \frac{190}{2} = 2930465 (\text{cm}^4)$$

腹板惯性矩为

$$I_w = \frac{1}{12} t_w h_0^3 = \frac{1}{12} \times 1.4 \times 190^3 = 800217 (\text{cm}^4)$$

所需翼缘板的面积为

$$bt = \frac{2(I_x - I_w)}{h_0^2} = \frac{2 \times (2930465 - 800217)}{190^2} = 118 (\text{cm}^2)$$

取 $b = 500\text{mm}$，$t = 24\text{mm}$，梁高 $h = 24 + 24 + 1900 = 1948 (\text{mm})$。

b 在 $\frac{h}{5} \sim \frac{h}{3} = 390 \sim 649\text{mm}$ 之间。受压翼缘自由外伸宽度与厚度之比为

$$\frac{(500 - 14)/2}{24} = 10 < 13$$

满足受压翼缘局部稳定性要求。所选截面如图 4.15 所示。

梁截面特性计算，即

$$I_x = \frac{1}{12}(50 \times 194.8^3 - 48.6 \times 190^3) = 3021397.5 (\text{cm}^3)$$

$$W_x = \frac{I_x}{h/2} = 3021397.5 \times \frac{2}{194.8} = 31020.5 (\text{cm}^3)$$

$$A = 50 \times 194.8 - 48.6 \times 190 = 506 (\text{cm}^2)$$

2）截面验算。

a. 受弯强度验算。

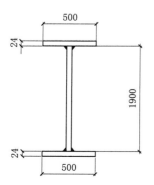

图 4.15 所选截面尺寸

梁自重荷载为

$$g = 1.2 \times 1.1 A\gamma = 1.2 \times 1.1 \times 0.0506 \times 7.85 \times 10 = 5.24 (\text{kN/m})$$

$$M_x = \frac{5}{2} \times 580.3 \times 7.5 - 580.3 \times (5 + 2.5) + \frac{1}{8} \times 5.24 \times 15^2 = 6675.75 (\text{kN} \cdot \text{m})$$

支座最大剪力为

$$V_{max} = 3 \times 580.3 + \frac{1}{2} \times 5.24 \times 15 = 1780.2 (\text{kN})$$

$$\sigma = \frac{M_x}{\gamma_x W_x} = \frac{6675.75 \times 10^6}{1.05 \times 31020.5 \times 10^3} = 205 (\text{N/mm}^2) = f = 205 \text{N/mm}^2$$

b. 剪应力、刚度不需验算，因选择梁高及腹板厚度时已得到满足。

c. 整体稳定性验算。因次梁与刚性铺板连接，主梁的侧向支承点间距等于次梁的间距，即 $l_1 = 250\text{cm}$，则有 $l_1/b = 250/50 = 5 < 16.0$，故不需验算梁的整体稳定性。

4.6.2　变截面设计

对于均布荷载作用的简支梁，一般按跨中最大弯矩选截面尺寸。但梁的弯矩沿梁长度方向是变化的，如果梁的截面能随弯矩变化而变化，则可节约钢材。跨度较大的梁做成变截面梁可节约钢材减轻自重，但对于跨度较小的梁改变截面节省钢材不多且制造麻烦，因此多做成等截面梁。

焊接工字形梁的截面改变一般是改变翼缘宽度。通常在半跨内改变一次截面，如图 4.16 所示，截面改变点一般在距离支座 $x = l/6$ 处开始比较经济，改窄后翼缘板宽度 b' 由开始改变处的弯矩确定。

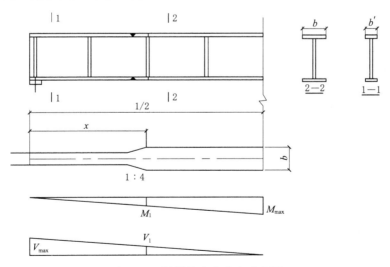

图 4.16　梁翼缘宽度改变示意图

如按上述方法选定 b' 太小，或不满足构造要求时，也可事先选定 b' 值，然后按变窄的截面算出截面二次矩、截面系数以及变窄截面所承担的弯矩 M_1，再根据梁的总弯矩图反算出弯矩等于 M_1 处距支座的距离 x，即变截面改变点的位置。

为了减小应力集中，应将梁跨中宽翼缘板从 x 处，以小于等于 1:4 的斜度向弯矩较小的一方延伸至与窄翼缘等宽处才切断，并采用对接直焊缝相连，三级焊缝采用斜对接焊缝。

梁截面改变处的强度验算还包括腹板高度边缘处的折算应力验算。验算时取 x 处的弯矩和剪力按窄翼缘计算。

变截面梁的挠度计算比较复杂，对于翼缘改变的简支梁，受均布荷载或多个集中荷载作用时，刚度验算按下式近似公式计算，即

$$\nu = \frac{M_{\mathrm{K}} l^2}{10EI}\left(1+\frac{3}{25}\frac{I-I_1}{I}\right) \leqslant [\nu] \tag{4.50}$$

式中：M_{K} 为弯矩最大标准值，$\mathrm{N} \cdot \mathrm{mm}$；$I$ 为跨中毛截面二次矩，mm^2；I_1 为端部毛截面二次矩，mm^2。

为了降低梁的建筑高度，简支梁可以在靠近支座处减小其高度，翼缘截面保持不变，如图 4.17 所示。梁端部高度应根据抗剪强度要求确定，但不宜小于跨中截面高度的 1/2。

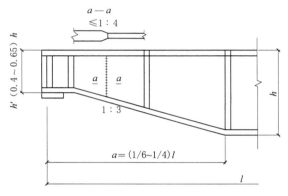

图 4.17 梁高度的改变

4.6.3 翼缘焊缝的设计

由图 4.18 所示的两个由翼缘及一块腹板组成的工字形梁，用角焊缝连接，称为翼缘焊缝。

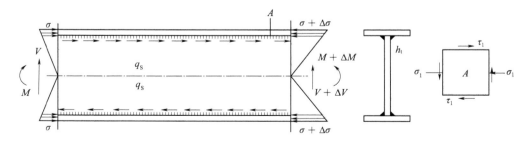

图 4.18 翼缘和焊缝的水平剪力

梁受荷弯曲时，由于翼缘焊缝作用，翼缘腹板将以工字形截面的形心轴为中和轴整体弯曲，翼缘和腹板之间不产生相对滑移。梁弯曲时翼缘焊缝的作用是阻止腹板和翼缘间产生相对滑移，因而承受与焊缝平行方向的剪力。

1. 焊缝单位长度上的水平应力

若在工字形梁腹板边缘处取出单元体 A，单元体的垂直及水平上将有成对互等的剪应力 $\tau_1 = \dfrac{VS_1}{I_x t_w}$，沿梁单位长度的水平剪力为

$$q_h = \tau_1 t_w = \frac{VS_1}{I_x t_w} t_w = \frac{VS_1}{I_x} \tag{4.51}$$

则翼缘焊缝应满足强度条件 $\tau_f = \dfrac{q_h}{2 \times 0.7 h_f \times 1} \leqslant f_f^w$

$$h_f = \frac{q_h}{1.4 f_f^w} = \frac{VS_1}{1.4 f_f^w I_x} \tag{4.52}$$

式中：V 为所计算截面处的剪力，kN；S_1 为一个翼缘对中和轴的面积矩，mm^3；I_x 为所计算截面的二次矩，mm^4。

按式（4.52）所选 h_f 同时也应满足构造要求，即 $h_f > 1.5\sqrt{t}$，t 为翼缘厚度。

2. 焊缝单位长度上的竖向压应力

当梁的翼缘上承受有固定荷载并且未设置加劲肋时，或者当梁翼缘上有移动集中荷载时，翼缘焊缝不仅承受水平剪力 q_h 的作用，还要承受集中力 F 产生的竖向局部压应力，单位长度的垂直压力 q_v 由下式计算，即

$$q_v = \sigma_c t_w \times 1 = \frac{\psi F}{l_z t_w} t_w = \frac{\psi F}{l_z} \tag{4.53}$$

由单位水平剪力 q_h 和单位垂直压力 q_v 的共同作用下，翼缘焊缝强度应满足

$$\tau_f = \sqrt{\left(\frac{q_h}{2 \times 0.7 h_f}\right)^2 + \left(\frac{q_v}{\beta_f \times 2 \times 0.7 h_f}\right)^2} \leqslant f_f^w$$

所需的角焊缝焊脚尺寸为

$$h_f = \sqrt{q_h^2 + \frac{1}{\beta_f^2} q_v^2} = \frac{1}{1.4 f_f^w} \sqrt{\left(\frac{VS_1}{I_x}\right)^2 + \frac{1}{\beta_f^2}\left(\frac{\psi F}{l_z}\right)^2} \tag{4.54}$$

式中：$\beta_f = 1.22$（静荷载或间接动荷载）或 1.0（直接动力荷载）。

设计时先按构造要求假定 h_f 值，然后验算。

4.7 梁的拼接与构造

4.7.1 梁的拼接

梁的拼接分为工厂拼接（图 4.19）和工地拼接（图 4.20）两种。

1. 工厂拼接

如果梁的长度、高度大于钢材产品的供应规格时，常需要将钢材接长或拼大，这种拼接常在工厂进行，称为工厂拼接。

腹板和翼缘的拼接位置最好错开，使薄弱点不集中在同一截面。同时腹板拼接位置也要和加劲肋位置错开一定距离，一般该距离不小于 $10 t_w$，以便各种焊缝分散布置，减小焊接应力集中。

翼缘、腹板拼接一般采用对接直焊缝，施焊时使用引弧板。当使用一、二级焊缝时，拼接处与钢材截面可以达到强度相等，因此可以焊接在任意位置。当采用三

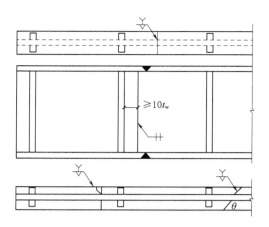

图 4.19 焊接梁的工厂拼接

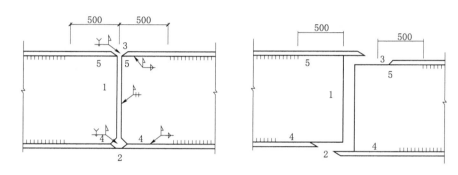

图 4.20 焊接梁的工地拼接

级焊缝时,由于焊缝抗拉强度比钢材抗拉强度低,这时将拼接布置在梁弯矩较小的位置(对腹板)或采用斜焊缝(对翼缘)。

2. 工地拼接

跨度较大的梁,由于运输或吊装条件限制,需将梁在工厂分段制造,然后运至工地或吊装高空就位后再拼接起来,这种在工地进行拼装称为工地拼接。工地拼装较工厂拼装的工艺条件差,应尽量避免。

工地拼接一般布置在梁弯矩较小处,常常将腹板和翼缘在同一截面断开,以便运输和吊装。拼接处一般采用对接焊缝,上下翼缘做成向上的 V 形坡口,以便工地俯焊。同时为了减小焊接应力,应将工厂焊接的翼缘和焊缝端部留出 500mm 左右不焊,留到工地拼接时按图中施焊顺序最后焊接。这样可以使得焊接时有较多的自由伸缩余地,从而减小焊接应力。

为了改善拼接处受力情况,工地拼接的梁也可以将翼缘和腹板拼接位置略微错开,如图 4.20 所示。但是这种方式在运输、吊装时需要对端部凸出部分加以保护,以免碰撞。对于较重要的或承受动力荷载的大型组合梁,考虑工地焊接条件差,焊接质量不易保证,也可以采用摩擦性高强螺栓连接。此时梁的拼接设计一般常用等强度设计,翼缘拼接板及其连接所承受的内力 N,按等强度原则,为翼缘板的最大承载力,即

$$N = A_{nf} f \tag{4.55}$$

式中：A_{nf}为被拼接的翼缘板净截面面积，mm^2。

腹板拼接板及其连接，主要承受梁截面上的全部剪力 V，以及按刚度分配到腹板上的弯矩，即

$$M_w = M\frac{I_w}{I} \tag{4.56}$$

4.7.2　次梁和主梁的连接

次梁与主梁的连接形式有叠接和平接两种。

叠接（图 4.21）是将次梁置于主梁上面，用螺栓或焊缝连接，构造简单，但需要的结构高度大，应用常会受到限制。图 4.21（a）是次梁为简支梁时与主梁连接的构造，而图 4.21（b）是次梁为连续梁时与主梁连接的构造示例。

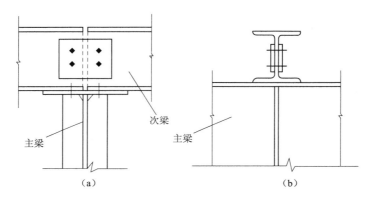

图 4.21　次梁与主梁的叠接

平接（图 4.22）是使次梁顶面与主梁顶面相平或接近，从侧面与主梁的加劲肋或腹板上专门设置的短角钢或承托相连。图 4.22（a）～（c）是次梁为简支梁时与主梁连接的构造，图 4.22（d）是次梁为连续梁时与主梁连接的构造。平接虽然构造复杂，但可降低结构高度，其实际应用广泛。

每种连接构造都要将次梁支座的反力传给主梁，实质上这些支座反力就是梁的剪力。而梁腹板的主要作用是抗剪，所以应将次梁腹板连于主梁的腹板上，或连于与主梁腹板相连的铅垂方向抗剪刚度较大的加劲肋上或承托的竖直板上。在次梁支座压力作用下，按传力的大小计算连接焊缝或螺栓的强度。实际设计时，考虑连接偏心，通常将反力加大 20%～30% 来计算焊缝或螺栓。

对于刚接构造，次梁与次梁之间还要传递支座弯矩。图 4.21（b）所示的次梁本身是连续的，支座弯矩可以直接传递，不必计算。图 4.22（d）所示主梁两侧的次梁是断开的，支座弯矩靠焊接连接的次梁上翼缘盖板、下翼缘承托水平顶板传递。由于梁的翼缘承受弯矩的大部分，所以连接盖板的截面及其焊缝可按承受水平力 $H = M/h$ 计算（M 为次梁支座弯矩，h 为次梁高度）。承托顶板与主梁腹板的连接焊缝也按力 H 计算。

4.7.3　梁的支座

在建筑钢结构中，梁通过在砌体、钢筋混凝土柱上的支座，将荷载传递给柱，

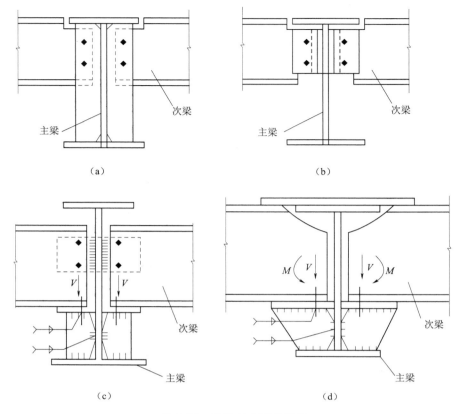

（a）　　　　　　　　　　　　（b）

（c）　　　　　　　　　　　　（d）

图 4.22　次梁与主梁的平接

再传递给基础和地基。常用的支座形式主要有 4 种，即平板支座、弧形支座、辊轴支座和铰轴支座，如图 4.23 所示。

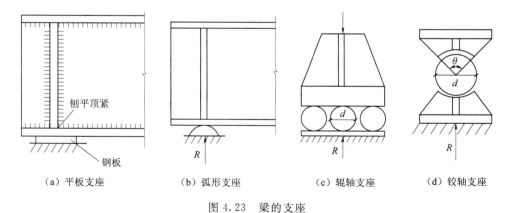

（a）平板支座　　　　（b）弧形支座　　　　（c）辊轴支座　　　　（d）铰轴支座

图 4.23　梁的支座

1. 支座的构造形式

（1）平板支座。当梁的跨径小于 20m 时，一般采用构造简单的平板支座，如图 4.23（a）所示，需在梁的下面垫上钢板，通过钢板来保证梁的支承端对钢筋混凝土有足够的承压面积，但梁的端部不能自由转动或移动，当梁弯曲而引起梁端转动时，将使底板下的承压面积受力分布不均匀，严重时将导致混凝土被压坏。

（2）弧形支座。如图 4.23（b）所示，它由厚为 40～50mm 顶面切削成圆弧形的钢垫板制成，使梁端能自由转动并可产生适量的移动，使下部结构在支承面上受力较均匀，常用于跨度为 20～40m 的梁。

（3）铰轴支座。如图 4.23（d）所示，完全符合梁简支力学模型，可以自由转动。下面设置辊轴时称为辊轴支座，但构造复杂，造价较高。常用于跨径大于 40m 的梁。

（4）辊轴支座。如图 4.23（c）所示，辊轴直径应不小于 150mm，但悬索桥鞍上的辊轴可不受此限制。割边式辊轴经两边切割后的厚度应不小于直径的 1/3，如支座平面尺寸不超过规定或不受限制时，宜少用割边式辊轴支座。

2. 支座的计算

（1）为了防止支承材料被压坏，支座板与支撑结构顶面的接触面积按下式确定，即

$$A = ab \geqslant \frac{V}{f_{ce}} \tag{4.57}$$

式中：V 为支座反力，kN；f_{ce} 为支座材料的承压强度设计值，N/mm²；a、b 为支座垫板的长、宽，mm。

厚度可偏安全地按悬臂板的最大弯矩 $M = Va/8$ 来计算，即

$$t = \sqrt{\frac{6M}{bf}} \tag{4.58}$$

（2）弧形支座和辊轴支座中，圆柱形弧面与平板为线接触，其支座反力 R 应满足下式要求，即

$$R \leqslant 40ndl \frac{f^2}{E} \tag{4.59}$$

式中：d 为对辊轴支座为辊轴直径，对弧形支座为弧形表面接触点曲率半径 r 的 2 倍，mm；n 为辊轴数目，对弧形支座 $n=1$；l 为弧形表面或辊轴与平板的接触长度，mm；f 为钢材的抗压强度设计值，N/mm²；E 为钢材的弹性模量，N/mm²。

（3）铰轴支座的圆柱形枢纽，当两相同半径的圆柱形弧面自由接触的中心角 $\theta > 90°$ 时，其承压应力应按下式计算，即

$$\sigma = \frac{2R}{dl} \leqslant f \tag{4.60}$$

式中：d 为枢轴直径，mm；l 为枢轴纵向接触面长度，mm。

思考题

4.1 截面塑性发展系数有什么意义？其大小与什么有关？

4.2 梁如何丧失整体稳定？

4.3 梁的整体稳定如何验算？

4.4 梁的整体失稳与轴心受压构件的失稳有何不同？

4.5 梁受压翼缘的宽厚比限值是多少？腹板加劲肋的种类及配置规定有哪些？

4.6 为什么梁腹板的局部稳定采用设置加劲肋的方法处理？

4.7 梁腹板屈曲后强度应在什么情况下考虑？

4.8 钢梁拼接及主次梁连接的特点有哪些？

习题

4.1 钢梁主要有哪几种截面形式？各种截面形式的适用条件是什么？

4.2 钢梁的强度计算包括哪些内容？怎样计算？

4.3 什么是梁的整体稳定性？影响梁的整体稳定性的因素是什么？如何提高梁的整体稳定性？

4.4 腹板的加劲肋有哪些形式？有哪些作用？设计时要注意哪些问题？

4.5 组合梁截面的选择包括哪些内容？梁高的选择又包括哪些内容？最大梁高、最小梁高及经济梁高是根据什么原则确定的？

4.6 已知焊接双轴对称工字形等截面简支梁的计算跨径 $l=7\text{m}$，跨中上翼缘作用有固定的集中荷载标准值 $P_k=328\text{kN}$，设计值 $P=394\text{kN}$，跨中设置有侧向支承点，腹板选用—900×8，翼缘选用—260×14，钢材选用 Q235 钢。不考虑自重的影响，试计算该梁的弯曲强度、抗剪强度、局部承压强度和刚度是否满足要求。

4.7 焊接工字形等截面简支梁（图 4.24），跨度 15m，在距两端支座 5m 处分别支承一根次梁，由次梁传来的集中荷载（设计值）$F=200\text{kN}$，钢材采用 Q235。试验算其整体稳定性。

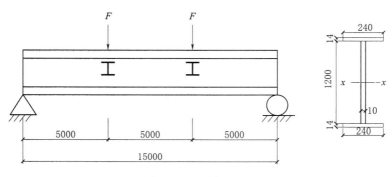

图 4.24 习题 4.7 图

4.8 某焊接工字形等截面简支梁，跨度 10m。在跨中作用一静力集中荷载，该荷载由两部分组成，一部分为恒载，标准值为 200kN；另一部分为活载，标准值为 300kN。荷载沿梁的跨度支承长度为 150mm。该梁在支座处设有支撑加劲肋。若该梁采用 Q235 钢制成，试为该梁设计加劲肋，保证腹板不发生局部失稳，同时在支座处和集中荷载作用处设计支承加劲肋。

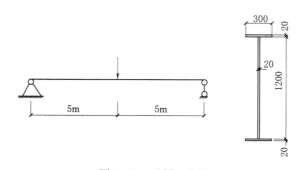

图 4.25 习题 4.8 图

4.9 跨度为 3m 的简支梁,承受均布荷载作用,其中永久荷载标准值 $q_k =$ 15kN/m,各可变荷载标准值共为 $q_{1k} = 18$,整体稳定满足要求。试选择普通工字钢截面,结构安全等级为二级。

4.10 某跨度 6m 的简支梁承受均布荷载作用(作用在梁的上翼缘),其中永久荷载标准值为 20kN/m,可变荷载标准值为 25kN/m,该梁拟采用 Q235B 钢制成的焊接组合工字形截面,试设计该梁。

第 5 章

轴心受力构件和拉弯、压弯构件

5.1　概述

　　轴心受力构件是指承受通过构件截面形心轴线的轴向力作用的构件。当这种轴向力为拉（压）力时，称为轴心受拉（压）构件，简称轴心拉（压）杆［图5.1（a）］。除了承受轴心拉力或压力外，构件还承受横向力产生的弯矩或端弯矩的作用，此类构件称为拉弯或压弯构件［图5.1（b）、（c）］。偏心受拉或偏心受压构件也属于拉弯或压弯构件［图5.1（d）］。钢结构中的网架、桁架和塔架等由杆件组成的构件，一般都将节点假设为铰接。因此，若荷载作用在节点上，则所有杆件均可作为轴心拉杆或轴心压杆［图5.2（a）］。若桁架同时作用有非节点荷载，则受该荷载作用的上弦杆为压弯杆，下弦杆为拉弯杆［图5.2（b）］。

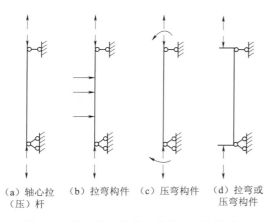

（a）轴心拉　（b）拉弯构件　（c）压弯构件　（d）拉弯或
（压）杆　　　　　　　　　　　　　　　　　压弯构件

图 5.1　轴心受力构件和拉弯、压弯构件

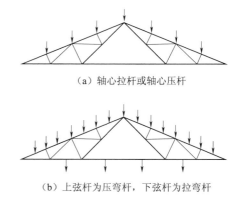

（a）轴心拉杆或轴心压杆

（b）上弦杆为压弯杆，下弦杆为拉弯杆

图 5.2　轴心受力杆件和拉弯、
压弯杆件体系

　　在钢结构中，轴心受力构件广泛应用于各种平面和空间桁架、塔架、网架和网壳，还常用于工作平台和其他结构的支柱，各种支撑系统也常由轴心受力构件组成。支撑屋盖、楼盖或工作平台的竖向受压构件通常称为柱，承受着梁或桁架传来的荷载。当竖向荷载为对称布置且不考虑水平荷载时，这些柱为轴心受压柱。柱通常由柱头、柱身和柱脚三部分组成（图5.3）。柱头支承上部结构并将其荷载传给柱身，柱脚则把荷载由柱身传给基础。

在钢结构中，压弯和拉弯构件也是常用的构件形式，尤其是压弯构件的应用更为广泛。例如，单层厂房的柱、多层或高层房屋的框架柱、承受不对称荷载的工作平台柱、支架柱、塔架和桅杆塔等大多是压弯构件；桁架中承受节间内荷载的杆件则是压弯构件或拉弯构件。

按截面组成形式，轴心受力构件可分为实腹式构件［图 5.3（a）］和格构式构件［图 5.3（b）、（c）］两种。

实腹式构件是具有整体连通的截面，构造简单，制作方便。常见有 3 种截面形式：第一种是热轧型钢截面［图 5.4（a）］，如圆钢、圆管、方管、角钢、工字钢、H 型钢、T 型钢和槽钢等，其中最常用的是工字形或 H 形截面，由于型钢价格

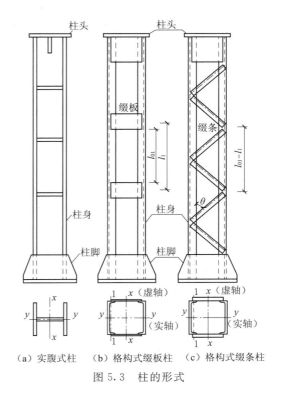

（a）实腹式柱　（b）格构式缀板柱　（c）格构式缀条柱

图 5.3　柱的形式

低，制造工作量少，故使用型钢成本较低；第二种是冷弯薄壁型钢截面［图 5.4（b）］，如卷边和不卷边的角钢或槽钢和方管等，它们只需要简单加工就可以制作，

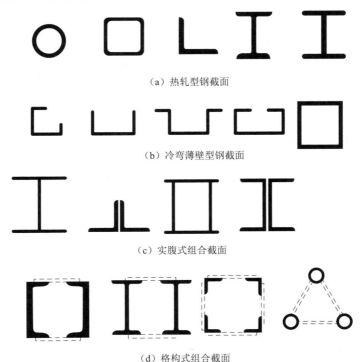

（a）热轧型钢截面

（b）冷弯薄壁型钢截面

（c）实腹式组合截面

（d）格构式组合截面

图 5.4　轴心受力构件的截面形式

但适用于受荷载较小的构件；第三种是型钢或钢板连接而成的组合截面［图 5.4（c）］，由于组合截面的形状和尺寸几乎不受限制，可以根据轴心受力构件的受力性质和大小选用合适的截面。

格构式构件一般由两个或多个分肢用缀件联系组成［图 5.4（d）］，采用较多的是两分肢格构式构件。在格构式构件截面中，通过分肢腹板的主轴称为实轴，通过分肢缀件的主轴称为虚轴［图 5.3（b）、（c）］。双肢格构式构件的分肢通常采用轧制槽钢或工字钢，承受荷载较大时可采用焊接工字形或槽形组合截面。受力较小、长度较大的轴心受压构件也可以采用 4 个角钢组成的截面，四面均用缀件相连，两主轴都是虚轴，可以用较小的截面面积获得较大的刚度。用于连接分肢的缀件有缀条和缀板两种，一般设置在分肢翼缘两侧平面内，其作用是将各分肢连成整体，使其共同受力，并承受绕虚轴弯曲时产生的剪力。缀条用斜杆组成或斜杆与横杆共同组成，缀条常采用单角钢，与分肢翼缘组成桁架体系，其中分肢可视为桁架弦杆，缀条可视为桁架腹杆。缀板常采用钢板，与分肢翼缘组成刚架体系。实腹式构件比格构式构件构造简单，制造方便，整体受力和抗剪性能好，但截面尺寸较大时钢材用量较多；而格构式构件容易实现两主轴方向的等稳定性，刚度较大，抗扭性能较好，用料较省。

与轴心受力构件一样，压弯和拉弯构件也可按其截面形式分为实腹式构件和格构式构件两大类，常用的实腹式构件截面形式有型钢［图 5.5（a）］、钢板焊接组合截面或型钢与型钢、型钢与钢板的组合截面［图 5.5（b）］。当构件计算长度较大且受力较大时，为了提高截面的抗弯刚度，还常常采用格构式截面［图 5.5（c）］。截面形式的选择，取决于构件的用途、荷载、制作、施工以及用钢量等诸多因素。不同的截面形式，在计算方法上会有差别。

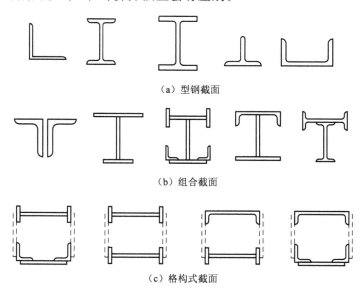

（a）型钢截面

（b）组合截面

（c）格构式截面

图 5.5　拉弯、压弯构件截面形式

压弯和拉弯构件的截面通常做成在弯矩作用方向具有较大的截面尺寸，使在该方向有较大的截面抵抗矩、回转半径和抗弯刚度，以便更好地承受弯矩。在格构式构件中，通常使虚轴垂直于弯矩作用平面，以便根据承受弯矩的需要，更好、更灵活地调整两分肢间的距离。

与受弯构件一样，进行轴心受力构件和拉弯、压弯构件的设计时，每类构件也要满足钢结构设计的两种极限状态要求。对承载能力极限状态，轴心受压构件和压弯构件承载能力极限状态的计算，包括强度、整体稳定和局部稳定计算，其中压弯构件的整体稳定计算包括弯矩作用平面内稳定和弯矩作用平面外稳定的计算。轴心受拉构件和拉弯构件承载力极限状态的计算通常仅需要计算其强度，但是，当拉弯构件所承受的弯矩较大时，需按受弯构件进行整体稳定和局部稳定计算。在满足正常使用极限状态方面，轴心受力构件与拉弯和压弯构件都是通过限制构件长细比来保证构件的刚度要求，拉弯构件和压弯构件的容许长细比与轴心受力构件相同。

5.2 轴心受力构件和拉弯、压弯构件的强度

5.2.1 轴心受力构件的强度计算

轴心受力构件一般分为无孔和有孔两种类型，下面以无孔拉（压）杆和有孔拉（压）杆为例对其强度计算加以论述。

1. 无孔拉杆的强度计算

对无孔拉（压）杆［如焊接结构的拉（压）杆］，虽然残余应力和初弯曲等几何缺陷对其有一些影响，但其受力性能与标准试样的单向均匀拉伸（压缩）性能基本一样。当拉（压）杆达到屈服时，将产生很大变形［若按 Q235 钢屈服结束时的应变约为 $\varepsilon = 2.5\%$，则 6m 长拉（压）杆的伸长（压缩）为 $\Delta l = 6 \times 10^3 \times 0.025 = 150\text{mm}$］，故按此计算方法应以此种达到不适于继续承载变形作为承载能力的极限状态。在轴心力 N 作用下，无孔洞等削弱的轴心受力构件截面上产生均匀受拉或受压应力。当截面的平均应力超过钢材的屈服强度 f_{yk} 时，构件会因塑性变形发展引起变形过大，导致无法继续承受荷载。因此，轴心受力构件是以截面的平均应力达到钢材的屈服强度作为强度计算准则的。

对无孔洞等削弱的轴心受力构件，以全截面平均应力达到屈服强度为强度极限状态，应按下式进行毛截面强度计算，即

$$\sigma = \frac{N}{A} \leqslant \frac{f_y}{\gamma_R} = f \tag{5.1}$$

式中：N 为构件的轴心拉力或轴心压力，N；f 为钢材抗拉强度设计值或抗压强度设计值 N/mm^2；A 为构件的毛截面面积，mm^2；γ_R 抗力分项系数，对于 Q235 钢，$\gamma_R = 1.087$，对于 Q345、Q390 和 Q420 钢 $\gamma_R = 1.111$。

2. 有孔构件的强度计算

有孔拉（压）杆在工程上采用较多的为在局部区段上有孔，孔位置多在构件两端的连接处。对这样的拉（压）杆，其承载能力极限状态要分两种情况考虑。

（1）毛截面屈服。有孔对拉（压）杆达到毛截面屈服时，与前述无孔拉（压）杆一样，其变形将达到不适于继续承载，故应以此作为承载能力的极限状态。其计算公式同式（5.1）。

　　（2）净截面拉（压）断。有孔洞等削弱的轴心受力构件，当轴心力较小时，由于应力集中现象，在孔洞处截面上的应力分布是不均匀的。在弹性阶段，孔壁边缘的最大应力 σ_{max} 可能达到构件毛截面平均应力 σ_0 的 3 倍，甚至更高。若轴心力继续增加，当孔壁边缘的最大应力达到材料的屈服强度以后，应力不再增加。由于应力重分布，整个净截面的应力仍可均匀地达到屈服点。此时，由于净截面的塑性变形，将使拉（压）杆有一定的伸长（压缩），但因其在整个杆长中所占的比例较小，故即使所有净截面都屈服，杆的变形程度也不会达到像毛截面屈服时那样不适于继续承载，所以有孔拉（压）杆的净截面屈服还不是承载能力的极限状态。若拉（压）力继续增加，孔边缘塑性变形将进一步发展而容易导致首先出现裂纹，从而使整个净截面断裂，此时拉（压）杆达到最大承载力。因此，有孔拉（压）杆净截面承载能力的极限状态应以拉（压）断为准，除高强度螺栓摩擦型连接处外，应按下式计算，即

$$\sigma = \frac{N}{A_n} \leqslant 0.7 f_u \tag{5.2}$$

式中：N 为轴心拉力或压力，N；A_n 为构件的净截面面积，mm^2；f_u 为钢材极限抗拉强度最小值，N/mm^2。

　　高强度螺栓摩擦型连接的构件，《规范》规定其截面强度计算应符合下列公式。

　　（1）当构件为沿全长都有排列较密螺栓的组合构件时，其截面强度的计算式为

$$\sigma = \frac{N}{A_n} \leqslant f \tag{5.3}$$

　　（2）除第 1 种情形外，其毛截面强度计算应采用式（5.1），净截面强度应按下式计算：当构件为沿全长都有排列较密螺栓的组合构件时，其截面强度的计算式为

$$\sigma = \frac{N'}{A_n} = \left(1 - 0.5\frac{n_1}{n}\right)\frac{N}{A_n} \leqslant f \tag{5.4}$$

式中：0.5 为孔前传力系数；n_1 为计算截面（最外列螺栓处）上的高强度螺栓数目；n 为连接一侧的高强度螺栓总数。另外，对于摩擦型高强度螺栓连接的构件，除按式（5.4）验算净截面强度外，还应按式（5.1）验算毛截面强度。

　　另外，还需注意对于轴心受压构件，当其端部连接（及中部拼接）处组成截面的各板件都有连接件直接传力时，截面强度应按式（5.1）计算。但是，含有虚孔的构件尚需在孔心所在截面按式（5.2）计算。当轴拉和轴压构件组成板件在节点或拼接处并非全部直接传力时，应对计算截面面积乘以折减系数 η，不同构件截面形式和连接方式的 η 值可由表 5.1 查得。

表 5.1　　　　　　　　　　　　**轴心受力构件强度折减系数**

构件截面形式	连接形式	η	图　例
角钢	单边连接	0.85	

续表

构件截面形式	连接形式	η	图 例
工字钢、H 型钢	翼缘连接	0.90	
	腹板连接	0.70	
平板	搭接	$l \geqslant 2w \rightarrow 1.0$ $2w > l \geqslant 1.5w \rightarrow 0.82$ $1.5w > l \geqslant w \rightarrow 0.75$	

5.2.2 拉弯、压弯构件的强度计算

拉弯构件和不致整体失稳和局部失稳的压弯构件，其最不利截面（最大弯矩截面或有严重削弱的截面）最终将以形成塑性铰达到强度承载能力极限状态而破坏。在轴心力 N 和绕主轴 x 轴弯矩 M_x 的共同作用下，矩形截面上应力的发展过程如图 5.6 所示。假设轴向力 N 不变而弯矩 M_x 不断增加。当 M_x 不大时，截面边缘最大应力 $\sigma_{\max} = \left| \dfrac{N}{A_n} \pm \dfrac{M_x}{W_n} \right| \leqslant f_{yk}$ ［图 5.6（a）］，此时截面在弹性工作状态，并持续到 $\sigma_{\max} = f_{yk}$ 截面边缘纤维达到屈服 ［图 5.6（b）］。当 M_x 继续增大时，最大应力一侧的塑性区将向截面内部发展 ［图 5.6（c）］，随后另一侧边缘纤维也达到屈服并向截面内部发展塑性 ［图 5.6（d）］，此时截面为弹塑性工作状态。当塑性区深入到全截面时，形成塑性铰 ［图 5.6（e）］，构件达到强度承载能力极限状态。

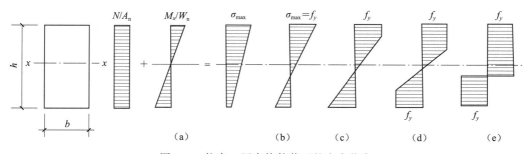

图 5.6 拉弯、压弯构件截面的应力状态

由于拉弯、压弯构件的截面形式和工作条件不同，其强度计算方法所依据的应力状态也不同，故强度计算公式可分为下面两种。

（1）直接承受动力荷载的实腹式拉弯、压弯构件和格构式拉弯、压弯构件。当弯矩绕虚轴作用时，对需要计算疲劳的承受动力荷载的实腹式拉弯、压弯构件，由于不宜考虑截面发展塑性，因此，《规范》规定以截面边缘纤维屈服的弹性工作状态作为强度承载能力的极限状态。对格构式拉弯、压弯构件，当弯矩绕虚轴作用时，由于截面腹部虚空，故塑性发展的潜力不大，因此也应按弹性工作状态计算。

在 N 和 M_x 共同作用下的两端简支拉弯或压弯构件，按弹性工作状态的截面边缘纤维应力应满足

$$\sigma = \frac{N}{A_n} + \frac{M_x}{W_{ex}} = f_{yk} \tag{5.5}$$

式中：N 为验算截面处的轴力，N；M_x 为验算截面处的弯矩，N·mm；A_n 为验算截面处的截面面积，mm^2；W_{ex} 为验算截面处的绕截面主轴 x 轴的截面模量，mm^3。

令截面屈服轴力 $N_p = A_n f_{yk}$，屈服弯矩 $M_{ex} = W_{ex} f_{yk}$，则得 N 和 M_x 的线性相关公式为

$$\frac{N}{A_n f_{yk}} + \frac{M_x}{W_{ex} f_{yk}} = \frac{N}{N_p} + \frac{M_x}{M_{ex}} = 1 \tag{5.6}$$

由式（5.6）可知，在弹性工作阶段，N 和 M_x 的无量纲化相关公式为一直线。将式（5.5）引入抗力分项系数后，可得《规范》计算公式为

$$\frac{N}{A_n} + \frac{M_x}{\gamma_x W_{ex}} \leqslant f \tag{5.7}$$

（2）承受静力荷载和不需计算疲劳的承受动力荷载的实腹式拉弯、压弯构件及格构式拉弯、压弯构件。当弯矩绕实轴作用时，应以截面形成塑性铰为强度承载能力的极限状态，此时 N 和 M_x 的相关关系可由力的平衡条件导出。以矩形截面构件为例，按图 5.7 所示，将应力分布等效分为三部分，即中间 ηh 高度为由轴心力 N 引起的应力范围，上、下各一半（$h-\eta h$）高度为由弯矩 M 引起的弯曲应力范围，从而可得

$$N = \int_A \sigma dA_n = b \eta h f_{yk} \tag{5.8}$$

$$M_x = \int_A \sigma y dA_n = \frac{b(h-\eta h)}{2} \cdot \frac{h+\eta h}{2} f_{yk} = \frac{bh^2}{4}(1-\eta^2) f_{yk} \tag{5.9}$$

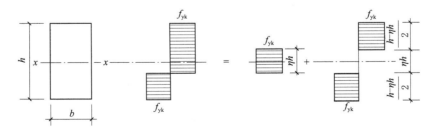

图 5.7　截面形式塑性铰时的应力分布

在式（5.8）和式（5.9）中，若 $\eta=1$，则 $M_x=0$，$N=bhf_{yk}=A_n f_{yk}=N_p$。同样，若 $\eta=0$，则 $N=0$，$M_x=(bh^2/4)f_{yk}=W_{npx}f_{yk}=M_{px}$，即无轴心力作用时截面全塑性的塑性铰弯矩（按净截面计算）。因此，式（5.10）、式（5.11）可改写为

$$\frac{N}{N_p} = \eta \tag{5.10}$$

$$\frac{M_x}{M_{px}} = 1 - \eta^2 \tag{5.11}$$

从上述两式中消去 η，可得矩形截面形成塑性铰时 N 和 M 的无量纲化相关公式为

$$\left(\frac{N}{N_{\mathrm{p}}}\right)^2 + \frac{M_x}{M_{\mathrm{px}}} = 1 \qquad (5.12)$$

式（5.12）可绘制成相关曲线如图 5.8
所示。对其他形式截面也可用上述类似方法
得到截面形成塑性铰时的相关公式。由于截
面形式多样，其规格尺寸不相同，公式也不
同。同一截面（如工字形截面）绕强轴和弱
轴弯曲的公式有差别，且各自数值还因翼缘
与腹板的面积比不同而在一定范围内变动。
图 5.8 中阴影区 2、3 分别表示工字形截面对
强轴和弱轴的相关曲线区。

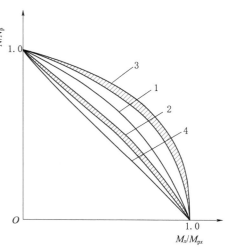

图 5.8　拉弯、压弯构件按塑性铰计算
强度的相关曲线

1—式（5.10）；2—工字形截面绕强轴弯曲；
3—工字形截面绕弱轴弯曲；4—式（5.11）

　　工字形截面构件受力最大截面全截面
进入塑性作为强度计算的承载能力极限状
态（此时构件在轴力和弯矩共同作用下形
成塑性铰）。构件受力最大截面处于塑性工
作阶段时，塑性中和轴可能在腹板内或在
翼缘内。根据内外力的平衡条件，可以得
到轴心力 N 和弯矩 M_x 的关系式。为了简
化，取 $h \approx h_0$，并令一个翼缘面积 $A_\mathrm{f} = \alpha A$，则全截面面积 $A = (2\alpha + 1)A_\mathrm{w}$。内力的计算分为以下两种情况。

　　（1）当 $N \leqslant A_\mathrm{w} f_\mathrm{yk}$（$A_\mathrm{w}$ 为腹板面积）时，塑性中和轴在腹板范围内，则

$$N = (1-2\eta)ht_\mathrm{w}f_\mathrm{yk} \approx (1-2\eta)A_\mathrm{w}f_\mathrm{yk} \qquad (5.13)$$

$$M_x = A_\mathrm{f}f_\mathrm{yk}(h-t) + (\eta h - t)t_\mathrm{w}f_\mathrm{yk}(1-\eta-t)h \approx A_\mathrm{w}hf_\mathrm{yk}(\alpha + \eta - \eta^2) \qquad (5.14)$$

消去以上两式中的 η，并令 $N_\mathrm{p} = Af_\mathrm{yk} = (2\alpha+1)A_\mathrm{w}f_\mathrm{yk}$，$M_\mathrm{px} = W_\mathrm{px}f_\mathrm{yk} = \alpha A_\mathrm{w}f_\mathrm{yk}h + 0.5A_\mathrm{w}f_\mathrm{yk}h_0/2 \approx (\alpha + 0.25)A_\mathrm{w}hf_\mathrm{yk}$，则得 N 和 M_x 的相关公式为

$$\frac{(2\alpha+1)^2}{4\alpha+1}\frac{N^2}{N_\mathrm{p}^2} + \frac{M_x}{M_\mathrm{px}} = 1 \qquad (5.15)$$

　　（2）当 $N > A_\mathrm{w}f_\mathrm{yk}$ 时，塑性中和轴在翼缘范围内，按上述相同方法可以得到

$$\frac{N}{N_\mathrm{p}} + \frac{(4\alpha+1)}{2(2\alpha+1)}\frac{M_x}{M_\mathrm{px}} = 1 \qquad (5.16)$$

　　构件的 N/N_p 与 M/M_p 的关系式（5.15）和式（5.16）均为曲线。图 5.8 中
各类拉弯、压弯构件的相关曲线均为凸曲线，其变动范围较大，且不便于应用。为
便于计算和偏于安全，且可和受弯构件的计算公式衔接，《规范》采用了直线相关
公式，即用斜直线代替曲线，（图 5.8 中的直线），有

$$\frac{N}{N_\mathrm{p}} + \frac{M_x}{M_\mathrm{px}} = 1 \qquad (5.17)$$

　　以构件受力最大截面的部分塑性发展作为强度计算的承载能力极限状态，截面
塑性区发展的深度将根据具体情况给予规定（此时构件处于弹塑性工作阶段）。部
分发展塑性准则是为了不使构件因全截面进入塑性形成塑性铰而产生过大的变形，
可考虑构件最危险截面在轴力和弯矩作用下一部分进入塑性，另一部分截面还处于

弹性阶段［图 5.6 (c)、(d)］。式 (5.6) 和式 (5.17) 两者都是直线关系，差别在于左端第二项，式 (5.6) 采用弹性截面模量 W_{ex}，式 (5.17) 采用塑性截面模量 W_{px}。因此，当构件部分塑性发展时，也可近似采用直线关系式，即

$$\frac{N}{N_p} + \frac{M_x}{\gamma_x M_{ex}} = 1 \tag{5.18}$$

式 (5.18) 中的 $\gamma_x W_{ex}$ 满足 $M_{ex} \leqslant \gamma_x W_{ex} < M_{px}$，$\gamma_x$ 为截面塑性发展系数（$\gamma_x \geqslant 1$），其值与截面形式、塑性发展深度以及应力状态等因素有关，塑性发展越深，γ_x 值越大。

令 $N_p = A_n f_{yk}$，并令 $M_{px} = \gamma_x W_{nx} f_{yk}$（与梁的强度计算类似，设计时有限地利用塑性）。引入抗力分项系数后，《规范》规定，承受单向弯矩作用的拉弯和压弯构件强度计算公式为

$$\frac{N}{A_n} \pm \frac{M_x}{\gamma_x W_{nx}} \leqslant f \tag{5.19}$$

弯矩作用在两个主平面内的拉弯构件和压弯构件（圆管截面除外），其截面强度应采用与式 (5.19) 相衔接的线性公式来计算，即

$$\frac{N}{A_n} \pm \frac{M_x}{\gamma_x W_{nx}} \pm \frac{M_y}{\gamma_y W_{ny}} \leqslant f \tag{5.20}$$

式中：A_n 为构件净截面面积，mm^2；W_{nx}、W_{ny} 分别为对 x 轴和 y 轴的净截面抗矩（取值应与拉应力或压应力的计算点相应），mm^3；γ_x、γ_y 分别为对 x 轴和 y 轴的截面塑性发展系数，按表 4.1 采用。

式 (5.19) 和式 (5.20) 也适用于单轴对称截面，弯曲正应力一项带有正负号，计算时应使两项应力的代数和的绝对值最大。

弯矩作用在两个主平面内的圆形截面拉弯构件和压弯构件，其截面强度应按下列规定计算，即

$$\frac{N}{A_n} \pm \frac{\sqrt{M_x^2 + M_y^2}}{\gamma W_n} \leqslant f \tag{5.21}$$

式中：A_n 为圆管净截面面积，mm^2；W_n 为与合成弯矩矢量方向对应的圆管净截面模量，mm^3；γ 为截面塑性发展系数，取 1.15。

需要计算疲劳的拉弯构件和压弯构件，为了可靠，以不考虑截面塑性发展为宜，仍按式 (5.19) 或式 (5.20) 进行计算，但宜取 $\gamma_x = \gamma_y = 1.0$。当压弯构件受压翼缘的自由外伸宽度与其厚度之比大于 $13\sqrt{235/f_{yk}}$ 而不超过 $15\sqrt{235/f_{yk}}$ 时，应取 $\gamma_x = 1.0$。格构式构件绕虚轴（x 轴）弯曲时，为保证一定的安全裕度，仅考虑边缘纤维屈服，取 $\gamma_x = 1.0$。

5.3 轴心受力构件和拉弯、压弯构件的刚度

5.3.1 轴心受力构件的刚度计算

按正常使用极限状态的要求，轴心拉杆和轴心压杆均应具有一定的刚度，以避免产生过大的变形和振动。轴心受力构件的刚度通常用长细比来衡量，长细比越大，表示构件刚度越小，反之则刚度越大。

　　轴心受力构件的计算长度 l_0 与构件截面的回转半径 i 的比值 λ 称为长细比。当长细比 λ 不足时，在自身重力作用下，会产生过大的挠度，且在运输和安装过程中容易造成弯曲；在承受动力荷载的结构中，还会引起较大的晃动。因此，构件应具有一定的刚度，来满足结构的正常使用要求。

　　《规范》根据长期的实践经验，对受拉构件和受压构件的刚度均以规定它们的容许长细比进行控制。刚度条件是应使其长细比不超过容许长细比 $[\lambda]$，$[\lambda]$ 按表 5.2 和表 5.3 选用。轴心受力构件对主轴 x 轴、y 轴的长细比 λ_x 和 λ_y 应满足下式要求，即

$$\lambda_x = \frac{l_{0x}}{i_x} \leqslant [\lambda], \quad \lambda_y = \frac{l_{0y}}{i_y} \leqslant [\lambda] \tag{5.22}$$

式中：l_{0x}、l_{0y} 为构件对主轴 x 轴、y 轴的计算长度，mm；i_x、i_y 为构件截面对主轴 x 轴、y 轴的回转半径，mm。

表 5.2　　　　　　　　　　　受压构件的容许长细比

构　件　名　称	容许长细比
轴压柱、桁架和天窗架中的压杆	150
柱的缀条、吊车梁或吊车桁架以下的柱间支撑	
支撑（吊车梁或吊车桁架以下的柱间支撑除外）	200
用以减小受压构件长细比的杆件	

　　注　1. 桁架（包括空间桁架）的受压腹杆，当其内力等于或小于承载能力的 50% 时，容许长细比值可取 200。
　　　　2. 计算单角钢受压构件的长细比时，应采用角钢的最小回转半径；但计算在交叉点相互连接的交叉杆件平面外的长细比时，可采用与角钢肢边平行轴的回转半径。
　　　　3. 跨度大于或等于 60m 的桁架，其受压弦杆和端压杆的长细比宜取 100，其他受压腹杆可取 150（承受静力荷载或间接承受动力荷载）或 200（直接承受动力荷载）。
　　　　4. 由容许长细比控制截面的杆件，在计算其长细比时，可不考虑扭转效应。

表 5.3　　　　　　　　　　　受拉构件的容许长细比

构件名称	承受静力荷载或间接承受动力荷载的结构			直接承受动力荷载的结构
	一般建筑结构	对腹杆提供面外支点的弦杆	有重级工作制起重机的厂房	
桁架的杆件	350	250	250	250
吊车梁或吊车桁架以下的柱间支撑	300	—	200	—
其他拉杆、支撑、系杆等（张紧的圆钢除外）	400	—	200	—

　　注　1. 除对腹杆提供面外支点的弦杆外，承受静力荷载的结构中，可仅计算受拉构件在竖向平面内的长细比。
　　　　2. 在直接或间接承受动力荷载的结构中，单角钢受拉构件长细比的计算方法与表 5.2 注 2 相同。
　　　　3. 中、重级工作制吊车桁架下弦杆的长细比不宜超过 200。
　　　　4. 在设有夹钳或刚性料耙等硬钩起重机的厂房中，支撑的长细比不宜超过 300。
　　　　5. 受拉构件在永久荷载与风荷载组合作用下受压时，其长细比不宜超过 250。
　　　　6. 跨度等于或大于 60m 的桁架，其受拉弦杆和腹杆的长细比不宜超过 300（承受静力荷载或间接承受动力荷载）或 250（直接承受动力荷载）。
　　　　7. 吊车梁及吊车桁架下的支撑按拉杆设计时，柱子的轴力应按无支撑时考虑。

　　$[\lambda]$ 值按构件的受力性质、构件类别和荷载性质制定。如受压构件的 $[\lambda]$ 较低是由于其刚度不足而产生变形时，所增加的偏心弯矩影响远比受拉杆件严重；直接承受动力荷载的受拉构件比承受静力荷载或间接承受动力荷载的受拉构件不利，故其 $[\lambda]$ 值也较低。构件计算长度 l_0（l_{0x} 或 l_{0y}）取决于其两端支承情况（表 5.4）。压杆的计算长度取节点之间的距离 l 与计算长度系数 μ 的乘积；拉杆的计算

长度取节点之间的距离。

设计轴心受拉构件时，应根据结构用途、构件受力大小和材料供应情况选用合理的截面形式，并对所选截面进行强度和刚度计算。设计轴心受压构件时，除使截面满足强度和刚度要求外，尚应满足构件整体稳定和局部稳定要求。实际上，只有长细比很小及有孔洞削弱的轴心受压构件，才可能发生强度破坏。一般情况下，轴心受压构件由整体稳定控制其承载力。轴心受压构件丧失整体稳定常常是突发性的，容易造成严重后果，应予以特别重视。

5.3.2 拉弯、压弯构件的刚度计算

和轴心受力构件一样，拉弯和压弯构件的刚度也以其规定的容许长细比进行控制，其容许长细比与轴心受拉和轴心受压构件的规定完全相同，见表 5.2 和表 5.3。

【例 5.1】 图 5.9 所示的拉弯构件，轴心拉力设计值 $N=800\mathrm{kN}$，横向均布荷载的设计值 $q=8\mathrm{kN/m}$，均为静力荷载，钢材为 Q235。试验算此构件的强度和刚度。

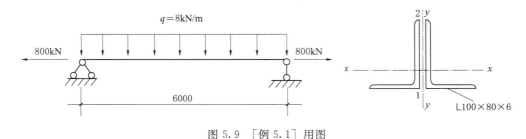

图 5.9 ［例 5.1］用图

解： 查附表 3.2，得角钢 L$100\times80\times6$ 的截面特性和自重：$A=10.64\mathrm{cm^2}$，$g=8.35\mathrm{kg/m}$，$I_x=107.04\mathrm{cm^4}$，$i_x=3.17\mathrm{cm}$，$z_y=29.5\mathrm{mm}$。

（1）强度验算。

1）内力计算。杆件截面最大弯矩为

$$M_{\max}=\frac{ql^2}{8}+\frac{gl^2}{8}=\frac{8\times4^2}{8}+\frac{1.2\times2\times8.35\times9.8\times4^2}{8\times10^3}=16.39(\mathrm{kN/m})$$

2）截面几何特性为

$$A=2\times10.64=21.28(\mathrm{cm^2})$$

肢背处，有

$$W_{n1}=\frac{2I_x}{z_y}=\frac{2\times107.04}{2.95}=72.57(\mathrm{cm^3})$$

肢尖处，有

$$W_{n2}=\frac{2I_x}{10-z_y}=\frac{2\times107.04}{10-2.95}=30.37(\mathrm{cm^3})$$

3）截面强度。承受静力荷载的实腹式截面，由式（5.18）计算。查表 4.1，$\gamma_{x1}=1.05$，$\gamma_{x2}=1.2$。

肢背处（点 1），有

$$\frac{N}{A}+\frac{M_{\max}}{\gamma_{x1}W_{n1}}=\frac{800\times10^3}{21.28\times10^2}+\frac{16.39\times10^6}{1.05\times72.57\times10^3}=591.04(\text{N/mm})^2>f=215\text{N/mm}^2$$

不满足要求。

肢尖处（点 2），有

$$\frac{N}{A}-\frac{M_{\max}}{\gamma_{x2}W_{n2}}=\frac{800\times10^3}{21.28\times10^2}-\frac{16.39\times10^6}{1.2\times30.37\times10^3}=-73.79(\text{N/mm})^2<f=215\text{N/mm}^2$$

满足要求。

（2）刚度验算。承受静力荷载，故仅需验算竖向平面长细比，即

$$\lambda_x=\frac{l}{i_x}=\frac{4000}{31.7}=126.2<[\lambda]=350$$

满足要求。

5.4 轴心受压构件和实腹式压弯构件的整体稳定

5.4.1 轴心受压构件的整体稳定

1. 轴心受压构件的整体失稳形式

轴心受压构件除了短粗杆或截面有较大削弱的杆有可能因净截面平均应力达到 f_{yk} 丧失强度承载能力而破坏外，在一般情况下均是以整体稳定承载能力为决定因素。由于钢结构中压杆多数都比较柔细修长，故保持其整体稳定更加重要。国内外由于压杆突然失稳导致结构物倒塌的重大事故屡有发生，且往往是在其强度有足够保证的情况下，因此需特别加以重视。

由此可见，轴心受压构件受力后的破坏方式主要可分为两类。短而粗的受压构件主要是强度破坏，当其某一截面上的平均应力到达某控制应力（如屈服点）时，就认为构件已达到承载能力极限状态。长而细的轴心受压构件主要是失去整体稳定性而破坏，当轴向压力 N 达到一定大小时，构件不再保持直线形式平衡，而会突然发生侧向弯曲（或扭曲），改变原来的受力性质，从而丧失承载力。此时构件横截面上的应力还远小于材料的极限应力，这种失效不是强度不足，而是由于受压构件不能保持其原有的直线形状平衡，这种现象称为丧失整体稳定性，或称为屈曲。钢结构中，由于钢材强度高，构件的截面大都轻而薄，而其长度又往往较长，一般不会因截面的平均应力达到抗压强度设计值而丧失承载能力，其破坏常是由构件失去整体稳定性所导致，因而不必进行强度计算。对轴心受压构件来说，整体稳定是确定构件截面的最重要因素。

2. 轴心受压构件整体稳定承载力的确定方法

轴心受压构件整体稳定承载力的确定方法有传统方法和现代方法两种。

（1）传统方法。自 18 世纪至 20 世纪中期，欧拉等众多科学家对轴心压杆的整体稳定性进行了不断地研究，但是限于当时的条件，他们的研究工作基本上都是在以下假定的基础上进行的。

a. 杆件为等截面理想直杆。

b. 压力作用线与杆件形心轴重合。

c. 材料为匀质、各向同性，且无限弹性，符合胡克定律。

由以上假设可见，这只是一种理想轴心压杆，传统方法即在此基础上研究轴心压杆在弹性状态和弹塑性状态的稳定承载力。

与受弯构件类似，理想轴心压杆失稳也是以屈曲形式表现，但它不同于梁仅产生弯扭屈曲。根据截面形状和尺寸不同，理想轴心压杆丧失整体稳定时分为 3 种变形形态，即绕构件截面主轴的弯曲、绕构件纵轴的扭转和弯曲与扭转的耦合，分别称为弯曲屈曲、扭转屈曲和弯扭屈曲。

1）弯曲屈曲。无缺陷的轴心受压构件，当轴心压力 N 较小时，构件只产生轴向压缩变形，保持直线平衡状态。此时如有干扰力将使构件产生微小弯曲，但当干扰力移去后，构件能恢复到原来的直线平衡状态，这种直线平衡状态下构件的外力和内力间的平衡是稳定的。当轴心压力 N 逐渐增大到一定大小时，如有干扰力使构件发生微弯，但当干扰力移去后，构件仍保持微弯状态而不能恢复到原来的直线平衡状态，这种从直线平衡状态过渡到微弯平衡状态的现象称为平衡状态的分支，此时构件的外力和内力间的平衡是随遇的，称为随遇平衡或中性平衡。当轴心压力 N 再稍微增大时，则弯曲变形迅速增大而使构件丧失承载能力，这种现象称为构件的弯曲屈曲或弯曲失稳。对于双轴对称的截面（如工字形、H 形截面），一般抗扭刚度较大，失稳时主要产生弯曲屈曲，如图 5.10（a）所示。

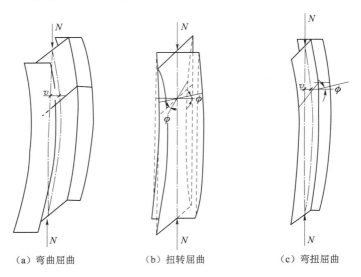

（a）弯曲屈曲　　　（b）扭转屈曲　　　（c）弯扭屈曲

图 5.10　两端铰接轴心受压构件的屈曲状态

中性平衡（随遇平衡）是从稳定平衡过渡到不稳定平衡的临界状态，中性平衡时的轴心压力称为临界力 N_{cr}，相应的截面应力称为临界应力 σ_{cr}；σ_{cr} 常低于钢材屈服强度 f_{yk}，即构件在到达强度极限状态前就会丧失整体稳定。无缺陷的轴心受压构件发生弯曲屈曲时，构件的变形发生了性质上的变化，即构件由直线形式改变为弯曲形式，且这种变形带有突然性。结构丧失稳定时，平衡形式发生改变的为第一类稳定失稳或平衡分支失稳；结构丧失稳定时，其平衡形式不发生改变，只是由于结构原来的弯曲变形增大导致不能正常工作，为第二类稳定失稳或极值点失稳。

2）扭转屈曲。对某些抗扭刚度较差的轴心受压构件（如十字形截面），当轴心压力 N 达到临界值时，构件由原来的直线稳定平衡状态变为绕构件纵轴微微扭转的平衡状态。当 N 再稍微增加，则扭转变形迅速增大，使构件丧失承载能力，这种现象称为扭转屈曲或扭转失稳，如图 5.10（b）所示。

3）弯扭屈曲。对于单轴对称截面（如 T 形截面）的轴心受压构件，其绕非对称轴失稳时为弯曲屈曲；其绕对称轴失稳时，由于截面形心与截面剪切中心（构件弯曲时截面剪应力合力作用点通过的位置）不重合，在发生弯曲变形的同时必然伴随有扭转变形，这种现象称为弯扭屈曲或弯扭失稳，如图 5.10（c）所示。同理，截面没有对称轴的轴心受压构件，其屈曲形态也属弯扭屈曲。

钢结构中常用截面的轴心受压构件，由于其板件较厚，构件的抗扭刚度也相对较大，故失稳时主要发生弯曲屈曲；单轴对称截面的构件绕对称轴弯扭屈曲时，当采用考虑扭转效应的换算长细比后，也可按弯曲屈曲计算稳定承载力。因此，弯曲屈曲是确定轴心受压构件稳定承载力的主要依据，也是本节将主要讨论的重点。

1）理想轴心受压构件弹性屈曲。采用弹性材料制成的、无初弯曲和残余应力及荷载无初偏心的轴心受压构件称为理想轴心受压构件。由材料力学可知，理想轴心受压构件在弹性微弯状态下的欧拉临界力 N_{cr} 与欧拉临界应力 σ_{cr} 分别为

$$N_{cr} = \frac{\pi^2 EI}{(\mu l)^2} = \frac{\pi^2 EI}{l_0^2} = \frac{\pi^2 EA}{\lambda^2} \qquad (5.23)$$

$$\sigma_{ecr} = \frac{N_{ecr}}{A} = \frac{\pi^2 E}{\lambda^2} \qquad (5.24)$$

式中：E 为构件材料的弹性模量，N/mm^2；A 为构件的截面面积，mm^2；l 为构件的几何长度，mm；μ 为构件的计算长度系数；λ 为构件的有效长细比，$\lambda = l_0/i$，$i = \sqrt{I/A}$ 为截面的回转半径，mm。

几种典型支承情况及相应的 μ 值列于表 5.4 中，考虑到理想条件难以完全实现，表中给出了用于实际设计的建议值。

表 5.4　　　　　　　　　　　　轴心受压构件的计算长度系数 μ

两端支承情况	两端固定	上端铰接，下端固定	两端铰接	上端可移动但不转动，下端固定	上端自由，下端固定	上端可移动但不转动，下端铰接
轴心压杆屈曲形状						
计算长度系数 μ 的理论值	0.5	0.7	1.0	1.0	2.0	2.0
计算长度系数 μ 的设计建议值	0.65	0.8	1.0	1.2	2.0	2.0

注　l_0 为构件的计算长度或有效长度，mm，$l_0 = \mu l$。

在欧拉临界力公式的推导中，假定材料无限弹性、符合胡克定律，即弹性模量 E 为常量，然而实际情况却是钢材在应力高于钢材的比例极限 f_p 后，弹性模量 E 不再是常量而是变量，欧拉临界力公式不再适用，式（5.23）和式（5.24）应满足

$$\sigma_{ecr} = \frac{\pi^2 E}{\lambda^2} \leqslant f \tag{5.25}$$

或 $$\lambda \geqslant \lambda_p = \pi \sqrt{\frac{E}{f_p}} \tag{5.26}$$

当长细比较大时（$\lambda \geqslant \lambda_p$），才能满足式（5.26）的要求，构件为弹性弯曲屈曲；当长细比较小时（$\lambda \leqslant \lambda_p$），截面应力在屈曲前已超过钢材的比例极限 f_p，构件处于弹塑性阶段，此时应按弹塑性屈曲计算其临界力。

从欧拉公式可以看出，理想轴心受压构件的弯曲屈曲临界力随截面抗弯刚度的增大和构件计算长度的减小而增大，理想轴心受压构件的弯曲屈曲临界应力随构件的长细比减小而增大，与材料的抗压强度无关，故长细比较大的理想轴心受压构件采用高强度钢材并不能提高其稳定承载力。

2）理想轴心受压构件弹塑性屈曲。确定轴心压杆弹塑性状态的整体稳定承载力，传统方法仍然以理想轴心压杆的假定作为基础，即除了材料不再为无限弹塑性体、不符合胡克定律外，其他各条均相同。经恩格赛尔等的研究，其中以切线模量理论求得的弹塑性状态临界力能较好地符合试验结果。该理论也采用欧拉理论的力学模式，即压杆在压力小于临界力时处于压而不弯的直线平衡状态。当压力达临界力时处于微弯平衡状态，此时整个截面的应力-应变关系可采用材料应力-应变曲线上对应于临界应力 σ_{cr} 处的切线斜率 $d\sigma/d\epsilon = E$ 代替 E，即可求得轴心压杆弹塑性状态的切线模量临界力和相应的临界应力，即

$$N_{tcr} = \frac{\pi^2 EI}{l_0^2} \tag{5.27}$$

$$\sigma_{tcr} = \frac{\pi^2 E}{\lambda^2} \tag{5.28}$$

根据式（5.24）和式（5.28）可绘出临界应力 σ_{cr}-λ 关系曲线，即通称的柱子曲线（图 5.11）。

由图 5.11 可见，理想轴心压杆在弹性阶段由于 E 为一常量，且各类钢材基本相同，故其临界应力 σ_{cr} 只是长细比 λ 的单一函数，与材料的抗压强度无关。因此，长细杆采用高强度钢材并不能提高其稳定承载能力［如图 5.11 中由式（5.24）所示的 Q235 钢和 Q345 钢的曲线 1 和曲线 2 重合］。在弹塑性阶段，σ_{cr} 虽然仍是 λ 的函数，但它同时还和 E 这一变量互为函数关系，而 E 却与材料的抗压强度有关。当材料强度不同时，虽然 λ 越小，其差别越大，直至 $\lambda \rightarrow 0$ 时达到各自的 f_{yk}——稳定承载能力的上限值，而产生强度破坏。

对应于杆件截面两主轴方向的回转半径、几何长度和构件的支承条件均可能不同，故对应于两主轴方向的 λ 也不相同，λ 大的方向临界应力低，即杆件的屈曲将在这个较弱的方向发生。因此，对轴心压杆须同时考虑两主轴方向的整体稳定性。

传统方法的缺点是对实际构件中不可避免的初弯曲、初偏心和残余应力等初始缺陷对轴心压杆稳定承载能力的影响，无法作出科学的分析和判断。然而，传统方法也有着不可忽视的优点，它比较简单，而且具有一定的精度。在 200 余年的历史中，从理论和试验上都积累了丰富的资料，故用它为研究轴心压杆（以及其他构件）的稳定问题奠定基础，仍有很高的价值。

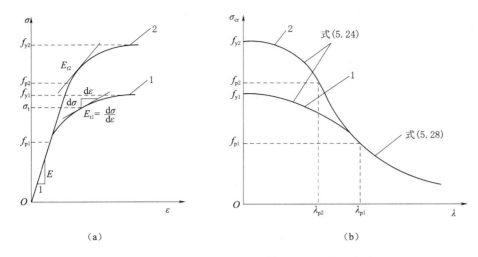

(a)　　　　　　　　　　　　　(b)

图 5.11　切线模量 E_t 和理想轴心压杆的柱子曲线

1—Q235 钢；2—Q345 钢

（2）现代方法。理想轴心压杆在实际工程中是不存在的。在实际钢结构中常有各种影响稳定承载力的初始缺陷，如初弯曲、初偏心（由于非主观因素产生的小偏心）和残余应力等。随着现代计算和测试技术的发展，已有可能将轴心压杆按具有残余应力、初弯曲等缺陷的小偏心受压杆件来确定其稳定承载力，这更能反映它受力的实际情况，是现代采用的确定实际轴心压杆稳定承载力的方法。下面先分别谈论各种初始缺陷的影响，然后再介绍确定稳定承载力的具体方法。

1）残余应力对轴心受压构件整体稳定性的影响。在钢结构构件中，普遍存在一种在结构受力前就在内部处于自相平衡的初应力，即残余应力。在钢结构的连接中谈论了焊接残余应力产生的原因、分布规律和对构件强度、刚度等方面的影响。但是，它仅是残余应力中的一种，其他如钢材轧制、火焰切割、冷弯和变形矫正等过程中产生的塑性变形，同样会产生初应力，故杆件中的残余应力是它们的总和。下面介绍几种不同加工过程制造的工字形截面的热残余应力分布情况（图 5.12）。

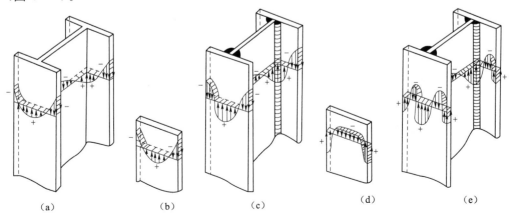

(a)　　　　　(b)　　　　　(c)　　　　　(d)　　　　　(e)

图 5.12　热残余应力的分布

图 5.12（a）所示为一 H 型钢，在热轧成形后的冷却过程中，翼缘尖端由于单位体积的暴露面积大于腹板和翼缘相交处，因此冷却较快。同样，腹板中部也比其两端冷却较快。因此，后冷却部分的收缩受到先冷却部分的限制产生了残余拉应力 σ_{rt}，而先冷却部分则产生了与之平衡的残余压应力 σ_{rc}。

图 5.12（b）所示为一热轧带钢。其两边因冷却较快而产生残余压应力，中部则产生残余拉应力。图 5.12（c）所示为用这种带钢组成的焊接工字形截面，其残余应力分布类似 H 型钢，但因焊接的热影响较轧制的程度大，故焊缝处的残余应力常达屈服点，且使腹板使用的带钢中残余拉应力相应变号。

图 5.12（d）所示为一火焰切割边钢板，由于切割时热量集中在切割处不大的范围，故在边缘小范围内可能产生高达屈服点的残余拉应力，且下降梯度很陡。图 5.12（e）所示为用这种钢板组成的焊接工字形截面。同样，焊缝处的残余拉应力常达屈服点，且使翼缘的残余应力相应变号。

综上所述，残余应力的分布、大小与截面的形状、尺寸、制造方法和加工过程等有关，而与钢材的强度等级关系不大。

残余压应力的大小一般在 $(0.32 \sim 0.57) f_{yk}$ 之间，而残余拉应力则可高达 $(0.5 \sim 1.0) f_{yk}$。

现仍利用传统方法叙述残余应力对轴心压杆稳定承载力的影响。图 5.13（a）所示为一理想轴心压杆的截面形状和残余应力分布。为使问题简化，忽略了影响不大的腹板部分及其残余应力，并取翼缘部分的三角形分布。在压力 N 作用后，截面应力叠加为 $\sigma = \sigma_{rc} + N/A$。当杆件屈曲时，根据临界力 N_{cr} 的大小，可能为下面两种情况。

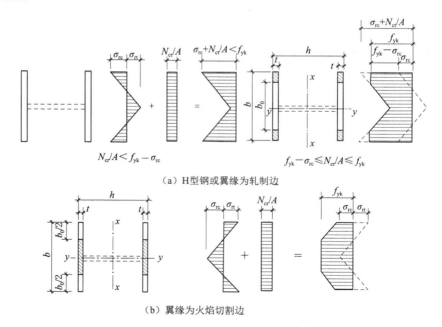

（a）H 型钢或翼缘为轧制边

（b）翼缘为火焰切割边

图 5.13　残余应力对轴心压杆稳定承载力的影响

a. 若 $N_{cr}/A < f_c - \sigma_{rc}$ 杆件处于弹性状态，故可采用欧拉公式（5.23）和式（5.24）计算 N_{cr} 和 σ_{cr}。

b. 若 $f_{yk}-\sigma_{rc}\leqslant N_{cr}/A\leqslant f_{yk}$，杆件截面因残余应力的影响，在 $N/A=f_{yk}-\sigma_{rc}$ 时提前进入弹塑性（部分截面弹性、部分截面塑性）状态，产生由截面边缘至 y 轴间不同深度的屈服区，从而使其承载能力受此不利影响而降低。由于屈服区的 $E=0$，故不能再简单按切线模量理论采用式（5.27）和式（5.28）计算 N_{cr} 和 σ_{cr}，而只能取弹性区截面的抗弯刚度 EI_e（I_e 为弹性区截面的惯性矩）进行计算，即

$$N_{cr}=\frac{\pi^2 EI_e}{l_0^2}=\frac{\pi^2 EI}{l_0^2}\frac{I_e}{I}=\frac{\pi^2 E_t' I}{l_0^2} \tag{5.29}$$

$$\sigma_{cr}=\frac{N_{cr}}{A}=\frac{\pi^2 EI}{l^2 A}\frac{I_e}{I}=\frac{\pi^2 E}{\lambda^2}\frac{I_e}{I}=\frac{\pi^2 E_t'}{\lambda^2} \tag{5.30}$$

式中：$E_t'=E\dfrac{I_e}{I}$ 为换算切线模量。

如前所述，E_t' 与残余应力分布情况和大小有关，同时也因截面形状和屈曲方向不同而有差异。图 5.13（a）代表 H 型钢或翼缘为轧制边的焊接工字形截面。由于残余应力的影响，翼缘四角为塑性区，故对 x—x 轴（强轴）屈曲时，有

$$E_{tx}'=E\frac{I_{ex}}{I_x}\approx E\,\frac{2tb_e(h/2)^2}{2tb(h/2)^2}=E\frac{A_e}{A}=E\eta \tag{5.31}$$

式中：A_e、A 和 η 分别为翼缘的弹性区面积、总面积和两者的比。

对 y—y 轴（弱轴）屈曲时，有

$$E_{ty}'=E\frac{I_{ey}}{I_y}\approx E\,\frac{2tb_e^3/12}{2tb^3/12}=E\left(\frac{A_e}{A}\right)^3=E\eta^3 \tag{5.32}$$

由于式（5.31）和式（5.32）中 $\eta<1$，故 $E_{ty}'\ll E_{tx}'$。由此可见，在远离弱轴的翼缘两端的残余压应力产生的不利影响，在对弱轴屈曲时要比对强轴屈曲时严重得多。

若残余应力分布为另一种情况，图 5.13（b）所示为用火焰切割边钢板焊接的工字形截面。由于残余压应力的影响，翼缘中部为塑性区。同样可以证明，对 x—x 轴（强轴）屈曲时，E_{tx}' 与式（5.31）相同，但对 y—y（弱轴）屈曲时，有

$$E_{ty}'=E(3\eta-3\eta^2+\eta^3) \tag{5.33}$$

式（5.33）数值显然比式（5.32）大。由此可见，用火焰切割边钢板焊接的工字形截面，由于在远离弱轴的翼缘两端具有使其推迟发展塑性的残余拉应力，因此对弱轴屈曲时的临界应力比用轧制边钢板焊接的相同工字形截面高。

2）残余应力对短柱平均应力-应变曲线的影响。短柱就是取一柱段，其长细比不大于 20，不致在受压时发生屈曲破坏，又能足以保证其中部截面反映实际的残余应力。现以图 5.14（a）所示工字形截面为例，说明残余应力对轴心受压短柱的平均应力-应变（σ-ε）曲线的影响。假定工字形截面短柱的截面面积为 A，材料为理想弹塑性体，翼缘上残余应力的分布规律和应力变化规律如图 5.14（b）、（c）所示。为使问题简化起见，忽略影响不大的腹板残余应力，当压力 N 作用时，截面上的应力为残余应力和压应力之和。

a. 当 $N/A < 0.6f_{yk}$ 时，截面上的应力处于弹性阶段，短柱的平均应力-应变（σ-ε）曲线为线性关系，如图 5.14（d）所示。

b. 当 $N/A = 0.6f_{yk}$ 时，翼缘端部应力达屈服点 f_{yk}，这时短柱的平均应力-应变曲线上的 A 点可看作截面平均应力的有效比例极限 f_p，$f_p = N/A = f_{yk} - \sigma_r$，$\sigma_r$ 为截面最大残余压应力。

c. 当 $0.6f_{yk} < N/A < f_{yk}$ 时，截面的屈服逐渐向中间发展，能承受外力的弹性区逐渐减小，压缩应变相对增大，在短柱的平均应力-应变曲线上反映为弹塑性过渡阶段［图 5.14（d）中的 B 点］，σ-ε 呈非线性。

d. 当 $N/A = f_{yk}$ 时，整个翼缘截面完全屈服，在短柱的平均应力-应变曲线上对应于图 5.14（d）中的 C 点。

将有残余应力的短柱与无残余应力的短柱试验的 σ-ε 曲线进行对比［图 5.14（d）］，可知残余应力对短柱的 σ-ε 曲线的影响是：降低了构件的比例极限，使构件部分截面提前进入塑性；当外荷载引起的应力超过比例极限后，残余应力使构件的平均应力-应变曲线变成非线性关系，同时减小了截面的有效面积和有效惯性矩，从而降低了构件的稳定承载力。

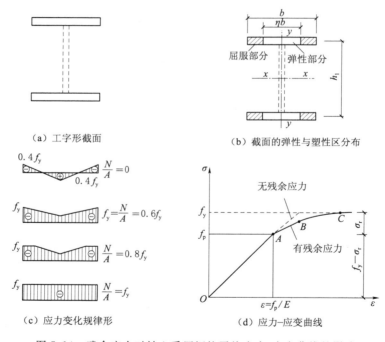

图 5.14　残余应力对轴心受压短柱平均应力-应变曲线的影响

3）初弯曲对稳定承载能力的影响。图 5.15（a）所示为两端铰接、有初弯曲的构件在未受力前就呈弯曲状态，其中 y_0 为任意点 C 处的初挠度。当构件承受轴心压力 N 时，挠度将增长为 $y_0 + y$，并同时产生附加弯矩 $N(y_0 + y)$。

设初弯曲形状的半波正弦曲线 $y_0 = v_0 \sin \pi z/l$ 为构件中央初挠度，在弹性弯曲状态下，由内外力矩平衡条件可建立平衡微分方程，求解后可得到任意截面 C 的挠度 y 和总挠度 Y 的曲线方程，分别为

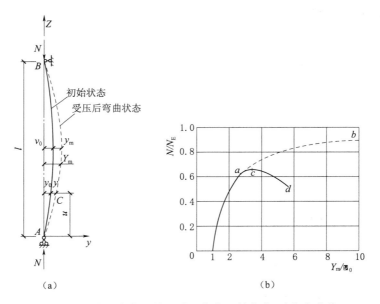

图 5.15 有初弯曲的轴心受压构件及其荷载-总挠度曲线

$$y = \frac{\dfrac{N}{N_E}}{1 - \dfrac{N}{N_E}} \nu_0 \sin \frac{\pi z}{l} \tag{5.34}$$

$$Y = y_0 + y = \frac{\nu_0}{1 - \dfrac{N}{N_E}} \sin \frac{\pi z}{l} \tag{5.35}$$

当 $z = l/2$ 时，中点的挠度 y_m 和总挠度 Y_m 分别为

$$y_m = y_{(z=l/2)} = \frac{\dfrac{N}{N_E}}{1 - \dfrac{N}{N_E}} \nu_0 \tag{5.36}$$

$$Y_m = Y_{(z=l/2)} = \frac{\nu_0}{1 - \dfrac{N}{N_E}} \tag{5.37}$$

中点的弯矩为

$$M_m = N Y_m = \frac{N \nu_0}{1 - \dfrac{N}{N_E}} \tag{5.38}$$

式中：$N_E = \pi^2 EI / l^2$ 为欧拉临界力，N。

根据式（5.34）和式（5.35）可知，从开始加载起构件就产生挠曲变形，挠度 y 和总挠度 Y 与初挠度 ν_0 成正比。当 ν_0 一定时，Y_m / ν_0 随 N/N_E 的增大快速增大，N/N_E - Y_m/ν_0 的关系曲线如图 5.15（b）所示。由初弯曲的轴心受压构件，其承载力总是低于欧拉临界力 N_E，只有当挠度趋于无穷大时，压力 N 才可能接近或到达 N_E。

图 5.15（b）中的 a 点表示截面边缘纤维开始屈服时的荷载。随着 N 的继续

增加，截面的一部分进入塑性状态，挠度不再像完全弹性那样沿 ab 发展，而是沿 acd 发展，挠度增加更快且构件不再继续承受更多的荷载；到达曲线 c 点时，截面塑性变形区发展得相当深，要维持平衡只能随挠度的增大而卸载（cd 段）。与 c 点对应的极限荷载 N_c 为有初弯曲构件整体稳定极限承载力。这种失稳不像理想直杆那样是平衡分支失稳，而是极值点失稳，属于第二类稳定问题。

4）初偏心对稳定承载能力的影响。图 5.16（a）所示为两端铰接、有初偏心 e_0 的轴心受压构件。在弹性微弯状态下，根据内外力矩平衡条件，可建立平衡微分方程，求解后可得到挠度曲线方程为

$$y = e_0 \left[\tan \frac{kl}{2} \sin kz + \cos kz - 1 \right] \tag{5.39}$$

其中：$k^2 = N/EI$。

当 $z = l/2$ 时，中点的挠度为

$$\nu = y_m = y_{(z=l/2)} = e_0 \left(\sec \frac{\pi}{2} \sqrt{\frac{N}{N_E}} - 1 \right) \tag{5.40}$$

有初偏心的轴心受压构件的荷载-挠度曲线如图 5.16（b）所示。对比图 5.16（b）和图 5.15（b）可知，初偏心对轴心受压构件的稳定承载力影响与初弯曲影响类似，因此为简单起见，可以将两种缺陷合并，即采用一种缺陷代表即可。同样，有初偏心轴心受压构件的 $N/N_E - y_m/\nu_0$ 关系曲线不可能沿无限弹性的 $Oa'b'$ 曲线发展，而是先沿弹性曲线 Oa'，再沿弹塑性曲线 $a'c'd'$ 发展。值得注意的是，对于相同的构件，当初偏心 e_0 与初弯曲 ν_0 相等时，初偏心的影响更为不利，这是由于初偏心情况中构件从两端开始就存在初始附加弯矩 Ne_0。

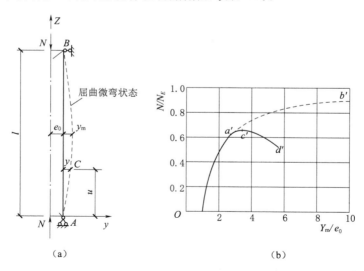

图 5.16　有初偏心的轴心受压构件及其荷载-总挠度曲线

5）各种初始缺陷的综合影响以及实际轴心压杆的稳定承载能力。上面对各种初始缺陷（初弯曲、初偏心、残余应力）对轴心压杆稳定承载力的影响分别作了叙述，下面对其加以综合，即符合实际工程中轴心压杆的受力情况，从而可得出其稳定承载力。

对图 5.15（b）所示有初弯曲的轴心压杆的 $N - \nu_m$ 曲线进一步观察可见，当压

力 N 超过边缘纤维屈服时的压力 N_A 后，由于屈服区还要向截面深处继续发展，ν_m 也随之增加得越来越快。因此，$N-\nu_m$ 关系不会按照式（5.37）所示实线上升至 N_{Ex} 的水平线，而是沿虚线的 AB 段上升，直至达到与曲线上 B 点相应的荷载 N_u。此时，即使 N 不再增加，ν_m 也会随屈服区的溯流而增加。为保持内、外力的平衡，N 必须相应减小。因此，曲线表现为 BC 下降段，说明杆件被压溃而完全丧失能力。按极限状态的最大强度理论，N_u 代表有初弯曲轴心压杆的稳定极限承载力，也称压溃荷载。

结合图 5.15（b），还可对轴心压杆的整体稳定性进一步分析。在 $O'AB$ 上升段，若使 ν_m 增大，需要增加 N。若 N 不增加，即使有少许干扰使 ν_m 加大，但在干扰消失后，杆也会恢复原状，因而杆件的内外力平衡是稳定的。在 BC 下降段，此时若有少许干扰使 ν_m 加大，而 N 又不迅速卸荷，则它将大于相应 ν_m 增大后的 N 而使杆压溃。因此，杆件的内外力平衡是不稳定的。由稳定平衡状态到不稳定平衡状态的过渡点 B 即为有初弯曲轴心压杆承载力的极限。

另外，图 5.15（b）中还标明用传统方法求得的理想轴心压杆临界力 N_E 和 N_t（图中的 N_E 和 N_t 不对应同一根杆）。从图中可见，由于初弯曲（初偏心也类似）的影响，理想杆不论是在弹性屈曲还是在弹塑性屈曲，其 N_u 恒低于 N_E 或 N_t，且理想杆的平衡状态在达临界力时才突然由直变弯，出现平衡分支。而实际杆的平衡状态则是因为有微弯而逐渐改变，在失稳前后不发生突变。研究时为区别上述两种平衡现象，一般称前者为第一类稳定问题或分支稳定问题，而称后者为第二类稳定问题。

通过以上论述可见，由于初弯曲、初偏心的影响，理想轴心压杆成为偏心压杆，而其稳定性质也由第一类稳定问题变成第二类稳定问题，承载能力下降。若再加上残余应力的影响，则杆件受力时还要提前进入弹塑性状态，抗弯刚度减小，从而使承载能力更加降低。

6）实际轴心压杆稳定极限稳定承载能力的确定方法。由前述可知，理想轴心压杆的临界力在弹性阶段是长细比 λ 的单一函数，在弹塑性阶段按照切线模量理论也只引入与材料强度有一定关系的切线模量 E_t。而实际轴心压杆却有初弯曲、初偏心、残余应力和材质不匀等的综合影响，且影响程度还因截面形状、尺寸和屈曲方向而不同。因此，严格地说，每根压杆都有各自的临界力，即同类型的压杆即使截面尺寸相同，也可能因初始缺陷的影响不同而有各自的柱子曲线。这也表明实际轴心压力的复杂性。

实际轴心压杆的承载力须有残余应力的小偏心受压杆件按照压弯杆件确定，即其稳定性质应按第二类稳定问题，求其荷载-变形曲线的极值点——压溃荷载。由于钢材的弹塑性性质，当杆件处在弹塑性弯曲阶段时，其应力-应变关系不但在同一截面各点上，而且在杆件沿纵轴方向各节点上都有变化。因此，即使不考虑残余应力，也只能得出压弯杆压溃荷载的近似解。若考虑残余应力的影响，则不可能求得闭合解。20 世纪 60 年代以来，由于电子计算机取代了以前手算无法胜任的繁重计算工作，故有可能采用有限元概念，根据内外力平衡条件，用数值法模拟计算压溃荷载。下面以数值积分法加以简述。

首先，将压杆的长度分成 m 个计算段（各段长度不一定相等），截面分成 n 块计算单元［图 5.17（a）、（b）］，同时输入杆件加荷之前实测出的初始数据，如初弯曲轴线的形状和挠曲矢高（《规范》采用半波正弦曲线，挠曲矢高包含初偏心取《规范》允许的最大偏差 1/1000）、残余应力的分布、应力-应变关系等，然后指定一级压力 N 并假设在 A 端产生转角 θ_A，即可向 B 端逐段计算各段杆中间截面的内、外力平衡条件。如对 x 轴弯曲的计算式为

$$N_{im} = N_{em} \tag{5.41}$$

$$M_{im} = M_{em} = N(\nu_{k0m} + \nu_{km}) \tag{5.42}$$

式中：$N_{im} = \sum_{j=1}^{n} \sigma_j \Delta A_j$ 为各段杆中点截面的内力，N；$M_{im} = \sum_{j=1}^{n} \sigma_j y_j \Delta A_j$ 为各段杆中点截面的弯矩，N·mm；σ_j 为各计算单元面积中心点的应力，N/mm^2；N_{em} 为各段杆中点的外力，N；M_{em} 为各段杆中点的力矩，N·mm；ν_{k0m}、ν_{km} 分别为各段（第 k 段）杆中点的初挠度和附加挠度，mm。

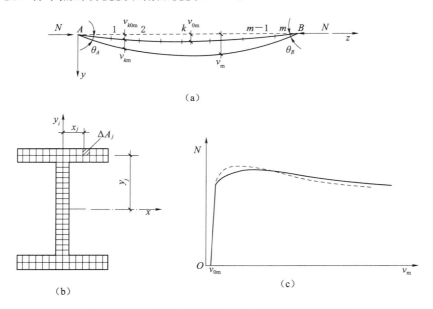

图 5.17　用计算机计算轴心压杆的稳定极限承载力

　　若式（5.41）和式（5.42）能满足，且按所设 N 产生的 A 端转角 θ_A 计算到 B 点的变形也能满足支承条件 $\nu_B = 0$（如不满足则调整 θ_A）值重复计算，便得到图 5.17（c）所示 $N - \nu_m$ 关系曲线中的一个点。若再指定下一级压力重复上述步骤，即可逐点绘出 $N - \nu_m$ 曲线。曲线顶点就是实际轴心压杆的稳定极限承载力 N_u。若输入计算机的实测初始数据能较好地反映杆件的实际情况，则模拟出的 $N - \nu_m$ 曲线与试验曲线［图 5.17（c）中虚线］极为接近。因此，现在一般都只需做少量试件的试验以验证模拟计算的结果，这样就极大地减少了试验工作量和试验费用。

　　根据求出的 N_u 及其对应杆件的长度 l，即可得出 $\sigma_{cr} - \lambda$（$\sigma_{cr} = N_u/A$，$\lambda = l/i$）曲线——柱子曲线的一点。若再指定其他长度按上述方法计算，即可得出该截面的柱子曲线。

3. 实际轴心受压构件的整体稳定计算

（1）实际轴心受压构件的极限承载力理论。实际轴心受压构件不可避免地同时

存在各种缺陷，如残余应力、初弯曲和初偏心。如前所述，初偏心和初弯曲的影响类似，常取初弯曲作为初始几何缺陷代表。故在理论分析中只考虑残余应力和初弯曲两个最主要的影响因素。

图 5.18 是两端铰接、有残余应力和初弯曲的轴心受压构件及其荷载-挠度曲线。构件一经压力作用就产生挠度，在弹性阶段（Oa_1 段），残余应力对 $N-Y_m$ 曲线无影响。荷载超过 a_1 点后，构件截面出现屈服区，进入弹塑性阶段。开始屈服时 a_1 点的平均应力 $\sigma_{a1} = \dfrac{N_p}{A}$ 总是低于只有初弯曲而无残余应力时的 a 点；也低于只有残余应力而无初弯曲时的有效比例极限。此后截面进入弹塑性工作阶段，随着塑性区增大，构件的抗弯刚度降低，变形增长加快，到达 c_1 点时构件抵抗能力开始小于外力作用。因此在 c_1 点之前，构件能够维持稳定平衡状态；而在 c_1 点之后，构件不再能维持稳定平衡状态，要维持平衡，只有卸载，如曲线 $c_1 d_1$ 下降段。相应于 c_1 点的 N_u 是临界荷载，即极限荷载，它是构件不能维持内外力平衡时的极限承载力，相应的平均应力 $\sigma_u = \sigma_{cr} = N_u/A$，称为临界应力。由上述模型建立的计算理论称为极限承载力理论。

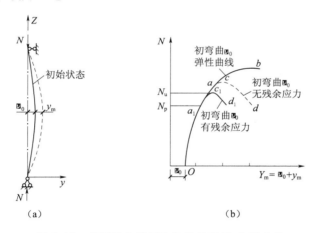

图 5.18　实际轴心受压构件及其荷载-挠度曲线

（2）实际轴心受压构件的截面类别。实际轴心受压构件的整体稳定计算以极限承载力理论为依据，构件的极限承载力 N_u 受残余应力、初弯曲、初偏心的影响，且影响程度还因截面形状、尺寸和屈曲方向而不同，因此每个实际构件都有各自的柱子曲线，构件的极限承载力 N_u 有很大差异。

《规范》采用有缺陷的实际轴心受压构件作为计算模型，以 $\nu_0 = 1/1000$ 的正弦半波作为初弯曲和初偏心的代表值，考虑不同的截面形状和尺寸、不同的加工条件和相应的残余应力分布及大小、不同的弯曲屈曲方向，根据极限承载力理论采用数值积分法，对多种实腹式轴心受压构件弯曲屈曲算出了近 200 条柱子曲线。所计算的柱子曲线形成相当宽的分布带。图 5.19 中的两条虚线表示这些曲线的分布带范围。

从图 5.19 中可见，其上、下限相差较大，尤其在常用的中等长细比范围更大。显然，用一条柱子曲线作代表用于设计会明显不合理。因此，《规范》按照合理、经济和便于设计应用的原则，根据数理统计原理和可靠度分析，将分布带相近的柱

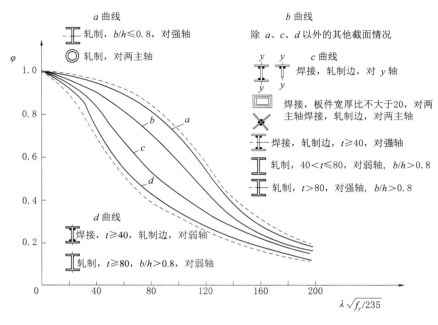

图 5.19 《规范》的柱子曲线

子曲线按其截面形式、板厚、屈曲方向（对应轴）和加工条件分成 4 个窄带，以每一窄带的平均值作为代表该窄带的柱子曲线，得到了图 5.19 中的 a、b、c、d 等 4 条柱子曲线。曲线中的纵坐标 $\varphi = N_u/(Af_{yk}) = \sigma_u/f_{yk} = \sigma_{cr}/f_{yk}$，称 φ 为轴心受压构件的整体稳定系数。在 $\lambda = 40 \sim 120$ 的常用范围，柱子曲线 a 的 φ 值比曲线 b 的高出 4%～15%，而曲线 c 的 φ 值比曲线 b 低 7%～13%，而曲线 d 的最低，它主要用于 $t > 40$mm 厚板中的某些截面（表 5.6）。

GB 50017 用表格的形式给出了这 4 条曲线的 φ 值（见附表 5.2），又根据适用哪条曲线而把轴心受压构件截面相应分为 a、b、c、d 4 类，组成板件厚度 $t <$ 40mm 的轴心受压构件的截面分类见表 5.5，而 $t \geqslant 40$mm 的截面分类见表 5.6。从表中可见，大部分截面形式和对应轴均属于 b 类。设计时先确定截面所属类别，再查附表 5.2 中相应的稳定系数表来求得 φ 值。

表 5.5 轴心受压构件的截面分类（板厚 $t <$ 40mm）

截 面 形 式		对 x 轴	对 y 轴
轧制		a 类	b 类
轧制	$b/h \leqslant 0.8$	a 类	b 类
	$b/h > 0.8$	ba 类	cb 类

续表

截 面 形 式		对 x 轴	对 y 轴
轧制，等边角钢		ba 类	ba 类
焊接，翼缘为焰切边	焊接		
轧制			
轧制，焊接（板件宽厚比大于20）	轧制或焊接	b 类	b 类
焊接	轧制截面和翼缘为焰切边的焊接截面		
格构式	焊接，板件边缘焰切		
焊接，翼缘为轧制或剪切边		b 类	c 类
焊接，板件边缘轧制或剪切	焊接，板件宽厚比不大于20	c 类	c 类

注　1. ba 类含义为 Q235 钢取 b 类，Q345、Q390、Q420 和 Q460 取 a 类；cb 类含义为 Q235 钢取 c 类，Q345、Q390、Q420 和 Q460 取 b 类。

　　2. 无对称轴且剪心和形心不重合的截面，其截面分类可按有对称轴的类似截面确定，如不等边角钢可以采用等边角钢的类别；当无类似截面时，可取 c 类。

表 5.6　　　　　　　　　　轴心受压构件的截面分类（板厚 $t \geqslant 40\text{mm}$）

截　面　形　式		对 x 轴	对 y 轴
轧制工字形或 H 形截面	$t < 80\text{mm}$	b 类	c 类
	$t \geqslant 80\text{mm}$	c 类	d 类
焊接工字形截面	翼缘为焰切边	b 类	b 类
	翼缘为轧制或剪切边	c 类	d 类
焊接箱形截面	板件宽厚比大于 20	b 类	b 类
	板件宽厚比不大于 20	c 类	c 类

为了便于运用计算机辅助设计，《规范》除给出了 φ 值表格外，还采用最小二乘法将各类截面的稳定系数 φ 值拟合成数学公式形式来表达，供设计时使用。

a、b、c、d 4 条曲线可拟合成下式来表达，即

$$\varphi = \frac{\sigma_u}{f_{yk}} = \frac{N_u}{A f_{yk}} = \frac{1}{2}\left\{ \left[1 + (1 + \varepsilon_0)\frac{\sigma_E}{f_{yk}}\right] - \sqrt{\left[1 + (1 + \varepsilon_0)\frac{\sigma_E}{f_{yk}}\right]^2 - 4\frac{\sigma_E}{f_{yk}}} \right\}$$

$$(5.43)$$

式中：ε_0 为等效初偏心率，是由稳定极限承载力 N_u 按式（5.43）反算出的数值，表达了初弯曲和残余应力等缺陷的综合影响程度。4 条曲线的 ε_0 值分别如下。

当 $\bar{\lambda} > 0.215$ 时，有

对 a 类截面　　　　　　　　　　$\varepsilon_0 = 0.152\bar{\lambda} - 0.014$

对 b 类截面　　　　　　　　　　$\varepsilon_0 = 0.300\bar{\lambda} - 0.035$

对 c 类截面　　　　　$\bar{\lambda} \leqslant 1.05$ 时　$\varepsilon_0 = 0.595\bar{\lambda} - 0.094$

　　　　　　　　　　$\bar{\lambda} > 1.05$ 时　$\varepsilon_0 = 0.302\bar{\lambda} + 0.216$

对 d 类截面　　　　　$\bar{\lambda} \leqslant 1.05$ 时　$\varepsilon_0 = 0.915\bar{\lambda} - 0.132$

　　　　　　　　　　$\bar{\lambda} > 1.05$ 时　$\varepsilon_0 = 0.432\bar{\lambda} + 0.375$

式中：$\bar{\lambda} = \dfrac{\lambda}{\pi}\sqrt{\dfrac{f_{yk}}{E}}$ 为无量纲长细比。

当 $\bar{\lambda} \leqslant 0.215$（相当于 $\lambda \leqslant 20\sqrt{235/f_{yk}}$）时，式（5.43）不再适用，须采用下面近似曲线公式使 $\bar{\lambda} = 0.215$ 过渡到与 $\bar{\lambda} = 0$（$\varphi = 1.0$）衔接，即稳定系数表中的 φ 值是按照下列公式算得

当 $\bar{\lambda} \leqslant 0.215$ 时，有

$$\varphi = 1 - \alpha_1\bar{\lambda}^2 \qquad\qquad (5.44)$$

当 $\bar{\lambda} > 0.215$ 时，有

$$\varphi = \frac{1}{2\bar{\lambda}^2}\left[(\alpha_2 + \alpha_3\bar{\lambda} + \bar{\lambda}^2) - \sqrt{(\alpha_2 + \alpha_3\bar{\lambda} + \bar{\lambda}^2)^2 - 4\bar{\lambda}^2}\right] \qquad (5.45)$$

式中：α_1、α_2、α_3 为系数，根据表 5.5、表 5.6 的截面分类，按表 5.7 查用。

表 5.7   系数 α_1、α_2、α_3 值

截面类别		α_1	α_2	α_3
a 类		0.41	0.986	0.152
b 类		0.65	0.965	0.300
c 类	$\overline{\lambda} \leqslant 1.05$	0.73	0.906	0.595
	$\overline{\lambda} > 1.05$		1.216	0.302
d 类	$\overline{\lambda} \leqslant 1.05$	1.35	0.868	0.915
	$\overline{\lambda} > 1.05$		1.375	0.432

（3）实际轴心受压构件的整体稳定计算公式。为保证轴心受压构件的整体稳定，应使构件承受的轴心压力设计值 N 不大于构件的极限承载力 N_u，即应使截面上的平均应力 $\sigma = N/A$ 不大于整体稳定的临界应力 σ_{cr}，并引入抗力分项系数 γ_R，可得

$$\sigma = \frac{N}{A} \leqslant \frac{\sigma_{cr}}{\gamma_R} = \frac{\sigma_{cr}}{f_{yk}} \frac{f_{yk}}{\gamma_R} = \varphi f \tag{5.46}$$

式中：φ 为轴心受压构件的整体稳定系数，取截面两主轴稳定系数中的较小者，应根据表 5.5 和表 5.6 的截面分类、构件的长细比和钢材屈服强度，按附表 5.2 查出；N 为轴心压力设计值，N；A 为构件的毛截面面积，mm^2；σ_{cr} 为构件的极值点失稳临界应力，N/mm^2；γ_R 为抗力分项系数；f 为钢材的抗压强度设计值，N/mm^2。

4. 轴心受压构件整体稳定计算的构件长细比

（1）截面为双轴对称或极对称的构件。

$$\begin{cases} \lambda_x = \dfrac{l_{0x}}{i_x} \\ \lambda_y = \dfrac{l_{0y}}{i_y} \end{cases} \tag{5.47}$$

式中：l_{0x}、l_{0y} 为构件对主轴 x 轴、y 轴的计算长度，mm；i_x、i_y 为构件截面对主轴 x 轴、y 轴的回转半径，mm。

对双轴对称十字形截面构件，为了避免发生扭转屈曲，λ_x 或 λ_y 取值不得小于 $5.07b/t$，其中 b/t 为悬伸板件宽厚比。

（2）截面为单轴对称的构件。本节前面所述的整体稳定临界力的计算，均是按弯曲屈曲形式，即没有扭转。这也是大多数常用轴心受力构件的屈曲形式。然而，对于槽形和双板 T 形截面等单轴对称的构件绕非对称轴 x 轴失稳时为弯曲屈曲，长细比 λ_x 仍按式（5.47）计算；但绕对称轴 y 轴失稳时，由于截面形心与剪心不重合，故在弯曲的同时必然伴随着扭转，产生弯扭屈曲。在相同条件下，弯扭屈曲的临界力比弯曲屈曲的低。按弹性稳定理论，其临界力为

$$N_{yz} = \frac{1}{2k} \left[N_z + N_{Ey} - \sqrt{(N_z + N_{Ey})^2 - 4k N_z N_{Ey}} \right] \tag{5.48}$$

式中：N_z 和 N_{Ey} 分别为绕 z 轴扭转屈曲的临界力和对 y 轴弯曲屈曲的欧拉临界力，其计算式为

$$N_z = \frac{1}{i_0^2}\left(\frac{\pi^2 EI_w}{l_w^2} + GI_t\right) \tag{5.49}$$

$$N_{Ey} = \frac{\pi^2 EI_y}{l_{0y}^2} \tag{5.50}$$

式（5.48）～式（5.50）中，$k = 1-(e_0/i_0)^2$，e_0 为截面形心至剪心的距离，mm；i_0 为截面对剪心的极回转半径，mm，$i_0 = \sqrt{I_0/A + e_0^2}$ 或 $i_0^2 = i_x^2 + i_y^2 + e_0^2$；$I_P$ 为截面的极惯性矩，$I_0 = I_x + I_y$；I_x、I_y 为对主轴 x 和 y 的截面惯性矩；I_w 为毛截面扇性惯性矩，mm^6，对 T 形截面（轧制、双板焊接、双角钢组合）、十字形截面和角形截面可近似取 $I_w = 0$；I_t 为毛截面抗扭惯性矩，mm^4，$I_t = \frac{k}{3}\sum\limits_{i=1}^{n}b_i t_i^3$，$b_i$ 和 t_i 为截面各板元的宽度和厚度；η 为考虑板件连接成整体（包括过渡圆角）等有利因素的提高系数。对角形截面 $\eta = 1.0$，T 形截面 $\eta = 1.15$，槽形、Z 形截面 $\eta = 1.12$，工字形截面 $\eta = 1.25$；l_w 为扭转屈曲的计算长度，mm，两端铰支且端截面可自由翘曲者，取几何长度 l，两端嵌固且端部截面的翘曲完全受到约束者，取 $0.5l$；E、G 为钢材的弹性模量和剪变模量，$E = 2.06 \times 10^5 \, N/mm^2$，$G = 7.9 \times 10^4 \, N/mm^2$。

将式（5.48）、式（5.49）中用 $N_{yz} = \pi^2 EA/\lambda_{yz}^2$、$N_z = \pi^2 EA/\lambda_z^2$、$N_{Ey} = \pi^2 EA/\lambda_y^2$ 代入，从而可得计算弯扭屈曲和扭转屈曲的换算长细比 λ_{yz} 和 λ_z，其计算式为

$$\lambda_{yz} = \frac{1}{\sqrt{2}}\left[(\lambda_y^2 + \lambda_z^2) + \sqrt{(\lambda_y^2 + \lambda_z^2)^2 - 4\left(1 - \frac{e_0^2}{i_0^2}\right)\lambda_y^2 \lambda_z^2}\right]^{\frac{1}{2}} \tag{5.51}$$

$$\lambda_z = \sqrt{\frac{I_0}{\dfrac{I_t}{25.7} + \dfrac{I_w}{l_w^2}}} \tag{5.52}$$

（3）单角钢截面和双角钢组合 T 形截面。单角钢轴压构件当绕两主轴弯曲的计算长度相等时，可不计算弯扭屈曲。单角钢截面和双角钢组合 T 形截面绕对称轴的 λ_{yz} 可采用下列简化方法确定。

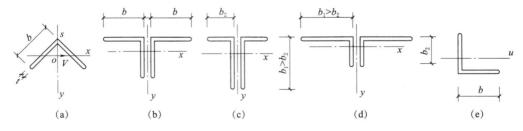

图 5.20　单角钢截面和双角钢组合 T 形截面
b—等边角钢肢宽；b_1—不等边角钢长肢宽度；b_2—不等边角钢短肢宽度

1）等边单角钢截面［图 5.20（a）］。
当 $b/t \leqslant 0.54 l_{0y}/b$ 时，有

$$\lambda_{yz} = \lambda_y\left(1 + \frac{0.85 b^4}{l_{0y}^2 t^2}\right) \tag{5.53}$$

当 $b/t > 0.54l_{0y}/b$ 时，有

$$\lambda_{yz} = 4.78 \frac{b}{t} \left(1 + \frac{l_{0y}^2 t^2}{13.5b^4}\right) \tag{5.54}$$

式中：b、t 分别为角钢肢宽度和厚度，mm。

2）等边双角钢组合 T 形截面 [图 5.20（b）]。

当 $b/t \leqslant 0.58l_{0y}/b$ 时，有

$$\lambda_{yz} = \lambda_y \left(1 + \frac{0.475b^4}{l_{0y}^2 t^2}\right) \tag{5.55}$$

当 $b/t > 0.58l_{0y}/b$ 时，有

$$\lambda_{yz} = 3.9 \frac{b}{t} \left(1 + \frac{l_{0y}^2 t^2}{18.6b^4}\right) \tag{5.56}$$

3）长肢相并的不等边双角钢组合 T 形截面 [图 5.20（c）]。

当 $b_2/t \leqslant 0.48l_{0y}/b_2$ 时，有

$$\lambda_{yz} = \lambda_y \left(1 + \frac{1.09b_2^4}{l_{0y}^2 t^2}\right) \tag{5.57}$$

当 $b_2/t > 0.48l_{0y}/b_2$ 时，有

$$\lambda_{yz} = 5.1 \frac{b_2}{t} \left(1 + \frac{l_{0y}^2 t^2}{17.4b_2^4}\right) \tag{5.58}$$

4）短肢相并的不等边双角钢组合 T 形截面 [图 5.20（d）]。

当 $b_1/t \leqslant 0.56l_{0y}$ 时，有

$$\lambda_{yz} = \lambda_y \tag{5.59}$$

当 $b_1/t > 0.56l_{0y}$ 时，有

$$\lambda_{yz} = 3.7 \frac{b_1}{t} \left(1 + \frac{l_{0y}^2 t^2}{52.7b_1^4}\right) \tag{5.60}$$

5）单轴对称的轴心受压构件在绕非对称主轴以外的任一轴失稳时，应按照弯扭屈曲计算其稳定性。当计算等边单角钢构件绕平行轴 [图 5.20（e）中的 u 轴] 的稳定性时，可用下式计算其换算长细比 λ_{uz}，并按 b 类截面确定 φ 值。

当 $b/t \leqslant 0.69l_{0u}/b$ 时，有

$$\lambda_{uz} = \lambda_u \left(1 + \frac{0.25b^4}{l_{0u}^2 t^2}\right) \tag{5.61}$$

当 $b/t > 0.69l_{0u}/b$ 时，有

$$\lambda_{uz} = \frac{5.4b}{t} \tag{5.62}$$

其中 $$\lambda_u = \frac{l_{0u}}{i_u}$$

式中：l_{0u} 为构件对 u 轴的计算长度，m；i_u 为构件截面对 u 轴的回转半径，mm。无任何对称轴且又非极对称的截面（单面连接的不等边单角钢除外）不宜用作轴心受压构件。对单面连接的单角钢轴心受压构件，考虑强度设计值折减系数 γ_R 后，可不考虑弯扭效应的影响。《规范》计算稳定时有以下规定。

等边角钢，$\gamma_R = 0.6 + 0.0015\lambda$，但 $\gamma_R \leqslant 1.0$。

短边相连的不等边角钢，$\gamma_R = 0.5 + 0.0025\lambda$，但 $\gamma_R \leqslant 1.0$。

长边相连的不等边角钢，$\gamma_R = 0.70$。

式中：$\lambda = l_0/i_0$，计算长度 l_0 取节点中心距离，i_0 为角钢的最小回转半径，当 $\lambda < 20$ 时，取 $\lambda = 20$。

当槽形截面用于格构式构件的分肢，计算分肢绕对称轴（y 轴）的稳定性时，不必考虑扭转效应，直接用 λ_y 查出 φ_y 值即可。

【例 5.2】　图 5.21 所示为一轴心受压焊接 T 形截面实腹构件，翼缘为焰切边。轴心压力设计值（包括构件自重）$N = 1500\text{kN}$，计算长度 $l_{0x} = l_{0y} = 4\text{m}$。钢材为 Q235，试验算该轴心受压构件的整体稳定性。

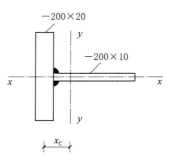

图 5.21　［例 5.2］图

解：（1）截面及构件几何特性计算。

$$A = 200 \times 20 + 200 \times 10 = 6000 (\text{mm}^2)$$

截面重心　$x_C = \dfrac{200 \times 10 \times (100 + 10)}{6000} = 36.7 (\text{mm})$

$$I_x = \frac{1}{12} \times (20 \times 200^3 + 200 \times 10^3) = 1.3 \times 10^7 (\text{mm}^4)$$

$$I_y = \frac{1}{12} \times 200 \times 20^3 + 200 \times 20 \times 36.7^2 +$$

$$\frac{1}{12} \times 10 \times 200^3 + 200 \times 10 \times [100 - (36.7 - 10)]^2 = 2.3 \times 10^7 (\text{mm}^4)$$

$$i_x = \sqrt{\frac{I_x}{A}} = \sqrt{\frac{1.3 \times 10^7}{6000}} = 46.5 (\text{mm})$$

$$i_y = \sqrt{\frac{I_y}{A}} = \sqrt{\frac{2.3 \times 10^7}{6000}} = 61.9 (\text{mm})$$

（2）整体稳定验算。

$$\lambda_x = \frac{l_{0x}}{i_x} = \frac{4000}{46.5} = 86.2$$

$$\lambda_y = \frac{l_{0y}}{i_y} = \frac{4000}{61.9} = 64.6$$

$$e_0 = x_C = 36.7\text{mm}$$

$$i_0 = \sqrt{e_0^2 + i_x^2 + i_y^2} = \sqrt{36.7^2 + 46.5^2 + 61.9^2} = 85.8 (\text{mm})$$

$$I_t = \frac{k}{3} \sum b_i t_i^3 = \frac{1.15}{3} (200 \times 20^3 + 200 \times 10^3) = 6.9 \times 10^5 (\text{mm}^4)$$

$$I_w = 0$$

$$\lambda_z = \sqrt{\frac{i_0^2 A}{I_t/25.7 + I_w/l_w^2}} \sqrt{\frac{85.8^2 \times 6000}{6.9 \times 10^5/25.7 + 0}} = 40.6$$

$$\lambda_{yz} = \frac{1}{\sqrt{2}} \left[(\lambda_y^2 + \lambda_z^2) + \sqrt{(\lambda_y^2 + \lambda_z^2)^2 - 4(1 - e_0^2/i_0^2)\lambda_y^2\lambda_z^2} \right]^{\frac{1}{2}}$$

$$= \frac{1}{\sqrt{2}} \left[(64.6^2 + 40.6^2) + \sqrt{(64.6^2 + 40.6^2)^2 - 4(1 - 36.7^2/85.8^2) \times 64.6^2 \times 40.6^2} \right]^{\frac{1}{2}}$$

$$=67.8<\lambda_x=86.2$$

查表 5.5 得，绕 x 轴失稳属于 b 类截面，由 $\lambda_x\sqrt{\dfrac{f_{yk}}{235}}=86.2\times\sqrt{\dfrac{235}{235}}=86.2$，

查附表 5.2 得 $\varphi_x=0.647$，则

$$\frac{N}{\varphi_x A}=\frac{1500\times10^3}{0.647\times6000}=386.4(\text{N/mm}^2)>205\text{N/mm}^2$$

不满足要求。

5.4.2 实腹式压弯构件的整体稳定

1. 压弯构件整体失稳形式

在轴心受压构件的整体稳定中，用现代方法确定轴心受压构件整体稳定承载能力时，考虑了初弯曲、初偏心等初始缺陷的影响，将其作为压弯构件，但它主要还是承受轴心压力，弯矩的存在带有偶然性。然而，对压弯构件，弯矩和轴心压力一样都属于主要荷载。

图 5.22（a）所示为一单向压弯构件，两端铰支，端弯矩 $M_x=N_{e0}$ 作用在构件截面的对称轴平面 yOz 内，弯矩 M_x 和轴力 N 按比例增加。构件的初始缺陷（初弯曲、初偏心等）用等效初挠度 ν_{0m} 代表。如果构件侧向有足够的支撑防止其发生弯矩作用平面外的侧移和变形，则构件受力后只在弯矩作用平面内发生弯曲变形。图 5.22（b）所示为弯矩作用平面内构件跨中最大挠度 ν 与构件压力 N 的关系曲线。由于二阶效应（轴压力增加时，挠度增长的同时产生附加弯矩，附加弯矩又使挠度进一步增长）的影响，即使在弹性阶段，轴压力 N 与挠度 ν 的关系也呈非线性。到达 A 点时，截面边缘开始屈服。随后，由于构件的塑性发展，截面内弹性区不断缩小，截面上拉应力合力与压应力合力间的力臂在缩短，内弯矩的增量在减小，而外弯矩增量却随轴压力增大而非线性增长，使轴压力与挠度间呈现出更明显的非线性关系（曲线 AB 段）。此时，随着压力的增加，挠度比弹性阶段增长得快。在曲线的上升段 OAB，挠度是随着压力的增加而增加的，压弯构件处在内、外力矩稳定平衡状态。但是，曲线到达最高点 B 后，截面内力矩已不能与外力矩保持稳定平衡，要继续增加压力已不可能，要维持平衡必须卸载，曲线出现了下降段 BCD，这个阶段压弯构件处于不稳定平衡状态。图中的 B 点是由稳定平衡过渡到

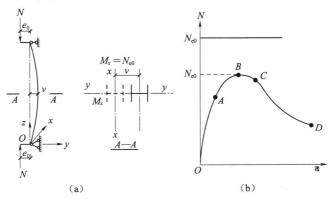

图 5.22 单向压弯构件弯矩作用平面内失稳变形和轴力位移曲线

不稳定平衡的临界点，也是曲线 $OABCD$ 的极值点。相应于 B 点的轴力 N_{ux} 称为极限荷载。荷载达到 N_{ux} 后，构件即失去弯矩作用平面内的稳定。

压弯构件 N_u 值的大小与构件长细比 λ、偏心率 ε 和支承情况有关，另外还与截面的形式和尺寸、初弯曲和初偏心等初始缺陷、截面上残余应力的大小和分布情况、材料的应力-应变关系（因构件处在弹塑性工作阶段）、弯矩的方向（如对单轴对称的 T 形截面，最大压应力位于翼缘侧还是腹板侧）、荷载性质（是端弯矩还是由横向均布荷载或集中荷载产生的弯矩）等众多因素有关，故在压溃时构件中点及其附近一段截面上出现塑性区。

假如构件没有足够的侧向支撑，对无初始缺陷的理想压弯构件，当荷载较小时构件不产生沿 x 轴方向的出平面位移 u 和扭转位移 θ，若构件的平面内稳定性较强，则荷载可加到 N_{cr} 后发生扭转屈曲而破坏。若构件具有初始缺陷，则荷载一经施加，构件即可产生较小的侧向位移 u 和扭转位移 θ，如图 5.23（a）所示，并随荷载的增加，位移 u 和 θ 逐渐增大，当达到某一极限荷载 $N_{uy\theta}$ 之后，位移 u 和 θ 会增加速度很快，而荷载却反而降低，如图 5.23（b）中的曲线 BCD 下降段所示，构件发生扭转屈曲而破坏，即构件失去弯矩作用平面外的稳定，$N_{uy\theta}$ 是发生扭转屈曲时的极限荷载，如图 5.23（b）中曲线 B 点所示。

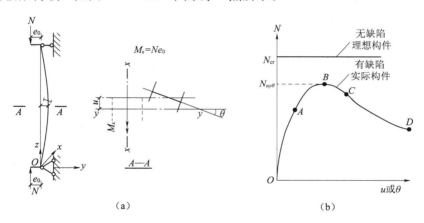

图 5.23　单向压弯构件弯矩作用平面外失稳变形和轴力-位移曲线

根据上面介绍可知，单向压弯构件的整体失稳分为弯矩作用平面内和弯矩作用平面外两种情况，弯矩作用平面内为弯曲失稳，弯矩作用平面外为弯扭失稳。双向压弯构件则只有弯扭失稳一种可能。

2. 压弯构件在弯矩作用平面内的稳定计算

（1）压弯构件在弯矩作用平面内稳定的计算方法。

实腹式压弯构件当弯矩作用在对称轴平面时，其承载力也可用与轴心压杆相类似的数值分析方法，对各种形式截面均可按不同长细比 λ 并考虑 1/1000 的初弯曲等初始缺陷和残余应力分布的简化模型初始数据输入计算机计算，从而得到图 5.24 所示一系列不同偏心率的柱子曲线（图中 $\varepsilon=0$ 即轴心压杆柱子曲线），采用稳定系数 $\varphi_p=N_u/(Af_{yk})$ 按单项式 $N/(\varphi_p A)\leqslant f$ 进行计算，φ_p 值根据各种截面形式按 λ 和 ε 制成设计用表。确定压弯构件弯矩作用平面内极限承载力的方法可分为两大类：一类是边缘屈服准则的计算方法，通过建立轴力和弯矩的相关公式来验算压弯构件弯矩作用平面内的极限承载力；另一类是极限承载能力准则的计算方法，即采用解析法或精度较高的数值法直接求解压弯构件弯矩作用平面内的极限荷载 N_{ux}。

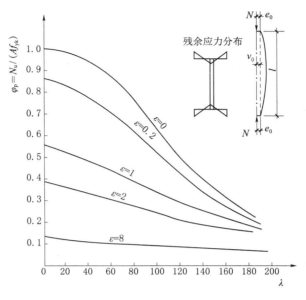

图 5.24　偏心压杆的柱子曲线

1）边缘屈服准则的计算方法。在轴心压力 N 和弯矩 M 作用下压弯构件的稳定承载力，根据边缘纤维屈服准则，其表达式为

$$\frac{N}{A} + \frac{M_{\max}}{W_{1x}} = f_{yk} \tag{5.63}$$

式中：$M_{\max}$ 为按压弯构件二阶效应考虑的最大弯矩，即

$$M_{\max} = M_x + N\nu_{\max} \tag{5.64}$$

此处的 $\nu_{\max}$ 为构件中点的最大挠度。对轴心受力构件，轴心压力 N 对初挠度有放大作用，其放大系数为式（5.37）中的 $1/(1-N/N_{Ex})$。经计算研究，该放大系数同样可近似地用于对其他荷载（横向荷载、端弯矩等）作用下产生的挠度放大。现设在其他任意荷载作用下构件中点产生的 ν_{1m}，则 $\nu_{\max} = \nu_{1m}/(1-N/N_{Ex})$，故式（5.64）可写为（为简化计算，未考虑 ν_{0m}）

$$M_{\max} = M_x + N\,\frac{\nu_{1m}}{1-N/N_{Ex}} = \frac{M_x}{1-N/N_{Ex}}\left[1+\left(\frac{N_{Ex}\nu_{1m}}{M}-1\right)\frac{N}{N_{Ex}}\right]$$

$$= \frac{\beta_{mx}M_x}{1-N/N_{Ex}} = \eta M_x \tag{5.65}$$

式中：η 为弯矩增大系数，$\eta = \dfrac{\beta_{mx}}{1-N/N_{Ex}}$；$\beta_{mx}$ 为等效弯矩系数，$\beta_{mx} = 1 + \left(\dfrac{N_{Ex}\nu_{1m}}{M}-1\right)\dfrac{N}{N_{Ex}}$。

挠度为根据图 5.16，由式（5.40）能够得到受均匀弯矩作用的压弯构件的中点最大挠度为

$$y_m = e_0\left(\sec\frac{\pi}{2}\sqrt{\frac{N}{N_{Ex}}}-1\right) = \frac{M}{N}\left(\sec\frac{kl}{2}-1\right)$$

$$= \frac{Ml^2}{8EI}\frac{8EI}{Nl^2}\left(\sec\frac{kl}{2}-1\right) = \delta_0\left[\frac{2\left(\sec\frac{kl}{2}-1\right)}{(kl/2)^2}\right] \quad (5.66)$$

式中：$\delta_0 = Ml^2/8EI$ 为不考虑 N（仅受均匀弯矩 M）时简支梁的中点挠度，方括号项为压弯构件考虑轴力 N 影响（二阶效应）的跨中挠度放大系数。

把式（5.66）中 $\sec(kl/2)$ 展开成幂级数，即

$$\sec\frac{kl}{2} = 1 + \frac{1}{2!}\left(\frac{kl}{2}\right)^2 + \frac{5}{4!}\left(\frac{kl}{2}\right)^4 + \frac{61}{6!}\left(\frac{kl}{2}\right)^6 + \cdots$$

则

$$\frac{2\left(\sec\frac{kl}{2}-1\right)}{(kl/2)^2} = 1 + 1.028N/N_{Ex} + 1.032(N/N_{Ex})^2 + \cdots$$

$$\approx 1 + N/N_{Ex} + (N/N_{Ex})^2 + \cdots = \frac{1}{1-N/N_{Ex}} \quad (5.67)$$

对于其他荷载作用的压弯构件，也可导出挠度放大系数近似为 $1/(1-N/N_{Ex})$。计算分析表明，当 $N/N_{Ex} < 0.6$ 时，式（5.67）的误差小于 2%。

考虑轴心压力 N 对弯矩的二阶效应影响，两端铰支构件由横向力或端弯矩引起的最大弯矩应为

$$M_{x\max 1} = M_x + N_{ym} = M_x + \frac{N\delta_0}{1-N/N_{Ex}} = \frac{(1-N/N_{Ex}-N\delta_0/M_x)M_x}{1-N/N_{Ex}} = \frac{\beta_{mx}M_x}{1-N/N_{Ex}}$$

$$(5.68)$$

式中：M_x 为构件截面上由横向力或端弯矩引起的一阶弯矩；β_{mx} 为等效弯矩系数，$\beta_{mx} = 1 - N/N_{Ex} - N\delta_0/M_x$，将横向力或端弯矩引起的非均匀分布弯矩当量化为均匀分布弯矩，对均匀弯矩作用的压弯构件，$\beta_{mx} = 1$；$\dfrac{1}{1-N/N_{Ex}}$ 为考虑轴力 N 引起二阶效应的弯矩增大系数，$N_{Ex} = \dfrac{\pi^2 EA}{\lambda_x^2}$ 为欧拉临界荷载，N。

进一步考虑构件初始缺陷的影响，由于构件的初始缺陷种类较多，为简化分析，引入跨中最大初弯曲 v_0 来综合考虑各种初始缺陷。假定等效初弯曲为正弦曲线，根据式（5.38）可得，考虑二阶效应后由初弯曲产生的最大弯矩为

$$M_{x\max 2} = \frac{Nv_0}{1-N/N_{Ex}} \quad (5.69)$$

根据边缘屈服准则，压弯构件弯矩作用平面内截面最大应力应满足

$$\frac{N}{A} + \frac{M_{x\max 1} + M_{x\max 2}}{W_{1x}} = \frac{N}{A} + \frac{\beta_{mx}M_x + Nv_0}{W_{1x}(1-N/N_{Ex})} = f_{yk} \quad (5.70)$$

式中：A 为压弯构件截面面积，mm^2；W_{1x} 为压弯构件最大受压纤维的毛截面模量，mm^3。

初始缺陷主要是由加工制作和安装及构造方式引起的，可认为压弯构件与轴心受压构件的初始缺陷相同。当 $M_x = 0$ 时，压弯构件转化为带有综合缺陷 v_0 的轴心受压构件，可由式（5.70）解出等效初始缺陷，即

$$\nu_0 = \frac{W_{1x}(Af_y - N_{0x})(N_{Ex} - N_{0x})}{AN_{0x}N_{Ex}} \tag{5.71}$$

将式（5.71）代入式（5.70），并注意到平面内稳定承载力 $N_{0x} = \varphi_x Af_{yk}$，可得

$$\frac{N}{\varphi_x A} + \frac{\beta_{mx}M_x}{W_{1x}(1 - \varphi_x N/N_{Ex})} = f_{yk} \tag{5.72}$$

对实腹式压弯构件应用式（5.72）计算的结果与采用数值方法得到的极限承载力 N_u 进行比较，对粗短杆偏于安全，对部分细长杆则偏于不安全。为了使 N 的计算结果和实际的 N_u 值吻合，《规范》对 11 种常用截面进行了计算比较，认为将式中第二项分母中的 φ_x 修正为常数 0.8 可得最优结果。引入抗力分项系数［将式（5.72）中 f_{yk} 和 N_{Ex} 都除以 γ_R］和允许部分截面发展塑性的截面塑性发展系数 γ_x 后，则式（5.72）可写为《规范》规定的设计公式，即

$$\frac{N}{\varphi_x A} + \frac{\beta_{mx}M_x}{\gamma_x W_{1x}(1 - 0.8N/N'_{Ex})} = f_{yk} \tag{5.73}$$

$$N'_{Ex} = \pi^2 EA/(1.1\lambda x^2)$$

式中：N 为所计算构件段范围内的轴心压力，kN；M_x 为所计算构件段范围内的最大弯矩，N·mm；N'_{Ex} 为参数，即欧拉临界力 N_{Ex} 除以抗力分项系数的平均值 $\gamma_R = 1.1$，kN；φ_x 为弯矩作用平面内的轴心受压构件稳定系数；W_{1x} 为在弯矩作用平面内对模量较大受压最大纤维的毛截面模量，mm³；γ_x 为与 W_{1x} 相应的截面塑性发展系数，按表 4.1 计算；β_{mx} 为等效弯矩系数，应按下列规定采用。

a. 无侧移框架柱和两端支承的构件。

（a）无横向荷载作用时，取 $\beta_{mx} = 0.6 + 0.4M_2/M_1$，$M_1$ 和 M_2 为端弯矩，使构件产生同向曲率（无反弯点）时，取同号；使构件产生反向曲率（有反弯点）时，取异号，$|M_1| \geqslant |M_2|$。

（b）无端弯矩但有横向荷载作用时，有以下两种情况。

跨中单个集中荷载　　　　　$\beta_{mx} = 1 - 0.36N/N_{cr}$

全跨均布荷载　　　　　　　$\beta_{mx} = 1 - 0.18N/N_{cr}$

式中：N_{cr} 为弹性临界力，kN，$N_{cr} = \dfrac{\pi^2 EI}{(\mu l)^2}$，$\mu$ 为构件的计算长度系数。

（c）有端弯矩和横向荷载同时作用时，将式（5.73）的 $\beta_{mx}M_x$ 取 $\beta_{mqx}M_{qx} + \beta_{m1x}M_1$，即工况 a 和工况 b 等效弯矩的代数和。$M_{qx}$ 为横向荷载产生的弯矩最大值，N·mm；M_1 为跨中单个横向荷载产生的弯矩，N·mm；β_{m1x} 取按工况 a 计算的等效弯矩系数；β_{mqx} 取按工况 b 计算的等效弯矩系数。

b. 有侧移框架柱和悬臂构件。

（a）有横向荷载的柱脚铰接的单层框架柱和多层框架的底层柱，$\beta_{mx} = 1.0$。

（b）除 a 项规定外的框架柱，$\beta_{mx} = 1 - 0.36N/N_{cr}$。

（c）自由端作用有弯矩的悬壁柱，$\beta_{mx} = 1 - 0.36(1 - m)N/N_{cr}$，式中 m 为自由端弯矩与固定端弯矩之比，当弯矩图无反弯点时取正号，有反弯点时取负号。

2）极限承载能力准则的计算方法。对实腹式压弯构件，边缘纤维屈服［图

5.22（b）中的 A 点〕之后仍可继续承受荷载，直到 $N-\nu$ 曲线的顶点 B，才是压弯构件在弯矩作用平面内的稳定承载力的真正极限状态。按求解压弯构件 $N-\nu$ 曲线极值来确定在弯矩作用平面内稳定承载力，称为极限承载能力准则。

按极限承载能力准则计算压弯构件弯矩作用平面内极限荷载 N_{ux} 的方法有解析法和数值法。解析法是在各种近似假定的基础上，通过理论方法求得构件在弯矩作用平面内稳定承载力 N_{ux} 的解析解，如耶硕克（K.Jezek）近似解析法。一般情况下，解析法很难得到稳定承载力的闭合解，即使得到了，表达式也很复杂，使用很不方便。数值计算方法是目前最广泛应用的方法，可求得单一构件弯矩作用平面内稳定承载力 N_{ux} 的数值解，可以考虑构件初始几何缺陷和残余应力的影响，适用于各种边界条件以及弹性和弹塑性工作阶段。

（2）压弯构件弯矩作用平面内整体稳定的计算公式。《规范》通过对以边缘纤维屈服准则的计算公式进行修改，并在式（5.72）和式（5.73）中考虑抗力分项系数后，规定单向压弯构件弯矩作用平面内整体稳定验算公式如下。

1）实腹式单向压弯构件和绕实轴弯曲的格构式压弯构件，有

$$\frac{N}{\varphi_x A}+\frac{\beta_{mx}M_x}{\gamma_x W_{1x}(1-0.8N/N'_{Ex})}\leqslant f \tag{5.74}$$

2）绕虚轴（x 轴）弯曲的格构式压弯构件，有

$$\frac{N}{\varphi_x A}+\frac{\beta_{mx}M_x}{W_{1x}(1-\varphi_x N/N'_{Ex})}\leqslant f \tag{5.75}$$

对于单轴对称截面（如槽形截面、T 形）的压弯构件，当弯矩作用在对称轴平面内且使较大翼缘受压时，有可能在较小翼缘或无翼缘一侧因产生较大的拉应力而出现受拉破坏。此时，轴向压力 N 引起的压应力将减小弯矩引起的拉应力。对这种情况，除应按式（5.74）计算外，还应补充以下计算，即

$$\left|\frac{N}{A}-\frac{\beta_{mx}M_x}{\gamma_x W_{2x}(1-1.25N/N'_{Ex})}\right|\leqslant f \tag{5.76}$$

式中：W_{2x} 为弯矩作用平面内较小翼缘或无翼缘端最外纤维的毛截面模量，mm^3；γ_x 为与 W_{2x} 相应的截面塑性发展系数，$\gamma_x=1.2$（直接承受动力荷载时 $\gamma_x=1.0$）。

【例 5.3】　图 5.25 所示为 Q235C 钢焊接工字形截面压弯构件，两端铰接，构件长 16m，翼缘为剪切边，承受的轴线压力设计值为 $N=950kN$，跨中集中横向荷载设计值 $F=105kN$，横向荷载作用处有一侧向支撑。试验算此构件在弯矩作用平面内的整体稳定性。

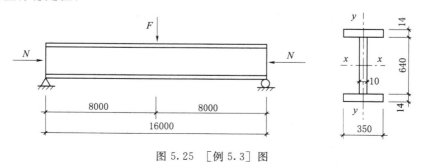

图 5.25　〔例 5.3〕图

解：（1）截面几何特性

$$A = 2 \times 35 \times 1.4 + 64 \times 1.0 = 162(\text{cm}^2)$$

$$I_x = \frac{1}{12}\left[35 \times (64 + 2 \times 1.4)^3 - (35 - 1.0) \times 64^3\right] = 1.27 \times 10^5(\text{cm}^4)$$

$$W_{1x} = \frac{I_x}{y} = \frac{1.27 \times 10^5}{64/2 + 1.4} = 3802(\text{cm}^3)$$

$$i_x = \sqrt{\frac{I_x}{A}} = \sqrt{\frac{1.27 \times 10^5}{162}} = 28(\text{cm})$$

$$M_x = \frac{1}{4} \times 105 \times 16 = 420(\text{kN} \cdot \text{m})$$

$\lambda_x = \dfrac{l_{0x}}{i_x} = \dfrac{1600}{28} = 57.1$，查表 5.5 绕 x 轴属于 b 类截面，查附表 5.2 得 $\varphi_x = 0.822$。

$$N'_{Ex} = \frac{\pi^2 EA}{1.1\lambda_x^2} = \frac{\pi^2 \times 2.06 \times 10^5 \times 162}{1.1 \times 57.1^2} = 9174(\text{kN})$$

$$\beta_{mx} = 0.6 + 0.4 M_2/M_1 = 0.6 + 0.4 \times 0 = 0.6$$

$$\frac{N}{\varphi_x A} + \frac{\beta_{mx} M_x}{\gamma_x W_{1x}(1 - 0.8 N/N'_{Ex})} = \frac{950 \times 10^3}{0.822 \times 16200}$$

$$+ \frac{0.6 \times 420 \times 10^6}{1.05 \times 3.802 \times 10^6 \times \left(1 - 0.8 \times \dfrac{950}{9174}\right)} = 140.17(\text{N/mm}^2) < f$$

$$= 215\text{N/mm}^2$$

故该构件在弯矩作用平面内不会发生弯曲失稳。

3. 压弯构件在弯矩作用平面外的稳定计算

压弯构件既可能在弯矩作用平面内丧失整体稳定性，也可能在弯矩作用平面外丧失整体稳定性，因此应分别计算构件在弯矩作用平面内和平面外的稳定性。由于考虑初始缺陷的压弯构件扭转屈曲弹塑性分析过于复杂，目前我国设计规范采用的计算公式是按理想压弯构件失稳的相关曲线进行修改得到的。

图 5.23（a）所示两端简支、两端受轴心压力 N 和等弯矩 M_x 作用的双轴对称截面实腹式压弯构件，当构件没有弯矩作用平面外的初始几何缺陷（初挠度与初扭转）时，在弯矩作用平面外的弯扭屈曲临界条件，根据弹性稳定理论，其可由下式表达，即

$$\left(1 - \frac{N}{N_{Ey}}\right)\left(1 - \frac{N}{N_{\omega cr}}\right) - \left(\frac{M_x}{M_{xcr}}\right)^2 = 0 \tag{5.77}$$

$$N_{Ey} = \pi^2 EI_y/l_{0y}^2$$

式中：N_{Ey} 为构件轴心受压时绕截面 y 轴的弯曲屈曲临界力，N；l_{0y} 为构件侧向弯曲的自由长度，mm；$N_{\omega cr}$ 为构件绕纵轴 z 轴扭转屈曲的临界力，N；M_{crx} 为构件受绕 x 轴的纯弯曲作用时的弯扭屈曲临界弯矩，N·mm。

式（5.77）根据 $N_{\omega cr}/N_{Ey}$ 的不同值可绘出 N/N_{Ey}-M_x/M_{xcr} 的相关曲线。当 $N_{\omega cr}/N_{Ey} > 1$ 时，曲线外凸，且 $N_{\omega cr}/N_{Ey}$ 越大，曲线越外凸，即构件的弯扭屈曲承载力越高。根据钢结构构件常用的截面形式分析，绝大多数情况下 $N_{\omega cr}/N_{Ey}$ 都大于 1.0，如偏安全地取 $N_{\omega cr}/N_{Ey} = 1$，则可得到判别构件弯矩作用平面外稳定性

的一直线相关方程，即

$$\frac{N}{N_{Ey}} + \frac{M_x}{M_{xcr}} = 1 \qquad (5.78)$$

式（5.78）若同时适用于弹塑性压弯构件的弯矩作用平面外稳定性计算，则用 $N_{Ey} = \varphi_y A f_{yk}$，$M_{xcr} = \varphi_b W_{1x} f_{yk}$ 代入，并考虑实际荷载情况不一定都是均匀弯曲而引入非均匀分布弯矩作用时的等效弯矩系数 β_{tx} 和抗力分项系数 γ_R 以及闭口（箱形）截面的影响调整系数 η，可得《规范》规定的设计公式为

$$\frac{N}{\varphi_y A} + \eta \frac{\beta_{tx} M_x}{\varphi_b W_{1x}} \leqslant f \qquad (5.79)$$

式中：φ_y 为弯矩作用平面外的轴心受压构件稳定系数，对于双轴对称截面或极对称截面可直接用 λ_y 确定，对于单轴对称截面应按考虑扭转效应的换算长细比 λ_{yz} 确定；φ_b 为考虑弯矩变化和荷载位置影响的受弯构件的整体稳定系数，对工字形截面和 T 形截面的非悬臂（悬伸）构件可按受弯构件整体稳定系数的近似公式计算，对闭口截面，由于其抗扭刚度特别大，可取 $\varphi_b = 1.0$；M_x 为所计算构件段范围内（构件侧向支承点间）的最大弯矩设计值，N·mm；η 为截面影响系数，闭口（箱形）截面 $\eta = 0.7$，其他截面 $\eta = 1.0$；β_{tx} 为等效弯矩系数，应按下列规定采用。

（1）在弯矩作用平面外有支承的构件，应根据两相邻支承间构件段内的荷载和内力情况确定。

1）构件段无横向荷载作用时，$\beta_{tx} = 0.65 + 0.35 M_2/M_1$，$M_1$ 和 M_2 是构件段在弯矩作用平面内的端弯矩，$|M_1| \geqslant |M_2|$；使构件段产生同向曲率时取同号，产生反向曲率时取异号。

2）构件段内有端弯矩和横向荷载同时作用时：使构件段产生同向曲率时取 $\beta_{tx} = 1.0$；使构件段产生反向曲率时取 $\beta_{tx} = 0.85$。

3）构件段内无端弯矩但有横向荷载作用时，$\beta_{tx} = 1.0$。

（2）弯矩作用平面外为悬臂构件，$\beta_{tx} = 1.0$。

式（5.79）尽管是根据弹性工作状态按双轴对称截面的理论公式导得，但对弹塑性工作状态以及单轴对称截面同样适用。同样，式（5.79）所示的计算实腹式压弯构件在弯矩作用平面外整体稳定的双向相关公式，也从形式上将 N 和 M 表达出来，利于直观，而且较好地与轴心受压构件和受弯构件的稳定计算公式协调和衔接。

【例 5.4】 图 5.26 所示为 Q235 钢焊接工字形压弯构件，翼缘为焰切边，承受的轴心压力设计值为 $N = 850 \text{kN}$，构件一端承受 $M_x = 480 \text{kN·m}$ 的弯矩，另一端弯矩为 0。构件两端铰接，长 15m，在侧向三分点处各有一侧向支撑点。试验算构件在弯矩作用平面外的整体稳定性。

解：（1）截面几何特性。

$$A = 2 \times 300 \times 14 + 680 \times 12 = 1.7 \times 10^4 \, (\text{mm}^2)$$

$$I_x = \frac{1}{12}[300 \times (680 + 2 \times 14)^3 - (300 - 12) \times 680^3] = 1.3 \times 10^9 \, (\text{mm}^4)$$

$$W_{1x} = \frac{I_x}{y} = \frac{1.3 \times 10^9}{680/2 + 14} = 3.7 \times 10^6 \, (\text{mm}^3)$$

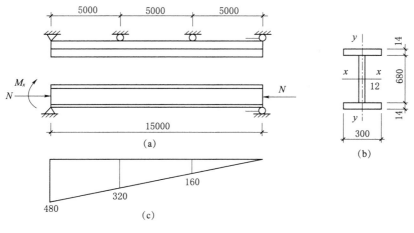

图 5.26 [例 5.4] 图

$$I_y = 2 \times \frac{1}{12} \times 14 \times 300^3 = 6.3 \times 10^7 (\text{mm}^4)$$

$$i_y = \sqrt{\frac{I_y}{A}} = \sqrt{\frac{6.3 \times 10^7}{1.7 \times 10^4}} = 61.7 (\text{mm})$$

（2）弯矩作用平面外的整体稳定。

$$\lambda_y = \frac{l_{0y}}{i_y} = \frac{5000}{61.7} = 81.0$$

查表 5.5 绕 y 轴属于 c 类截面，查附表 5.3 得 $\varphi_y = 0.681$。

因最大弯矩在左端，而且左边第一段 β_{1x} 最大，故需验算此段。

$$\beta_{mx} = 0.65 + 0.35 M_2 / M_1 = 0.65 + 0.35 \times 320/480 = 0.88$$

$$\varphi_b = 1.07 - \frac{\lambda_y^2}{44000} \frac{f_{yk}}{235} = 1.07 - \frac{81.0^2}{44000} \times \frac{235}{235} = 0.92$$

$$\frac{N}{\varphi_y A} + \eta \frac{\beta_{tx} M_x}{\varphi_b W_{1x}} = \frac{850 \times 10^3}{0.681 \times 1.7 \times 10^4} + 1.0 \times \frac{0.88 \times 480 \times 10^6}{0.92 \times 3.7 \times 10^6}$$
$$= 197.5 (\text{N/mm}^2) < f = 215 \text{N/mm}^2$$

该构件在弯矩作用平面外不会发生弯扭失稳。

4. 双向压弯构件的稳定承载力计算

任何压弯构件不能使弯矩作用在非对称轴平面内，这是因为此种情况的弯扭屈曲状况非常复杂，很难给定合适的计算式。所以，弯矩作用在两个主平面的压弯构件，《规范》规定的计算方法只适用于双轴对称的工字形和箱形截面。

双向受弯的压弯构件，失稳时呈现出弯曲和扭转的空间失稳形式，其承载力可用最大强度理论求出。但是，双向弯曲使中和轴有倾角，再加上扭转这一因素，计算很复杂；其稳定承载力极限值的计算，需要考虑几何非线性和物理非线性问题，《规范》采用线性相关公式表达。《规范》对单向压弯构件稳定计算公式进行推广和组合，实现双向压弯构件的稳定计算与轴心受压构件、单向压弯构件以及双向受弯构件的整体稳定计算相互衔接，对弯矩作用在两个主平面内的双轴对称实腹式工字形截面（含 H 形）和箱形（闭口）截面的压弯构件，规定其整体稳定性按下列两

公式计算，即

$$\frac{N}{\varphi_x A}+\frac{\beta_{mx}M_x}{\gamma_x W_{1x}(1-0.8N/N'_{Ex})}+\eta\frac{\beta_{ty}M_y}{\varphi_{by}W_{1y}}\leq f \tag{5.80}$$

$$\frac{N}{\varphi_y A}+\eta\frac{\beta_{tx}M_x}{\varphi_{bx}W_{1x}}+\frac{\beta_{my}M_y}{\gamma_y W_{1y}(1-0.8N/N'_{Ey})}\leq f \tag{5.81}$$

式中：φ_x、φ_y 分别为对 x 轴和 y 轴的轴心受压构件稳定系数；φ_{bx}、φ_{by} 分别为对 x 轴和 y 轴的均匀弯曲的受弯构件整体稳定系数，对工字形截面（含 H 型钢）的非悬臂（悬伸）构件，φ_{bx} 可按受弯构件整体稳定系数近似公式计算，φ_{by} 对闭口截面，$\varphi_{bx}=\varphi_{by}=1.0$；$M_x$、$M_y$ 分别为所计算构件段范围内对 x 轴（工字形截面和 H 型钢 x 轴为强轴）和 y 轴的最大弯矩，N·mm；W_{1x}、W_{1y} 分别为对强轴和弱轴最大受压纤维的毛截面模量；β_{mx}、β_{my} 为等效弯矩系数，应按弯矩作用平面内稳定计算的有关规定采用；β_{tx}、β_{ty} 为等效弯矩系数，应按弯矩作用平面外稳定计算的有关规定采用；η 为截面影响系数，箱形截面 $\eta=0.7$，其他截面 $\eta=1.0$。

5.5 轴心受压构件和实腹式压弯构件的局部稳定

5.5.1 实腹式轴心受压构件的局部稳定

钢结构轴心受压构件大多由若干矩形平面薄板组成。设计时通常板件的宽度与厚度之比都比较大，使截面具有较大的回转半径，以获得较高的整体稳定承载力。但如果板件的宽度与厚度之比过大，在轴心压力作用下，可能在构件丧失整体稳定之前，板件偏离原来的平面位置而发生波状鼓曲，称这种现象为板件丧失了稳定性。因为板件失稳发生在整个构件的局部部位，所以称为构件丧失局部稳定或发生局部屈曲。由于丧失稳定的板件不能再承受或少承受所增加的荷载，导致构件的整体稳定承载力降低。实腹式轴心受压构件因主要受轴心压力作用，故应按均匀受压板计算其板件的局部稳定。

1. 确定板件宽厚比限制的准则

为了保证一般钢结构轴心受压构件的局部稳定，通常采用限制其板件宽厚比的办法，即限制板件宽度与厚度之比不要过大；否则临界应力很低，会过早发生局部屈曲。目前，关于轴心受压构件的局部稳定性计算采用两种设计准则：一种是不允许出现局部失稳，即板件受到的压应力不超过局部失稳的临界应力；另一种是允许出现局部失稳，利用板件屈曲后强度，板件受到的压应力不超过板件发挥屈曲后强度的极限承载应力。使构件整体屈曲前其板件不发生局部屈曲，即局部屈曲临界应力不小于整体屈曲临界应力，常称为局部与整体等稳定准则。后一准则与构件长细比发生关系，对中等或较长构件似乎更合理；前一准则对短柱比较适合。《规范》在规定轴心受压构件宽（高）厚比限值时，主要采用后一准则，在长细比很小时，参照前一准则予以调整。

2. 轴心受压构件板件宽（高）厚比的限值

轧制型钢（工字钢、H 型钢、槽钢、T 型钢、角钢等）的翼缘和腹板一般厚度较大，板件的宽（高）厚比相对较小，都能满足局部稳定要求，可不作验算。对焊接组合截面构件（图 5.27），一般采用限制板件宽（高）厚比来保证局部稳定。

（1）工字形截面。《规范》给出的工字形截面 ［图 5.27（a）］的局部稳定计算公式如下。

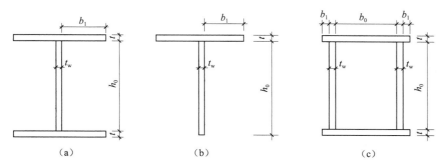

图 5.27 工字形、T 形和箱形截面板件尺寸

翼缘宽厚比为

$$\frac{b_1}{t} \leqslant (10 + 0.1\lambda)\sqrt{\frac{235}{f_{yk}}} \tag{5.82}$$

腹板高厚比为

$$\frac{h_0}{t_w} \leqslant (25 + 0.5\lambda)\sqrt{\frac{235}{f_{yk}}} \tag{5.83}$$

式中：b_1 为翼缘板自由外伸宽度，焊接构件取腹板厚度边缘至翼缘板（肢）边缘的距离，轧制构件取内圆弧起点至翼缘板（肢）边缘的距离，mm；λ 为构件两方向长细比（扭转或弯扭失稳时取换算长细比）中的较大值，当 $\lambda \leqslant 30$ 时，取 $\lambda = 30$；当 $\lambda \geqslant 100$ 时，取 $\lambda = 100$；f_{yk} 为钢材屈服强度。

（2）T 形截面。T 形截面 ［图 5.27（b）］翼缘宽厚比和腹板的高厚比限值计算公式如下。

对于翼缘，当 $\lambda\sqrt{f_{yk}/235} \leqslant 70$ 时，有

$$\frac{b}{t} \leqslant 14\sqrt{\frac{235}{f_{yk}}} \tag{5.84}$$

当 $\lambda\sqrt{f_{yk}/235} > 70$ 时，有

$$\frac{b}{t} \leqslant \min\left(7\sqrt{\frac{235}{f_{yk}}} + 0.1\lambda, 7\sqrt{\frac{235}{f_{yk}}} + 12\right) \tag{5.85}$$

式中：b、t 分别为翼缘壁板的宽度和厚度，对焊接构件 b 取翼缘板宽度 B 的一半，对热轧构件取 $b = B/2 - t$］，但不小于 $B/2 - 20$mm。

对于腹板，当 $\lambda\sqrt{f_{yk}/235} \leqslant 70$ 时，有

$$\frac{h_0}{t_w} \leqslant 25\sqrt{\frac{235}{f_{yk}}} \tag{5.86}$$

当 $\lambda\sqrt{f_{yk}/235} > 70$ 时，有

$$\frac{h_0}{t_w} \leqslant \min\left(11\sqrt{\frac{235}{f_{yk}}} + 0.2\lambda, 11\sqrt{\frac{235}{f_{yk}}} + 24\right) \tag{5.87}$$

对焊接构件 h_0 取腹板高度 h_w，对热轧构件 $h_0 = h_w - t$，但不小于 $h_w - 20\text{mm}$。

（3）H 形截面受压翼缘板宽厚比限值计算公式与 T 形截面翼缘板的宽厚比限值一致。

（4）箱形截面 ［图 5.27（c）］ 受压翼缘壁板宽度 b 与厚度 t 之比应符合以下规定。

当 $\lambda \sqrt{f_{yk}/235} \leqslant 52$ 时，有

$$\frac{b}{t} \leqslant 42 \sqrt{\frac{235}{f_{yk}}} \tag{5.88}$$

当 $\lambda \sqrt{f_{yk}/235} > 52$ 时，有

$$\frac{b}{t} \leqslant \min\left(29 \sqrt{\frac{235}{f_{yk}}} + 0.25\lambda, 29 \sqrt{\frac{235}{f_{yk}}} + 30\right) \tag{5.89}$$

式中：b、t 分别为板的净宽度和厚度，mm。

长方箱形截面较宽壁板宽厚比应按式（5.88）和式（5.89）的值，并乘以调整系数，即

$$\alpha_r = 1.12 - \frac{1}{3}(\eta - 0.4)^2 \tag{5.90}$$

式中：η 为箱形截面宽度和高度之比，$\eta \leqslant 1.0$。

（5）等边角钢轴压构件的肢件宽厚比限值如下。

当 $\lambda \sqrt{f_{yk}/235} \leqslant 80$ 时，有

$$\frac{w}{t} \leqslant 15 \sqrt{\frac{235}{f_{yk}}} \tag{5.91}$$

当 $\lambda \sqrt{f_{yk}/235} > 80$ 时，有

$$\frac{w}{t} \leqslant \min\left(5 \sqrt{\frac{235}{f_{yk}}} + 0.13\lambda, 5 \sqrt{\frac{235}{f_{yk}}} + 15\right) \tag{5.92}$$

式中：w、t 分别为角钢的平板宽度和厚度，mm；w 可取为 $b - 2t$，b 为角钢宽度，mm；λ 为按角钢绕非对称主轴回转半径计算的长细比。

但是，当轴压构件稳定承载力未用足，即当 $N < \varphi f A$ 时，可将其板件宽厚比限值由上述宽厚比限值公式算得后乘以放大系数 $\alpha = \sqrt{\varphi f A / N}$。板件宽厚比超过上述宽厚比规定的限值时，轴压杆件的稳定承载力应按下式计算，即

$$N = \varphi A \rho f \tag{5.93}$$

式中：ρ 为有效屈服强度系数，应根据截面形式按下列情形确定。

1）正方箱形截面。当 $\frac{b}{t} > 42 \sqrt{235/f_{yk}}$ 时，有

$$\rho = \frac{1}{\lambda_p}\left(1 - \frac{0.19}{\lambda_p}\right) \tag{5.94}$$

式中：$\lambda_p = \frac{b/t}{56.2} \sqrt{f_{yk}/235}$，$b$、$t$ 分别为壁板的净宽度和厚度，mm；当 $\lambda \sqrt{f_{yk}/235} > 52$ 时，ρ 值应不小于 $(29\sqrt{235/f_{yk}} + 0.25\lambda)t/b$。

2）单角钢。当 $\dfrac{w}{t} > 15\sqrt{235/f_{yk}}$ 时，有

$$\rho = \frac{1}{\lambda_p}\left(1 - \frac{0.10}{\lambda_p}\right) \tag{5.95}$$

式中：$\lambda_p = \dfrac{w/t}{16.8}\sqrt{f_{yk}/235}$，当 $\lambda\sqrt{f_{yk}/235} > 80$ 时，ρ 值应不小于 $(5\sqrt{235/f_{yk}} + 0.13\lambda)t/w$。

3. 加强局部稳定的措施

对某些大型工字形截面和箱形截面轴心受压构件的腹板，由于高度 h_0 较大，因此为满足上述局部稳定高厚比限值的要求，往往须采用较厚钢板，故不够经济。为节约材料，可在采用较薄钢板时，采用设置纵向加劲肋或用有效截面计算方法。

纵向加劲肋在腹板中央的两侧成对设置，且位于横向加劲肋之间（图 5.28）。其外伸宽度 $b_s \geq 10t_w$，厚度 $t_s \geq 3t_w/4$。设置纵向加劲肋能有效地阻止腹板屈曲时的凹凸变形，因此可取其和翼缘间的距离作为腹板计算高度计算腹板高厚比。通常在横向加劲肋间设置，横向加劲肋的尺寸应满足外伸宽度 $b_s \geq (h_0/30) + 40\text{mm}$、厚度 $t_s \geq b_s/15$。

采用有效截面计算腹板的局部稳定类似于梁腹板考虑屈曲后强度的计算方法，即当腹板高厚比不能满足限值要求时，可认为腹板中间部分因屈曲而退出工作，而仅考虑腹板计算高度边缘范围内两侧宽度各为 $20t_w\sqrt{235/f_{yk}}$ 的部分和翼缘一起作为有效截面（图 5.29），用来计算构件的强度和稳定性。但在计算构件的长细比和稳定系数时，仍用全部截面。

图 5.28　腹板纵向加劲肋
1—横向加劲肋；2—纵向
加劲肋

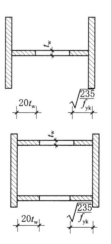

图 5.29　腹板屈曲后的有效截面

5.5.2　实腹式压弯构件的局部稳定

实腹式压弯构件的局部稳定与轴心受压构件和受弯构件是一样的，也是采用限制板件翼缘和腹板的宽（高）厚比的办法来加以保证的。

1. 受压翼缘板的宽厚比限值

我国《规范》对压弯构件的受压翼缘板采用不允许发生局部失稳的设计准则。工字形截面和箱形截面压弯构件的受压翼缘板，受力情况与相应梁的受压翼缘板基本相同，因此为保证其局部稳定性，所需的宽厚比限值与梁受压翼缘的宽厚比限值相同。《规范》对压弯构件翼缘宽厚比的限制规定如下：

（1）工字形、T 形和箱形截面（图 5.27）的压弯构件，其受压翼缘的应力情况与受弯构件受压翼缘的类似，当截面设计由强度控制时更加相似，故翼缘板的自由外伸宽度 b_1 与其厚度 t 之比应满足下式要求，即

$$\frac{b_1}{t} \leqslant 15\sqrt{\frac{235}{f_{yk}}} \tag{5.96}$$

式（5.96）较符合长细比较大，如 $\lambda \geqslant 100$ 的压弯构件，即适合于弹性设计（截面塑性发展系数 $\gamma_x = 1.0$）。对长细比较小的压弯构件，且由弯矩作用平面内的稳定性控制截面设计时，受压翼缘将有较深的塑性发展，其平均应力将更接近于 f_{yk}。若设计允许部分截面发展塑性时，宜取

$$\frac{b_1}{t} \leqslant 13\sqrt{\frac{235}{f_{yk}}} \tag{5.97}$$

（2）箱形截面受压翼缘板在两腹板间的宽度 b_0 与其厚度 t 之比应符合

$$\frac{b_0}{t} \leqslant 40\sqrt{\frac{235}{f_{yk}}} \tag{5.98}$$

2. 腹板的高厚比限值

工字形截面压弯构件的腹板，可看成四边简支板受不均匀正应力 σ 和均匀分布剪应力 τ 的联合作用，其弹性屈曲的临界条件可表示为

$$\left(\frac{\alpha_0}{2}\right)^5 \left(\frac{\sigma}{\sigma_0}\right)^2 + \left[1 - \left(\frac{\alpha_0}{2}\right)^5\right]\frac{\sigma}{\sigma_0} + \left(\frac{\tau}{\tau_0}\right)^2 = 1 \tag{5.99}$$

式中：σ、τ 分别为腹板边缘所受的最大压应力和腹板的均布剪应力，N/mm^2；σ_0 为非均匀压应力 σ 单独作用时四边简支板的弹性屈曲应力，N/mm^2，$\sigma_0 = \beta_c \frac{\pi^2 E}{12(1-\nu^2)}\left(\frac{t_w}{h_0}\right)^2$，屈曲系数 β_c 取决于 α_0 和剪应力的影响；τ_0 为剪应力 τ 单独作用时四边简支板的弹性屈曲应力，N/mm^2，$\sigma_0 = \beta_v \frac{\pi^2 E}{12(1-\nu^2)}\left(\frac{t_w}{h_0}\right)^2$，取 $a = 3h_0$，则屈曲系数 $\beta_v = 5.784$；α_0 为应力梯度，$\alpha_0 = (\sigma_{max} - \sigma_{min})/\sigma_{max}$；$\sigma_{max}$ 为腹板计算高度边缘的最大压应力（按强度公式计算，即计算时不考虑构件的稳定系数，且不考虑截面塑性发展系数）；σ_{min} 为腹板计算高度另一边缘相应的应力，压应力为正，拉应力为负。

在式（5.99）中用不同的剪应力 τ 代入，即可算出剪应力 τ 和非均匀正应力 σ 共同作用下腹板弹性屈曲的临界应力，即

$$\sigma_{cr} = \beta_e \frac{\pi^2 E}{12(1-\nu^2)}\left(\frac{t_w}{h_0}\right)^2 \tag{5.100}$$

式中：β_e 为正应力和剪应力联合作用时的弹性屈曲系数，其值与应力梯度 α_0 和 τ/σ 有关。

压弯构件腹板中剪应力的作用使腹板屈曲的临界应力降低，但一般在应力梯度 α_0 较小时影响最小；$\alpha_0=2$ 时，影响最大。对一般压弯构件，可取 $\alpha_0=2$（无轴心力），腹板边缘剪应力 τ 则取弯曲应力 σ_M [$\sigma_M=(\sigma_{max}-\sigma_{min})/2$] 的 0.3 倍较适宜，即 $\tau=0.3\sigma_M$ 或 $\tau/\sigma=0.15\alpha_0$。按此数值，由式（5.99）和式（5.100）计算的 β_e，见表 5.8。

表 5.8 屈曲系数 β、β_e 和高厚比 h_0/t_w

α_0	0.0	0.2	0.4	0.6	0.8	1.0	1.2	1.4	1.6	1.8	2.0
β	4.000	4.443	4.992	5.689	6.595	7.812	9.503	11.868	15.183	19.524	23.922
β_e	4.000	4.435	4.970	5.640	6.467	7.507	8.815	10.393	12.150	13.800	15.012
h_0/t_w	56.24	55.64	55.35	57.92	60.84	64.21	68.23	72.67	77.400	87.76	94.54

由式（5.100）可得腹板在弹性状态屈曲时的高厚比限值，即

$$\frac{h_0}{t_w}=\pi\sqrt{\frac{\beta_e E}{12(1-\nu^2)\sigma_{cr}}} \tag{5.101}$$

当 $\alpha_0=2$ 时，相当于受弯构件腹板受力情况，按表 5.8，$\beta_e=15.012$，同时取 $\sigma_{cr}=\sigma_{max}=0.95 f_{yk}$ 代入式（5.101），可得 $h_0/t_w=111.79\sqrt{235/f_{yk}}$。然而，受弯构件腹板边缘 σ_{max} 处的 τ，一般不到 $0.3\sigma_M$，可取 $\tau/\sigma_m=0.2$，此时可得 $\beta_e=18.434$，则 $h_0/t_w=124\sqrt{235/f_{yk}}$。由此可见，压弯构件腹板在弹性屈曲时的最大限值可取 $h_0/t_w\approx120\sqrt{235/f_{yk}}$。

当压弯构件在弯矩作用平面内失稳时，由于截面一般在受压较大一侧均有不同程度的塑性发展，腹板将在弹塑性状态屈曲，其受力情况有可能如图 5.30 所示的多种形式。因此，对式（5.100）、式（5.101）应按弹塑性稳定理论加以修正，用塑性屈曲系数 β_p 代替 β_e，即

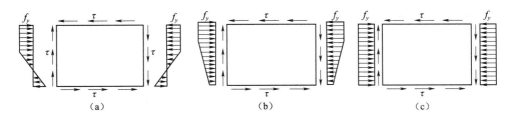

图 5.30 压弯构件腹板弹塑性状态的受力情况

$$\sigma_{cr}=\beta_p\frac{\pi^2 E}{12(1-\nu^2)}\left(\frac{t_w}{h_0}\right)^2 \tag{5.102}$$

和

$$\frac{h_0}{t_w}=\pi\sqrt{\frac{\beta_p E}{12(1-\nu^2)\sigma_{cr}}} \tag{5.103}$$

塑性屈曲系数 β_p 不仅与 α_0 有关，还与塑性发展深度有关，现取为 $0.25h_0$，可得 β_p，见表 5.9。

表 5.9 塑性屈曲系数 β_p 和高厚比 h_0/t_w

α_0	0.0	0.2	0.4	0.6	0.8	1.0	1.2	1.4	1.6	1.8	2.0
$\beta_p(\tau=0.3\sigma_M)$	4.000	3.914	3.874	4.242	4.681	5.214	5.886	6.678	7.576	9.738	11.301
h_0/t_w	56.24	55.64	55.35	57.92	60.84	64.21	68.23	72.67	77.400	87.76	94.54

在式（5.103）中令 $\sigma_{cr} = f_{yk}$，并代入 β_p 等数值，可得在不同应力梯度 α_0 时的 h_0/t_w 限值，现也将其列入表 5.9 中。为了便于计算，《规范》规定将 α_0 和 h_0/t_w 的关系近似地用直线表达。

（1）工字形和箱形截面。

当 $0 \leqslant \alpha_0 \leqslant 1.5$ 时，有

$$\frac{h_0}{t_w} \leqslant (18\alpha_0 + 42)\sqrt{\frac{235}{f_{yk}}} \qquad (5.104)$$

当 $1.5 < \alpha_0 \leqslant 2.0$ 时，有

$$\frac{h_0}{t_w} \leqslant (48\alpha_0 - 3)\sqrt{\frac{235}{f_{yk}}} \qquad (5.105)$$

（2）T 形截面。

$$\frac{h_0}{t_w} \leqslant 25\sqrt{\frac{235}{f_{yk}}} \qquad (5.106)$$

【例 5.5】　与［例 5.3］给出的条件一致，试验算该轴心受压构件的局部稳定性。

解：
$$I_y = 2 \times \frac{1}{12} \times 1.4 \times 32^3 = 7.65 \times 10^3 (\text{cm}^4)$$

$$i_y = \sqrt{\frac{I_y}{A}} = \sqrt{\frac{7.65 \times 10^3}{162}} = 6.87(\text{cm})$$

$$\lambda_y = \frac{l_{0y}}{i_y} = \frac{800}{6.87} = 116.4$$

由［例 5.3］知，$\lambda_x < \lambda_y$，故 $\lambda_{max} = 116.4$，则 $\lambda = 100$。

翼缘外伸部分

$$\frac{b_1}{t} = \frac{350/2 - 10/2}{14}$$

$$= 12.1 < (10 + 0.1\lambda)\sqrt{\frac{235}{f_{yk}}} = (10 + 0.1 \times 100)\sqrt{\frac{235}{235}} = 20$$

满足要求。

腹板高厚比

$$\frac{h_0}{t_w} = \frac{640}{10} = 64 > (13 + 0.17\lambda)\sqrt{\frac{235}{f_{yk}}} = (13 + 0.17 \times 100)\sqrt{\frac{235}{235}} = 30$$

不满足要求。

5.6　实腹式轴心受压和压弯构件的截面设计

5.6.1　截面设计原则

实腹式轴心受压构件的截面形式一般可按图 5.4（a）、（c）选用其中的双轴对称型钢截面或实腹式组合截面。设计时应满足强度、刚度、整体稳定和局部稳定要求。此外，为了获得经济合理的效果，应考虑以下 4 个原则。

(1) 等稳定性。使构件在两个主轴的整体稳定承载力尽量接近，以充分发挥其承载能力。因此，应尽可能使其两方向的稳定系数或长细比相等，即 $\varphi_x \approx \varphi_y$ 或 $\lambda_x \approx \lambda_y$。对两方向不属于同一类别的截面，即便长细比相同，稳定系数也不同，但一般相差不大，仍可采用 $\lambda_x \approx \lambda_y$ 或做适当调整。

(2) 宽肢薄壁。在满足板件宽（高）厚比限值的条件下，截面面积的分布应尽量远离主轴线，以增加截面的惯性矩和回转半径，从而提高构件的整体稳定性和刚度，达到用料合理。

(3) 连接方便。杆件应便于与其他构件连接。在一般情况下，宜选择开敞式截面，便于与其他构件进行连接。但是，对于封闭式的箱形截面和管形截面，由于连接较困难，只在特殊情况下使用。

(4) 制造省工。应使构造简单，能充分利用现代化的制造能力和减少制造工作量。如设计便于采用自动焊的截面（工字形截面等）和尽量使用 H 型钢，这样做虽然有时用钢量会增多，但因制造省时省工和型钢价格较低，故相对而言可能仍比较经济。

5.6.2 截面设计方法

1. 试选截面

根据截面设计原则、使用要求、材料供应、加工方法、轴心压力 N 的大小、两主轴方向的计算长度 l_{0x} 和 l_{0y} 等条件确定截面形式和钢材牌号，按下面的步骤试选型钢型号或组合截面的尺寸。

(1) 确定截面需要的面积 A_{req}、回转半径 $i_{x req}$ 和 $i_{y req}$ 以及高度 h_{req}、宽度 b_{req}，可按以下步骤。

1) 假定构件的长细比 λ，查 φ_x、φ_y，选二者的最小值 φ_{min}，求得 $A_{req} = N/(\varphi_{min} f)$。

2) 对 x 轴需要的回转半径 $i_{x req} = l_{0x}/\lambda$，由 $i_{x req}$ 求得 $h_{req} \approx i_{x req}/\alpha_1$。

3) 对 y 轴需要的回转半径 $i_{y req} = l_{0y}/\lambda$，由 $i_{y req}$ 求得 $b_{req} \approx i_{y req}/\alpha_2$。

步骤 2) 和 3) 中的 α_1、α_2 分别表示截面高度 h、宽度 b 与回转半径 i_x、i_y 间的近似数值关系的系数，见附表 6.1。λ 根据经验，一般可在 $50 \sim 100$ 范围内假定。当 N 大且 l_0 小（$N \geqslant 3000 \text{kN}$、$l_0 \leqslant 4 \sim 5 \text{m}$）时取小值。反之（$N \leqslant 1500 \text{kN}$、$l_0 \geqslant 5 \sim 6 \text{m}$），取大值。

(2) 确定型钢型号或组合截面各板件尺寸。对于型钢，根据 A_{req}、$i_{x req}$、$i_{y req}$ 查型钢表中相近数值，即可选择合适的型号。由于假定的 λ 值不一定恰当，完全按照所需的 A_{req}、h、b 配置的截面可能会使板件厚度太大或太小，这时可适当调整 h 或 b。必要时可重新假定长细比 λ，重复上述步骤。对于组合截面，根据 A_{req}、$i_{x req}$、$i_{y req}$，并考虑制造、焊接工艺的需要，以及宽肢薄壁、连接简便等原则，结合钢材规格，调配各板件尺寸。如对焊接工字形截面，为了便于采用自动焊，宜取 $b \approx h$；为了使用料合理，宜取一个翼缘截面面积 $A_1 = (0.35 \sim 0.40)A$，$t_w = (0.4 \sim 0.7)t$，但不小于 6mm，h_0 和 b 为 10mm 的倍数。t 和 t_w 为 2mm 的倍数，且腹板厚度 t_w 应比翼缘厚度 t 小，但一般不小于 4mm。

2. 验算截面

(1) 强度。如有孔洞削弱，应按式（5.2）或式（5.3）或式（5.4）进行强度验算。

(2) 刚度。按式（5.22）验算构件的刚度。

(3) 整体稳定。按式（5.46）验算构件的整体稳定。须同时考虑两主轴方向，但一般可取其中长细比的较大值进行计算。

(4) 局部稳定。轧制型钢（工字钢、H 型钢、槽钢、T 型钢、角钢等）截面可不做局部稳定，焊接组合截面应按式（5.82）～式（5.92）验算局部稳定。

5.6.3 实腹式轴心受压构件的构造要求

当实腹式构件的腹板高厚比 $h_0/t_w > 80$ 时，腹板有可能在施工和运输过程中发生扭转变形，故为了提高构件的抗扭刚度，在腹板两侧成对配置横向加劲肋（图 5.28），其间距不得大于 $3h_0$（h_0 为腹板高度），外伸宽度 $b_s \geqslant (h_0/30) + 40\text{mm}$，厚度 $t_s \geqslant b_s/15$。

对大型实腹式柱，为了提高其构件抗扭刚度和传递必要的内力，在受有较大横向力处和每个运送单元的两端还应设置横隔（外伸宽度加宽至翼缘边的横向加劲肋）（图 5.28）。构件较长时并应设置中间横隔，横隔的间距不得大于构件截面较大宽度的 9 倍或 8m，且在运输单元的两端均应设置。另外，在受有较大水平力处也应设置，以防止柱局部弯曲屈曲（以上规定也适用于实腹式压弯构件）。横隔与横向加劲肋的区别在于：横隔与翼缘同宽，而横向加劲肋则通常较窄。

实腹式轴心受压柱板件间（如工字形截面翼缘与腹板间）纵向连接焊缝，只承受柱初弯曲或因偶然横向力作用等产生的很小剪力。因此，可不必计算焊缝强度，可按构造要求确定焊缝尺寸 $h_f = 4 \sim 8\text{mm}$。

【**例 5.6**】 图 5.31 所示为一管道支架，其支柱承受压力设计值（包括自重）$N = 1400\text{kN}$，柱两端铰支，截面无孔洞削弱，钢材为 Q345。试设计此支柱的截面：①采用普通热轧工字钢；②采用热轧 H 型钢；采用焊接工字形截面，翼缘板为焰切边。

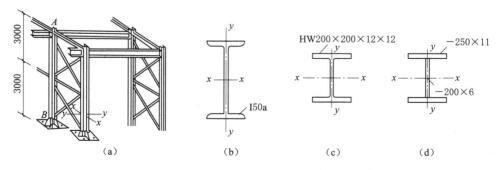

图 5.31　［例 5.6］图

解： 支柱在两个方向的计算长度不相等，取截面放置如图 5.31 所示，x 轴在支架支撑平面（x 轴为强轴），y 轴垂直于支架支撑平面（y 轴为强轴）。柱在两个方向的计算长度分别为

$$l_{0x} = 6000\text{mm}$$

$$l_{0y} = 3000 \text{mm}$$

（1）采用热轧普通工字钢时的截面设计［图 5.31（a）］。

1）试选截面。假定 $\lambda = 90$，对于 $b/h \leqslant 0.8$ 热轧普通工字钢绕 x 轴和 y 轴失稳时分别属于 a 类和 b 类截面，$\lambda\sqrt{f_{yk}/235} = 90 \times \sqrt{345/235} = 109.0$，由附表 5.1 和附表 5.2 查得，$\varphi_x = 0.570$、$\varphi_y = 0.499$，则 $\varphi_{\min} = \varphi_y = 0.499$。所需截面面积和回转半径分别为

$$A_{\text{req}} = \frac{N}{\varphi_{\min} f} = \frac{1400 \times 10^3}{0.499 \times 310} = 9050.4 (\text{mm}^2)$$

$$i_{x\text{req}} = \frac{l_{0x}}{\lambda} = \frac{6000}{90} = 66.7 (\text{mm})$$

$$i_{y\text{req}} = \frac{l_{0y}}{\lambda} = \frac{3000}{90} = 33.3 (\text{mm})$$

由附表 3.3 型钢表中不可能选出同时满足 A_{req}、$i_{x\text{req}}$ 和 $i_{y\text{req}}$ 的型号，可以 A_{req} 和 $i_{x\text{req}}$ 为主，适当考虑 $i_{y\text{req}}$ 进行选择。现初选工 50a，$A = 11930.0\text{mm}^2$，$i_x = 197.0\text{mm}$，$i_y = 30.7\text{mm}$，$b/h = 158/500 = 0.32 < 0.8$。翼缘厚度 $t = 20\text{mm}$，$f = 295\text{N/mm}^2$。

2）截面验算。因截面无孔洞削弱，不必验算强度。热轧普通工字钢的翼缘和腹板均较厚，也不必验算局部稳定性，只需进行刚度和整体稳定性验算。

$$\lambda_x = \frac{l_{0x}}{i_x} = \frac{6000}{197.0} = 30.5 < [\lambda] = 150$$

$$\lambda_y = \frac{l_{0y}}{i_y} = \frac{3000}{30.7} = 97.7 < [\lambda] = 150$$

满足刚度要求。

λ_y 远大于 λ_x，绕 y 轴失稳时属于 b 类截面，由 $\lambda_y\sqrt{f_y/235} = 97.7 \times \sqrt{345/235} = 118.4$，查附表 5.2 得 $\varphi_y = 0.445$，则

$$\frac{N}{\varphi A} = \frac{1400 \times 10^3}{0.445 \times 11930.0} = 263.7 (\text{N/mm}^2) < f = 295\text{N/mm}^2$$

满足整体稳定性要求。

（2）轧制 H 型钢［图 5.31（b）］。

1）试选截面。选用宽翼缘 H 型钢（HW 型），因截面宽度较大，假设的长细比 λ 可适当减小，假定 $\lambda = 60$。宽翼缘 H 型钢 $b/h > 0.8$，绕 x 轴和 y 轴失稳都属于 b 类截面，$\lambda\sqrt{f_y/235} = 60 \times \sqrt{345/235} = 72.7$，由附表 5.2 查得 $\varphi = 0.734$，所需截面面积和回转半径分别为

$$A_{\text{req}} = \frac{N}{\varphi_{\min} f} = \frac{1400 \times 10^3}{0.734 \times 310} = 6152.8 (\text{mm}^2)$$

$$i_{x\text{req}} = \frac{l_{0x}}{\lambda} = \frac{6000}{60} = 100.0 (\text{mm})$$

$$i_{y\text{req}} = \frac{l_{0y}}{\lambda} = \frac{3000}{60} = 50.0 (\text{mm})$$

由附表 3.5 型钢表初选 HW $200 \times 200 \times 12 \times 12$，$A = 7228.0\text{mm}^2$，$i_x = 75.0\text{mm}$，$i_y = 43.7\text{mm}$。翼缘厚度 $t = 11\text{mm}$，$f = 310\text{N/mm}^2$。

2）截面验算。因截面无孔洞削弱，不必验算强度。又因为轧制型钢，也不必验算局部稳定，只需进行刚度和整体稳定性验算。

$$\lambda_x = \frac{l_{0x}}{i_x} = \frac{6000}{75} = 80.0 < [\lambda] = 150$$

$$\lambda_y = \frac{l_{0y}}{i_y} = \frac{3000}{43.7} = 68.6 < [\lambda] = 150$$

满足刚度要求。

绕 x 轴和 y 轴失稳都属于 b 类截面，因 $\lambda_x > \lambda_y$，由长细比的较大值 λ_x 计算 $\lambda\sqrt{f_y/235} = 80.0 \times \sqrt{345/235} = 969$，由附表 5.2 得 $\varphi_x = 0.576$，则

$$\frac{N}{\varphi A} = \frac{1400 \times 10^3}{0.576 \times 5143.0} = 263.7 (\text{N/mm}^2) < f = 295\text{N/mm}^2$$

满足整体稳定性要求。

（3）焊接工字形截面［图 5.31（c）］。

1）试选截面。假定 $\lambda = 80$，焊接工字形截面，翼缘为焰切边，绕 x 轴和 y 轴失稳时都属于 b 类截面，$\lambda\sqrt{f_y/235} = 80 \times \sqrt{345/235} = 96.9$，由附表 5.2 查得，$\varphi = 0.576$。所需截面面积和回转半径分别为

$$A_{\text{req}} = \frac{N}{\varphi_{\text{min}}f} = \frac{1400 \times 10^3}{0.576 \times 310} = 7840.5 (\text{mm}^2)$$

$$i_{x\text{req}} = \frac{l_{0x}}{\lambda} = \frac{6000}{80} = 75.0 (\text{mm}) \rightarrow h_{\text{req}} = \frac{i_{x\text{req}}}{\alpha_1} = \frac{75.0}{0.43} = 174.4 (\text{mm})$$

$$i_{y\text{req}} = \frac{l_{0y}}{\lambda} = \frac{3000}{80} = 37.5 (\text{mm}) \rightarrow b_{\text{req}} = \frac{i_{y\text{req}}}{\alpha_2} = \frac{37.5}{0.24} = 156.3 (\text{mm})$$

试选 $b = h = 170\text{mm}$，按此尺寸粗算翼缘和腹板的平均厚度 $t = 7840.5/(3 \times 170) = 15.3\text{mm}$，这远超过局部稳定宽厚比限值所需要的，故不符合宽肢薄壁的经济原则，它表明 λ 假定偏大，使 A_{req} 偏大和 h_{req} 和 b_{req} 偏小，材料集中于形心轴附近。因此，将 λ 的假定值适当减小并对截面进行重新试选。

假定 $\lambda = 60$，焊接工字形截面，翼缘为焰切边，绕 x 轴和 y 轴失稳时都属于 b 类截面，$\lambda\sqrt{f_y/235} = 60 \times \sqrt{345/235} = 72.6$，由附表 5.2 查得，$\varphi = 0.735$。所需截面面积和回转半径分别为

$$A_{\text{req}} = \frac{N}{\varphi_{\text{min}}f} = \frac{1400 \times 10^3}{0.735 \times 310} = 6144.4 (\text{mm}^2)$$

$$i_{x\text{req}} = \frac{l_{0x}}{\lambda} = \frac{6000}{60} = 100.0 (\text{mm}) \rightarrow h_{\text{req}} = \frac{i_{x\text{req}}}{\alpha_1} = \frac{100.0}{0.43} = 232.6 (\text{mm})$$

$$i_{y\text{req}} = \frac{l_{0y}}{\lambda} = \frac{3000}{60} = 50.0 (\text{mm}) \rightarrow b_{\text{req}} = \frac{i_{y\text{req}}}{\alpha_2} = \frac{50.0}{0.24} = 208.3 (\text{mm})$$

选用图 5.31（c）所示尺寸，即

翼缘：2—250×11   面积为 5500.0mm²

腹板：1—200×6   面积为 1200.0mm²

截面面积： $A = 6700.0\text{mm}^2$

2）截面验算。因截面无孔洞削弱，不必验算强度。需进行刚度、整体稳定和局部稳定性验算。

截面几何特性为

$$I_x = \frac{1}{12} \times 6 \times 200^3 + 2 \times 250 \times 11 \times 105.5^2 = 6.5 \times 10^7 (\text{mm}^4)$$

$$I_y = 2 \times \frac{1}{12} \times 11 \times 250^3 = 2.9 \times 10^7 (\text{mm}^4)$$

$$i_x = \sqrt{\frac{I_x}{A}} = \sqrt{\frac{6.5 \times 10^7}{6700.0}} = 98.5 (\text{mm})$$

$$i_y = \sqrt{\frac{I_y}{A}} = \sqrt{\frac{2.9 \times 10^7}{6700.0}} = 65.8 (\text{mm})$$

a. 刚度验算。

$$\lambda_x = \frac{l_{0x}}{i_x} = \frac{6000}{98.5} = 60.9 < [\lambda] = 150$$

$$\lambda_y = \frac{l_{0y}}{i_y} = \frac{3000}{65.8} = 45.6 < [\lambda] = 150$$

满足刚度要求。

b. 整体稳定验算。焊接工字形截面，翼缘为焰切边，绕 x 轴和 y 轴失稳时都属于 b 类截面，$\lambda_x \sqrt{f_{yk}/235} = 60.9 \times \sqrt{345/235} = 73.8$，查附表 5.2 得，$\varphi_x = 0.727 \times \lambda_y \sqrt{f_{yk}/235} = 45.6 \times \sqrt{345/235} = 55.3$，查附表 5.2 得 $\varphi_y = 0.832$。取 $\varphi_{min} = \varphi_x = 0.727$，得

$$\frac{N}{\varphi A} = \frac{1400 \times 10^3}{0.727 \times 6700.0} = 287.4 (\text{N/mm}^2) < f = 310 \text{N/mm}^2$$

满足整体稳定性要求。

c. 局部稳定验算。

翼缘外伸部分

$$\frac{b_1}{t} = \frac{b/2 - t_w/2}{t} = \frac{250/2 - 6/2}{11} = 11.1 < (10 + 0.1\lambda)\sqrt{\frac{235}{f_{yk}}}$$

$$= (10 + 0.1 \times 60.9)\sqrt{\frac{235}{345}} = 13.3$$

满足要求。

腹板

$$\frac{h_0}{t_w} = \frac{200}{6} = 33.3 < (25 + 0.5\lambda)\sqrt{\frac{235}{f_{yk}}} = (25 + 0.5 \times 60.9)\sqrt{\frac{235}{345}} = 45.8$$

满足要求。

由本例计算结果可知，热轧普通工字钢要比热轧 H 型钢和焊接工字形截面的面积大很多（在本例中大 65% 以上）。尽管弱轴方向的计算长度仅为强轴方向计算长度的 1/2，但普通工字钢绕弱轴的回转半径太小，绕弱轴的长细比仍远大于绕强轴的长细比，因而轴心受压构件的承载能力是由弱轴控制的，对强轴则有较大富裕，这样显然经济性较差。若必须采用此种截面，宜再增加侧向支撑的数量。对于热轧 H 型钢和焊接工字形截面，由于其两个方向的长细比非常接近，基本上做到了等稳定性、用料经济。虽然焊接工字形截面更容易实现等稳定性要求，用钢量最

省，但焊接工字形截面的焊接工作量大，故在设计实腹式轴心受压构件时宜优先选用热轧 H 型钢。

5.6.4　实腹式压弯构件的截面设计

1. 截面的设计原则

实腹式压弯构件的截面形式可根据弯矩的大小和方向，选用图 5.5（a）、（b）中的双轴对称截面或单轴对称截面。为了取得经济效果，同样应遵照实腹式轴心受压构件的等稳定性（弯矩作用平面内和平面外的整体稳定性尽量接近）、宽肢薄壁、制造省工和连接方便 4 个设计原则。

2. 截面的设计方法

（1）试选截面。压弯构件的截面尺寸通常取决于整体稳定性，包括在弯矩作用平面内和平面外两个方向的稳定。但是，因为计算公式中许多量值均与截面尺寸有关，故很难根据内力直接选择截面。因此，一般须结合经验或参照已有资料先选截面，然后验算，在不满足时再进行调整。当然，也可以参照以下步骤初选一个比较接近的截面，以作为设计参考。

确定截面需要的面积 A_req、高度 h_req 和宽度 b_req，可按以下步骤操作。

1）假定构件的长细比 λ_x，查 φ_x，求得对 x 轴需要的回转半径 $i_{x\text{req}} = l_{0x}/\lambda$，由 $i_{x\text{req}}$ 求得 $h_\text{req} \approx i_{x\text{req}}/\alpha_1$。

2）由 h_req 和 $i_{x\text{req}}$ 计算 $A/W_{1x} = Ay_1/I_x = y_1/i_{x\text{req}}^2 \approx h_\text{req}/(2i_{x\text{req}}^2)$，$y_1$ 为由 x 轴到较大受压纤维的距离。对单轴对称截面也可先近似地按对称截面的 $y_1 = h/2$ 计算。

3）将 A/W_{1x}、φ_x 等代入式（5.74）计算截面需要的面积。

$$A_\text{req} = \frac{1}{f}\left[\frac{N}{\varphi_x} + \frac{A}{W_{1x}} \cdot \frac{\beta_{mx}M_x}{\gamma_x(1 - 0.8N/N'_{Ex})}\right] \approx \frac{1}{f}\left(\frac{N}{\varphi_x} + \frac{A}{W_{1x}} \cdot \frac{\beta_{mx}M_x}{\gamma_x}\right)$$

该式将式中的 $1 - 0.8N/N'_{Ex}$ 省略为 1.0。

4）计算。

$$W_{1x} = \frac{Ai_x^2}{y_1} \approx \frac{2A_\text{req}i_{x\text{req}}^2}{h_\text{req}}$$

5）将 W_{1x} 等代入式（5.79）计算 φ_y，即

$$\varphi_y = \frac{N}{A} \cdot \frac{1}{f - \dfrac{\eta\beta_{tx}M_x}{\varphi_b W_{1x}}}$$

6）由 φ_y 反查 λ_y，求 $i_{y\text{req}} = l_{0y}/\lambda_y$，由 $i_{y\text{req}}$ 求得 $b_\text{req} = i_{y\text{req}}/\alpha_2$。

7）根据 A_req、h_req 和 b_req 确定截面尺寸。

（2）验算截面。

1）强度。按式（5.74）计算（若 N、M_x 的取值与验算整体稳定性时的一样，等效弯矩系数为 1.0，且截面无削弱时，可不必验算强度）。

2）刚度。按式（5.22）验算构件的刚度。

3）整体稳定。在弯矩作用平面内按式（5.74）验算，对单轴对称截面当弯矩作用在对称轴平面且使较大翼缘受压时还需按式（5.76）验算。在弯矩作用平面外按式（5.79）验算。

4）局部稳定。受压翼缘：工字形和 T 形截面按式（5.96）或式（5.97）验算；箱形截面两腹板之间的部分按式（5.98）验算。腹板：工字形截面和箱形截面按式（5.104）或式（5.105）验算；T 形截面按式（5.106）验算。

如果验算不满足要求，或富裕过大，则应对初选截面进行修改，重新进行验算，直至满意为止。

3. 实腹式压弯构件的构造要求

实腹式压弯构件的横向加劲肋、横隔和纵向连接焊缝等的构造规定同实腹式轴心受压柱。

【例 5.7】 图 5.32 所示为焊接工字形翼缘为焰切边的压弯杆。杆两端铰接，长 $l=15\text{m}$，在杆中间 1/3 长度处有侧向支撑，截面无削弱，承受轴心压力设计值 $N=850\text{kN}$，中点横向荷载设计值 $F=180\text{kN}$，材料为 Q345 钢。

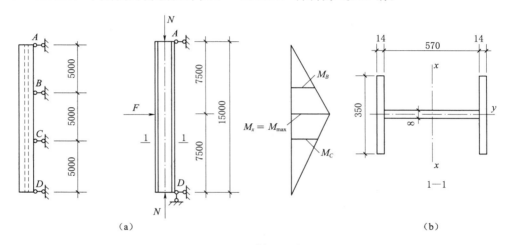

图 5.32　［例 5.7］图

解：（1）初选截面。

$$M_x=\frac{1}{4}Fl=\frac{1}{4}\times180\times15=675(\text{kN}\cdot\text{m})$$

假定 $\lambda_x=60$，$\lambda\sqrt{\dfrac{f_{yk}}{235}}=60\sqrt{\dfrac{345}{235}}=72.7$，查表 5.5 知，绕 x 轴属于 b 类截面，则查附表 5.2 得 $\varphi_x=0.734$。

$$i_{x\,\text{req}}=\frac{l_{0x}}{\lambda_x}=\frac{15000}{60}=250(\text{mm})$$

$$h_{\text{req}}\approx\frac{i_{x\,\text{req}}}{\alpha_1}=\frac{250}{0.43}=581.4(\text{mm})$$

$$\frac{A}{W_{1x}}=\frac{h_{\text{req}}}{2i_{x\,\text{req}}^2}=\frac{581.4}{2\times250^2}=0.0047(\text{mm}^{-1})$$

$$\begin{aligned}A_{\text{req}}&=\frac{1}{f}\left(\frac{N}{\varphi_x}+\frac{A}{W_{1x}}\cdot\frac{\beta_{mx}M_x}{\gamma_x}\right)\approx\frac{1}{f}\left(\frac{N}{\varphi_x}+\frac{AM_x}{W_{1x}}\right)\\&=\frac{1}{345}\left(\frac{850\times10^3}{0.734}+0.0047\times675\times10^6\right)\\&=12450(\text{mm}^2)\end{aligned}$$

$$\varphi_y = \frac{N}{A} \cdot \frac{1}{f - \dfrac{\eta \beta_{tx} M_x}{\varphi_b W_{1x}}} \approx \frac{N}{A} \cdot \frac{1}{f - \dfrac{M_x}{W_{1x}}} = \frac{850 \times 10^3}{124.5 \times 10^2} \times \frac{1}{345 - \dfrac{675 \times 10^6}{2677 \times 10^3}} = 0.735$$

（此处均先取 η、β_{tx}、φ_b 等于 1.0）

由 $\varphi_y = 0.735$，反查附表 5.2，$\lambda_y \sqrt{f_{yk}/235} = 72.5$，得 $\lambda_y = 59.8$

$$i_{y\,req} = \frac{l_{0y}}{\lambda_y} = \frac{500}{59.8} = 83.6 (\text{mm})$$

$$b_{req} = \frac{i_{y\,req}}{\alpha_2} = \frac{83.6}{0.24} = 348.3 (\text{mm})$$

根据 A_{req}、h_{req}、b_{req} 确定的截面尺寸如图 5.32（b）所示。

（2）验算截面。截面几何特性为

$$A = 2 \times 350 \times 14 + 570 \times 8 = 14360 (\text{mm}^2)$$

$$I_x = \frac{8 \times 570^3}{12} + 2 \times 350 \times 14 \times 292^2 = 9.6 \times 10^8 (\text{mm}^4)$$

$$I_y = 2 \times \frac{14 \times 350^3}{12} + 2 \times 350 \times 14 \times 292^2 = 1.0 \times 10^8 (\text{mm}^4)$$

$$i_x = \sqrt{\frac{I_x}{A}} = \sqrt{\frac{9.6 \times 10^8}{14360}} = 258.6 (\text{mm})$$

$$i_y = \sqrt{\frac{I_y}{A}} = \sqrt{\frac{1.0 \times 10^8}{14360}} = 83.4 (\text{mm})$$

$$W_{1x} = \frac{I_x}{y} = \frac{9.6 \times 10^8}{299} = 3.2 \times 10^6 (\text{mm}^3)$$

1）强度。

$$\frac{N}{A_n} + \frac{M_x}{\gamma_x W_{nx}} = \frac{850 \times 10^3}{14360} + \frac{675 \times 10^6}{1.0 \times 3.2 \times 10^6} = 270.1 (\text{N/mm}^2) < 310\text{N/mm}^2$$

满足要求。

2）在弯矩作用平面内的稳定，有

$$\lambda_x = \frac{l_{0x}}{i_x} = \frac{15000}{258.6} = 58.0 < [\lambda] = 150$$

刚度满足要求。

按表 5.5，翼缘为焰切边的焊接工字形截面对 x、y 轴均属 b 类截面，由 $58.0 \sqrt{f_{yk}/235} = 58.0 \times \sqrt{345/235} = 70.3$ 查附表 5.2，$\varphi_x = 0.749$。

$$N'_{Ex} = \frac{\pi^2 EA}{1.1 \lambda_x^2} = \frac{\pi^2 \times 2.06 \times 10^5 \times 14360}{1.1 \times 58.0^2} = 7889.9 (\text{kN})$$

$$\beta_{mx} = 1.0 (\text{按无端弯矩但有横向荷载作用})$$

$$\frac{N}{\varphi_x A} + \frac{\beta_{mx} M_x}{\gamma_x W_{1x} \left(1 - 0.8 \dfrac{N}{N'_{Ex}}\right)} = \frac{850 \times 10^3}{0.749 \times 14360} + \frac{1.0 \times 675 \times 10^6}{1.0 \times 3.2 \times 10^6 \times \left(1 - 0.8 \times \dfrac{850 \times 10^3}{7889.9}\right)}$$

$$= 309.4 (\text{N/mm}^2) < 310 (\text{N/mm}^2)$$

3）在弯矩作用平面外的稳定（取 BC 段）。

$$\lambda_y = \frac{l_{0y}}{i_y} = \frac{5000}{83.4} = 59.9 < [\lambda] = 150$$

刚度满足要求。

按 $59.9 \times \sqrt{f_{yk}/235} = 59.9 \times \sqrt{345/235} = 72.6$，查附表 5.2，$\varphi_y = 0.735$。

$$\varphi_b = 1.07 - \frac{\lambda_y^2}{44000} \cdot \frac{f_{yk}}{235} = 1.07 - \frac{59.9^2}{44000} \times \frac{345}{235} = 0.95$$

$\beta_{tx} = 1.0$（按所考虑的 BC 构件段内有端弯矩和横向荷载同时作用，且使构件段产生同向曲率）。$\eta = 1.0$。

$$\frac{N}{\varphi_y A} + \eta \frac{\beta_{tx} M_x}{\varphi_b W_{1x}} = \frac{850 \times 10^3}{0.735 \times 14360} + 1.0 \times \frac{1.0 \times 675 \times 10^6}{0.95 \times 3.2 \times 10^6}$$
$$= 302.1(\text{N/mm}^2) < 310\text{N/mm}^2$$

稳定满足要求。

4）局部稳定。

翼缘：

$$\frac{b_1}{t} = \frac{(350-8)/2}{14} = 12.2 < 15\sqrt{235/f_{yk}} = 15 \times \sqrt{235/345} = 12.4$$

$$\frac{b_1}{t} = \frac{(350-8)/2}{14} = 12.2 > 13\sqrt{235/f_{yk}} = 13 \times \sqrt{235/345} = 10.7$$

翼缘满足要求。

（不满足部分截面发展塑性的限值，故前面计算强度和稳定时取 $\gamma_x = 1.0$ 正确）

腹板：

$$\sigma_{max} = \frac{N}{A} + \frac{M}{I_x} \cdot \frac{h_w}{2} = \frac{850 \times 10^3}{14360} + \frac{675 \times 10^6}{9.6 \times 10^8} \times \frac{570}{2} = 259.8(\text{N/mm}^2)（压应力）$$

$$\sigma_{min} = \frac{N}{A} + \frac{M}{I_x} \cdot \frac{h_w}{2} = \frac{850 \times 10^3}{14360} - \frac{675 \times 10^6}{9.6 \times 10^8} \times \frac{570}{2} = -141.4(\text{N/mm}^2)（拉应力）$$

$$\alpha_0 = \frac{\sigma_{max} - \sigma_{min}}{\sigma_{max}} = \frac{259.8 - (-141.4)}{259.8} = 1.54 < 1.6$$

$$\frac{h_0}{t_w} = \frac{570}{8} = 71.3 > (16\alpha_0 + 0.5\lambda_x + 25)\sqrt{\frac{235}{f_{yk}}}$$
$$= (16 \times 1.54 + 0.5 \times 58.1 + 25) \times \sqrt{\frac{235}{345}} = 64.9$$

腹板不满足要求。

由计算结果可知，该截面仅腹板不满足局部稳定要求。由于整体稳定性也无富余，故不能采用腹板屈曲后的有效截面计算，还需对截面稍作修改或设置纵向加劲肋。

5.7 格构式轴心受压和压弯构件的设计

5.7.1 格构式轴心受压构件的设计

1. 格构式轴心受压构件的组成形式

格构式轴心受压构件的截面形式可按图 5.4（d）选用，通常以对称双肢组合的较多。分肢用槽钢、H 型钢或工字钢，以缀件-缀条或缀板将其连成整体［图

5.3（b）、（c）]，故又称为缀条构件（缀条柱）或缀板构件（缀板柱）。

缀条常采用单角钢，一般与构件轴线成 $\theta = 40° \sim 70°$ 夹角斜放，此称为斜缀条 [图 5.3（b）]，也可同时增设与构件轴线垂直的横缀条。缀板用钢板制造，一律按等距离垂直于构件轴线横放 [图 5.3（c）]。

2. 格构式轴心受压构件的整体稳定承载力

对格构式双肢构件截面，通常将横贯分肢腹板的轴称为实轴 [图 5.3（b）、（c）中 $y—y$ 轴]，穿过缀件平面的轴称为虚轴 [图 5.3（b）、（c）中的 $x—x$ 轴]。

（1）格构式轴心受力构件对实轴的整体稳定承载力。格构式双肢构件相当于两个并列的实腹式杆件，故其对实轴的整体稳定承载力与实腹柱完全相同。因此，可用对实轴的长细比 λ_y 查 φ 值，由式（5.46）计算。

（2）格构式轴心受压构件对虚轴的整体稳定承载力。格构式受压构件的缀件比较柔细，故对构件因初弯曲、初偏心等缺陷或因屈曲对虚轴弯曲变形产生的横向剪力不能忽略。在这种情况下，剪切变形较大，从而使构件产生较大的附加变形而降低临界力。按结构稳定理论，两端铰接的双肢缀条构件在弹性阶段对虚轴的临界应力为

$$\sigma_{cr} = \frac{\pi^2 E}{\lambda_x^2 + \dfrac{\pi^2}{\sin^2\theta\cos\theta}\dfrac{A}{A_{1x}}} = \frac{\pi^2 E}{\lambda_{0x}^2} \tag{5.107}$$

式中：λ_{0x} 为换算长细比，$\lambda_{0x} = \sqrt{\lambda_x^2 + \dfrac{\pi^2}{\sin^2\theta\cos\theta}\dfrac{A}{A_{1x}}}$；$\lambda_x$ 为整个构件对 x 轴的长细比；A 为分肢毛截面面积之和，mm^2；A_{1x} 为构件截面中垂直于 x 轴的各斜缀条毛截面面积之和，mm^2；θ 为缀条与构件轴线间的夹角，（°）（图 5.33）。

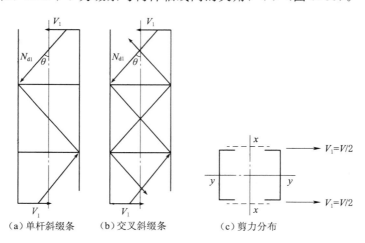

（a）单杆斜缀条　　（b）交叉斜缀条　　（c）剪力分布

图 5.33 缀条的内力

由式（5.107）可见，若采用换算长细比 λ_{0x} 代替整个构件对虚轴的长细比 λ_x。既能考虑缀条变形对临界应力的降低（根号内第二项即表示此影响），又能利用实腹式轴心受压构件整体稳定性计算公式。在计算时，只需用 λ_{0x} 按 b 类截面查 φ 值即可。考虑到 θ 一般在 45° 左右（通常为 40° $\sim$ 70°），则 $\pi^2/(\sin^2\theta\cos\theta)$ 值约为 27。因此，《规范》将双肢缀条构件的换算长细比 λ_{0x} 简化为

$$\lambda_{0x} = \sqrt{\lambda_x^2 + 27\frac{A}{A_{1x}}} \tag{5.108}$$

当缀件为缀板时，用同样的结构稳定理论可得格构式轴心受压构件的换算长细比 λ_{0x} 的理论计算公式为

$$\lambda_{0x} = \sqrt{\lambda_x^2 + \frac{\pi^2}{12}\left(1 + \frac{2}{k}\right)\lambda_1^2} \tag{5.109}$$

式中：$\lambda_1 = l_1/i_1$，为分肢对最小刚度轴（平行于虚轴的分肢形心轴）的长细比，计算长度 l_{01} 取：焊接时为相邻两缀板的净距离 [图 5.34（c）]，螺栓连接时为相邻两缀板边缘螺栓间的距离，mm，i_1 为分肢弱轴的回转半径，mm；k 为缀板与分肢线刚度比值，$k = (I_b/c)/(I_1/l_1)$，I_b 为构件截面中垂直于虚轴的各缀板的惯性矩之和，mm^4，c 为两分肢的轴线间距，mm，I_1 为每个分肢绕其平行于虚轴方向形心轴的惯性矩，mm^4。

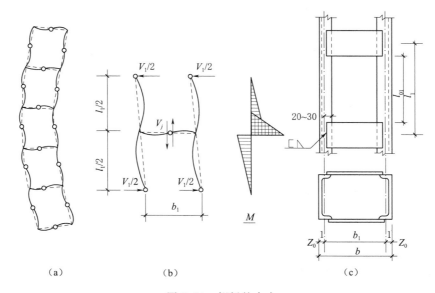

图 5.34 缀板的内力

《规范》规定，缀板线刚度之和 k_b 应大于分肢线刚度 k_1 的 6 倍，即 $k_b/k_1 \geqslant 6$。当 $k = 6 \sim 20$ 时，$\pi^2(1 + 2/k)/12 = 1.097 \sim 0.905$，即在 $k \geqslant 6$ 的常用范围，接近于 1。为简化起见，《规范》规定换算长细比按以下简化式计算，即

$$\lambda_{0x} = \sqrt{\lambda_x^2 + \lambda_1^2} \tag{5.110}$$

由三肢或四肢组合的格构式轴心受压构件的换算长细比详见《规范》。

3. 格构式轴心受压构件的分肢稳定性

格构式轴心受压构件的分肢可看作单独的实腹式轴心受压杆件。因此，设计时，应保证各分肢失稳不先于格构式构件整体失稳。计算时不能简单地采用 $\lambda_1 < \lambda_{0x}$（或 λ_y），由于初弯曲等缺陷的影响，格构式轴心受压构件受力时呈弯曲变形，所以各分肢内力并不相同，其强度或稳定计算是相当复杂的。附加弯矩使两分肢的内力不等，而附加剪力还使缀板件的分肢产生弯矩。另外，分肢截面的分类还可能比整体的（b 类）低。这些都使分肢的稳定承载能力降低。

《规范》规定，缀件面宽度较大的格构式柱宜采用缀条柱，斜缀条与构件轴线间的夹角应在 40°～70°范围内；缀板柱中同一截面处缀板（或型钢横杆）的线刚度之和不得小于柱较大分肢线刚度的 6 倍。为简化起见，经对各类型实际构件（取初弯曲 1/500）进行计算和分析后，《规范》规定分肢的长细比满足下列条件时可不计算分肢的强度、刚度和稳定性。

当缀件为缀条时，有

$$\lambda_1 \leqslant 0.7\lambda_{max} \qquad (5.111)$$

当缀件为缀板时，有

$$\lambda_1 \leqslant 0.5\lambda_{max} \ 且不大于 40 \qquad (5.112)$$

式中：λ_{max} 为构件两个方向长细比（虚轴应取换算长细比）的较大值，当 $\lambda_{max} < 50$ 时，取 $\lambda_{max} = 50$；λ_1 按式（5.109）的规定计算，但对缀件构件，其计算长度 l_1 取相邻两节点中心间距，mm。

4. 格构式轴心受压构件分肢的局部稳定

格构式轴心受压构件的分肢承受压力，应进行板件的局部稳定计算。分肢常采用轧制型钢，其翼缘和腹板一般都能满足局部稳定要求。当分肢采用焊接组合截面时，其翼缘和腹板宽厚比应按式（5.82）、式（5.83）进行验算，以满足局部稳定要求。

5. 格构式轴心受压构件的缀件设计

（1）格构式轴心受压构件的剪力。格构式轴心受压构件绕虚轴弯曲时，由于变形而引起弯矩，从而产生平行于缀件面的横向剪力。以轴心受压构件发生正弦波弯曲时，在中高处截面边缘最大应力达屈服强度为条件，并取 $N = \varphi A f_{yk}$，导出的构件最大剪力 V 的简化算式为

$$V_{max} = \frac{N}{85\varphi}\sqrt{\frac{f_{yk}}{235}} \qquad (5.113)$$

剪力分布如图 5.33（b）所示。为了便于计算，令式（5.113）中 $N/\varphi = Af$，即得规范规定的最大剪力的计算公式为

$$V = \frac{Af}{85}\sqrt{\frac{f_{yk}}{235}} \qquad (5.114)$$

设计缀件及连接时取剪力沿杆长不变，如图 5.33（c）所示。

（2）缀条的设计。缀条构件的每个缀件面如同一平行弦桁架，缀条按桁架的腹杆进行设计。一根斜缀条承受的轴向力 N_t（图 5.33）为

$$N_t = \frac{V_1}{n\sin\theta} \qquad (5.115)$$

式中：V_1 为分配到一个缀材面上的剪力 [图 5.33（c）]，kN；θ 为斜缀条与构件轴线间的夹角，（°）；n 为承受剪力 V_1 的斜缀条数，对于单系缀条，$n = 1$ [图 5.33（a）]，对于交叉缀条，$n = 2$ [图 5.33（b）]。

构件的弯曲变形方向可能向左或向右，故横向剪力的方向也将随着改变，斜缀条可能受压或受拉。设计时应取最不利情况，按轴心受压构件计算。缀条一般采用单角钢且单面连接在分肢上 [图 5.3（b）]，故在受力时存在偏心并产生弯扭屈曲。为简化计算，《规范》对单面连接的单角钢仍按轴心受力计算，且不考虑扭转效应，

仅将钢材和连接材料的强度设计值折减系数 ψ 以考虑偏心受力等的不利影响。

1）在计算稳定性时。

等边角钢

$$\psi = 0.6 + 0.0015\lambda,但不大于1.0 \qquad (5.116)$$

长边相连的不等边角钢

$$\psi = 0.70 \qquad (5.117)$$

式中：$\lambda = l_0/i_{y0}$，为对最小刚度轴 y_0—y_0 的长细比，i_{y0} 为角钢最小回转半径（见附表3.1和附表3.2），l_0 为计算长度，取节点中心间的距离。当 $\lambda < 20$ 时，取 $\lambda = 20$。

2）在计算强度和（与分肢）的连接时。

$$\psi = 0.85 \qquad (5.118)$$

交叉斜缀条体系中的横缀条可按内力 $N = V_1$ 的压杆计算。单杆斜缀条体系中的横缀条主要用于减小分肢的计算长度，一般不作计算，可取与斜缀条相同截面。

6. 格构式轴心受压构件的缀板设计

当缀件采用缀板时，格构式构件的每个缀件面如同缀板与构件分肢组成的单跨多层平面刚架体系 [图5.34（a）]。假定构件在整体失稳时，反弯点分布在各段分肢和缀板的中点，则取图5.34（b）所示的隔离体，根据内力平衡可求得分肢和缀板中由于剪力 V_1 作用产生的内力。

竖向剪力为

$$V_j = \frac{V_1 l_1}{b_1} \qquad (5.119)$$

板端弯矩为

$$M_j = V_j \frac{b_1}{2} = \frac{V_1 l_1}{2} \qquad (5.120)$$

式中：V_j 为一个缀板平面所分担的剪力，N；l_1 为相邻两缀板中心线间的距离，mm；b_1 为分肢轴线间的距离，mm。

根据上述内力可验算缀板的剪切强度、弯曲强度以及与分肢连接的板端角焊缝 [图5.34（c）]。由于角焊缝强度设计值低于钢板，故一般只需验算角焊缝强度，而缀板尺寸则由具有一定刚度的条件决定。《规范》规定，缀板柱在同一截面处缀板的线刚度 I_b/b_1（缀板截面惯性矩 I_b 与 b_1 的比值）之和不得小于分肢线刚度 I_1/l_1（分肢截面对1—1轴惯性矩 I_1 与 l_1 的比值）的6倍，故双肢缀板柱为 $2(I_b/b_1) \geqslant 6(I_1/l_1)$。通常若取缀板宽度 $b_j \geqslant 2b_1/3$，厚度 $t_j \geqslant b_1/40$ 且不小于6mm，一般可满足上述线刚度比、受力和连接等要求。

7. 格构式轴心受压构件的横隔设计

为提高格构式构件的抗扭刚度，避免构件在运输和安装过程中截面发生变形，格构式构件应设置横隔。横隔可用钢板或交叉角钢做成，如图5.35所示。横隔的间距不得大于构件截面较大宽度的9倍和8m，且每个运送单元的端部均应设置横隔。当构件某截面处有较大横向集中力作用时，也应在该处设置横隔，以免柱肢局部弯曲。

8. 格构式轴心受压构件的设计步骤

现以格构式双肢轴心受压构件为例来说明。首先选择肢柱截面形式和缀件的形

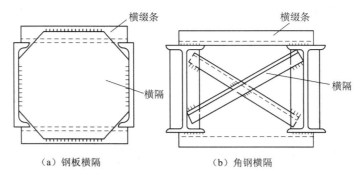

（a）钢板横隔　　　　　　　　（b）角钢横隔

图 5.35　格构式构件的横隔

式（大型柱宜采用缀条柱、中小型柱可用缀板柱或缀条柱）及钢号，然后可按下列步骤进行设计。

（1）试选分肢截面（对实轴 y—y 计算）。

1）假定构件的长细比 λ，查 φ_y，求得 $A_{req} = N/(\varphi_y f)$。

2）对 y 轴需要的回转半径 $i_{yreq} = l_{0y}/\lambda$。

由 A_{req} 和 i_{yreq} 查型钢表可试选分肢适用的槽钢、H 型钢或工字钢。

（2）确定分肢间距（对虚轴 x—x 计算）。

1）按试选的分肢截面计算 λ_y，再由等稳定性条件 $\lambda_{0x} = \lambda_y$，代入式（5.108）或式（5.110），可得对虚轴需要的长细比，即

缀条柱

$$\lambda_{xreq} = \sqrt{\lambda_{0x}^2 - 27\frac{A}{A_{1x}}} = \sqrt{\lambda_y^2 - 27\frac{A}{A_{1x}}} \tag{5.121}$$

缀板柱

$$\lambda_{xreq} = \sqrt{\lambda_{0x}^2 - \lambda_1^2} = \sqrt{\lambda_y^2 - \lambda_1^2} \tag{5.122}$$

2）由 λ_{xreq} 求 $i_{xreq} = l_{0y}/\lambda_{xreq}$，由 i_{xreq} 求得 $b_{req} \approx i_{xreq}/\alpha_2$，根据 b_{req} 即可确定两肢间距。一般取 b 为 10mm 的倍数，且两肢净距宜大于 100mm，以便于内部油漆。

在用式（5.121）计算时，需先定出 A_{1x}，可大约按 $A_{1x}/2 \approx 0.05A$ 预选斜缀条的角钢型号，并以其面积代入公式计算，以后再按其所受内力进行计算。在用式（5.122）计算时，同样需先定出 λ_1，可先按 $\lambda_1 < 0.5\lambda_y$ 且不大于 40 代入公式计算，以后即按 $l_{01} \le \lambda_1 i_1$ 的缀板净距布置缀板，或者先布置缀板再计算 λ_1 也可。

（3）验算截面。

1）强度。按式（5.2）或式（5.3）或式（5.4）进行强度验算。

2）刚度。按式（5.22）验算构件的刚度，但对虚轴须用换算长细比 λ_{0x}。

3）整体稳定。按式（5.46）验算构件的整体稳定。式中 φ 值由 λ_{0x} 和 λ_y 中较大值查表。

4）分肢稳定。按式（5.111）或式（5.112）计算。

（4）缀件设计。按本节"4.、5."部分所述进行。

【例 5.8】　将［例 5.6］的支柱 AB 设计成：①缀条柱；②缀板柱。材料 Q345 钢。

解：（1）缀条柱。

1）试选分肢截面（对实轴 y—y 计算）。由表 5.5 可知，截面关于实轴和虚轴都属于 b 类截面，假定 $\lambda_y = 60$，按 Q345 钢 b 类截面，$60\sqrt{f_{yk}/235} = 72.7$，从附表 5.2 查得 $\varphi_y = 0.734$。

所需截面面积和回转半径分别为

$$A_{req} = \frac{N}{\varphi_y f} = \frac{1200 \times 10^3}{0.734 \times 310 \times 10^2} = 52.7(\text{cm}^2)$$

$$i_{yreq} = \frac{l_{0y}}{\lambda_y} = \frac{350}{60} = 5.83(\text{mm})$$

查附表 3.4 初选 2 ⌷18a，截面形式如图 5.36（a）所示，其截面特征为：$A = 2 \times 25.7 = 51.4\text{cm}^2$，$i_y = 7.04\text{mm}$，$i_1 = 1.96\text{cm}$，$z_0 = 1.88\text{cm}$，$I_1 = 98.6\text{cm}^4$，$b = 6.8\text{cm}$。

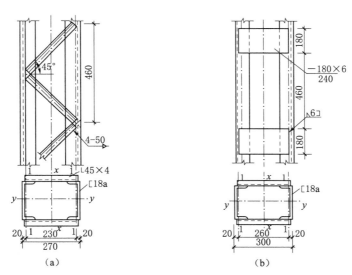

图 5.36 ［例 5.8］缀条柱图

验算绕实轴（y—y 轴）的刚度要求：

$$\lambda_y = \frac{l_{0y}}{i_y} = \frac{350}{7.04} = 49.7 < [\lambda] = 150，满足要求。$$

2）确定两分肢间距（对虚轴 x—x 计算）。斜缀条角钢系假定 $A_{1x}/2 \approx 0.05A = 0.05 \times 51.4 = 2.6\text{cm}^2$，预选缀条规格为角钢∟45×4，采用人字式的单斜缀条体系 ［图 5.36（a）］。两个斜缀条毛截面面积之和 $A_{1x} = 2 \times 3.49 = 6.98(\text{cm}^2)$。

$$\lambda_{xreq} = \sqrt{\lambda_y^2 - 27\frac{A}{A_{1x}}} = \sqrt{49.7^2 - 27 \times \frac{51.4}{2 \times 3.49}} = 47.7$$

$$i_{xreq} = \frac{l_{0x}}{\lambda_{xreq}} = \frac{560}{47.7} = 11.74(\text{cm})$$

$$b_{req} \approx \frac{i_{xreq}}{\alpha_2} \approx \frac{11.74}{0.44} = 26.7(\text{cm})（\alpha_2 \text{ 由附表 6.1 查得}），取 b = 27\text{cm}。$$

两槽钢翼缘间净距 $= 27 - 2 \times 6.8 = 13.4(\text{cm}) > 10\text{cm}$，满足构造要求。

3）截面验算：

$$I_x = 2 \times (98.6 + 25.7 \times 11.5^2) = 6995 (\text{cm}^4)$$

$$i_x = \sqrt{\frac{I_x}{A}} = \sqrt{\frac{6995}{51.4}} = 11.67 (\text{cm})$$

$$\lambda_x = \frac{l_{0x}}{i_x} = \frac{560}{11.67} = 48$$

$$\lambda_{0x} = \sqrt{\lambda_x^2 + 27 \frac{A}{A_{1x}}} = \sqrt{48^2 + 27 \times \frac{51.4}{2 \times 3.49}} = 50$$

a. 强度验算。因无截面削弱，故可不必进行强度验算。

b. 刚度验算。

$\lambda_y = 49.7 < [\lambda] = 150$，满足要求。

$\lambda_{0x} = 50 < [\lambda] = 150$，满足要求。

c. 整体稳定验算。按表 5.5，格构式截面对 x、y 轴均属于 b 类截面，$\lambda_{\max} = \lambda_{0x} = 50$，那么 $\lambda \sqrt{f_{yk}/235} = \lambda_{\max}\sqrt{345/235} = 60.6$，查附表得 $\varphi = 0.804$，则

$$\frac{N}{\varphi A} = \frac{1200 \times 10^3}{0.804 \times 51.4 \times 10^2} = 290.4 (\text{N/mm}^2) < f = 310 \text{ N/mm}^2$$

满足要求。

d. 分肢稳定。缀条按 45° 布置。

$$\lambda_1 = \frac{l_{01}}{i_1} = \frac{46}{1.96} = 23.5 < 0.7\lambda_{\max} = 0.7 \times 50 = 35.$$ 满足《规范》规定，所以无须验算分肢刚度、强度和整体稳定；且分肢采用的槽钢为轧制型钢，也不必验算其局部稳定。因此，可认为所选截面满意。

4）缀条设计。每个缀面承受的剪力为

$$V_1 = \frac{1}{2}\left(\frac{Af}{85}\sqrt{\frac{f_{yk}}{235}}\right) = \frac{1}{2} \times \frac{51.4 \times 10^2 \times 310}{85} \times \sqrt{\frac{345}{235}} = 11360 (\text{N})$$

斜缀条内力为

$$N_1 = \frac{V_1}{\cos\theta} = \frac{11360}{\cos45°} = 16070 (\text{N})$$

斜缀条角钢 L45×4（Q235 钢），$A = 3.49\text{cm}^2$，$i_{y0} = 0.89\text{cm}$。

$$\lambda_x = \frac{l_0}{i_{y0}} = \frac{23}{\sin45° \times 0.89} = 36.6 < [\lambda] = 150$$

满足刚度要求。

按表 5.5，轧制等边单角钢截面对 x、y 轴均属 b 类截面，查附表 5.2 得 $\varphi = 0.912$。按式（5.116）得

$$\psi = 0.6 + 0.0015\lambda = 0.6 + 0.0015 \times 36.6 = 0.65$$

$$\frac{N_1}{\varphi A} = \frac{16070}{0.912 \times 3.49 \times 10^2} = 50.5 (\text{N/mm}^2) < \psi f = 0.65 \times 215 = 140 \text{N/mm}^2$$

满足要求。

5）连接焊缝。采用两面侧焊，取 $h_f = 4\text{mm}$，焊条 E43 型（焊接不同强度的钢材，可按低强度钢材选用焊条）。

肢背焊缝需要长度为

$$l_{w1} = \frac{\eta_1 N_1}{0.7 h_f \psi f_f^w} + 2h_f = \frac{0.7 \times 16070}{0.7 \times 4 \times 0.85 \times 160} + 2 \times 4 = 38(\text{mm})$$

肢尖焊缝需要长度为

$$l_{w1} = \frac{\eta_2 N_1}{0.7 h_f \psi f_f^w} + 2h_f = \frac{0.3 \times 16070}{0.7 \times 4 \times 0.85 \times 160} + 2 \times 4 = 21(\text{mm})$$

肢背与肢尖焊缝长度均取 50mm。

（2）缀板柱。对实轴 $y—y$ 计算同样需选用 2 [18a，截面形式如图 5.36（b）所示。

1）确定两肢间距（对虚轴 $x—x$ 计算）。选用 $\lambda_1 = 24$，满足 $\lambda_1 < 0.5\lambda_y = 0.5 \times 49.7 = 24.85$ 且不大于 40 的分肢稳定。故按式（5.122）为

$$\lambda_{x\text{req}} = \sqrt{\lambda_y^2 - \lambda_1^2} = \sqrt{49.7^2 - 24^2} = 43.5$$

$$i_{x\text{req}} = \frac{l_{0x}}{\lambda_{x\text{req}}} = \frac{560}{43.5} = 12.87(\text{cm})$$

$$b_{\text{req}} = \frac{i_{x\text{req}}}{\alpha_2} = \frac{12.87}{0.44} = 29.3(\text{cm}) \text{ 取 } b = 30\text{cm}$$

2）验算截面。

$$I_x = 2 \times (98.6 + 25.7 \times 13^2) = 8884(\text{cm}^4)$$

$$i_x = \sqrt{\frac{I_x}{A}} = \sqrt{\frac{8884}{51.4}} = 13.15(\text{cm})$$

$$\lambda_x = \frac{l_{0x}}{i_x} = \frac{560}{13.15} = 42.6$$

$$\lambda_{0x} = \sqrt{\lambda_x^2 + \lambda_1^2} = \sqrt{42.6^2 + 24^2} = 48.9 < [\lambda] = 150$$

满足刚度要求。

由 $\lambda_{\max} = \lambda_y = 49.7$，按 $49.7\sqrt{f_{yk}/235} = 60.2$，查附表 5.2 得 $\varphi = 0.806$

$$\frac{N}{\varphi A} = \frac{1200 \times 10^3}{0.806 \times 51.4 \times 10^2} = 289.7(\text{N/mm}^2) < f = 310\text{N/mm}^2$$

满足要求。

3）缀板设计。缀板间的净距 $l_{01} = \lambda_1 i_1 = 24 \times 1.96 = 47.0(\text{cm})$，取 46cm。预估缀板的宽度 $b_j \geqslant 2b_1/3 = 2 \times 26/3 = 17.3\text{cm}$，取 18cm。厚度 $t_j \geqslant b_1/40 = 26/40 = 0.65\text{cm}$，取 6mm。那么，缀板轴线间距离 $l_1 = l_{01} + b_1 = 46 + 18 = 64(\text{cm})$。

缀板线刚度与分肢线刚度之比值为

$$\frac{2(I_b/b_1)}{I_1/l_1} = \frac{2 \times (0.6 \times 18^3/12)/26}{98.6/64} = 14.6 > 6$$

满足要求。

4）连接焊缝。缀板和分肢连接处的内力如下。

剪力为

$$V_j = \frac{V_1 l_1}{b_1} = \frac{11360 \times 64}{26} = 27960(\text{N})$$

弯矩为

$$M_j = \frac{V_1 l_1}{2} = \frac{11360 \times 64}{2} = 363500(\text{N} \cdot \text{cm})$$

采用角焊缝，三面围焊，计算时偏安全地仅考虑竖直焊缝，但不扣除考虑两端

缺陷的 $2h_f$。取 $h_f = 6mm$，焊条 E43 型（按缀板钢号 Q235）。

$$A_f = 0.7 \times 0.6 \times 18 = 7.56(cm^2)$$

$$W_f = \frac{1}{6} \times 0.7 \times 0.6 \times 18^2 = 22.6(cm^3)$$

在 M_j 和 V_j 共同作用下，焊缝的合应力为

$$\sqrt{\left(\frac{\sigma_f^M}{\beta_f}\right)^2 + (\tau_f^V)^2} = \sqrt{\left(\frac{363500 \times 10}{1.22 \times 22.68 \times 10^3}\right)^2 + \left(\frac{27960}{7.56 \times 10^2}\right)^2}$$

$$= 136.5(N/mm^2) < f_f^w = 160N/mm^2$$

满足要求。

5.7.2 格构式压弯构件的截面设计

截面高度较大的压弯构件，采用格构式可以节省材料，所以格构式压弯构件常用于厂房的框架柱和大型的独立柱。由于截面的高度较大且受有较大的外剪力，故构件基本上都采用缀条连接，缀板连接的格构式压弯构件很少采用。

格构式压弯构件可设计成单轴对称或双轴对称的截面，常用的格构式压弯构件截面如图 5.37 所示。当柱中正负弯矩的绝对值相差较大时，常采用单轴对称截面，并将较大肢件放在较大弯矩产生压应力的一侧 [图 5.37（d）]；当柱中弯矩不大或正负弯矩的绝对值相差不大时，可采用双轴对称的截面形式 [图 5.37（a）～（c）]。

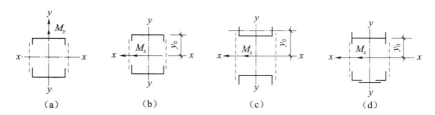

(a)　　　　　(b)　　　　　(c)　　　　　(d)

图 5.37　格构式压弯构件的稳定计算

1. 弯矩绕虚轴作用的格构式压弯构件

（1）弯矩作用平面内的整体稳定计算。弯矩绕虚轴（$x-x$ 轴）作用的格构式压弯构件，由于截面腹部虚空，故不考虑截面深入发展塑性。对图 5.37（b）所示截面，当压力较大一侧分肢的腹板边缘达到屈服时，可近似地认为构件承载力已达到极限状态；对图 5.37（c）、（d）所示截面，也只能考虑压力较大一侧分肢的外伸翼缘发展部分塑性。应进行弯矩作用平面内的整体稳定计算和分肢在其自身两主轴方向的稳定计算。因此，《规范》采用边缘纤维屈服准测，即按式（5.75）计算。引入抗力分项系数后，可得

$$\frac{N}{\varphi_x A} + \frac{\beta_{mx} M_x}{W_{1x}(1 - \varphi_x N/N'_{Ex})} \leqslant f \tag{5.123}$$

（2）弯矩作用平面外的整体稳定计算。弯矩作用平面外的整体稳定可不必计算，但应计算分肢的稳定性。当弯矩绕格构式压弯构件的虚轴作用时，要保证构件在弯矩作用平面外（即垂直于缀件平面）的整体稳定，主要是要求两个分肢在弯矩作用平面外的稳定都得到保证，即可用验算每个分肢的稳定来代替验算整个构件在

弯矩作用平面外的整体稳定。

（3）分肢的稳定计算。格构式压弯构件的每个分肢，本身也是一个单独的轴心受压（拉）或压弯（拉弯）构件，应保证各分肢在弯矩作用平面内和平面外的稳定。对于弯矩绕虚轴作用的双分肢格构式压弯构件，可将整个构件视为一平行弦桁架，将构件的两个分肢视为桁架的弦杆来计算每个分肢的轴心力（图 5.38）。

对分肢 1，有

$$N_1 = N\frac{y_2}{a} + \frac{M_x}{a} \tag{5.124}$$

对分肢 2，有

$$N_2 = N - N_1 \tag{5.125}$$

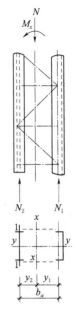

图 5.38　分肢的内力计算

缀条式压弯构件的分肢按轴心压杆计算。分肢的计算长度，在缀条平面内（分肢绕 1—1 轴）取缀条体系的节间长度；在缀条平面外（分肢绕 y—y 轴）。取整个构件两侧向支撑点间的距离。

进行缀板式压弯构件的分肢计算时，除轴心力 N_1（或 N_2）外，还应考虑由缀板的剪力作用引起的局部弯矩，按实腹式压弯构件验算单肢的稳定性。在缀板平面内分肢的计算长度（分肢绕 1—1 轴）取缀板间净距。

（4）缀材的计算。计算压弯构件的缀材时，应取构件实际剪力和按式（5.114）计算所得剪力两者中的较大值，这与格构式轴心受压构件相同。

2. 弯矩绕实轴作用的格构式压弯构件

格构式压弯构件当弯矩绕实轴（y 轴）作用时的受力性能与实腹式压弯构件完全相同（图 5.39），应计算弯矩作用平面内和平面外的整体稳定和分肢在其两主轴方向的稳定。

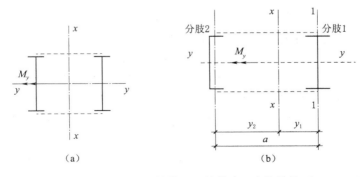

（a）　　　　　　　　　　（b）

图 5.39　弯矩绕实轴作用的格构式压弯构件截面

（1）弯矩作用平面内的整体稳定。当弯矩绕实轴（y 轴）作用时，格构式压弯构件在弯矩作用平面内的稳定计算与实腹式压弯构件相同，应按式（5.75）计算（将式中 x 改为 y）。

（2）弯矩作用平面外的整体稳定。弯矩作用平面外的整体稳定计算与实腹式构件相同，即按式（5.79）计算（将式中 x 改为 y）。值得注意的是，当计算弯矩作用平面外的整体稳定时，长细比应取换算长细比，整体稳定系数取 $\varphi_b = 1.0$，因为一般情况下截面在绕虚轴（x 轴）的刚度较大。

（3）分肢的稳定计算。分肢稳定按实腹式压弯构件计算，内力按以下原则分配（图 5.39）：轴心压力 N 在两分肢间的分配与分肢轴线至虚轴（x 轴）的距离成反比；弯矩 M_y 在两分肢间的分配与分肢对实轴（y 轴）的惯性矩成正比，与分肢轴线至虚轴 x 轴的距离成反比。

分肢 1 的轴心力为

$$N_1 = N \frac{y_2}{a} \tag{5.126}$$

分肢 2 的轴心力为

$$N_1 = N - N_2 \tag{5.127}$$

分肢 1 的弯矩为

$$M_{y1} = \frac{\dfrac{I_1}{y_1}}{\dfrac{I_1}{y_1} + \dfrac{I_2}{y_2}} M_y \tag{5.128}$$

分肢 2 的弯矩为

$$M_{y2} = M_y - M_{y1} \tag{5.129}$$

式中：y_1、y_2 分别为 M_y 作用的主轴平面至分肢 1、分肢 2 轴线的距离，mm；I_1、I_2 分别为分肢 1 和分肢 2 对 y 轴的惯性矩，mm^4。

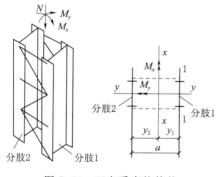

图 5.40　双向受弯格构柱

式（5.126）～式（5.129）适用于当 M_y 作用在构件的主平面时的情形，当 M_y 不是作用在构件的主轴平面上而是作用在一个分肢的轴线平面（图 5.40 中分肢 1 的 1—1 轴线平面）上，则 M_y 视为全部由该分肢承受。

3. 格构式压弯构件的横隔及分肢的局部稳定

对于格构式柱，不论截面大小，均应设置横隔，横隔的设置方法与轴心受压格构柱相同，构造可参见图 5.35。格构柱分肢的局部稳定同实腹式柱。

4. 双向受弯的格构式压弯构件

弯矩作用在两个主平面内的双肢格构式压弯构件（图 5.40），其稳定性按下列规定计算。

（1）整体稳定计算。《规范》采用与边缘屈服准则导出的弯矩绕虚轴作用的格构式压弯构件弯矩作用平面内整体稳定计算式（5.75）相衔接的直线式进行计算，即

$$\frac{N}{\varphi_x A} + \frac{\beta_{mx} M_x}{W_{1x}(1 - \varphi_x N / N'_{Ex})} + \frac{\beta_{ty} M_y}{W_{1y}} \leqslant f \tag{5.130}$$

式中：W_{1y} 为在 M_y 作用下对较大受压纤维的毛截面模量，mm^3。其他系数与实腹

式压弯构件相同，但对虚轴（x 轴）的系数应采用换算长细比 λ_{0x} 确定。

（2）分肢的稳定计算。分肢按实腹式压弯构件计算其稳定性，在轴力和弯矩共同作用下产生的内力按以下原则分配：N 和 M_x 在两分肢产生的轴心力 N_1 和 N_2 按式（5.126）和式（5.127）计算；M_y 在两分肢间的分配按式（5.128）和式（5.129）计算。

【例 5.9】 设计某单向压弯格构式双肢缀条柱 [图 5.41（a）]，柱高 6m，两端铰接，在柱高中点处沿虚轴 x 方向有一侧向支承，截面无削弱。钢材为 Q235 - B·F。柱顶静力荷载设计值为轴心压力 $N=600$kN，弯矩 $M_x=\pm150$kN·m，柱底无弯矩。

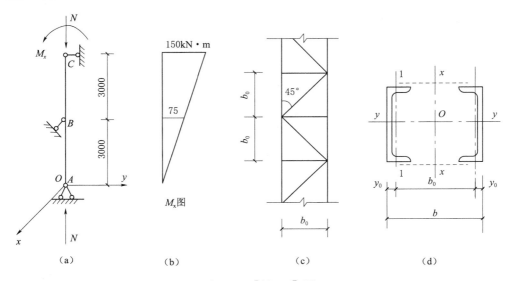

图 5.41 [例 5.9] 图

解：（1）初选柱截面宽度 b。按构造和刚度要求

$b \approx (1/15 \sim 1/22)H = (1/15 \sim 1/22) \times 6000 = 400 \sim 273\,(\text{mm})$，初选用 $b=400$mm。

（2）确定分肢截面。柱子承受等值的正、负弯矩，因此采用双轴对称截面。分肢截面采用热轧槽钢，内扣 [图 5.41（d）]。设槽钢横截面形心线 1—1 距腹板外表面距离 $y_0=20$mm，则两分肢轴线间距离为

$$b_0 = b - 2y_0 = 400 - 2 \times 20 = 360\,(\text{mm})$$

分肢中最大轴心压力为 $N_1 = N/2 + M_x/b_0 = 600/2 + 150/0.36 = 716.7\,(\text{kN})$

分肢的计算长度：对 y 轴 $l_{0y} = H/2 = 6000/2 = 3000\,(\text{m})$。

设斜缀条与分肢轴线间夹角为 $45°$[图 5.41（c）]，得分肢对 1—1 轴的计算长度 $l_{01} = b_0 = 360$mm。

槽钢关于 1—1 轴和 y 轴都属于 b 类截面，设分肢 $\lambda_y = \lambda_1 = 35$，查附表 5.2，得 $\varphi = 0.918$。

需要分肢截面积 $\qquad A_1 = \dfrac{N_1}{\varphi f} = \dfrac{716.7 \times 10^3}{0.918 \times 215} = 3630\,(\text{mm}^2)$

需要回转半径 $\qquad i_y = l_{0y}/\lambda_y = 3000/35 = 85.7\,(\text{mm})$

$$i_1 = \frac{l_{01}}{\lambda_1} = \frac{360}{35} = 10.3(\text{mm})$$

按需要的 A_1、i_y 和 i_1 由型钢表查得［25b 可同时满足要求，其截面特性为

$A_1 = 3992\text{mm}^2$，$I_y = 3.530 \times 10^7\text{mm}^4$，$i_y = 94.1\text{mm}$，$I_1 = 1.96 \times 10^6\text{mm}^4$，$i_1 = 22.2\text{mm}$，$y_0 = 19.8\text{mm}$。

（3）缀条设计。柱中剪力为 $V_{max} = M_x/H = 150/6 = 25(\text{kN})$

$$V = \frac{Af}{85}\sqrt{\frac{f_{yk}}{235}} = \frac{(2 \times 3992) \times 215}{85} \times 1 \times 10^{-3} = 20.2(\text{kN})$$

采用较大值 $V_{max} = 25\text{kN}$。

一根斜缀条中的内力　$N_d = \frac{V_{max}/2}{\sin 45°} = \frac{25}{2 \times 0.707} = 17.7(\text{kN})$

斜缀条长度　　$l_d = \frac{b_0}{\cos 45°} = \frac{400 - 2 \times 19.8}{0.707} = 510(\text{mm})$

选用斜缀条截面为 1L45×4（最小角钢），$A_d = 349\text{mm}^2$，$i_{min} = i_{y0} = 8.9\text{mm}$。

缀条关于最小回转半径轴丧失稳定为斜平面弯曲，缀材作为柱肢丧失稳定性时的支撑，不应考虑柱肢对它的约束作用，计算长度系数为 1.0。

长细比为　　　　$\lambda_d = \frac{l_d}{i_{min}} = \frac{510}{8.9} = 57.3 < 150$

按 b 类截面查附表 5.2，得 $\varphi = 0.822$。

单面连接等边单角钢按轴心受压验算稳定时的强度设计值折减系数为

$$\eta_f = 0.6 + 0.0015\lambda = 0.6 + 0.0015 \times 57.3 = 0.686$$

考虑折减系数后，可不再考虑弯扭效应。斜缀条的稳定性验算为

$$\frac{N_d}{\varphi A_d} = \frac{17.7 \times 10^3}{0.822 \times 349} = 61.7(\text{N/mm}^2) < \eta_f f = 0.686 \times 215 = 147.5(\text{N/mm}^2)$$

满足要求。

缀条与柱分肢的角焊缝连接计算，此处从略。

（4）格构柱的验算。

1）整个柱截面几何特性为

$$A = 2A_1 = 2 \times 3992 = 7984(\text{mm}^2)$$

$$I_x = 2 \times [1.96 \times 10^6 + 3992 \times (200 - 19.8)^2] = 2.6318 \times 10^8(\text{mm}^4)$$

$$i_x = \sqrt{\frac{I_x}{A}} = \sqrt{\frac{2.6318 \times 10^8}{7984}} = 181.6(\text{mm})$$

$$W_{1x} = W_{nx} = \frac{I_x}{b/2} = \frac{26318 \times 10^8}{200} = 1.316 \times 10^6(\text{mm}^3)$$

2）弯矩作用平面内的稳定性验算。

$$\lambda_x = \frac{l_{0x}}{i_x} = \frac{6000}{181.6} = 33.0$$

$$\lambda_{0x} = \sqrt{\lambda_x^2 + 27\frac{A}{A_{1x}}} = \sqrt{33.0^2 + 27 \times \frac{7984}{2 \times 349}} = 37.4$$

属于 b 类截面，查附表 5.2 得 $\varphi_x = 0.908$。

$$N'_{Ex} = \pi^2 EA/(1.1\lambda_{0x}^2) = \pi^2 \times 206 \times 10^3 \times 7984 \times 10^{-3}/(1.1 \times 37.4^2) = 10550(\text{kN})$$

$$M_1 = 150\text{kN} \cdot \text{m}, M_2 = 0, \beta_{mx} = 0.65 + 0.35 M_2/M_1 = 0.65$$

$$\frac{N}{\varphi_x A} + \frac{\beta_{mx} M_x}{W_{1x} 1.1 \times 37.4^2 (1 - \varphi_x N/N'_{Ex})} = \frac{600 \times 10^3}{0.908 \times 7984}$$

$$+ \frac{0.65 \times 150 \times 10^6}{1.316 \times 10^6 (1 - 0.908 \times 600/10550)} = 160.9(\text{N/mm}^2) < f = 215\text{N/mm}^2$$

满足要求。

3）弯矩绕虚轴作用，弯矩作用平面外的稳定性不必计算。

4）分肢稳定验算。

$$N_1 = N/2 + M_x/b_0 = 600/2 + 150 \times 10^3/(400 - 2 \times 19.8) = 716.2\text{kN}$$

$$\lambda_1 = b_0/i_1 = (400 - 2 \times 19.8)/22.2 = 16.2$$

$$\lambda_y = l_{0y}/i_y = 3000/94.1 = 31.9 > \lambda_1 = 16.2$$

当槽形截面用于格构式构件的分肢，计算分肢绕对称轴（y 轴）的稳定性时，不必考虑扭转效应，直接用 λ_y 查出稳定系数 φ。按 $\lambda_y = 31.9$ 查附表 5.2（b 类截面）得 $\varphi_y = 0.929$。

$$N_1/(\varphi_y A_1) = 716.2 \times 10^3/(0.929 \times 3992) = 193.1(\text{N/mm}^2) < f$$
$$= 215\text{N/mm}^2$$

满足要求。

（5）全截面的强度验算。

$$N/A_n + M_x/(\gamma_x W_{nx}) = 600 \times 10^3/7984 + 150 \times 10^6/(1.0 \times 1.316 \times 10^6)$$
$$= 189.2(\text{N/mm}^2) < f = 215\text{N/mm}^2$$

满足要求。

以上验算全部满足要求，所选截面合适。

（6）横隔设置。用 10mm 厚钢板作横隔，横隔间距应不大于柱截面较大宽度的 9 倍（$9 \times 0.4 = 3.6$m）和 8m。在柱上、下端和中高处各设一道横隔，横隔间距为 3m，可满足要求。

5.8 梁与柱的连接

5.8.1 连接节点的设计原则

单个构件必须通过相互连接，才能形成结构整体。即使每个构件满足使用安全的要求，连接节点的破坏也会导致结构整体的破坏，可见连接节点设计的重要性。由于连接节点处于复杂的受力状态中，无法精确地确定其工作状况，给设计带来不少困难。因此，在处理连接节点时，要求遵循下列基本原则。

（1）安全可靠。应尽可能使受力分析接近于实际工作状况，采用和构件实际连接状况相符或相接近的计算简图；连接处应有明确的传力路线和可靠的构造保证。

（2）便于制作、运输和安装。减少节点类型；拼接的尺寸应留有调节的余地；尽量方便施工时的操作，如避免工地焊缝的仰焊、设置安装支托等。

（3）经济合理。对于用材、制作和施工等综合考虑后确定最经济的方法，而不应单纯理解为用钢量的节省。

5.8.2 梁与柱的连接

梁与柱的连接分铰接和刚接两种形式。轴心受压柱与梁的连接应采用铰接，在框架结构中，横梁与柱则多采用刚接。刚接对制造和安装的要求较高，施工较复杂。设计梁与柱的连接应遵循上述 3 个原则。

1. 梁与柱的铰接连接

梁与柱的铰接，按梁和柱的相对位置不同可分为梁支承于柱顶和支承于柱侧两种。在多层框架中则只能采用后者，现对其构造形式和设计方法简述如下。

（1）梁支承于柱顶的连接。图 5.42 所示为梁支承在柱顶的典型铰接构造。梁的支座反力通过柱顶板传给柱身，顶板与柱身采用焊缝连接。每个梁端与柱采用螺栓连接，使其位置固定在柱顶板上。顶板厚度一般取 20～30mm。

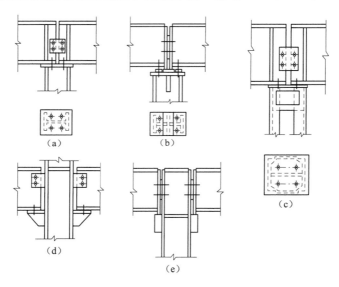

图 5.42 梁与柱的铰接

如图 5.42（a）所示，梁端加劲肋对准柱的翼缘板，使梁的支座反力通过梁端加劲肋直接传给柱的翼缘。这种连接形式构造简单，施工方便，适用于相邻梁的支座反力相等或差值较小的情况。当两相邻梁支座反力相差较大时（如左跨梁有可变荷载、右跨梁无可变荷载），柱将产生较大的偏心弯矩，设计时柱身除按轴心受压构件计算外，还应按压弯构件（偏心受压）进行验算。两相邻梁在调整、安装就位后，用连接板和螺栓在靠近梁下翼缘处连接起来。

如图 5.42（b）所示，梁端加劲肋采用突缘式支座，突缘板底部刨平，与柱顶板直接顶紧，梁的支座反力通过突缘板作用在柱身的轴线附近。这种连接即使两相邻梁支座反力不相等时，支座反力对柱所产生的偏心弯矩也很小，使柱仍接近轴心受压状态。梁的支座反力主要由柱的腹板来承担，故柱腹板的厚度不能太薄。假若支座反力较大而腹板较薄，可在柱顶板之下的柱腹板上设置一对竖向加劲肋以加强腹板。竖向加劲肋与柱腹板的竖向焊缝连接要按同时传递剪力和弯矩计算，因此加劲肋要有足够的长度以满足焊缝的强度和应力均匀扩散的要求。竖向加劲肋与顶板的水平焊缝连接应按传力需要计算。当梁的支座反力较大时，为了增强柱顶板的抗弯刚度，可在柱顶板中心部位加焊一块垫板。两相邻梁之间应预留 $10 \sim 20\text{mm}$ 间隙以便于制造和安装，待安装就位后，在靠近梁下翼缘处的梁支座突缘板间填以合适的填板，并用螺栓相连，这样既可以使梁相互连接，又避免梁弯曲时由于弹性约束而产生支座弯矩。

图 5.42（c）所示为梁支承在格构式柱顶的铰接构造。为了保证格构式柱两分肢受力均匀，不论是缀条式柱还是缀板式柱，在柱顶处应设置端缀板，并在两个分肢的腹板内侧中央处设置竖向隔板，使格构式柱在柱头一端变为实腹式。这样，梁支承在格构式柱顶连接构造可与实腹式柱的同样处理。

（2）梁支承于柱侧面的连接。侧面连接时最常用的柱头构造如图 5.42（d）、（e）所示。梁搁置于柱侧 T 形承托上。为防止梁扭转，可在其顶部附近设一小角钢用构造螺栓与柱连接。这种方式构造简单，施工方便，适用于梁的反力较小的情况。

当梁的支座反力不大时，可采用图 5.42（d）所示的连接构造。梁端可不设支承加劲肋，直接放在柱的承托上，并用普通螺栓加以固定。梁端与柱侧面预留一定间隙，在梁腹板靠近上翼缘处设置一短角钢与柱身相连，以防止梁端向平面外方向产生偏移。这种连接形式比较简单，施工方便。

当梁的支座反力较大时，可采用图 5.42（e）所示的连接构造。梁的支座反力由突缘板传给由厚钢板或角钢制作的承托，承托的顶面刨平，并与梁端凸缘板顶紧。为便于安装，梁端与柱侧面应预留 $5 \sim 10\text{mm}$ 的间隙，安装时加填板并设置构造螺栓，以固定梁的位置。

2. 梁与柱的刚接连接

梁与柱的刚接构造，不仅要能传递梁端剪力和弯矩，同时还要具有足够的刚性，使连接不产生明显的相对转角。因此，不论梁位于柱顶还是位于柱身，均应将梁支承于柱侧（图 5.43）。图 5.43（a）、（b）所示为全焊接刚性连接。前者采用连接板和角焊缝与柱连接，后者则将翼缘用坡口焊缝、梁腹板直接用角焊缝与柱连接。坡口焊缝须设引弧板和坡口下面垫板（预先焊于柱上），梁腹板则在端头上、下各开一个 $r \approx 30\text{mm}$ 的弧形缺口，上缺口是为了留出垫板位置，下缺口则是为了便于施焊操作。图 5.43（c）、（d）所示是将梁腹板与柱的连接改用高强度螺栓或普通螺栓，梁翼缘与柱的连接前者用连接板和角焊缝，后者则用坡口焊缝，这类栓焊混合连接便于安装，故目前在高层框架钢结构中应用普遍。另外，应用较广泛的还有图 5.43（e）所示的用高强度螺栓进行拼接，施工也较方便。

梁与柱的刚接在计算时，梁端弯矩 M 只考虑由梁的上、下翼缘通过连接板和 T 形承托的顶板及角焊缝（或高强度螺栓）传递给柱，或直接由坡口焊缝传递给柱。M 则代换为水平拉力和压力 $N = M/h$（h 为梁高）进行计算［图 5.43（c）］。梁的反力 V 全部由连接于梁腹板的连接板及焊缝（或高强螺栓）传递，或由承托传递。

为防止柱翼缘在水平拉力 N 作用下向外弯曲，柱腹板在水平压力 N 作用下局部失稳，应在柱腹板位于梁的上、下翼缘处设置横向加劲肋。它的厚度一般与梁翼缘相等，这样相当于将两相邻梁连接成整体。

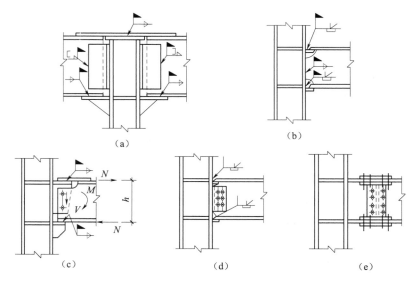

图 5.43　梁与柱的刚接

5.9　轴心受压构件的柱脚

柱脚的作用是将柱身内力传给基础，并与基础固定。简单地讲，柱脚具有固定位置和传力两大作用。由于柱脚的耗钢量大，且制造费工。因此，设计时应使其构造简单、传力可靠，符合结构的计算简图，并便于安装固定。

柱脚按其与基础的连接形式可分为铰接和刚接两种。不论是轴心受压柱、框架柱还是压弯构件，这两种形式均有采用。但轴心受压柱的柱脚一般做成铰接，而框架柱则多用刚接柱脚。

5.9.1　轴心受压构件铰接柱脚

1. 形式和构造

铰接柱脚下端的基础一般由钢筋混凝土做成，其强度远低于钢材，为此需要将柱身的底端放大，以增加柱身与基础顶部的接触面积，使接触面上的压应力小于或等于基础混凝土的抗压强度设计值。常用的铰接柱脚有以下几种。

（1）仅有底板的柱脚。如图 5.44（a）所示，这种柱脚将柱身底端切割齐平，直接与底板焊接。底板厚度一般为 20～40mm，用两个锚栓固定在基础上，锚栓位置放在柱中轴线上，一般在短轴线底板两侧。柱身所受的力通过焊缝传给底板，再由底板扩散并传给基础。由于底板在各方向均为悬臂，在基础反力作用下，底板抗弯刚度较弱，故这种柱脚型式只适用于轴力不大的柱。

（2）有靴梁或有靴梁带隔板的柱脚。如图 5.44（b）、（c）所示，这种柱脚是在底板上设置靴梁、隔板而成。靴梁是联系柱身和底板的横向分布结构，可用竖向板或槽钢做成，在柱的两侧沿柱脚较长方向成对设置［图 5.44（b）］。靴梁和柱身截面可视为底板的支撑，将整块底板划分成小的区格。由于柱身与底板的水平焊缝质量不易保证，所以认为该焊缝不受力，从而柱身的轴力只通过柱身与靴梁连接的竖向角焊缝全部传递给靴梁，再由靴梁通过其与底板连接的水平焊缝传给底板，最后由底板传给基础。靴梁实际上相当于一个下边承受均布荷载作用的单跨双伸臂梁，悬臂尺寸一般为 3～4.5 倍的锚栓直径。当靴梁外伸较长时，可在靴梁之间设置隔板 [图 5.44 (c)]，以增加靴梁的侧向刚度。同时，底板被进一步分成更小的区格，底板中的弯矩也因此而减小。

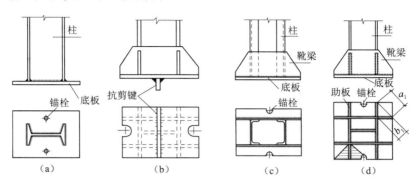

图 5.44　铰接柱脚

（3）有靴梁和肋板的柱脚。如图 5.44 (d) 所示，这种柱脚通常在柱的一个方向采用靴梁，另一方向设置肋板，底板宜做成正方形或接近正方形。靴梁的受力如同双伸臂梁。肋板的受力如同受均布荷载作用的悬臂梁，弯矩和剪力在支撑竖向焊缝处最大，且内力向边端衰减较快，因此肋板常做成接近三角形的外形。

2. 轴心受压构件铰接柱脚的计算

轴心受压构件铰接柱脚的计算包括确定底板的尺寸、靴梁和隔板的尺寸以及它们之间的连接焊缝尺寸。

（1）底板的计算。

1）底板的平面尺寸（底板的长度 S 和宽度 B）。底板的平面尺寸取决于底板下基础材料的抗压强度。铰接柱脚的底板一般采用矩形，底板面形心与柱截面形心重合。假设底板与基础接触面上的应力为均匀分布，则底板的长度 S 和宽度 B [图 5.44 (b)]可按下式计算，即

$$A = LB \geqslant \frac{N}{f_c} + A_0 \tag{5.131}$$

式中：L、B 为底板的长度、宽度，mm；N 为柱的轴向压力设计值，N；f_c 为基础混凝土的轴心抗压强度设计值，N/mm^2；A_0 为锚栓孔的面积，mm^2。

根据构造要求确定底板宽度 B，即

$$B = a_1 + 2t + 2c \tag{5.132}$$

式中：a_1 为柱截面的宽度或高度，mm；t 为靴梁厚度，通常取 10～16mm；c 为底板悬臂部分的宽度，通常取锚栓直径的 3～4 倍，mm，常用锚栓直径为 20～24mm。

底板的长度 L、宽度 B 应取整数，且 $L \leqslant 2B$。根据柱脚的构造型式，可以取 L 与 B 大致相同。

底板的平面尺寸选定后，应验算所选底板的基础反力 q 是否小于基础材料的抗压强度，即

$$q = \frac{N}{BL - A_0} \leqslant f_c \tag{5.133}$$

2）底板厚度。底板的厚度由底板的抗弯强度决定。底板是一块整体板，计算时可将靴梁、隔板、肋板及柱身截面视作底板的支承，它们把底板划分为不同支承条件的矩形区格，其中有四边支承、三边支承、两相邻边支承和一边支承，通常偏安全均按板边简支考虑。在均匀分布的基础反力作用下，各区格单位宽度上最大弯矩如下。

对四边支承板，有

$$M = \alpha q a^2 \tag{5.134}$$

对三边支承板及两相邻边支承板，有

$$M = \beta q a_1^2 \tag{5.135}$$

对一边支承（悬臂）板，有

$$M = \frac{1}{2} q c^2 \tag{5.136}$$

式中：q 为作用于底板单位面积上的压力，N/mm^2；a 为四边支承板中短边的长度，mm；α 为系数，由板的 b/a 查表 5.10 确定；a_1 为三边支承板中自由边的长度，见图 5.44（b）、（d）；β 为系数，由 b_1/a_1 查表 5.11 确定，b_1 为三边支承板中垂直于自由边方向的长度或两相邻边支承板中的内角顶点至对角线的垂直距离，见图 5.44（b）、（d），当三边支承板 $b_1/a_1 < 0.3$ 时，可按悬臂长为 b_1 的悬臂板计算；c 为悬臂长度。

表 5.10　四边支承板弯矩系数 α

b/a	1.0	1.1	1.2	1.3	1.4	1.5	1.6	1.7	1.8	1.9	2.0	3.0	$\geqslant 4.0$
α	0.048	0.055	0.063	0.069	0.075	0.081	0.086	0.091	0.095	0.099	0.102	0.119	0.125

表 5.11　三边支承板及两相邻边支承板弯矩系数 β

b_1/a_1	0.3	0.4	0.5	0.6	0.7	0.8	0.9	1.0	1.2	$\geqslant 1.4$
β	0.026	0.042	0.058	0.072	0.085	0.092	0.104	0.111	0.120	0.125

经过计算，取各区格板中的最大弯矩 M_{max} 来确定所需底板厚度，即

$$t \geqslant \sqrt{\frac{6 M_{max}}{\gamma_x f}} \tag{5.137}$$

式中：f 为钢材的强度设计值，N/mm^2；γ_x 为受弯构件的截面塑性发展系数，当构件承受静力或间接动力荷载时，对钢板受弯取 $\gamma_x = 1.2$，当构件承受直接动力荷载时取 $\gamma_x = 1$。

设计时应尽可能地使各区格的弯矩值接近，可通过重新划分区格或对个别区格增加隔板的方法来实现，以免个别区格的弯矩值较大，致使底板厚度较大。底板厚度一般为 20～40mm，但必须大于或等于 14mm，以保证底板具有足够的刚度，使得基础反力接近均匀分布。

（2）靴梁计算。靴梁按支承于柱身两侧的连接焊缝处的单跨双伸臂梁计算强度。靴梁的高度 h_b 通常由其与柱身间的竖向焊缝长度来确定，厚度 t_b 可取约等于

或略小于柱翼缘板的厚度。通常柱下端截面尺寸较大，由于焊接变形等原因，柱下端难以做到很平整，柱下端与底板间常存在较大间隙，使得连接柱身与底板的水平焊缝质量不易保证，计算时通常不考虑其受力，该焊缝的焊脚尺寸按构造条件确定。设计时取柱身轴力先通过柱与靴梁连接的竖向焊缝传给靴梁，再由靴梁与底板连接的水平焊缝传给底板，然后从底板传给基础。靴梁承受的荷载为由底板传来的沿靴梁长均布的基础反力。因此，设计时常先计算靴梁与柱身间的连接焊缝，再验算靴梁的强度，包括以下 3 个方面。

1）靴梁与柱身的竖向连接焊缝计算。靴梁与柱身之间一般采用 4 条竖向焊缝（为侧面角焊缝）传递柱全部轴心压力设计值 N，则竖向焊缝应满足

$$4l_w h_f \geq \frac{N}{0.7f_f^w} \qquad (5.138)$$

式中：f_f^w 为焊缝强度设计值，N/mm^2；l_w 为每条竖向焊缝的计算长度，mm；h_f 为焊脚尺寸，mm。

可先选定焊脚尺寸，然后确定焊缝长度 l_w（$l_w \leq 60h_f$）。取靴梁高度 $h_b \geq l_w + 2h_f$。

2）靴梁与底板间的水平焊缝计算。两个靴梁与底板间的全部连接焊缝按传递柱全部压力 N 计算，对于不便于施焊和检验的焊缝，由于质量难以保证，计算时不考虑其受力。假定柱身与底板间、隔板与底板间、肋板与底板间的焊缝不受力，靴梁上的全部压力通过靴梁与底板间的水平焊缝（为正面角焊缝）传递给底板，则水平焊缝应满足

$$h_f \geq \frac{N}{0.7\beta_f f_f^w \sum l_w} \qquad (5.139)$$

式中：$\sum l_w$ 为水平焊缝总计算长度，要考虑每段焊缝减去 $2h_f$，mm；β_f 为正面角焊缝强度增大系数，对直接承受动力荷载结构的焊缝取 1.0，其他情况取 1.22。

3）靴梁强度计算。在底板均布反力作用下，靴梁按支承于柱侧边的双悬臂简支梁计算。每个靴梁承受由底板传来的基础反力，按线均布荷载 $q_b = qB/2$ 计算（有隔板时仍按此均布反力 q_b 计算）。按靴梁所承受的最大弯矩和最大剪力验算靴梁截面（$h_b t_b$）的抗弯和抗剪强度。在计算抗弯强度时，当构件承受静力或间接动力荷载时，应考虑截面塑性发展系数 γ_x，即对截面抵抗矩 W 乘以 $\gamma_x = 1.2$（靴梁为钢板时）或 $\gamma_x = 1.05$（靴梁为槽钢时）；当构件承受直接动力荷载时，取 $\gamma_x = 1$。隔板受弯时，也按此考虑。

（3）隔板、肋板的计算。隔板按简支梁计算，把由底板传来的基础反力看作荷载。双向底板传给各板边支承的荷载值近似地按 45°线和中线为分界线，对隔板形成梯形或三角形分布荷载。为求解内力方便，荷载可按图 5.44（b）所示阴影面积的底板反力计算。隔板的计算内容包括隔板与靴梁连接的竖向焊缝（通常仅焊在外侧）、隔板与底板之间的水平连接焊缝（通常仅焊在外侧）和隔板的强度（包括抗弯强度和抗剪强度）。隔板应具有一定的刚度，才能起支承底板和侧向靴梁的作用。为此，隔板的厚度不得小于其宽度的 1/50，一般取比靴梁稍薄，但厚度不小于 10mm。

肋板按悬臂梁计算，荷载按图 5.44（d）所示的阴影面积的底板反力计算。计

算时，先根据隔板的支座反力计算其与靴梁连接的竖向焊缝（通常仅焊隔板外侧）。然后，按正面角焊缝计算隔板与底板间的连接焊缝（通常仅焊外侧）。最后，根据竖向焊缝长度 l_w 确定隔板高度 h_d，取 $h_d \geqslant l_w +$ 切角高度 $+ 2h_f$；按求得的最大弯矩和最大剪力分别验算隔板截面的抗弯强度和抗剪强度。

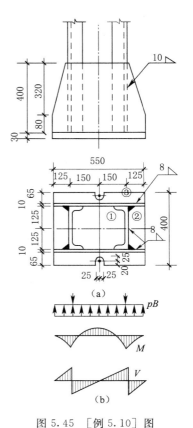

图 5.45 ［例 5.10］图

【例 5.10】 试设计一轴心受压格构式柱的柱脚。柱截面尺寸如图 5.45 所示。轴心压力设计值 $N = 1700$ kN（包括柱自重）。基础混凝土强度等级 C15。钢材 Q235 - B，焊条 E43 型。

解： 采用图 5.45（a）所示的柱脚形式，用两个 M20 锚栓。

（1）底板尺寸。C15 混凝土 $f_c = 7.5$ N/mm²，局部受压的强度提高系数 $\beta = 1.1$，则 $\beta f_c = 1.1 \times 7.5 = 8.25$（N/mm²）

螺栓孔面积为

$$A_0 = 2 \times \left(5 \times 2 + \frac{\pi \times 5^2}{8}\right) = 39.6 (\text{cm}^2)$$

底板需要面积为

$$A_0 = lB = \frac{N}{f_c} + A_0 = \frac{1700 \times 10^3}{8.25 \times 10^2} + 39.6 = 2100 (\text{cm}^2)$$

取底板宽度为

$$B = 25 + 2 \times 1 + 2 \times 6.5 = 40 (\text{cm})$$

所以，底板需要长度为

$$l = \frac{A}{B} = \frac{2100}{40} = 52.5 (\text{cm})，取 55\text{cm}$$

基础对底板单位面积的压应力为

$$P = \frac{N}{lB - A_0} = \frac{1700 \times 10^3}{(55 \times 40 - 39.6) \times 10^2} = 7.87 (\text{N/mm}^2)$$
$$< \beta f_{cc} = 8.25 \text{N/mm}^2 （满足）$$

按底板的 3 种区格分别计算其单位宽度上的最大弯矩区格①为四边支承板，按式（5.134）计算，$b/a = 30/25 = 1.2$，查表 5.10，得 $\alpha = 0.063$。

$$M_4 = \alpha P a^2 = 0.063 \times 7.87 \times 250^2 = 30990 (\text{N} \cdot \text{mm})$$

区格②为三边支承板，$b_1/a_1 = 12.5/25 = 0.5$，查表 5.11 得 $\beta = 0.060$。

$$M_3 = \beta P a^2 = 0.060 \times 7.87 \times 250^2 = 29510 (\text{N} \cdot \text{mm})$$

区格③为悬臂板，则

$$M_1 = \frac{1}{2} p c^2 = \frac{1}{2} \times 7.87 \times 65^2 = 16630 (\text{N} \cdot \text{mm})$$

按最大弯矩 $M_{\max} = M_4 = 30990$ N·mm 计算底板厚度，取厚度 $t > 16 \sim 40$ mm 的 $f = 205$ N/mm²。

$$t=\sqrt{\frac{6M_{max}}{f}}=\sqrt{\frac{6\times30990}{205}}=30.1(mm)，取\ t=30mm$$

（2）靴梁计算。靴梁与柱身共用 4 条竖直焊缝连接，每条焊缝需要的长度为（设 $h_f=10mm$）

$$l_w=\frac{N}{4\times0.7h_fl_f^w}=\frac{1700\times10^3}{4\times0.7\times10\times160}=379.5(mm)$$

$$<l_{wmax}=60h_f=60\times10=600(mm)\quad（满足）$$

取靴梁高度为 $380+2\times10=400mm$，厚度为 10mm。

两块靴梁板承受的线荷载为［图 5.45（b）］

$$pB=7.87\times400=3150(N/mm)$$

靴梁板承受的最大弯矩为

$$M=\frac{1}{2}pBl^2=\frac{1}{2}\times3150\times125^2=24610000(N\cdot mm)$$

$$\sigma=\frac{M_{max}}{W}=\frac{6\times24610000}{2\times10\times400^2}=46.1(N/mm^2)<f=125N/mm^2\quad（满足）$$

靴梁板承受的最大剪力为

$$V=pBl=3150\times125=393800(N)$$

$$\tau=1.5\frac{V}{A}=1.5\frac{393800}{2\times400\times10}=73.8(N/mm^2)<f_v=125N/mm^2\quad（满足）$$

（3）靴梁与底板的连接焊缝计算。设 $h_f=8mm$，$\sum l_w=2\times(55-2\times0.8)+4\times(12.5-2\times0.8)=150.4(cm)$

$$\sigma_f=\frac{N}{h_e\sum l_w}=\frac{1700\times10^3}{0.7\times8\times1504}=201.8(N/mm^2)$$

$$\approx\beta_ff_f=1.22\times160=195.2(N/mm^2)\quad（满足）$$

5.9.2 轴心受压构件刚接柱脚

1. 形式和构造

由于底板抗弯刚度较小，为了有效、可靠地将拉力从柱身传到锚栓，锚栓一般不应该直接固定在底板上，而应固定在焊于靴梁上的刚度较大的锚栓支承托座上（图 5.46），使柱脚与基础形成刚性连接。锚栓常承受较大的拉力，锚栓直径通常为 30～76mm，根据承受的拉力来选择。支座托座的做法通常是在靴梁外侧焊上一对肋板（高度大于 400mm），刨平顶紧（并焊接）于放置其上的顶板（厚度 20～40mm）或角钢（L160×100×10 以上，长边外伸）上，以支承锚栓。为了便于安装，顶板或角钢上宜开缺口（宽度不小于锚栓直径的 1.5 倍），并且锚栓位置宜在底板之外。托座肋板按悬臂梁计算。在安放垫板、固定锚栓的螺母后，再将这些零件与支承托座相互焊接，以免松动。支承托座也可采用槽钢。

图 5.46 所示为几种平板式刚接柱脚。图 5.46（a）所示形式适用于压力和弯矩都较小，且在底板与基础间只产生压应力时。它类似于轴心受压柱柱脚。图 5.46（b）所示形式为常见的刚接柱脚，采用靴梁和整块底板，它适用于实腹式柱和小型格构式柱。为便于安装和保证柱与基础能可靠地形成刚性连接，锚栓不固定

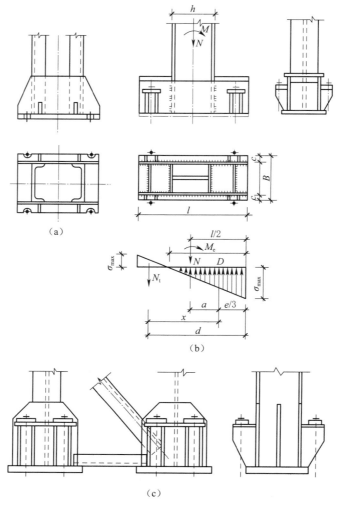

图 5.46　刚接柱脚

在底板上，而是从底板外缘穿过并固定在靴梁两侧由肋板和水平板组成的支座上。图 5.46（c）所示为分离式柱脚，它比整块底板经济，多用于大型格构式柱。各分肢柱脚相当于独立的轴心受力铰接柱脚，但柱脚底部须作必要的联系，以保证一定的空间刚度。

2. 刚接柱脚计算

与铰接柱脚相同，刚接柱脚的剪力也应由底板与基础表面的摩擦力（摩擦系数可取 0.4）或设置抗剪键传递，不应将柱脚锚栓用来承受剪力。

（1）底板面积。以图 5.46（b）所示柱脚为例。在轴心压力 N 和弯矩 M 的作用下，底板与基础间的压应力呈不均匀分布。在弯矩指向一侧底板边缘的压应力最大，而另一侧底板边缘的压应力则最小，甚至还可能出现拉应力。

设计底板面积时，首先根据构造要求确定底板宽度 B，悬臂长 c 可取 20～30mm。然后假定基础为弹性状态工作，基础反力呈直线分布，根据底板边缘最大压应力不超过混凝土的抗压强度设计值，采用下式即可确定底板在弯矩作用平面内

的长度 l，即

$$\sigma_{\max} = \frac{N}{Bl} + \frac{6M}{Bl^2} \leqslant f_{cc} \qquad (5.140)$$

式中：N 为柱端承受的轴心压力，kN；M 为柱端承受的弯矩，kN·m。应取使底板一侧边缘产生最大压应力的最不利内力组合。

（2）底板厚度。底板另一侧边缘的应力可由下式计算，即

$$\sigma_{\min} = \frac{N}{Bl} - \frac{6M}{Bl^2} \qquad (5.141)$$

根据式（5.140）和式（5.141）可得底板下压应力的分布图形，然后采用与铰接柱脚相同的方法，用式（5.134）、式（5.135）、式（5.136）计算各区格底板单位宽度上的最大弯矩，再用式（5.137）确定底板厚度。计算弯矩时，可偏安全地取各区格中的最大压应力作为作用于底板单位面积的均匀压应力 p 进行计算。

（3）靴梁、隔板和肋板。可采用与铰接柱脚类似方法计算靴梁、隔板和肋板的强度，靴梁与柱身以及与隔板、肋板等的连接焊缝，然后根据焊缝长度确定各自的高度。靴梁和锚栓支座的高度宜大于 400mm。

在计算靴梁与柱身连接的竖直焊缝时，应按可能产生的最大内力 N_1 计算，即

$$N_1 = \frac{N}{2} + \frac{M}{h} \qquad (5.142)$$

式中：h 为柱截面高度，mm。

（4）锚栓。当由式（5.141）计算出的 $\sigma_{\min} \geqslant 0$ 时，表明底板与基础间全为压应力，此时锚栓可按构造设置，将柱脚固定即可。若 $\sigma_{\min} < 0$，则表明底板与基础间出现拉应力，此时锚栓的作用除了固定柱脚位置外，还应能承受柱脚底部由压力 N 和弯矩 M 组合作用引起的拉力 N_1 ［图 5.46（b）］。当内力组合 N、M（通常取 N 偏小、M 偏大的一组）作用下产生图中所示底板下应力的分布图形时，可确定出压应力的分布长度 e。现假定拉应力的组合 N_1 由锚栓承受，根据对压应力合力作用点 D 的力矩平衡条件 $\sum M_D = 0$，可得

$$N_1 = \frac{M - Na}{x} \qquad (5.143)$$

式中：$a = \dfrac{l}{2} - \dfrac{e}{3}$ 为底板压应力合力的作用点 D 至轴心压力 N 的距离，mm；$x = d - \dfrac{e}{3}$ 为底板压应力合力的作用点 D 至锚栓的距离，mm；$e = \dfrac{\sigma_{\max}}{\sigma_{\max} + |\sigma_{\min}|} \cdot l$ 为压应力的分布长度，mm；d 为锚栓至底板最大压应力处的距离，mm。

根据 N_1 即可由下式计算锚栓需要的净截面面积 A_n，从而选出锚栓的数量和规格，即

$$A_n = \frac{N_1}{f_t^a} \qquad (5.144)$$

式中：f_t^a 为锚栓的抗拉强度设计值，按表 3.11 选用。

另外，对柱脚的防腐蚀应特别加以重视。《规范》对此制定有强制性条文："柱脚在地面以下的部分应采用强度等级较低的混凝土包裹（保护层厚度不应小于 50mm），并应使包裹的混凝土高出地面不小于 150mm。当柱脚底面在地面以上

时，柱脚底面应高出地面不小于 100mm。"

思考题

5.1 轴心受力构件应该进行哪些方面的验算？

5.2 轴心受力构件强度的计算公式是按它的承载能力极限状态确定的吗？为什么？

5.3 轴心受压构件的整体稳定承载力与哪些因素有关？其中哪些因素被称为初始缺陷？

5.4 如何区分研究压杆稳定性时的第一类稳定问题和第二类稳定问题？它们分别适用于哪类压杆的失稳现象？

5.5 初始缺陷（残余应力、初弯曲、初偏心）对轴心受压构件承载力有何影响？它们对 $\lambda < \lambda_p$ 或 $\lambda > \lambda_p$ 的柱以及柱的强、弱轴影响相同吗？

5.6 轴心受压构件整体失稳时有哪几种屈曲形式？双轴对称截面的屈曲形式是怎样的？

5.7 轴心受压构件屈曲为什么要分为弹性屈曲和弹塑性屈曲？在理想轴心受压构件中这两种屈曲的范围可用什么来划分？

5.8 轴心受压构件的稳定系数 φ 为什么要按截面形式和对应的失稳轴分为四类？同一截面关于两个形心主轴的截面类别是否一定相同？

5.9 当轴心受压构件的长细比太大时，对构件会产生哪些不利影响？

5.10 残余应力、初弯曲和初偏心对轴心受压构件承载力的主要影响有哪些？为什么残余应力在截面两个主轴方向对承载能力的影响不同？

5.11 在单轴对称截面的轴心受压构件的整体稳定实用计算中，绕对称轴应采用哪个长细比？绕非对称轴又应采用哪个长细比？为什么？

5.12 在格构式轴心受压构件的稳定计算中，对应采用的长细比有什么规定？为什么？

5.13 缀条式和缀板式双肢格构柱的换算长细比计算公式有何不同？分肢的稳定怎样保证？

5.14 实腹式轴心受压构件和格构式轴心受压构件的设计计算步骤有何异同？

5.15 拉弯、压弯构件的设计需要满足哪方面的要求？各包括什么内容？

5.16 压弯构件有几种整体破坏形式？试分别说明。

5.17 在计算实腹式压弯构件的强度和整体稳定时，在哪些情况下应取计算公式中的 $\gamma_x = 1.0$？

5.18 计算实腹式压弯构件在弯矩作用平面内稳定和平面外稳定的公式中的弯矩取值是否相同？若平面外设有侧向支撑，取值是否一样？

5.19 在压弯构件整体稳定计算公式中，为什么要引入 β_{mx} 和 β_{tx}？在哪些情况它们较大？在哪些情况它们较小？

5.20 对实腹式单轴对称截面的压弯构件，当弯矩作用在对称平面内使较大翼缘受压时，其整体稳定性如何计算？

5.21 试比较工字形、箱形和 T 形截面的压弯构件与轴心受压构件的腹板高厚比限值计算公式，各有哪些不同？

5.22 格构式压弯构件当弯矩绕虚轴作用时，为什么不需计算构件在弯矩作用平面外的稳定性？它的分肢稳定性如何计算？

5.23 拉弯、压弯构件的设计需要满足哪两方面的要求？各包括什么内容？

5.24 格构式压弯构件和轴压构件的缀材计算有何异同之处？

习题

5.1 试验算图 5.47 所示焊接工字形截面柱（翼缘为焰切边），轴心受压设计值为 $N=4500\text{kN}$，柱的计算长度 $l_{0x}=l_{0y}=6.0\text{m}$，钢材采用 Q235，截面无削弱。

5.2 图 5.48（a）、（b）所示为两截面组合柱，截面面积相同，且均为 Q235 钢，翼缘为焰切边，两端简支，$l_{0x}=l_{0y}=8.7\text{m}$，试计算（a）、（b）两柱所能承受的最大轴心压力设计值。

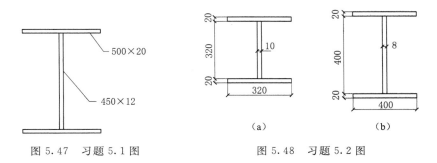

图 5.47 习题 5.1 图　　　　　图 5.48 习题 5.2 图

5.3 试设计一双肢缀板柱的截面，分肢采用槽钢。柱高 7.5m，上端铰接，下端固定。承受的轴心压力设计值 $N=1600\text{kN}$。钢材 Q235，截面无削弱。

5.4 设计某工作平台轴心受压柱的截面尺寸，柱采用焊接工字形截面，翼缘板为火焰切割边。柱高 6m，两端铰支，柱承受的轴心压力设计值为 5000kN，钢材采用 Q235A。

5.5 试设计某轴心受压构件的柱脚。轴向压力设计值为 1300kN，柱截面选用焊接工字钢：翼缘为 1600×16，腹板为 350×8，钢材为 Q235B，焊条采用 E43型，基础混凝土强度等级为 C20。

5.6 图 5.49 所示为一两端铰接的拉弯杆。截面为工 45a 轧制工字钢，钢材采用 Q235 钢，截面无削弱，静态荷载。试确定作用于杆的最大轴心拉力的设计值。

5.7 某天窗架的侧腿由不等边双角钢组成，见图 5.50。角钢间的节点板厚度为 10mm，杆两端铰接，杆长为 3.5m，杆承受轴线压力 $N=3.5\text{kN}$ 和横向均布荷载 $g=2\text{kN/m}$，钢材采用 Q235 钢。要求选出角钢尺寸。如果荷载 q 的方向与图中相反，角钢尺寸如何？

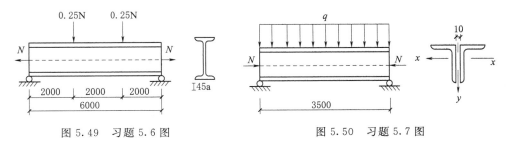

图 5.49 习题 5.6 图　　　　　图 5.50 习题 5.7 图

5.8 用轧制工字钢工 36a 做成 10m 长的两端铰接柱，在腹板平面内承受偏心压力的设计值为 500kN，偏心距 125mm，钢材采用 Q235 钢。要求计算：

（1）弯矩作用平面内稳定性能否保证？

（2）要保证弯矩作用平面外的稳定，应设几个中间侧向支承点？

5.9 图 5.51 所示单层刚架屈曲时有侧移，柱旁和柱相刚接的横梁的截面尺寸如图中剖面 1—1 和 2—2。柱与基础在刚架平面内铰接，在刚架平面外刚接。已知 AB 柱承受的轴心压力 $N=1400$kN。试问柱的 B 端在刚架平面内能承受的最大弯矩是多少？钢材采用 Q235 钢（B 端平面外无支撑）。

5.10 将习题 5.8 中的偏压柱与基础刚接，试设计该柱的柱头和柱脚，并按一定比例画出构造图，混凝土标号为 C20。

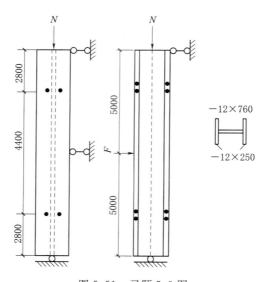

图 5.51 习题 5.9 图

第 6 章

单层房屋钢结构

6.1 概述

单层厂房的钢屋架以承受横向弯曲的受力方式把屋面荷载传给下部结构。当屋面荷载作用于屋架节点时，屋架所有杆件只受轴心力的作用，杆件截面上的应力均匀分布；与实腹梁相比，对材料的利用较为充分，因而具有用钢量省、自重轻、易做成各种形式和较大跨度以满足各种不同要求的特点。

按能承受荷载的大小、适用的跨度、杆件截面的组成及构造等特点，屋架可分为普通单层钢屋架（以角钢为主）、钢管屋架和轻钢屋架等 3 类。

普通单层钢屋架杆件采用两个角钢组成的 T 形截面，并在杆件交汇处用焊缝把各杆连到节点板上。它具有取材容易、构造简单、制造安装方便，与支撑体系形成的屋盖结构整体刚度好、工作可靠、适应性强（用于工业厂房时吊车吨位一般不受限制）等一系列优点，因而目前在我国的工业与民用房屋中应用广泛。它的缺点是由于采用了厚度较大的普通型钢，因此耗钢量较大，用于屋架跨度较大或较小时不够经济，适宜的跨度一般为 18～36m。

轻型钢结构是以轻型冷弯薄壁型钢，轻型焊接和高频焊接型钢、薄钢板、薄壁钢管、轻型热轧型钢及以上各构件拼接、焊接而成的组合构件等为主要受力构件，大量采用轻质围护结构的单层或多层钢结构。

传统概念上的轻型钢结构是指由圆钢和小角钢组成的轻型钢结构，应用于仓储建筑、小型厂房、农业种植大棚等结构。目前的轻型钢结构由薄钢板焊接截面、冷弯薄壁型钢构件等组成，具有很大的发展潜力，应用于轻型厂房、住宅、商业建筑和库房等结构。

6.2 单层厂房钢结构

6.2.1 单层厂房钢结构的组成及布置原则

1. 单层厂房钢结构的组成

单层厂房钢结构（single - story industrial steel structures）一般是由屋盖结构、柱、吊车梁、制动梁（或制动桁架）、各种支撑以及墙架等构件组成的空间体系（图 6.1）。这些构件按其作用可分为下面几类。

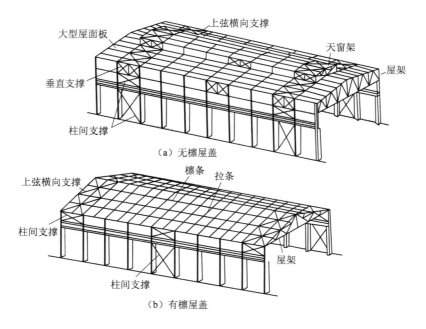

图 6.1　单层厂房钢结构的组成示例

（1）横向框架。由柱和它所支承的屋架或屋盖横梁组成，是单层厂房钢结构的主要承重体系，承受结构的自重、风、雪荷载和吊车的竖向与横向荷载，并把这些荷载传递到基础。

（2）屋盖结构。承担屋盖荷载的结构体系，包括横向框架的横梁、托架、中间屋架、天窗架、檩条等。

（3）支撑体系。包括屋盖部分的支撑和柱间支撑等，它一方面与柱、吊车梁等组成单层厂房钢结构的纵向框架，承担纵向水平荷载；另一方面又把主要承重体系由个别的平面结构连成空间的整体结构，从而保证了单层厂房钢结构所必需的刚度和稳定。

（4）吊车梁和制动梁（制动桁架）。主要承受吊车竖向及水平荷载，并将这些荷载传到横向框架和纵向框架上。

（5）墙架。承受墙体的自重和风荷载。

此外，还有一些次要的构件，如梯子、走道、门窗等。在某些单层厂房钢结构中，由于工艺操作上的要求，还设有工作平台。

2. 柱网和温度伸缩缝的布置

（1）柱网布置。柱网布置（layout of column rows）就是确定单层厂房钢结构承重柱在平面上的排列，即确定它们的纵向和横向定位轴线所形成的网格。单层厂房钢结构的跨度就是柱纵向定位轴线之间的尺寸，单层厂房钢结构的柱距就是柱子在横向定位轴线之间的尺寸（图 6.2）。

进行柱网布置时，应注意以下几方面的问题。

1）应满足生产工艺要求。厂房是直接为工业生产服务的，不同性质的厂房具

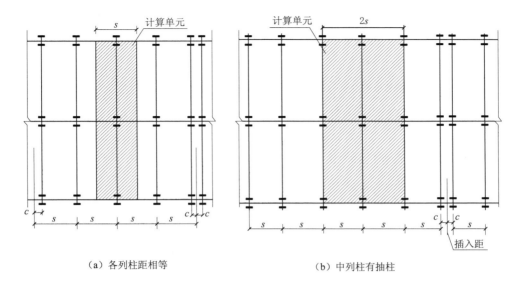

（a）各列柱距相等　　　　　　　　　　　（b）中列柱有抽柱

图 6.2　柱网布置和温度伸缩缝

有不同的生产工艺流程，各种工艺流程所需主要设备、产品尺寸和生产空间都是决定跨度和柱距的主要因素。柱的位置（包括柱下基础的位置）应和地上（地上）设备、机械及起重运输设备等相协调。此外，柱网布置还应考虑未来生产发展和生产工艺的可能变动。

2）应满足结构的要求。为了保证车间的正常使用，使厂房具有必要的刚度，应尽量将柱布置在同一横向轴线上，以便与屋架或横梁组成横向框架，提供尽可能大的横向刚度。

3）应符合经济合理的原则。柱距大小对结构的用钢量影响较大，较经济的柱距可通过具体方案比较确定。例如，在柱子较高、跨度较大而吊车起重量又较小的车间中，采用大柱距可能是经济合理的。为了降低制作和安装工作量，应尽量实现结构构件的统一化和标准化，满足《厂房建筑统一化基本规则》的规定；当单层厂房钢结构跨度不大于 18m 时，应以 3m 为模数，即 9m、12m、15m、18m；当厂房跨度大于 18m 时，则以 6m 为模数，即 24m、30m、36m。但是当工艺布置和技术经济有明显的优越性时，也可采用 21m、27m、33m 等。厂房的柱距一般采用 6m 较为经济，当工艺有特殊要求时，可局部抽柱，即柱距做成 12m；对某些有扩大柱距要求的单层厂房钢结构也可采用 9m 及 12m 柱距。

（2）温度伸缩缝。温度变化将引起结构变形，使厂房钢结构产生温度应力。故当厂房平面尺寸较大时，为避免产生过大的温度变形和温度应力，应在厂房钢结构的横向和纵向设置温度伸缩缝（temperature joint）。

温度伸缩缝的布置决定于厂房钢结构的纵向和横向长度。纵向很长的厂房在温度变化时，纵向构件伸缩的幅度较大，引起整个结构变形，使构件内产生较大的温度应力，并可能导致墙体和屋面的破坏。为了避免这种不利后果的产生，常采用横向温度伸缩缝将单层厂房钢结构分成伸缩时互不影响的温度区段。按《规范》规定，当温度区段长度不超过表 6.1 中的数值时，可不计算温度应力。

表 6.1	温度区段长度值		
结 构 情 况	温度区段长度/m		
	纵向温度区段（垂直于屋架或构架跨度方向）	横向温度区段（沿屋架或构架跨度方向）	
		柱顶为刚接	柱顶为铰接
采暖房屋和非采暖地区的房屋	220	120	150
热车间和采暖地区的非采暖房屋	180	100	125
露天结构	120	—	—

温度伸缩缝最普遍的做法是设置双柱。即在缝的两旁布置两个无任何纵向构件联系的横向框架，使温度伸缩缝的中线和定位轴线重合［图 6.2（a）］；在设备布置条件不允许时，可采用插入距的方式［图 6.2（b）］，将缝两旁的柱放在同一基础上，其轴线间距一般可采用 1m，对于重型厂房由于柱的基础较大，可能要放大到 1.5m 或 2m，有时甚至到 3m，方能满足温度伸缩缝的构造要求。为节约钢材也可采用单柱温度伸缩缝，即在纵向构件（如托架、吊车梁等）支座处设置滑动支座，以使这些构件有伸缩的余地。不过单柱伸缩缝使构造复杂，故实际应用较少。

当厂房宽度较大时，也应该按《规范》规定布置纵向温度伸缩缝。

6.2.2 横向框架的结构类型及主要尺寸

1. 框架的类型

单层厂房的基本承重结构通常采用框架（frames）结构体系。这种体系能够保证必要的横向刚度，同时其净空又能满足使用上的要求。

横向框架按其静力计算模式来分，主要有横梁与柱铰接和横梁刚接两种情况。按跨度来分，则有单跨、双跨和多跨。

横梁与柱铰接的框架，在传统单层厂房钢结构中常可见到。由于其横向刚度较差，常不能满足吊车使用上的要求，因此这种结构类型现在很少采用。横梁与柱刚接的框架具有良好的横向刚度，但对于支座不均匀沉降及温度作用比较敏感，需采取防治不均匀沉降的措施。轻钢厂房采用的门式钢架属于横梁与柱刚接，而且由于结构自重与传统单层厂房钢结构相比大为减轻，沉降问题不甚严重，因而是一种较好的结构形式。

2. 主要尺寸

框架的主要尺寸如图 6.3 所示。框架的跨度，一般取上部柱中心线间的横向距离，可由下式定出，即

$$L_0 = L_K + 2S \tag{6.1}$$

式中：L_K 为桥式吊车的跨度，m；S 为吊车梁轴线至上段柱轴线的距离（图 6.4），mm，应满足下式要求，即

$$S = B + D + \frac{b_1}{2} \tag{6.2}$$

式中：B 为吊车桥架悬伸长度，可由行车样本查得，mm；D 为吊车外缘和柱内边缘之间的必要空隙，mm，当吊车起重量不大于 500kN 时，不宜小于 80mm，当吊车起重量不小于 750kN 时，不宜小于 100mm，当在吊车和柱之间需要设置安全走

道时，则 D 不得小于 400mm；b_1 为上段柱宽度，mm。

S 的取值：对于中型厂房一般采用 0.75m 或 1m，重型厂房则为 1.25m 甚至达到 2.0m。

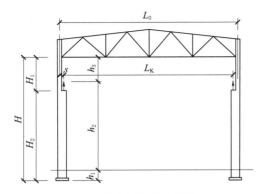

图 6.3　横向框架的主要尺寸　　　图 6.4　柱与吊车两轴线间的净空

框架由柱脚底面到横梁下弦底部的距离为

$$H = h_1 + h_2 + h_3 \tag{6.3}$$

式中：h_1 为地面至柱脚底面的距离，m，中型车间为 0.8～1.0m，重型车间为1.0～1.2m；h_2 为地面至吊车轨顶的高度，m，由工艺要求决定；h_3 为吊车轨顶至屋架下弦底面的距离，m。

$$h_3 = A + 100\text{mm} + (150～200)\text{mm} \tag{6.4}$$

式中：A 为吊车轨道顶面至起重小车顶面之间的距离，mm；100mm 为制造、安装误差留出的空隙；(150～200)mm 为考虑屋架的挠度和下弦水平支撑角钢的下伸等所留的空隙。

吊车梁的高度可按 (1/12～1/5)L 选用，L 为吊车梁的跨度，吊车轨道高度可根据吊车起重量决定。框架横梁一般采用梯形或人字形屋架，其形式和尺寸参见本节屋盖结构体系相关内容。

6.2.3　结构的纵向传力系统

1. 纵向框架柱间支撑的作用和布置

柱间支撑（brace）与厂房钢结构框架柱相连接，其作用如下。

(1) 组成坚强的纵向构架，保证单层厂房钢结构的纵向刚度。

(2) 承受单层厂房钢结构端部山墙的风荷载、吊车纵向水平荷载及温度应力等，在地震区还应承受纵向地震作用，并将这些力和作用传至基础。

(3) 可作为框架柱在框架平面外的支点，减少柱在框架平面外的计算长度。

柱间支撑由两部分组成：在吊车梁以上的部分称为上层支撑；吊车梁以下部分称为下层支撑。下层柱间支撑与柱和吊车梁仪器在纵向组装成刚性很大的悬臂桁架。为了使纵向构件在温度发生变化时能较自由地伸缩，尽量减少温度应力，下层支撑应该设在温度区段中部。只有当吊车位置高而车间总长度又很短（如混铁炉车间），下层支撑设在两端不会产生很大的温度应力，而对厂房纵向刚度却能提高很多时，放在两端才是合理的。

当温度区段小于 90m 时，在它的中央设置一道下层支撑 [图 6.5 (a)]；如果温度区段长度超过 90m，则在它的 1/3 点处各设一道支撑 [图 6.5 (b)]，以免传力路程太长。在短而高的单层厂房钢结构中，下层支撑也可布置在单层厂房钢结构的两端 [图 6.5 (c)]。

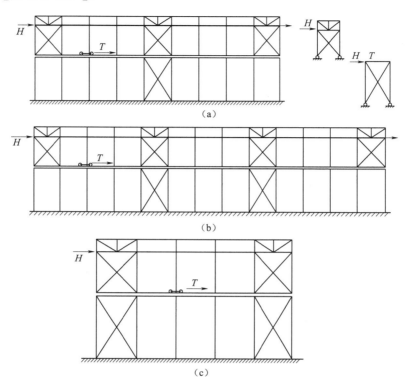

图 6.5　柱间支撑布置

上层柱间支撑又分为两层。第一层在屋架端部高度范围内属于屋架垂直支撑。显然，当屋架为三角形或虽为梯形但有托架时，并不存在此层支撑。第二层在屋架下弦至吊车梁上翼缘范围内。为了传递风荷载，上层支撑需要布置在温度区段端部，由于单层厂房钢结构柱在吊车梁以上部分的刚度小，不会产生过大的温度应力，从安装条件来看这样布置也是合适的。此外，在有下层支撑处也应设置上层支撑。上层柱间支撑宜在柱的两侧设置，只有在无人孔且柱截面高度不大的情况下才可沿柱中心设置一道。下层柱间支撑应在柱的两个肢的平面内成对设置，与外墙墙架由联系的边列柱可仅设在内侧，但重级工作制吊车的厂房外侧也同样设置支撑。此外，吊车梁和副主桁架作为撑杆是柱间支撑的组成部分，承担并传递单层厂房钢结构纵向水平力。

2. 柱间支撑的形式

柱间支撑按结构形式可分为十字交叉式、八字式、门架式等（图 6.6）。十字交叉支撑的构造简单、传力直接、用料节省，使用最为普遍，其斜杆倾角宜为 45°左右。上层支撑在柱间距较大时可改用斜杆 [图 6.6 (d)]；下层支撑高而不宽者可以用两个十字形，高而刚度要求严格者可以占用两个开间 [图 6.6 (c)]。当柱间距较大或十字撑妨碍生产空间时，可采用门架式支撑 [图 6.6 (d)]。图 6.6 (e)

所示的支撑形式，上层为 V 形，下层为人字形，它与吊车梁系统的连接应做成能传递纵向水平力而竖向可自由滑动的构造。

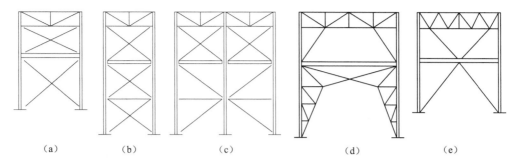

图 6.6 柱间支撑的形式

上层柱间支撑承受端墙传来的风荷载；下层柱间支撑除承受端墙传来的风荷载以外，还承受吊车的纵向水平荷载。在同一温度区段的同一柱列设有两道或两道以上的柱间支撑时，全部纵向水平荷载（包括风荷载）由该柱列所有支撑共同承受。当支撑系统在柱的两个肢的平面内成对设置时，在吊车肢的平面内设置的下层支撑，除承受吊车纵向水平荷载外，还承受与屋盖肢下层支撑按轴线距离分配传来的风荷载；靠墙的外肢平面内设置的下层支撑，只承受端墙传来的风荷载与吊车肢下层支撑按轴线距离分配来的风荷载。

柱间支撑的交叉杆和图 6.6（d）所示的上层斜撑杆及门形下层支撑的主要杆件一般按柔性杆件（拉杆）设计，交叉杆趋向于受压的杆件，不参与工作，其他的非交叉杆以及水平横杆按压杆设计。某些重型车间，对下层柱间支撑的刚度要求较高，往往交叉杆的两杆均按压杆设计。

3. 柱间支撑的设计计算

（1）支撑设计荷载计算。

1）纵向风荷载。由房屋两端或一端（房屋设有中间伸缩缝）的山墙及天窗架端壁传来的纵向风荷载，按《建筑结构荷载规范》（GB 50009—2012）（下文简称《荷载规范》）的相关规定确定其设计值。

2）吊车纵向水平荷载。由吊车在轨道上纵向行驶所产生的刹车力，一般按不多于两台吊车计算，该荷载的设计值可由下式决定，即

$$T = 0.1 P_{\max} \tag{6.5}$$

式中：$P_{\max}$ 为吊车刹车车轮的最大设计轮压，kN，刹车轮数一般为吊车一侧轮数的一半。

3）纵向地震作用。位于抗震设防烈度 7 度及以上地区的单层厂房钢结构，应根据其抗震设防标准，按《建筑抗震设计规范》（GB 50011—2010）中 9.2 节的相关规定确定其纵向地震作用设计值。

4）保证柱子平面外稳定的支撑力。作为框架柱平面外的支承点，在纵向柱列高度中央附近通过柱截面剪心设置一道支撑系统（包括水平撑杆）时，支撑系统所受的支撑力设计值应按下式计算，即

$$F_{bn} = \frac{\sum N_i}{60}\left(0.6 + \frac{0.4}{n}\right) \tag{6.6}$$

式中：$\sum N_i$ 为被撑柱列同时存在的轴心压力设计值之和，kN；n 为柱列中被撑柱的根数。

该支撑力可不与其他荷载效应组合。

（2）支撑构件内力计算。计算各支撑杆件的内力时，假设各连接点均为铰接，并忽略各杆件的偏心影响，即各杆件均可按轴心受拉或轴心受压构件计算。

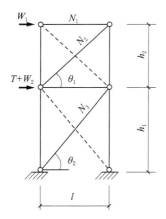

图 6.7　柱间支撑计算简图

柱间支撑的内力，应根据该柱列所受纵向荷载按支承于柱脚基础上的竖向悬臂桁架计算。对于带有交叉腹杆的支撑可按拉杆体系设计，也可按压杆设计。按拉杆设计是假定交叉腹杆只承受拉力，一旦受压即失去稳定而退出工作。如图 6.7 中的虚线所示，体系变为静定结构。按压杆设计是假定所有杆件均可受压，此时应按超静定结构计算支撑体系的内力。当交叉腹杆截面相同时，可假设两杆内力的绝对值相同，以简化计算。在内力分析时，必须考虑荷载方向的可变性。

当同一柱列设有多道纵向柱间支撑时，纵向力在各支撑间可按平均分布考虑。

（3）支撑构件截面验算。

1）支撑构件的长细比验算。支撑的界面尺寸一般由杆件的长细比按构造要求确定，即首先应满足其容许长细比的要求，即

$$\lambda_{max} \leqslant [\lambda] \tag{6.7}$$

式中：$[\lambda]$ 为支撑杆件的容许长细比，按表 5.2 和表 5.3 采用。

计算支撑杆件的 λ_{max} 时，应符合下列规定。

a. 张紧圆钢拉条的长细比不受限制。

b. 十字交叉支撑斜杆的平面内计算长度应取节点中心到交叉点间的距离；其平面外的计算长度，当按拉杆设计时，取节点中心间的距离 l（交叉点不作为节点考虑），当按压杆设计时，应按表 6.2 取用。

表 6.2　　　　　　　　　交叉腹杆平面外的计算长度

项次	杆件类别	杆件相交情况	平面外的计算长度
1	压杆	相交的另一杆受压，两杆在交叉点均不中断	$l_0 = l\sqrt{\dfrac{1}{2}\left(1+\dfrac{N_0}{N}\right)}$
2		相交的另一杆受拉，两杆中有一杆在交叉点中断，但以节点板搭接	$l_0 = l\sqrt{1+\dfrac{\pi^2}{12}\cdot\dfrac{N_0}{N}}$
3		相交的另一杆受拉，两杆在交叉点均不中断	$l_0 = l\sqrt{\dfrac{1}{2}\left(1-\dfrac{3}{4}\dfrac{N_0}{N}\right)} \geqslant 0.5l$
4		相交的另一杆受拉，此拉杆在交叉点中断，但以节点板搭接	$l_0 = l\sqrt{1-\dfrac{3}{4}\dfrac{N_0}{N}} \geqslant 0.5l$
5	拉杆		$l_0 = l$

注　1. 表中 N 为所计算杆的内力，N_0 为相交另一杆的内力，均为绝对值。两杆均受压时，取 $N_0 \leqslant N$，两杆截面应相同。

　　2. 当确定交叉腹杆中单角钢杆件斜平面内的长细比时，计算长度应取节点中心至交叉点的距离。

c. 计算单角钢杆件的长细比时，应采用角钢最小回转半径；但计算在交叉点相互连接的单角钢交叉杆件在支撑平面外的长细比时，应采用与角钢肢边平行轴的回转半径。

d. 双片支撑的单肢杆件在平面外的计算长度，可取横向联系杆之间的距离。

2）支撑构件的强度和稳定性验算。支撑构件的内力求出后，应按式（6.2）或式（6.3）验算构件的强度，按式（6.4）验算受压支撑构件的稳定性。

由于支撑系统受力方向的可变性，为防止支撑的某些杆件受压失稳导致整个支撑系统失效，除按拉杆设计的交叉腹杆外，其他杆件均应按压杆设计。

【例 6.1】 一跨度为 30m 的单层厂房，两端为封闭式山墙，设有山墙柱，其上端与屋架下弦水平支撑相连，下端与柱基铰接。檐口标高 13m。内设两台起重量为 20t 的普通桥式吊车，中级工作制，轨顶标高 9m，一台吊车的最大轮压（标准值）$P_{max}=29.6t$。每侧边列柱均设有一道柱间支撑，均为 3 层 X 形交叉支撑，如图 6.8 所示。取山墙基本风压 $w_0=0.45kN/m^2$，风压高度变化系数 $\mu_z=1.0$，整体（迎风＋背风）风压体型系数 $\mu_s=0.9$。试仅按风荷载和吊车荷载设计柱间支撑各构件的截面。

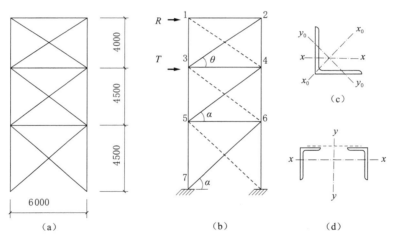

图 6.8 柱间支撑设计简图

解：（1）荷载计算。

1）风荷载。风压设计值为
$$w=1.4m_sm_zw_0=1.4\times0.9\times1.0\times0.45=0.57(kN/m^2)$$
每片柱间支撑柱顶风荷载节点反力为
$$R=\frac{1}{4}\times w\times 挡风面积=\frac{1}{4}\times0.57\times13\times30=55.58(kN)$$

2）吊车纵向水平制动力 T。按计算跨间两台吊车同时作用，一台吊车一侧有两个制动轮计算，则单片柱间支撑所受吊车纵向水平制动力 T 为
$$T=0.1\sum P_{max}=0.1\times1.4\times2\times2\times9.8\times29.6=162.44(kN)$$

（2）柱间支撑构件内力计算。柱间支撑桁架内力分析如图 6.8（b）所示。假设交叉斜杆只能受拉，当如图所示纵向力的方向时，虚线的斜杆退出工作不受力。将 1、2、…、7 诸点看作是铰。

$$N_{2-3}^R = \frac{R}{\cos\theta} = \frac{55.58\text{kN} \times \sqrt{6^2+4^2}}{6} = 66.80\text{kN}$$

$$N_{4-5}^R = \frac{R}{\cos\alpha} = \frac{55.58\text{kN} \times \sqrt{6^2+4.5^2}}{6} = 69.48\text{kN}$$

$$N_{4-5}^T = \frac{R}{\cos\alpha} = \frac{162.44\text{kN} \times \sqrt{6^2+4.5^2}}{6} = 203.05\text{kN}$$

$$N_{6-7} = N_{4-5}$$

$$N_{5-6}^R = -R = -55.58\text{kN}（压杆）$$

$$N_{5-6}^T = -T = -162.44\text{kN}$$

（3）截面设计。

1）上部柱间支撑斜杆 2-3。采用单角钢、单片支撑，截面如图 6.8（c）所示。几何长度 $l = 7.211\text{m}$。

平面内计算长度为 $\qquad l_0 = \frac{l}{2} = \frac{7.211}{2} = 3.606(\text{m})$

上部柱间支撑按拉杆设计，容许长细比为 $[\lambda] = 400$。

需要平行于斜平面回转半径为 $\qquad i_y \geqslant \frac{360.6}{400} = 0.90(\text{cm})$

平面外计算长度为 $\qquad l_0 = l = 7.211\text{m}$

需要平行于角钢肢边的回转半径为 $\qquad i_x \geqslant \frac{721.1}{400} = 1.80(\text{cm})$

需要角钢的净截面积为

$$A_n = \frac{N_{2-3}^R}{0.85f} = \frac{66.80 \times 10^3}{0.85 \times 215 \times 10^2} = 3.66(\text{cm}^2)$$

式中：0.85 为单面连接单角钢强度设计值折减系数。

选用 1L63×6，$A = 7.29\text{cm}^2$，$i_{y0} = 1.24\text{cm} > 0.90\text{cm}$，$i_x = 1.93\text{cm} > 1.80\text{cm}$。杆件与节点板以角钢缝焊接，安装螺栓在节点范围以内，不需扣除螺栓孔，$A_n = A = 7.29\text{cm}^2$，大于需要的 $A_n = 3.66\text{cm}^2$，满足要求。

2）下部柱间支撑斜杆 4-5（6-7）。采用两角钢双片支撑，截面如图 6.8（d）所示。假设 N_{4-5}^R 由外侧的支撑分肢承受，N_{4-5}^T 由吊车梁侧的支撑分肢承受。双片支撑两分肢间用缀条或缀板相连，以增强侧向刚度。

吊车梁侧支撑需要的净截面积为

$$A_n \geqslant \frac{N_{4-5}^T}{f} = \frac{203.05 \times 10^3}{215 \times 10^2} = 9.44(\text{cm}^2)$$

外侧支撑需要的净截面积为

$$A_n \geqslant \frac{N_{4-5}^R}{f} = \frac{69.48 \times 10^3}{215 \times 10^2} = 3.23(\text{cm}^2)$$

因两支撑分肢间由缀件相连，实际上已构成一个组合构件，故以上计算中强度设计值未考虑折减系数 0.85。两分肢选用相同截面，各位 1L90×8，$A = 13.94\text{cm}^2$，$i_y = 1.87\text{cm}$，$i_x = 2.76\text{cm}$。

两片支撑斜杆（拉杆）之间用缀条相连，以增强平面外的刚度，这样验算支撑斜杆的长细比将由平面内控制。

平面内计算长度为 $\qquad l_0 = \dfrac{l}{2} = \dfrac{7.50}{2} = 3.750(\text{m})$

平面内回转半径为 $\qquad l_x = 2.76\text{m}$

$$\lambda_x = \frac{375.0}{2.76} = 135.9 < [\lambda] = 300$$

满足要求。

3) 下部柱间支撑斜杆 5-6(中心受压)。容许长细比为

$$[\lambda] = 150$$

需要平面内回转半径为 $\qquad i_x \geqslant \dfrac{600}{150} = 4(\text{cm})$

内力为 $\qquad N_{5-6} = N_{5-6}^R + N_{5-6}^T = -55.58 - 162.44 = -218.02(\text{kN})$

根据需要的 $i_x \geqslant 4\text{cm}$，选用两角钢组合截面如图 6.8(d)所示，为 $2\text{L}140 \times 90 \times 10$，长肢下伸，$A = 44.52\text{cm}^2$，$i_x = 4.47\text{cm}$。

验算支撑横杆的稳定性(平面内控制)，即

$$\lambda_x = \frac{l_0}{i_x} = \frac{600}{4.47} = 134.2 < [\lambda] = 150$$

由 b 类截面查得 $\varphi = 0.369$，

$$\frac{N}{\varphi A} = \frac{218.02 \times 10^3}{0.369 \times 44.52 \times 10^2} = 132.71(\text{N/mm}^2) < f = 215\text{N/mm}^2$$

满足要求。

支撑横杆的两角钢间用缀条相连，以保证分肢稳定。横杆绕 y 轴(虚轴)的稳定按格构式压杆验算。

(4) 柱间支撑的连接及构造。柱间支撑采用角钢时，其截面不宜小于 L75×6；采用槽钢连接时，不宜小于 L12。下层柱间支撑一般设置为双片，分别与吊车肢和屋盖肢相连，双片支撑之间以缀条相连，缀条常采用单角钢，以控制其长细比不超过 200，且不小于 L50×5 为宜。上层柱间支撑一般设置为单片，如果上柱设有人孔或截面高度过大(≥800mm)，也应采用双片。支撑的连接可采用焊缝或高强度螺栓。采用焊缝时，焊缝尺寸不应小于 6mm，焊缝长度不应小于 80mm，同时要在连接处设置安装螺栓，一般不小于 M16。对于人字形、八字形之类的支撑还要注意采取构造措施，如采用弹簧板连接使其与吊车梁(或制动结构、辅助桁架)的连接仅传递水平力，而不传递垂直力，以免支撑成为吊车梁的中间支点。支撑与柱的连接节点如图 6.9 所示。

6.2.4 屋盖结构体系

1. 钢屋盖结构的形式、组织及布置

钢屋盖结构通常由屋面、檩条、屋架、托架和天窗架等构件组成。根据屋面材料和屋面结构布置情况的不同，可分为无檩屋盖结构体系和有檩屋盖结构体系。

(1) 无檩屋盖结构体系。无檩屋盖结构体系[图 6.1(a)]中屋面板通常采用钢筋混凝土大型屋面板、钢筋加气混凝土板等。屋架的间距应与屋面板的长度配合一致，通常为 6m。这种屋面板上一般采用卷材防水屋面，通常适用于较小屋面坡度，常用坡度为 1:8～1:12，因此常采用梯形屋架作为主要承重构件。

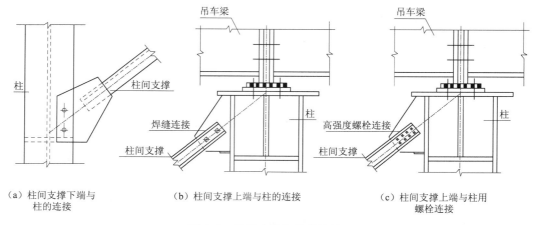

（a）柱间支撑下端与　　　　（b）柱间支撑上端与柱的连接　　　　（c）柱间支撑上端与柱用
　　　柱的连接　　　　　　　　　　　　　　　　　　　　　　　　　　　　　　螺栓连接

图 6.9　柱间支撑与柱的连接

　　无檩体系屋盖屋面构件的种类和数量少，构造简单，安装方便，施工速度快，且屋盖刚度大，整体性能好；但屋面自重大，常要增大屋架杆件和下部结构的截面，对抗震也不利。

　　（2）有檩屋盖结构体系。有檩屋盖结构体系［图 6.1（b）]常用于轻型屋面材料的情况，如压型钢板、压型铝合金板、石棉瓦、瓦楞铁皮等。屋架间距通常为 6m；当柱距不小于 12m 时，则用托架支承中间屋架，一般适用于较陡的屋面坡度以便排水，常用坡度为 1：2～1：3，因此常采用三角形屋架作为主要承重构件。当采用较好的防水措施用压型钢板做屋面时，屋面坡度也可做到 1：12 或更小，此时也可用 H 型钢梁作为主要承重构件。

　　有檩体系屋盖可供选用的屋面材料种类较多，屋架间距和屋面布置较灵活，自重轻，用料省，运输和安装较轻便；但构件的种类和数量多，构造较复杂。在选用屋盖结构体系时，应全面考虑房屋的使用要求、受力特点、材料供应情况以及施工和运输条件等，以确定最佳方案。

　　（3）天窗架形式。在工业厂房中，为了满足采光和通风等要求，常需在屋盖上设置天窗。天窗的形式有纵向天窗、横向天窗和井式天窗 3 种。后两种天窗的构造较为复杂，较少采用。最常用的是沿房屋纵向在屋架上设置天窗架（图 6.10），该部分的檩条和屋面板由屋架上弦平面移到天窗架上弦平面，而在天窗架侧柱部分设置采光窗。天窗架支承于屋架之上，将荷载传递到屋架。

　　（4）托架形式。在工业厂房的某些部位，常因放置设备或交通运输要求而需局部少放一根或几根柱。这时该处的屋架（称为中间屋架）就需支承在专门设置的托架上（图 6.11）。托架两端支承于相邻的柱上，跨中承受中间屋架的反力。钢托架一般做成平行弦桁架，其跨度一般不大，但所受荷载较重。钢托架通常做在与屋架大致同高度的范围内，中间屋架从侧面连接于托架的竖杆，构造方便且屋架和托架的整体性、水平刚度和稳定性都好。

　　2. 钢屋盖支撑

　　当钢屋盖以平面桁架作为主要承重构件时，各个平面桁架（屋架）要用各种支撑及纵向杆件（系杆）连成一个空间几何不变的整体结构，才能承受荷载。这些支

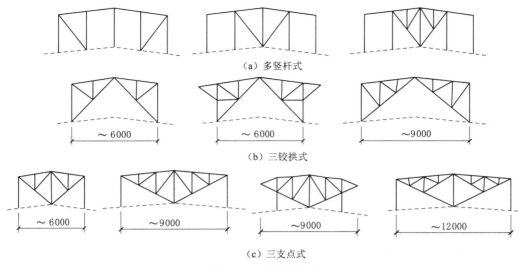

（a）多竖杆式

~6000 ~6000 ~9000

（b）三铰拱式

~6000 ~9000 ~9000 ~12000

（c）三支点式

图 6.10 天窗架形式

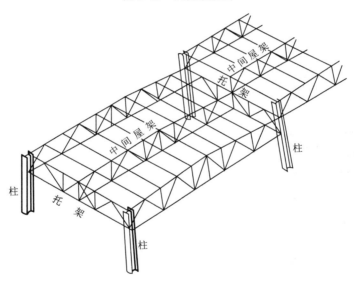

图 6.11 托架支承中间屋架

撑及系杆统称为屋盖支撑。它由上弦横向水平支撑、下弦横向水平支撑、下弦纵向水平支撑、垂直支撑及系杆组成（图 6.12）。下面分别介绍各类支撑及系杆的位置、组成、形式及计算和构造。

（1）上弦横向水平支撑。上弦横向水平支撑一般布置在屋盖两端（或每个温度区段的两端）的两榀相邻屋架的上弦杆之间，位于屋架上弦平面沿屋架全跨布置，形成一平行弦桁架，其节间长度为屋架节间距的 2～4 倍。它的弦杆即屋架的上弦杆，腹杆由交叉的斜杆及竖杆组成。交叉斜杆一般用单角钢或圆钢制成（按拉杆计算），竖杆常用双角钢的 T 形截面。当屋架有檩条时，竖杆由檩条兼任。

（2）下弦横向水平支撑。下弦横向水平支撑布置在与上弦横向水平支撑同一开间，它也形成一个平行弦桁架，位于屋架下弦平面。其弦杆即屋架的下弦，腹杆也是由交叉的斜杆及竖杆组成，其形式和构造与上弦横向水平支撑相同。横向水平支

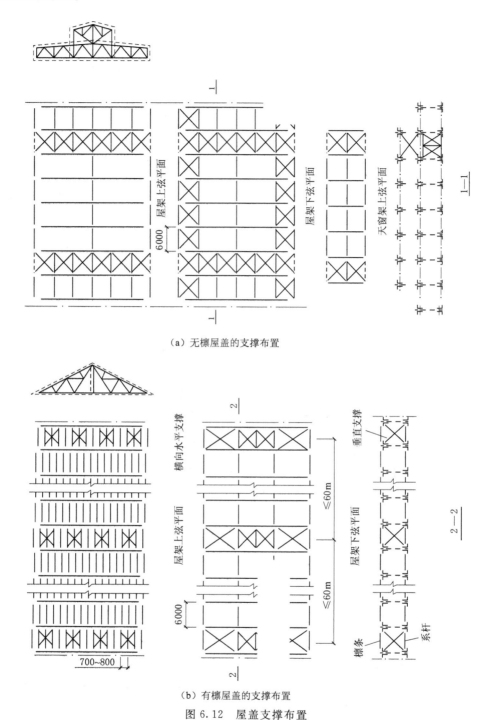

（a）无檩屋盖的支撑布置

（b）有檩屋盖的支撑布置

图 6.12　屋盖支撑布置

撑的间距不宜大于 60m，当温度区段长度较长时，应在中部增设上下弦横向水平支撑。

（3）下弦纵向水平支撑。它位于屋架下弦两端节间处，位于屋架下弦平面，沿房屋全长布置，也组成一个具有交叉斜杆及竖杆的平行弦桁架，它的端竖杆就是屋架端节间的下弦。下弦纵向水平支撑与下弦横向水平支撑共同构成一个封闭的支撑框架，以保证屋盖结构有足够的水平刚度。

一般情况下，屋架可以不设置下弦纵向水平支撑，仅在房屋有较大起重量的桥式吊车、壁行吊车或锻锤等较大振动设备，以及房屋高度或跨度较大或空间刚度要求较大时，才设置下弦纵向水平支撑。此外，在房屋设有托架处，为保证托架的侧向稳定，在托架范围及两端各延伸柱间应设置下弦纵向水平支撑。

（4）垂直支撑。垂直支撑位于上、下弦横向水平支撑同一开间内，形成一个跨长为屋架间距的平行弦桁架。它的上、下弦杆分别为上、下弦横向水平支撑的竖杆，它的端竖杆就是屋架的竖杆（或斜腹杆）。垂直支撑中央腹杆的形式由支撑桁架的高跨比决定，一般常采用 W 形或双节间交叉斜杆等形式。腹杆截面可采用单角钢或双角钢 T 形截面。跨度小于 30m 的梯形屋架通常在屋架两端和跨度中央各设置一道垂直支撑。当跨度大于 30m 时，则在两端和跨度 1/3 处分别共设 4 道。一般情况下，跨度小于 18m 的三角形屋架只需在跨度中央设一道垂直支撑，大于 18m 时则在 1/3 跨度处共设两道。

（5）系杆。沿厂房纵向每间隔 4～6 个屋架应设置垂直支撑，以保证屋架安装时的稳定性。在未设横向支撑的开间，相邻平面屋架由系杆连接。系杆通常在屋架两端，有垂直支撑位置的上、下弦节点以及屋脊和天窗侧柱位置，沿房屋纵向通长布置。系杆对屋架上、下弦杆提供侧向支承。因此，必要时还应根据控制这些弦杆长细比的要求按一定距离增设中间系杆。对于有檩屋盖，檩条可兼作系杆。

系杆中只能承受拉力的称为柔性系杆，设计时可按容许长细比 $[\lambda]=400$（有重级工作制吊车的厂房为 350）控制，常采用单角钢或张紧的圆钢拉条（此时不控制长细比）；能承受压力的称刚性系杆，设计时可按 $[\lambda]=200$ 控制，常用双角钢 T 形或十字形截面。一般在屋架下弦端部及上弦屋脊处需设置刚性系杆，其他可设柔性系杆。

当房屋两端为山墙时，上、下弦横向水平支撑及垂直支撑可设在两端第二开间，这时第一开间的所有系杆均设为刚性系杆。当房屋长度大于 60m 时，应在中间增设一道（或几道）上、下弦横向水平支撑及垂直支撑。

屋盖支撑因受力较小一般不进行内力计算。其截面尺寸由杆件容许长细比和构造要求确定。交叉斜杆一般按拉杆控制，容许长细比与柔性系杆相同。弦杆、非交叉斜杆等按压杆 $[\lambda]=200$ 控制。对于跨度较大且承受墙面传来很大风荷载的横向水平支撑，应按桁架体系计算内力选择截面，同时也应控制长细比。

具有交叉斜腹杆的支撑桁架可按图 6.13 所示计算简图计算。在节点荷载 F 的作用下，图中每节间仅考虑受拉斜腹杆工作，另一根（虚线所示）斜腹杆则假定因

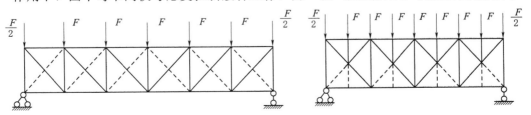

图 6.13 支撑桁架杆件的内力计算简图

屈曲退出工作（偏安全），这样桁架成为静定体系使计算简化。当荷载反向时，两组斜杆受力情况恰好相反。

屋盖支撑的构造应力求简单、安装方便。其连接节点构造如图 6.14 所示。

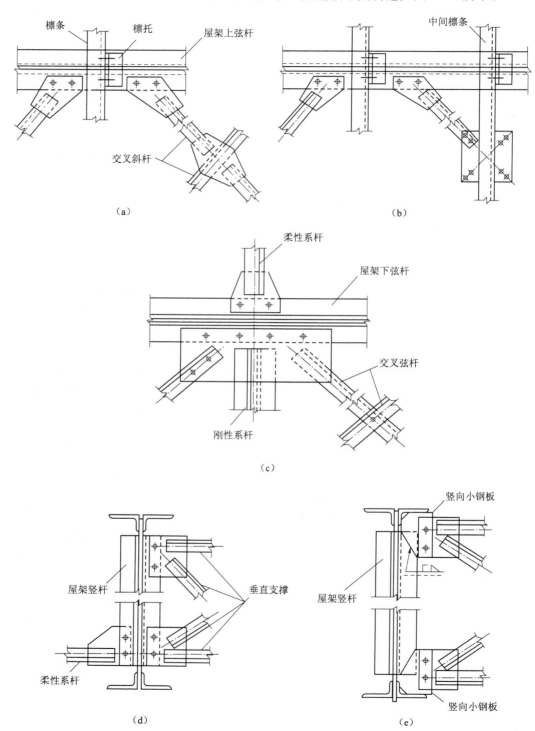

图 6.14　支撑与屋架连接构造

上弦横向水平支撑的角钢肢尖应向下，且连接处适当离开屋架节点［图 6.14（a）］，以免影响大型屋面板或檩条安放。交叉斜杆在相交处应有一根杆件切断，另加节点板用焊缝或螺栓连接［图 6.14（a）］。交叉斜杆处如与檩条相连［图 6.14（b）］，则两根斜杆均应切断，用节点板相连。

下弦横向和纵向水平支撑的角钢肢尖允许向上［图 6.14（c）］，其中交叉斜杆可以肢背靠肢背交叉放置，中间填以填板，杆件无需切断。

垂直支撑可只与屋架竖杆相连［图 6.14（d）］，也可通过竖向小钢板与屋架弦杆及屋架竖杆同时相连［图 6.14（e）］。

支撑与屋架的连接通常用 M20C 级螺栓，支撑与天窗架的连接可用 M16C 级螺栓。在有重级工作制吊车或有其他较大振动设备的厂房，屋架下弦支撑及系杆宜用高强度螺栓连接，或用 C 级螺栓再加焊缝将节点板固定。

从前述屋盖支撑的布置及组成不难理解，屋盖支撑虽不是主要承重构件，但它对保证主要承重构件——屋架正常工作起着重要作用。具体地说，这些作用如下。

1）保证屋盖形成空间几何不变结构体系，增大其空间刚度。

2）承受屋盖各种纵向、横向水平荷载（如风荷载、吊车制动力、地震力等），并将其传至屋架支座。

3）为上、下弦杆提供侧向支撑点，减小弦杆在屋架平面外的计算长度，提高其侧向刚度和稳定性。

4）保证屋盖结构安装时的便利和稳定。

6.2.5　桁架形式和截面设计

1. 桁架形式

屋架外形常用的有三角形、梯形、平行弦和人字形等。确定屋架外形时应考虑房屋用途、建筑造型和屋面材料的排水要求。从受力角度出发，屋架的外形应尽量与弯矩图相近，以使弦杆受力均匀、腹杆受力最小。腹杆的布置应使弦杆受力合理，节点构造易于处理，尽量使长杆受拉、短杆受压，腹杆数量少而总长度短，弦杆不产生局部弯矩。腹杆与弦杆的交角宜在 $30°\sim60°$ 之间。

三角形屋架适用于陡坡屋面（高跨比大于 1/3）的有檩屋盖体系。这种屋架通常与柱只能铰接，房屋的整体横向刚度较低。对简支屋架来说，荷载作用下的弯矩图是抛物线分布，与三角形的外形相差悬殊，致使这种屋架弦杆受力不均，支座处内力较大，跨中内力较小，弦杆的截面不能充分发挥作用。支座处上下弦杆交角过小内力又较大，使节点构造复杂。

三角形屋架的腹杆布置通常有芬克式和人字式，如图 6.15（a）～（c）所示。芬克式的腹杆应用较多，它的压杆短、拉杆长，受力相对合理，且可分为两个小桁架制作和运输，较为方便；人字式布置的节点数和腹杆数均较少，其受压腹杆较长，适用于跨度较小的情况。单斜式腹杆屋架如图 6.15（d）所示，其腹杆和节点数目均较多，只适用于下弦需要设置天棚的屋架，一般情况较少采用。

梯形屋架适用于屋面坡度较为平缓的无檩屋盖体系，它与简支受弯构件的弯矩图比较接近，弦杆受力较为均匀。梯形屋架与柱的连接可以做成铰接也可以做成刚接。这种屋架是重型厂房屋盖结构的基本形式。梯形屋架如果用压型钢板为屋面材

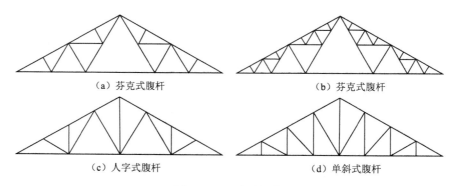

（a）芬克式腹杆　　　　　　　　　（b）芬克式腹杆

（c）人字式腹杆　　　　　　　　　（d）单斜式腹杆

图 6.15　三角形屋架

料，就是有檩屋盖。如用大型屋面板为屋面材料，则为无檩屋盖。檩条或大型屋面板的主肋宜放在屋架上弦节点上，以避免上弦产生局部弯矩。

梯形屋架的腹杆体系可采用单斜式、人字式和再分式，如图 6.16 所示。人字式按支座斜杆与弦杆组成的支承点在下弦或在上弦分为下承式和上承式两种。一般情况下，与柱刚接的屋架宜采用下承式，与柱铰接时则下承式或上承式均可。为放置屋面板，常可以采用再分式腹杆梯形屋架，以避免屋架由于节间荷载引起局部弯矩。

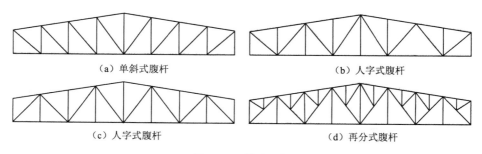

（a）单斜式腹杆　　　　　　　　　（b）人字式腹杆

（c）人字式腹杆　　　　　　　　　（d）再分式腹杆

图 6.16　梯形屋架

平行弦屋架的上下弦平行，腹杆长度一致，杆件类型少，能符合标准化、工业化制造的要求，这种形式多见于托架或支撑体系，也可以由两个平行弦组成一个屋架，见图 6.17。

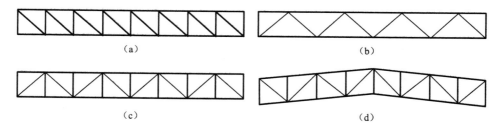

（a）　　　　　　　　　　　　　（b）

（c）　　　　　　　　　　　　　（d）

图 6.17　平行弦屋架

屋架的主要尺寸包括跨度 L、高度 H，跨度由使用和工艺方面的要求决定，高度由经济条件、刚度条件、运输界限和屋面坡度等因素决定。通常屋架高度在下述范围。

三角形屋架：$(1/6\sim1/4)L$；梯形和平行弦屋架：$(1/10\sim1/6)L$。梯形屋架端部的高度 H_0 与屋架中部高度及屋面坡度有关，常取 $1.8\sim2.1\text{m}$ 等较为整齐的数值。跨度较大的屋架，为减小挠度，可预先给屋架一个向上的反弯拱度，起拱高度一般为跨度的 $1/500$。

2. 钢屋架内力计算

计算屋架时假设屋架各杆为理想直杆，轴线汇交于节点；各节点均为理想的铰接。根据上述假设可以采用图解法、数解法、有限元法等方法进行求解。有限元软件已有广泛的应用，给求解屋架桁架带来方便，应当是首选；数解法对于求解平行弦屋架也是可行的；而图解方法对梯形和三角形屋架的求解相对数解法则更为方便。

常用的几种软件分别是 ANSYS、ABAQUS，还有很多其他软件可以完成这项工作。关于软件的使用可以查阅相关的资料和书籍。

数解法在结构力学中做过详细的介绍，这里不再赘述。

图解法在求解时是利用静定结构平面汇交力系的力多边形必闭合的原理，根据力的作用方向，通过作图确定力的大小，在作图求解的过程中，可以利用绘图软件 AutoCAD 进行求解。以下对这种求解方法进行介绍。

图 6.18 所示的三角形屋架，在上弦节点加集中荷载，求其内力系数。

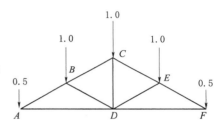

图 6.18 桁架内力计算

（1）先求出支座 A 反力，取出 A 节点进行内力分析，集中力为 0.5，支座反力为 2.0，见图 6.19（a）。

（2）在数值串方向，将反力与集中力叠加，得到向上的 1.5 的竖向力，两根弦杆的内力方向是沿着杆件的，根据力多边形闭合的原理，可以得到图 6.19（b）所示的结果，其大小可以根据线段长度确定，即上弦杆 N_{AB} 为 3.0，下弦杆 N_{AD} 为 2.6。力的方向则根据矢量和为零，力矢量应是首尾相接，可以得到上弦杆 N_{AB} 和下弦杆 N_{AD} 的方向。

（3）把力移到节点 A 上，上弦杆内力 N_{AB} 指向节点为压力，下弦杆 N_{AD} 背离节点为拉力，如图 6.19（c）所示。

（4）得到 N_{AB} 后，N_{BA} 与 N_{AB} 等值反向，可知节点 B 的受力情况如图 6.19（d）所示，按上述方法作出力多边形，如图 6.19（e）所示，得到节点 B 处各杆的内力如图 6.19（f）所示。其他节点的内力可以按此方法逐一求解。

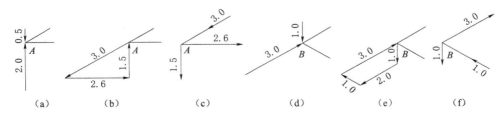

| (a) | (b) | (c) | (d) | (e) | (f) |

图 6.19 屋架内力图解法过程

3. 钢屋架的设计与构造

普通钢屋架一般由角钢作杆件，通过节点板连成整体。屋盖承受较大荷载时，也可以用 H 型钢、工字钢作构件。

（1）基本假定。

1）屋架的节点为铰接。

2）屋架所有杆件的轴线平直且都在同一平面内相交于节点的中心。

3）荷载都作用在节点上，且都在屋架平面内。

满足上述假定后，杆件内力将是轴心拉力或压力。上述假定是理想的情况，实际上由于节点的焊缝连接具有一定的刚度，杆件不能自由转动，因此节点不是理想铰接，在屋架杆件中还有一定的次应力。根据分析，对于角钢组成的 T 形截面，次应力对屋架的承载能力影响较小，设计时可不予考虑。但对于刚度较大的箱形或 H 形截面，且在桁架平面内的杆件截面高度与其几何长度之比大于 1/10（对弦杆）或大于 1/15（对腹杆）时，应考虑节点刚性引起的次弯矩。其次，由于制造的偏差和构造等原因，杆件轴线不一定交于节点中心，外荷载也可能不完全作用在节点上，所以节点上受力可能有偏心。

如果上弦有节间荷载，应先将荷载转换成节点荷载，才能计算各杆件的内力。在设计上弦时，还应考虑节间荷载在上弦引起的局部弯矩，上弦按压弯构件计算。

（2）屋架分析时的荷载组合。屋架内力应根据使用过程和施工过程可能出现的最不利荷载组合计算。此处把所有荷载分为永久荷载和可变荷载两大类，可变荷载包括活荷载、雪荷载、风荷载、积灰荷载及悬挂荷载等。

在屋架设计时，以下 3 种荷载组合可能导致屋架内力的最不利情况。

1）永久荷载＋全跨可变荷载。

2）永久荷载＋半跨可变荷载。

3）屋架、支撑和天窗架自重＋半跨屋面板重＋半跨屋面活荷载。这项组合在采用大型预制钢筋混凝土屋面板时予以考虑。如果在安装过程中在屋架两侧对称均匀铺设屋面板，则可以不考虑这种荷载组合。

（3）杆件设计。

1）截面形式。普通钢屋架的杆件一般采用两个等肢或者不等肢角钢组成的 T 形截面或十字形截面。这些截面能使两个主轴的回转半径与杆件在屋架平面内和平面外的计算长度相配合，使两个方向的长细比接近，以达到用料经济、连接方便，且具有较大承载能力和抗弯刚度。屋架杆件截面可参考表 6.3 选用。

对于屋架上弦，当无局部弯矩时，因屋架平面外计算长度往往是屋架平面内计算长度的两倍，要使 $\lambda_x \approx \lambda_y$，应使 $i_x = 2i_y$，上弦宜采用两个不等边角钢，短肢相并而长肢水平的 T 形截面形式。如有较大的局部弯矩，为提高上弦在屋架平面内的抗弯能力，宜采用不等边角钢长肢相并、短肢水平的 T 形截面。如有特殊需要，上弦也可采用槽钢或组合格构式截面。

对于屋架的支座斜杆，由于它在屋架平面内和平面外计算长度相等，应使截面的 $i_x = i_y$。因此，采用两个不等边角钢，长肢相并的 T 形截面比较合理。

受拉下弦杆，平面外的计算长度大，一般都选用不等边角钢，长肢水平，短肢相并。这样对连接支撑也比较方便。

表6.3 屋 架 杆 件 截 面 形 式

项次	杆件截面组合方式	截面形式	回转半径的比值	用　途
1	两不等边角钢短肢相并	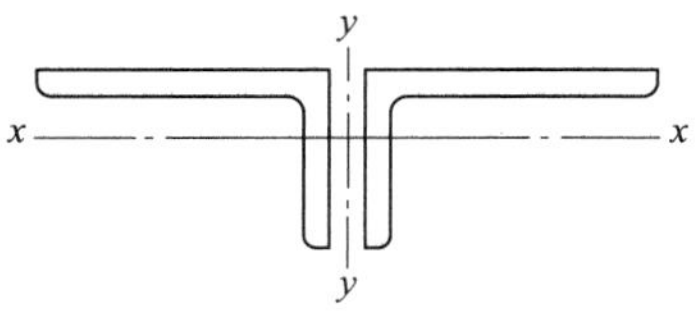	$\dfrac{i_y}{i_x}\approx 2.6\sim 2.9$	计算长度 l_{0y} 较大的上、下弦杆
2	两不等边角钢长肢相并	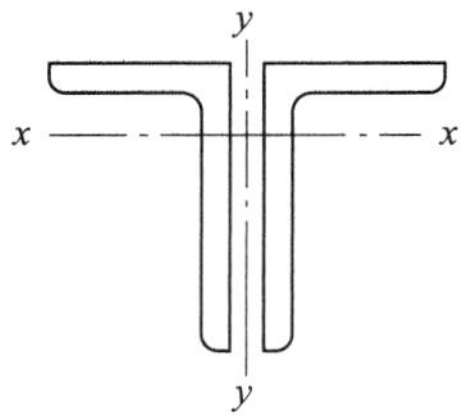	$\dfrac{i_y}{i_x}\approx 0.75\sim 1.0$	端斜杆、竖斜杆、受较大弯矩作用的弦杆
3	两等边角钢相并	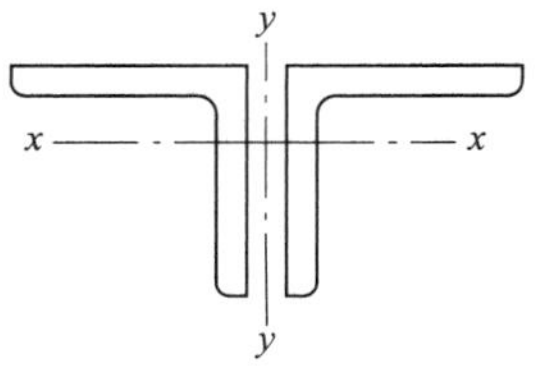	$\dfrac{i_y}{i_x}\approx 1.3\sim 1.5$	其余腹杆、下弦杆
4	两等边角钢组成十字形截面	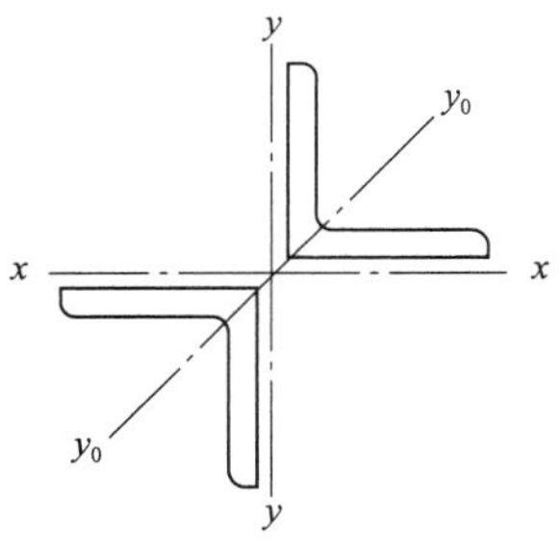	$\dfrac{i_y}{i_x}\approx 1.0$	与垂直支撑相连的屋架竖杆
5	单角钢	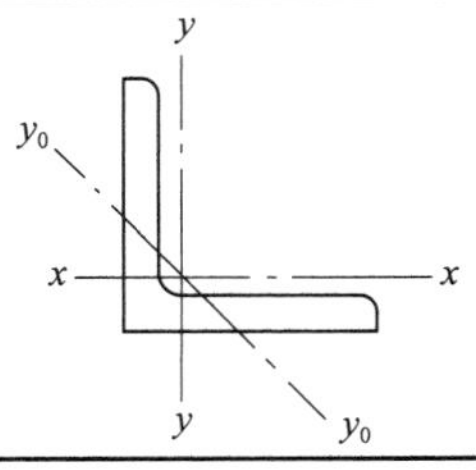		内力较小的杆件

其他腹杆，因为 $l_{0y}=1.25l_{0x}$，故要求 $i_y=1.25i_x$，宜采用两个等边角钢组成的 T 形截面。与垂直支撑相连的腹杆宜采用两个等边角钢组成的十字形截面，使垂直支撑与屋架节点连接不产生偏心。受力特别小的腹杆可采用角钢杆件。在无特殊要求情况下，应尽量采用等边角钢，因为等边角钢备料方便。

为使两个角钢组成的杆件能起整体作用，应使两个角钢相并肢之间焊上填板，如图 6.20 所示。填板厚度与节点板厚度相同，填板宽度一般取 $50\sim 80mm$，长度比角钢肢宽出 $20\sim 30mm$，以便于与角钢焊接。填板间距在受压杆件中不大于 $40i$，在受拉杆件中不大于 $80i$。在 T 形截面中 i 为一个角钢对平行于填板自身轴心轴的回转半径；在十字形截面中 i 为一个角钢的最小回转半径。在杆件的计算长度范围内至少设置两块填板。如果只在杆件中设置一块填板，则由于填板处剪力为零而不起作用。

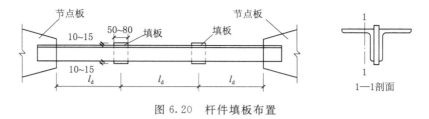

图 6.20　杆件填板布置

2）截面选择。选择截面时应满足下列要求。

a. 为了便于订货和下料，在同一榀屋架中角钢规格不宜过多，一般不超过 5～6 种。

b. 为了防止杆件在运输和安装过程中产生弯曲和损坏，角钢的尺寸不宜小于 L45×4 或 L56×36×4。

c. 应选用肢宽而壁薄的角钢，使回转半径大些，这对压杆更为重要。

d. 屋架弦杆一般采用等截面，但对于跨度大于 30m 的梯形屋架和跨度大于 24m 的三角形屋架，可根据材料长度和运输条件在节点处或节点附近设置接头，并按内力变化改变弦杆截面，但在半跨内只能改变一次。改变截面的方法是变更角钢的肢宽而不改变壁厚，以便于弦杆拼接的构造处理。

3）杆件强度计算。按以下公式计算杆件的截面强度，即

$$\sigma = \frac{N}{A_n} \leqslant f \tag{6.8}$$

式中：N 为杆件的轴力设计值，N；A_n 为杆件的净截面面积，mm^2；f 为钢材的强度设计值，N/mm^2。

4）杆件整体稳定性计算。按以下公式计算杆件的整体稳定性，即

$$\sigma = \frac{N}{\varphi A} \leqslant f \tag{6.9}$$

式中：A 为杆件的毛截面面积，mm^2；φ 为杆件轴心受压稳定系数，根据杆件长细比、钢材屈服强度，由附录 5 确定；其余符号含义同前。

5）杆件刚度计算。桁架及支撑的杆件都应满足刚度的要求，其标志是构件长细比的大小要符合《规范》规定的容许值。

$$\lambda_x \leqslant [\lambda] \tag{6.10}$$

$$\lambda_y \leqslant [\lambda] \tag{6.11}$$

受压杆件的容许长细比 $[\lambda]=150$，支撑的受压构件 $[\lambda]=200$。直接承受动力荷载的桁架中的拉杆为 250，只承受静力荷载作用的桁架的拉杆，可仅计算在竖向平面内的长细比，容许值为 350，支撑的受拉杆为 400。

6.2.6　桁架节点设计及施工图绘制

钢桁架中的各杆在节点处通常是焊在一起的。但重型桁架如栓焊桥，则在节点处用高强度螺栓连接。连接既可以使用节点板，也可以不使用节点板，而将腹杆直

接焊于弦杆上。节点设计的具体任务是确定节点的构造、连接焊缝及节点承载力的计算。使用节点板时，还需决定节点板的形状和尺寸。节点的构造应传力路线明确、简洁，制作安装方便。节点板应该只在弦杆与腹杆之间传力，以免任务过重和厚度过大。弦杆如果在节点处断开，应设置拼接材料在两段弦杆间直接传力。

1. 节点设计的一般原则

节点设计时应遵循以下原则。

（1）双角钢截面杆件在节点处与节点板相连，各杆轴线汇交于节点中心。理论上各杆轴线应是型钢的形心轴线，但杆件用双角钢时，因角钢截面的形心与肢背的距离常不是整数，为制造上的方便，焊接桁架中应将此距离调整成 5mm 的倍数（小角钢除外），用螺栓连接时应该用角钢的最小线距来交汇。这样交汇给轴线带来的偏心很小，计算时可略去不计。

（2）角钢的切断面一般应与其轴线垂直，需要斜切以便节点紧凑时只能切肢尖。切肢背是错误的，因为不能用机械切割且布置焊缝时不合理。

（3）如弦杆截面需沿长度变化，截面改变点应在节点上，且应设置拼接材料。如系上弦杆，为方便安装屋面构件，应使角钢的肢背齐平。此时取两段角钢形心间的中线作为弦杆的轴线以减小偏心作用，如图 6.21 所示。如果偏心距 e 不超过较大杆件截面高度的 5%，可不考虑偏心对杆件产生的附加弯矩；否则应按汇交节点的各杆件线刚度分配偏心力矩，并按偏心受力构件计算各杆件的强度和稳定。

$$M_i = \frac{MK_i}{\sum K_i} \tag{6.12}$$

式中：M 为偏心力矩，M_i 分配给第 i 杆的力矩，kN·m，$M = (N_1 + N_2)e$；K_i 为第 i 杆的线刚度，N·mm，$K_i = EI_i/l_i$；$\sum K_i$ 为汇交于节点各杆件线刚度之和，N·mm。

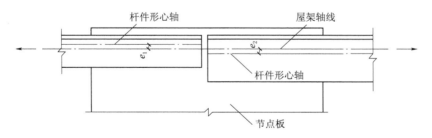

图 6.21　杆件变截面时形心位置的变化

节点板的尺寸应能容下各杆焊缝的长度，为施焊方便，且避免焊缝过分密集致使材质变脆，节点板上各杆件之间焊缝的净距不宜过小，且控制杆端间隙 a 来保证。承受静载时，$a \geqslant 10 \sim 20\text{mm}$；承受动荷载时，$a \geqslant 50\text{mm}$，但也不宜过大，因增大节点板将削弱节点的平面外刚度。

2. 节点板设计

（1）节点板选择与计算。节点板的形状和尺寸在绘制施工图时确定。节点板的形状应简单，如矩形、梯形等，必要时也可用其他形状，但至少应有两条平行边。节点板的受力较复杂，可依据经验初选厚度后再做相应验算。梯形屋架和平行弦屋架的节点板将腹杆的内力传给弦杆，节点板的厚度即由腹杆最大内力（一般在支座处）来决定。三角形屋架支座处的节点板要传递端节间弦杆的内力，因此节点板的厚度应由上弦杆内力来决定。此外节点板的厚度还受到焊缝的焊脚尺寸等因素的影响。一般屋架支座节点板受力大，中间节点板受力小，板厚可比支座节点板厚度减小2mm。中间节点板厚度可参照表6.4选用。在一榀屋架中除支座节点板厚度可以大2mm外，其他节点板取相同厚度。

节点板的拉剪破坏可按式（6.13）及式（6.15）计算，即

$$M_i = \frac{N}{\sum(\eta_i A_i)} \leqslant f \qquad (6.13)$$

式中：N 为作用于板件的拉力，kN；A_i 为第 i 段破坏面的截面积，mm；η_i 为第 i 段的拉剪系数。

表6.4 　　　　　　　　　　　　　　**桁架节点板厚度选用**

桁架腹杆内力或三角形屋架端节点内力 N/kN	$\leqslant 170$	$171\sim$ 290	$291\sim$ 510	$511\sim$ 680	$681\sim$ 910	$911\sim$ 1290	$1291\sim$ 1770	$1771\sim$ 3090
中间节点板厚度 t/mm	6	8	10	12	14	16	18	20

η_i 按式（6.14）计算，即

$$\eta_i = \frac{1}{\sqrt{1 + 2\cos^2\alpha_i}} \qquad (6.14)$$

式中：α_i 为第 i 段破坏线与拉力轴线的夹角，（°），具体可查阅《规范》。

单根腹杆的节点板则按下式计算，即

$$\sigma = \frac{N}{b_e t} \leqslant f \qquad (6.15)$$

式中：b_e 为板件的有效宽度（图6.22），mm，当用螺栓连接时，取净宽度见图6.22（b），图中 θ 为应力扩散角，可取30°；t 为板件厚度，mm。

为了保证桁架节点板在斜腹杆压力作用下的稳定性，压腹杆连接肢端面中点沿腹杆轴线方向至弦杆的净距离应满足下列条件。

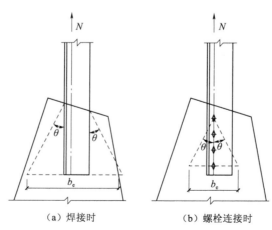

（a）焊接时 　　　　　　　（b）螺栓连接时

图6.22 节点板有效宽度 b_e 的计算图示

1）只有竖腹杆相连的节点板，当 $c/t \leqslant 15\sqrt{235/f_y}$ 时可不计算稳定计算；否则应进行稳定计算。在任何情况下，c/t 不得大于 $22\sqrt{235/f_y}$。

2) 对无竖腹杆相连的节点板，当 $c/t \leqslant 10\sqrt{235/f_y}$ 时，节点板的稳定承载力可取 $0.8b_e t f$；否则应进行稳定计算。在任何情况下，c/t 不得大于 $17.5\sqrt{235/f_y}$。

采用上述方法计算节点板的强度和稳定性时，还应满足下列要求。

1) 节点板边缘与腹杆轴线之间的夹角应不小于 15°。

2) 斜腹杆与弦杆的夹角 θ 应为 30°～60°。

3) 节点板的自由边长度 l_1 与厚度 t 之比不得大于 $60\sqrt{235/f_y}$；否则应沿自由边设加劲肋予以加强。

（2）角钢桁架节点设计。

1) 下弦节点。一般下弦节点无集中荷载，也不需拼接（图 6.23）。节点板应伸出弦杆 10～15mm 以便焊接。腹板与节点板的连接焊缝按角钢角焊缝承受轴力作用计算，弦杆与节点板的连接焊缝，应考虑承受弦杆相邻节间内力之差 $\Delta N = N_2 - N_1$，按下式计算其焊角尺寸。

对肢背焊缝，有

$$h_{f1} \geqslant \frac{\alpha_1 \Delta N}{2 \times 0.7 l_w f_f^w} \tag{6.16}$$

对肢尖焊缝，有

$$h_{f2} \geqslant \frac{\alpha_2 \Delta N}{2 \times 0.7 l_w f_f^w} \tag{6.17}$$

式中：α_1、α_2 为角钢肢背、内力分配系数；f_f^w 为角焊缝强度设计值，N/mm²。

通常因 ΔN 很小，实际所需的焊角尺寸可由构造要求确定，沿着节点板全长满焊。

当弦下节点作用有集中力时，下弦肢背与节点板的连接角焊缝可按下式计算，即

$$\frac{\sqrt{[K_1(N_1 - N_2)]^2 + [(P/2)/1.22]^2}}{2 \times 0.7 h_{f1} l_{w1}} \leqslant f_f^w \tag{6.18}$$

下弦肢尖与节点板相连角焊缝按下式计算，即

$$\frac{\sqrt{[K_2(N_1 - N_2)]^2 + [(P/2)/1.22]^2}}{2 \times 0.7 h_{f2} l_{w2}} \leqslant f_f^w \tag{6.19}$$

式中：N_1、N_2 为节点处相邻节间上弦的内力设计值，N；P 为节点处的集中荷载设计值，N；K_1、K_2 为角钢肢背与肢尖焊缝上的内力分配系数；h_{f1}、h_{f2} 为角钢肢背与肢尖处的焊脚尺寸，其中 h_{f1} 取节点板厚度之半，mm；l_{w1}、l_{w2} 为角钢肢背与肢尖的焊缝长度，mm；f_f^w 为角焊缝强度设计值 N/mm²。

2) 下弦拼接节点。角钢长度不足，以及桁架分单元运输时弦杆经常要拼接。图 6.24 所示为下弦中央拼接节点，弦杆内力比较大，单靠节点板传力是不适宜的，并且节点在平面外的刚度将会减弱，所以弦杆经常用拼接角钢来拼接。拼接角钢采取与弦杆相同的规格，并切去部分竖肢及直角边棱，切肢 $\Delta = t + h_f + 5mm$ 以便施焊，其中 t 为拼接角钢肢厚，h_f 为角焊缝焊脚尺寸，5mm 为余量，以避开肢尖圆角。切棱目的是使拼接角钢与弦杆贴紧。切肢切棱引起的截面削弱可由节点板补偿，也可将拼接角钢选成与弦杆同宽但肢厚大些的。当为工地拼接时，为便于现场

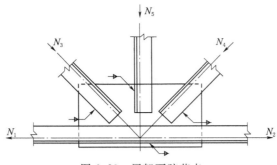

图 6.23　屋架下弦节点

拼装，拼接节点要设置安装螺栓。

弦杆拼接节点的计算包括两部分，即弦杆自身拼接的传力焊缝和各杆与节点板间的传力焊缝，其中弦杆自身的传力焊缝应能传递两侧弦杆内力中的较小值 N。各焊缝与截面形心几乎等距，力可由两根拼接角钢的四条焊缝平分传递。

弦杆和连接角钢连接的焊缝长度为

$$l = \frac{N}{4 \times 0.7 h_f f_f^w} + 2h_f \tag{6.20}$$

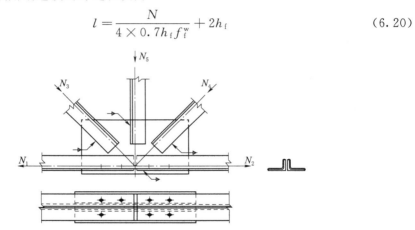

图 6.24　下弦中央拼接节点

拼接角钢长度为

$$L = 2l + b \tag{6.21}$$

式中：b 为间隙，一般可以取 $10 \sim 20\text{mm}$。

弦杆和节点板之间的焊缝计算。其内力较大一侧的弦杆与节点板的焊缝传递弦杆内力之差 ΔN，如 ΔN 过小则取弦杆较大内力的 15%，内力较小一侧弦杆与节点板间焊缝按传力一侧采用。

弦杆与节点连接一侧的焊缝强度按下式计算。

对肢背焊缝，有

$$\frac{0.15 K_1 N_{max}}{2 \times 0.7 h_f l_w} \leqslant f_f^w \tag{6.22}$$

对肢尖焊缝，有

$$\frac{0.15 K_2 N_{max}}{2 \times 0.7 h_f l_w} \leqslant f_f^w \tag{6.23}$$

式中：N_{max} 取和 ΔN 和 15% 弦杆内力中的较大值，N。

3）上弦节点。一般上弦节点总有集中力作用。例如，大型屋面板的肋条或檩条传来的集中荷载，在计算上弦与节点板的连接焊缝时，应考虑上弦杆内力与集中荷载的共同作用，如图 6.25 所示。

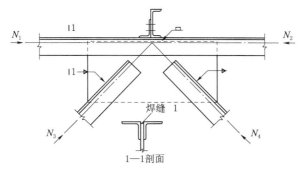

图 6.25　上弦节点

确定节点板尺寸时，需要先确定节点板与腹杆的连接角焊缝长度，按下式计算，即

$$l_{w1} = \frac{K_1 N}{2 \times 0.7 h_{f2} f_f^w} + 2h_{f1} \tag{6.24}$$

$$l_{w2} = \frac{K_2 N}{2 \times 0.7 h_{f2} f_f^w} + 2h_{f2} \tag{6.25}$$

式中：N 为腹杆轴力设计值，N；l_{w1}、l_{w2} 为角钢肢背与肢尖的焊缝长度，mm，按上式计算的值时最小长度设计时通常取 5mm 的整数倍。施工时一般将杆件搭在节点板上的长度全部焊满；h_{f1}、h_{f2} 为角钢肢背与肢尖处的焊脚尺，mm；f_f^w 为角焊缝强度设计值，N/mm²，当考虑地震作用时，应除以 γ_{RE}；K_1、K_2 为角钢肢背与肢尖焊缝上的内力分配系数，对长肢相并的不等边双角钢分别取 0.65 和 0.35，对短肢相并的不等边角钢分别取 0.75 和 0.25，对等肢角钢分别取 0.7 和 0.3。

上弦因需要搁置屋面板或檩条，故常将节点板缩进角钢背而采用槽焊缝连接，节点板缩进角钢背的距离应不少于节点板厚度的一半加 2mm。但不大于节点板厚度。槽焊缝可以作为两条角焊缝计算，其强度设计值应乘以 0.8 的折减系数。对梯形屋架计算时略去屋架上弦坡度的影响，假定集中荷载 P 与上弦垂直，上弦与节点板的连接焊缝按下列公式计算。

对肢背焊缝，有

$$\frac{\sqrt{[K_1 (N_1 - N_2)]^2 + \left(\frac{P}{2}/1.22\right)^2}}{2 \times 0.7 h_{f1} l_{w1}} \leqslant 0.8 f_f^w \tag{6.26}$$

对肢尖焊缝，有
$$\frac{\sqrt{[K_2 (N_1 - N_2)]^2 + \left(\frac{P}{2}/1.22\right)^2}}{2 \times 0.7 h_{f2} l_{w2}} \leqslant f_f^w \tag{6.27}$$

式中：N_1、N_2 为节点处相邻节间上弦的内力设计值，N；P 为节点处的集中荷载设计值，N；K_1、K_2 为角钢肢背与肢尖焊缝上的内力分配系数；h_{f1}、h_{f2} 为角钢肢背与肢尖处的焊脚尺寸，其中 h_{f1} 取节点板厚度之半，mm；l_{w1}、l_{w2} 为角钢肢背与肢尖的焊缝长度，mm；f_f^w 为角焊缝强度设计值，N/mm^2。

也可以假设集中荷载 P 由角钢肢背槽焊缝承受，而上弦节点相邻节间的内力差 N_1-N_2 由角钢肢尖与节点板的角焊缝承受，并考虑由此产生的偏心力矩 $M=(N_1-N_2)e$。

上弦肢背槽焊缝计算，即

$$\sigma_f = \frac{P/1.22}{2\times 0.7h_{f1}l_{w1}} \leqslant 0.8f_f^w \tag{6.28}$$

上弦肢尖角焊缝计算，即

$$\tau_f^N = \frac{N_1-N_2}{2\times 0.7h_{f1}l_{w1}} \tag{6.29}$$

$$\sigma_f^M = \frac{6M}{2\times 0.7h_{f2}l_{w2}^2} \tag{6.30}$$

$$\sqrt{(\tau_f^N)^2 + (\sigma_f^M/1.22)^2} \leqslant f_f^w \tag{6.31}$$

式中符号意义同前。

4）屋脊节点。屋架上弦一般都在屋脊节点处用两根与上弦等截面的角钢拼接（图 6.26）。两角钢需热成形。当屋面坡度较大时，可将拼接角钢的竖向肢切斜口弯曲后焊接。为了使拼接角钢与弦杆之间能够密合而便于施焊，需将拼接角钢的棱角削圆，并把竖向肢切去 $\Delta=t+h_f+5mm$（t 为角钢的肢厚）。拼接角钢的这些削弱可以由节点板来补偿。实际上对于上弦受压，这些削弱并不影响节点的承载能力，因为上弦截面由稳定计算而定。该拼接角钢应能传递弦杆的最大内力，且有 4 条焊缝用于传力。焊缝的实际长度应为计算长度加上两倍的焊角尺寸。拼接角钢所需的长度为两倍实际焊缝长度加 10mm。考虑到拼接节点的刚度，拼接角钢的长度不应小于 600mm。

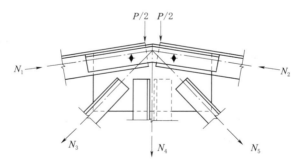

图 6.26　屋脊节点

计算上弦与节点板的连接焊缝时，假定节点荷载 P 由上弦角钢肢背处的槽焊缝承受，按式（6.26）计算。上弦角钢肢尖与节点板的连接焊缝按上弦内力的 15% 计算，并考虑此力产生的弯矩 $M=0.15Ne$。当上弦坡度较大时，则应按上弦内力的竖向分力与节点荷载的合力和上弦内力的 15% 两者中的较大值。

当屋架跨度较大时，需将屋架分成两个运输单元，在屋脊节点和下弦跨中节点设置工地拼接。为了便于工地焊接，需设置临时性的安装螺栓。

5）支座节点。屋架与柱的连接可以做成铰接或刚接。支承于钢筋混凝土柱或砖柱上的屋架一般为铰接（图 6.27），而支承于钢柱上的屋架一般为刚接。铰接屋架的支承节点多采用平板式支座。平板式支座由支座节点板、支座底板、加劲肋和锚栓组成。加劲肋设在支座节点的中线处，焊在节点板和支座底板上，它的作用是提高支座节点的侧向刚度，使支座底板受力均匀，减少底板的弯矩。加劲肋的高度和厚度分别与节点板的高度和厚度相等。

为便于下弦角钢肢背施焊，下弦角钢水平肢的底面和支座底板之间的净距 c 不应小于 130mm。底板厚度由计算确定，一般取 20mm 左右。

铰接屋架支座底板的面积按下式计算，即

$$A_\text{n} = \frac{R}{f_\text{c}} \qquad (6.32)$$

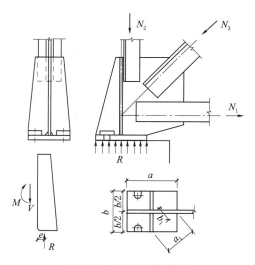

图 6.27 铰接支座节点

式中：R 为屋架支反力设计值，N；f_c 为钢筋混凝土轴心抗压强度设计值，N/mm²；A_n 为支座底板净面积，mm²。

支座底板所需的面积为：$A = A_\text{n} +$ 锚栓孔的面积。

方形底板的边长取 $a \geqslant \sqrt{A}$，矩形底板可先假定一边的长度，即能求得另一边的边长。考虑到构造的需要，底板短边的长度一般不小于 200mm。

支座底板的厚度计算与轴心受压柱计算相同，按下式计算，即

$$t = \sqrt{\frac{6M}{f}} \qquad (6.33)$$

式中：t 为底板厚度，mm；M 为支座底板单位宽度上的最大弯矩，N。

M 按下式计算，即

$$M = \alpha \sigma a_1^2 \qquad (6.34)$$

式中：$\sigma = R/A_\text{n}$ 为底板下的平均应力，N/mm²；a_1 为两相邻支承边的对角线长度，mm；α 为弯矩系数，可由 b_1/a_1 查表 6.5 而得；b_1 为两支承边的相交点到对角线的垂直距离，mm。

表 6.5 　　　　　　　　两相邻边支承板在均布荷载作用下的弯矩系数

b_1/a_1	0.3	0.4	0.5	0.6	0.7	0.8	0.9	1.0	1.2	≥1.4
α	0.0273	0.0439	0.0602	0.0747	0.0871	0.0972	0.1053	0.1117	0.1205	0.1258

支座底板的面积和厚度还应满足下列构造要求。

厚度：当屋架跨度 ≤18m 时，$t \geqslant 16$mm；当屋架跨度 >18m 时，$t \geqslant 20$mm。

边长：宽度取 200～360mm；长度（垂直于屋架方向）取 200～400mm。

计算加劲肋与节点板的连接焊缝时，每块加劲肋假定承受屋架支座反力的 1/4，并考虑偏心弯矩 M。

焊缝受剪力为

$$V = \frac{R}{4}$$

焊缝受弯矩为

$$M = \frac{R}{4} \cdot e$$

每块加劲肋与支座节点板的连接焊缝按下式计算，即

$$\sqrt{\left(\frac{V}{2\times0.7h_fl_w}\right)^2+\left(\frac{6M}{2\times0.7h_fl_w^2\times1.22}\right)^2}\leqslant f_f^w \tag{6.35}$$

式中：h_f、l_w分别为加劲肋与节点板连接角焊缝的焊脚尺寸和焊缝计算长度；其余符号意义同前。

支座节点板、加劲肋与支座底板的水平连接焊缝，按下式计算，即

$$\sigma_f=\frac{R}{1.22\times0.7h_f\sum l_w^2}\leqslant f_f^w \tag{6.36}$$

式中：$\sum l_w$为节点板、加劲肋与支座底板的水平焊缝总长度，mm；其余符号意义同前。

锚栓预埋在钢筋混凝土柱上，以固定底板。锚栓的直径一般为$20\sim25$mm。为了便于安装时调整位置，使锚栓孔易于对准，底板上的锚栓孔应为锚栓直径的$2\sim2.5$倍，通常采用$40\sim60$mm。当屋架安装完毕后，用垫圈套在锚栓上与底板焊牢以固定屋架的位置，垫圈的孔径比锚栓直径大$1\sim2$mm。厚度可与底板相同。锚栓埋入柱内的锚固长度为$450\sim600$mm，并应加弯钩。

当屋面节点荷载较大而上弦杆的角钢肢厚较薄，不满足表6.6的要求时，应对角钢的水平肢予以加强，其做法如图6.28所示。当采用图6.28（a）、（b）的做法时，所增加的支撑加强板厚度可按表6.7采用，当采用图6.28（c）、（d）的做法时，加强板厚度一般采用$8\sim10$mm。加强板与角钢的连接均采用角焊缝，其焊角尺寸一般采用5mm并应满焊。

表 6.6　　　　弦杆不加强的每侧最大节点荷载　　　　单位：kN

角钢厚度（mm）当钢材为	Q235	5	6	7	8	10	12	14	16	18	—
	Q345	—	5	6	7	8	10	12	14	16	18
支承处每侧集中荷载设计值（kN）当两板肋支承宽度为	65mm	6.3	8.4	11.0	14.0	20.5	28.8	39.9	—	—	—
	130mm	—	10.5	13.6	17.0	24.0	33.3	46.2	61.6	79.6	116.1

表 6.7　　　支承大型屋面板的屋架上弦角钢需增设的加劲板的厚度　　　单位：mm

上弦角钢肢厚/mm	屋面节点荷载（包括屋面板自重）/kN																	
	25	30	35	40	45	50	55	60	65	70	75	80	85	90	95	100	105	110
6	6	8	8	10														
7	6	6	8	10	10	10												
8		6	6	8	8	10	10	12										
10			6	6	6	8	8	10	10	12	12							
12				6	6	6	6	8	8	10	10	10	12	12				
14					6	6	6	6	8	8	10	10	12	12				
16								6	6	6	6	8	8	10				
18												6	6	6				
20																		

注　1. 表中虚线以上部分为不宜采用的角钢肢厚；虚线以下部分为不需增设加强板的角钢肢厚。
　　2. 对 Q235 钢应按表中数值采用，对 Q345 钢或 Q390 钢可比表中数值减少$1\sim2$mm，但不宜小于5mm。

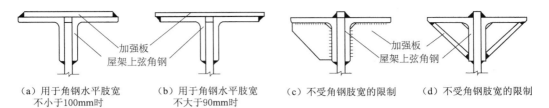

（a）用于角钢水平肢宽　　（b）用于角钢水平肢宽　　（c）不受角钢肢宽的限制　　（d）不受角钢肢宽的限制
不小于100mm时　　　　　不大于90mm时

图 6.28　支承大型屋面板的屋架上弦角钢的加强做法

3. 屋架施工图绘制

屋架施工图是制作屋架的依据，必须清楚、详尽。施工图上应包括屋架正面详图、上弦和下弦的平面图、必要数量的侧面图和零件图，施工图纸上还应有整榀屋架的几何轴线图和材料表。

具体的要求如下。

（1）施工详图中，主要图面用以绘制屋架的正面图，上、下弦的平面图，必要的侧面图，以及某些安装节点或特殊零件的大样图，施工图还应给出材料表。屋架施工图一般采用两种比例尺，杆件轴线一般为 1∶20～1∶30，节点（包括杆件截面、节点板和小零件）一般为 1∶10～1∶15，必要时可适当放大。

（2）要全部注明各零件的型号和尺寸，包括其加工尺寸、零件的定位尺寸、孔洞的位置，以及对工厂加工和工地施工的所有要求，节点中心至节点板上、下和左、右边缘的距离等。螺孔位置要符合型钢线距表盒螺栓排列规定距离的要求。对加工及工地施工的其他要求包括零件切斜角、孔洞直径和焊缝尺寸都应注明。拼接焊缝要区分工程焊缝和安装焊缝，以适应运输单元的划分和拼装。

（3）施工图中各零件要进行详细编号，零件编号要按主次、上下、左右一定顺序逐一进行。完全相同的零件用同一编号。当组成杆件的两角钢的型号尺寸完全相同，然而因开孔位置或切斜角等原因，而成镜面对称时，也应采用同一编号，但在材料表中注明正反二字以示区别。材料表的用途主要是配料和计算用钢指标，其次是为吊装时配备起重运输设备。

（4）施工图中的文字说明应包括不易用图表达以及为了简化图面而易于用文字集中说明的内容，如钢材型号、焊条型号、焊缝形式和质量等级、图中未标明的焊缝和螺孔尺寸以及油漆、运输和加工要求等，以便将图纸全部要求表达完整。

（5）通常在图纸上部绘制一个桁架简图作为索引。对于对称桁架，图中一半注明杆件几何长度，另一半注明杆件内力。跨度较大的屋架，在自重及外荷载作用下将产生较大的挠度，特别当屋架下弦有吊顶或悬挂吊车荷载时，则挠度更大，这将影响结构的使用和有损建筑物的外观。因此，对两端铰支且跨度大于等于 24m 的梯形屋架和矩形屋架以及跨度不小于 15m 的三角形屋架，在制作时需要起拱。起拱值为跨度的 1/500，起拱值可以标注在索引图中，详图中不必表示。

6.2.7　梯形钢屋架设计

【例 6.2】　某金属加工车间，车间跨度 24m，长度 90m，柱距 6m，屋架坡度 $i=1/10$，檩条间距为 1.5m，屋面板为设保温层的压型钢板。屋架钢材采用 Q235B 级钢，焊条采用 E43 型，手工焊，$f_f^w=160\text{N/m}^2$ 屋架采用梯形屋架，计算

跨度 $l_0 = 24 - 0.3 = 23.7m$，具体尺寸见图 6.29（a）。屋架上弦支撑、下弦支撑和屋架垂直支撑的布置分别见图 6.29（b）~（e）。屋面活荷载为 $0.5kN/m^2$，积灰荷载为 $0.75kN/m^2$，管道荷载为 $0.10kN/m^2$。屋架两端铰支于钢筋混凝土柱上。

解：荷载条件和计算如下。

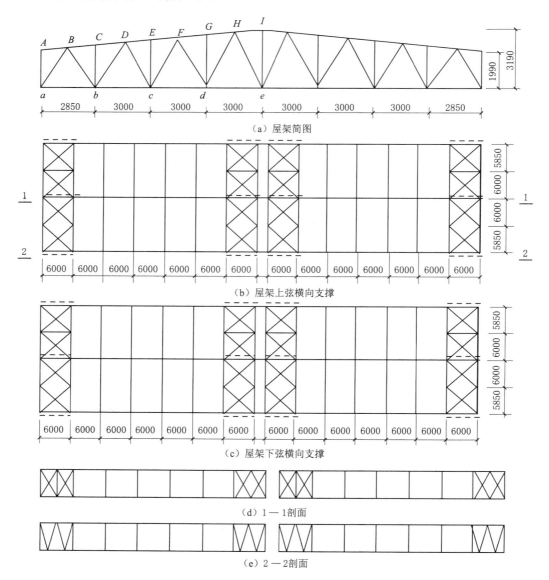

（a）屋架简图

（b）屋架上弦横向支撑

（c）屋架下弦横向支撑

（d）1—1剖面

（e）2—2剖面

图 6.29　屋架及布置

（1）荷载标准值。

1）永久荷载（表 6.8）。

2）可变荷载（表 6.9）。

（2）荷载组合。

屋架强度和稳定性计算时，考虑以下 3 种荷载组合。

1）全跨永久荷载设计值＋全跨可变荷载设计值。

表 6.8   永 久 荷 载 取 值   单位：kN/m²

荷载名称	荷载数值	合计
屋面板	0.25	
屋架和支撑	0.38	0.73
管道荷载	0.10	

注 屋架和支撑自重，按普通钢屋架经验公式 $0.12+0.011L$ 估算，其中 L 为屋架跨度，m，则 $0.12+0.011\times24=0.38(\text{kN/m}^2)$。

表 6.9   可 变 荷 载 取 值   单位：kN/m²

荷载名称	荷载数值	合计
屋面活荷载	0.50	1.25
积灰荷载	0.75	

屋架上弦节点荷载
$$F_1=(1.2\times0.73+1.4\times1.25)\times1.5\times6=23.63(\text{kN})$$
屋架上弦端节点荷载取一半，即
$$F_1'=23.63/2=11.82(\text{kN})$$

2) 全跨永久荷载设计值＋半跨可变荷载设计值。

有可变荷载作用处屋架上弦节点荷载 $F_1=23.63\text{kN}$，端节点 $F_1'=11.82\text{kN}$。

$F_2=1.2\times0.73\times1.5\times6=7.88(\text{kN})$，端节点 $F_2'=3.94\text{kN}$。

3) 全跨屋架＋半跨屋面板自重＋半跨屋面活荷载。

有屋面板自重和屋面活荷载半跨的上弦节点荷载 $F_3=(1.2\times0.25+1.2\times0.38+1.4\times0.5)\times1.5\times6=13.10(\text{kN})$，端节点 $F_3'=6.55\text{kN}$。

无屋面板自重和屋面活荷载半跨的上弦节点荷载 $F_4=1.2\times0.38\times1.5\times6=4.10(\text{kN})$，端节点 $F_4'=2.05\text{kN}$。

4) 全跨永久荷载标准值＋全跨可变荷载标准值。

屋架上弦节点荷载 $F_5=(0.73+1.25)\times1.5\times6=17.82(\text{kN})$，端节点 $F_5'=8.91\text{kN}$。

组合 1)、2) 为使用阶段荷载情况，组合 3) 考虑施工阶段荷载情况，组合 4) 为考虑屋架挠度计算的荷载组合。

（3）杆件内力计算。

假定屋架杆件的连接均为铰接，则屋架为静定结构，内力计算与杆件截面无关。关于内力的计算可以采用图解法、解析法或有限元法。本例的计算结果见表 6.10。

（4）杆件设计。

1）上弦杆。整个上弦杆采用等截面，按杆件最大设计内力设计。
$$N=-361.05\text{kN}$$

上弦杆的计算长度：在屋架平面内，为节间轴线长度 $l_{0x}=1508\text{mm}$；在屋架平面外，根据支撑布置和内力变化情况，取 $l_{0y}=1508\times3=4524(\text{mm})$。因为 $l_{0y}=3l_{0x}$ 截面采用两个不等肢角钢，短肢相并。

表 6.10 屋架杆件内力组合表

杆件类型	杆件	组合（1）全跨恒＋活	组合（2）全跨恒＋左半跨活	组合（2）全跨恒＋右半跨活	组合（3）全跨屋架恒＋左半跨屋面板恒＋左半跨活	组合（3）全跨屋架恒＋右半跨屋面板恒＋右半跨活	计算内力
上弦	AB	0.00	0.00	0.00	0.00	0.00	0.00
	BC、CD	−207.17	−168.00	−108.25	−92.47	−58.32	−207.17
	DE、EF	−320.75	−249.83	−177.90	−137.29	−96.18	−320.75
	FG、GH	−361.05	−265.05	−216.42	−145.30	−117.51	−361.05
	HI	−349.00	−232.70	−232.70	−127.02	−127.02	−349.00
下弦	ab	112.50	92.73	57.29	51.07	30.82	112.50
	bc	273.44	217.69	146.94	119.73	79.3	273.44
	cd	346.76	263.03	199.38	144.39	108.02	346.76
	de	358.76	252.64	225.77	138.25	122.89	358.76
斜腹杆	aB	−209.92	−173.02	−106.90	−95.29	−57.51	−209.92
	Bb	162.42	129.13	87.46	71.02	47.20	162.42
	bD	−128.20	−96.23	−74.72	−52.80	−40.51	−128.20
	Dc	86.98	58.77	57.22	32.10	31.21	86.98
	cF	−57.47	−30.10	−46.55	−16.22	−25.62	−57.47
	Fd	26.89	1.39	33.13	0.35	18.49	26.89
	dH	1.04	24.99	−23.61	14.26	−13.51	24.99/−23.61
	He	−26.04	−47.71	12.99	−26.82	7.86	12.99/−47.71
竖杆	Aa	−11.82	−11.82	−3.94	−6.56	−2.05	−11.82
	Cb、Ec、Gd	−23.63	−23.63	−7.88	−13.10	−4.10	−23.63
	Ie	46.70	31.13	31.13	16.99	16.99	46.70

腹杆最大内力为 209.92kN，根据节点板选择表，选择节点板厚度为 8mm。支座节点板可以比其他节点板厚 2mm，厚度选择为 10mm。

设 $\lambda=70$，$f_y=235\text{N/mm}^2$，查附录 5，得 $\varphi=0.751$。

需要截面积：

$$A=\frac{N}{\varphi f}=\frac{361.05\times10^3}{0.751\times215}=2236\ (\text{mm}^2)$$

回转半径：

$$i_x=\frac{l_{0x}}{\lambda}=\frac{1508}{70}=21.5(\text{mm}^2);i_y=\frac{l_{0y}}{\lambda}=\frac{4524}{70}=64.6(\text{mm}^2)$$

根据附录 6 回转半径的近似关系，得 $\alpha_1=0.28$，$\alpha_2=0.24$，则

$$h=i_x/\alpha_1=21.05/0.28=76.9(\text{mm})$$

$$b = i_y / \alpha_2 = 64.6 / 0.24 = 269 (\text{mm})$$

选用 2L110×70×8（短肢相距 8mm）：

$$A = 2789 \text{mm}^2, \quad i_{x0} = 19.8 \text{mm}, \quad i_{y0} = 53.4 \text{mm}$$

$$\lambda_x = \frac{l_{0x}}{i_x} = \frac{1508}{19.8} = 76.2$$

计算双角钢的长细比：

$$\frac{b_1}{t} = \frac{110}{8} = 13.8 < 0.56 \frac{l_{0y}}{b_1} = 0.56 \times \frac{4524}{110} = 23.0$$

$$\lambda_{yz} = \lambda_y = \frac{l_{0y}}{i_{0y}} = \frac{4524}{53.4} = 84.7$$

由于 $\lambda_{yz} > \lambda_x$，只需求 φ_{yz}。由 λ_y 查表得 $\varphi_{yz} = 0.659$。

$$\frac{N}{\varphi_{yz} A} = \frac{361.05 \times 10^3}{0.659 \times 2789} = 196.4 (\text{N/mm}^2) < 215 \text{N/mm}^2$$

所选截面合适。

2）下弦杆。整个下弦杆采用同一截面，按最大内力所在的 de 杆计算，即

$$N = 358.76 \text{kN}$$

上弦杆的计算长度：在屋架平面内，为节间轴线长度，$l_{0x} = 3000 \text{mm}$；在屋架平面外，因跨中设一根通常系杆，取 $l_{0y} = 11850 \text{mm}$。因 $l_{0y} = 3 l_{0x}$，截面采用两个不等肢角钢，短肢相并。

所需截面积为

$$A = \frac{N}{f} = \frac{358.76 \times 10^3}{215} = 1668 (\text{mm}^2)$$

选用 2L100×63×6（短肢相距 8mm）：

$$A = 1923 \text{mm}^2, \quad i_x = 17.9 \text{mm}, \quad i_y = 48.5 \text{mm}$$

$$\lambda_x = \frac{l_x}{i_x} = \frac{3000}{17.9} = 167.6 < 350$$

$$\lambda_y = \frac{l_y}{i_y} = \frac{11850}{48.5} = 244.3 < 350$$

3）端斜杆 aB。杆端轴力

$$N = -209.92 \text{kN}$$

计算长度

$$l_{0x} = l_{0y} = 2519 \text{mm}$$

由于 $l_{0x} = l_{0y}$，故采用不等肢角钢，长肢相并，即使 $i_x \approx i_y$。

选用 2L100×63×6，长肢相并，相距 8mm 查型钢表得

$$A = 1923 \text{mm}^2, \quad i_x = 32.1 \text{mm}, \quad i_y = 25.6 \text{mm}$$

$$\lambda_x = \frac{l_{0x}}{i_x} = \frac{2519}{32.1} = 78.5 < [\lambda] = 150$$

$$\lambda_y = \frac{l_{0y}}{i_y} = \frac{2519}{25.6} = 98.4$$

由式（6.16）得

$$\frac{b_2}{t} = \frac{63}{6} = 10.5 < 0.48 \frac{l_{0y}}{b_2} = 0.48 \times \frac{2519}{63} = 19.2$$

$$\lambda_{yz} = \lambda_y(1 + \frac{1.09b_2^4}{l_{0y}^2 t^2}) = 98.4 \times (1 + \frac{1.09 \times 63^4}{2519^2 \times 6^2}) = 105.8 < [\lambda] = 150$$

由于 $\lambda_{yz} > \lambda_x$，查表得 $\varphi_{yz} = 0.519$：

$$\sigma = \frac{N}{\varphi A} = \frac{209.92 \times 10^3}{0.519 \times 1923} = 210.3(\text{N/mm}^2) < f = 215 \text{ N/mm}^2$$

4）竖杆 Gd。

$$N = -23.63\text{kN}$$

$$l_{0x} = 0.8l = 0.8 \times 2886 = 2309(\text{mm})$$

$$l_{0y} = l = 2886\text{mm}$$

内力较小，按 $[\lambda] = 150$ 选择需要的回转半径

$$i_x = \frac{l_{0x}}{[\lambda]} = \frac{2309}{150} = 15.4\text{mm}; i_y = \frac{l_{0y}}{[\lambda]} = \frac{2886}{150} = 19.2\text{mm}$$

查附录6，按回转半径与上述相接近的，选用 $2L56 \times 5$

$$A = 1083\text{mm}^2, \quad i_x = 17.2\text{mm}, \quad i_y = 26.1\text{mm}$$

$$\lambda_x = \frac{l_{0x}}{i_x} = \frac{2309}{17.2} = 134.3 < [\lambda] = 150$$

由于

$$\frac{b}{t} = \frac{56}{5} = 11.2 \leqslant 0.58\frac{l_{0x}}{b} = 0.58 \times \frac{2886}{56} = 29.9$$

$$\lambda_{yz} = \lambda_y\left(1 + \frac{0.475b^4}{l_{0y}^2 t^2}\right) = \frac{2886}{26.1} \times \left(1 + \frac{0.475 \times 56^4}{2886^2 \times 5^2}\right) = 113.1 < [\lambda] = 150$$

由于 $\lambda_x \geqslant \lambda_y$，由 λ_x 查附录5表得 $\varphi_x = 0.367$

$$\sigma = \frac{N}{\varphi_x A} = \frac{23.63 \times 10^3}{0.367 \times 1083} = 59.5(\text{N/mm}^2)$$

杆件的选择见表6.11。

（5）节点设计。

1）下弦节点"b"（图6.30）。这类节点的设计步骤如下：先根据腹杆的内力计算腹杆与节点板连接焊缝的尺寸，即 h_f 和 l_w，然后根据 l_w 大小比例绘出节点板的形状和尺寸，最后验算下弦杆与节点板的连接焊缝。

对于 Bb 杆：

$$N_{Bb} = 162.42\text{kN}$$

用E43焊条角焊缝的抗拉、抗压、抗剪强度 $f_t^w = 160\text{N/mm}^2$，假设 Bb 杆的肢背和肢尖焊缝 $h_f = 8\text{mm}$、$h_f = 6\text{mm}$，则所需焊缝长度如下。

肢背：

$$l'_w = \frac{0.7N}{2h_e f_t^w} + 2h'_f = \frac{0.7 \times 162.42 \times 10^3}{2 \times 0.7 \times 8 \times 160} + 2 \times 8 = 79.4(\text{mm}), \text{ 取 } 85\text{mm}。$$

肢尖：

$$l''_w = \frac{0.3N}{2h_e f_t^w} + 2h''_f = \frac{0.3 \times 162.42 \times 10^3}{2 \times 0.7 \times 6 \times 160} + 2 \times 6 = 48.3(\text{mm}), \text{ 取 } 55\text{mm}。$$

表 6.11　　　　　　　　　　　杆 件 截 面 选 择 表

杆件 名称	编号	计算内力/kN	截面规格	截面面积/mm²	l_{0x}/mm	l_{0y}/mm	i_x/mm	i_y/mm	λ_x	λ_{yz}	容许长细比 $[\lambda]$	φ_x	φ_{yz}	N/A_nf	$N/\varphi Af$
上弦	$FGGH$	−361.05	2L110× 70×8	2789	1508	4524	19.8	53.4	76.2	84.7	150	—	0.659	—	0.91
下弦	de	358.76	2L100×63 ×6	1923	3000	11850	17.9	48.5	167.6	244.3	350	—	—	0.87	—
腹杆	Aa	−11.82	2L56×5	1083	1990	1990	17.2	26.1	115.7	82.0	150	0.462	—	—	0.11
	aB	−209.92	2L100× 63×6	1923	2519	2519	32.1	25.6	78.5	105.8	150	—	0.519		0.98
	Bb	162.42	2L56×5	1083	2082	2602	17.2	26.1	121.0	99.7	350			0.7	—
	Cb	−23.63	2L56×5	1083	1823	2279	17.2	26.1	106.0	92.3	150	0.517	—	—	0.20
	bD	−128.20	2L80×5	1083	2285	2856	24.8	35.6	92.1	87.9	150	0.607	—	—	0.62
	Dc	86.98	2L56×5	1582	2285	2856	17.2	26.1	132.8	109.4	350			0.37	—
	Ec	−23.63	2L56×5	1083	2066	2582	17.2	26.1	120.1	103.4	150	0.437	—	—	0.23
	cF	−57.47	2L56×5	1083	2495	3119	17.2	26.1	145.1	121.8	150	0.326	—	—	0.76
	Fd	26.89	2L56×5	1083	2495	3119	17.2	26.1	145.1	119.5	350	—	—	0.12	—
	Gd	−23.63	2L56×5	1083	2309	2886	17.2	26.1	134.2	113.1	150	0.369	—	—	0.28
	dH	24.99	2L63×5	1229	2710	3388	19.4	28.9	139.7	120.3	150	0.346	—	0.09	—
		−23.61												—	0.26
	He	12.99	2L63×5	1229	2710	3388	19.4	28.9	139.7	120.3	150	0.346	—	0.05	—
		−47.71												—	0.52
	Ie	46.70	2L63×5	1083	2552	3190	17.2	26.1	148.4	124.4	350	0.313	—	—	0.64

对于 bD 杆：

$$N_{bD}=-128.20\text{kN}$$

设 bD 杆的肢背、肢尖焊缝为 $h_f=8\text{mm}$、$h_f=6\text{mm}$，则所需要的焊缝长度如下。

肢背：

$$l'_w=\frac{0.7N}{2h_ef_t^w}+2h'_f=\frac{0.7\times128.20\times10^3}{2\times0.7\times8\times160}+2\times8=66.1(\text{mm})，取70\text{mm}。$$

肢尖：

$$l''_w=\frac{0.3N}{2h_ef_t^w}+2h''_f=\frac{0.3\times128.20\times10^3}{2\times0.7\times6\times160}+2\times6=40.6(\text{mm})，取50\text{mm}。$$

Cb 杆的内力很小，焊缝尺寸可按构造确定，取 $h_f=5\text{mm}$。

根据上面求得的焊缝长度，并考虑杆件之间应有间隙以及制作安装等误差，按比例绘出节点详图，从而确定出节点板尺寸为 $290\text{mm}\times200\text{mm}$。

下弦与节点板连接的焊缝长度为 290mm，$h_f=6\text{mm}$，焊缝所受的力为两个下弦杆的内力差。$\Delta N = 273.4 - 112.5 = 160.9(\text{kN})$，肢背处的焊缝应力较大，焊缝应为

$$\tau_f = \frac{0.75 \times 160.9 \times 10^3}{2 \times 0.7 \times 6 \times (290-12)} = 51.7(\text{N/mm}^2)$$

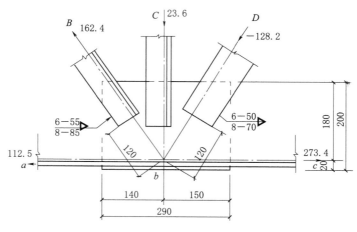

图 6.30　下弦节点 "b"

2）上弦节点 "B"（图 6.31）。"Bb" 杆与节点板的焊缝尺寸与节点 "b" 相同。

"aB" 杆与节点板的焊缝尺寸按上述同样方法计算。

肢背

$$h'_f = 8\text{mm}$$

$$l'_w = \frac{0.65 \times 209.92 \times 10^3}{0.7 \times 8 \times 2 \times 160} + 2 \times 8 = 92(\text{mm})，取 100\text{mm}$$

肢尖

$$h''_f = 6\text{mm}$$

$$l''_w = \frac{0.35 \times 209.92 \times 10^3}{0.7 \times 6 \times 2 \times 160} + 2 \times 6 = 67(\text{mm})，取 70\text{mm}$$

为了便于在上弦杆上搁置屋面板，节点板的上边缘可锁紧上弦肢背 8mm，用槽焊缝把上弦角钢和节点板连接起来。槽焊缝可以作为两条角焊缝计算，焊缝强度设计值应乘以 0.8 的折减系数，计算时可略去屋架上弦坡度的影响，而假定集中荷载与上弦垂直。上弦肢背槽焊缝的焊脚尺寸为

$$h'_f = \frac{1}{2} \times 节点板厚度 = 4\text{mm}，h''_f = 8\text{mm}$$

假定节点荷载由槽焊缝承受，上弦相邻内力差由角钢肢尖承受，则肢背处焊缝强度验算：

$$\sigma_f = \frac{P/1.22}{2 \times 0.7 \times h'_f \times l'_w} = \frac{23.63 \times 10^3 / 1.22}{2 \times 0.7 \times 4 \times 100} = 34.6(\text{N/mm}^2) \leqslant 0.8 f^w_f = 128\text{N/mm}^2$$

肢尖处焊缝验算：

$$\tau^N_f = \frac{N_1 - N_2}{2 \times 0.7 \times h''_f \times l''_w} = \frac{207.2 \times 10^3}{2 \times 0.7 \times 8 \times (280-16)} = 70.1(\text{N/mm}^2)$$

$$\sigma^N_f = \frac{6M}{2 \times 0.7 \times h''_f \times (l''_w)^2} = \frac{6 \times 207.2 \times 10^3 \times 50}{2 \times 0.7 \times 8 \times (280-16)^2} = 79.6(\text{N/mm}^2)$$

$$\sqrt{(\tau_f^N)^2 + (\sigma_f^N/1.22)^2} = \sqrt{70.1^2 + (79.6/1.22)^2} = 95.8(\text{N}/\text{mm}^2) < 160\text{N}/\text{mm}^2$$

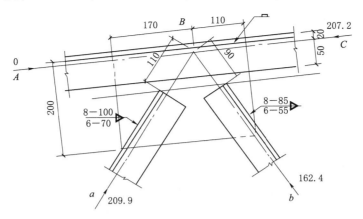

图 6.31　上弦节点"B"

3）屋脊节点"I"。设焊缝 $h_f = 8$mm，则所需焊缝计算长度为（单条焊缝）

$$l_w = \frac{361.05 \times 10^3}{4 \times 0.7 \times 8 \times 160} = 100(\text{mm})$$

拼接角钢的长度取 400mm。

上弦与节点板之间的槽焊，假定承受节点荷载，验算同前，此处略。上弦肢尖与节点板的连接焊缝应按上弦内力的 15% 计算，设肢尖焊缝 $h_f = 8$mm，节点板长度 350mm，则节点一侧弦杆焊缝计算长度为 $l_w = 350/2 - 20 - 2 \times 8 = 139(\text{mm})$。

焊缝应力为

$$\tau_f^N = \frac{0.15 \times 361.05 \times 10^3}{2 \times 0.7 \times 8 \times 139} = 34.8(\text{N}/\text{mm}^2)$$

$$\sigma_f^N = \frac{6 \times 0.15 \times 361.05 \times 10^3 \times 50}{2 \times 0.7 \times 8 \times 139^2} = 75.1(\text{N}/\text{mm}^2)$$

$$\sqrt{(\tau_f^N)^2 + (\sigma_f^N/1.22)^2} = \sqrt{34.8^2 + (75.1/1.22)^2} = 70.25(\text{N}/\text{mm}^2) < 160\text{N}/\text{mm}^2$$

腹杆受力较小，按两个角钢的连接焊缝进行计算，其所需的焊缝长度为

$$l_w' = \frac{0.7N}{2h_e f_t^w} + 2h_f = \frac{0.7 \times 46.7 \times 10^3}{2 \times 0.7 \times 5 \times 160} + 2 \times 5 = 39(\text{mm})，取 50\text{mm}。$$

可得到图 6.32 所示的屋脊节点。

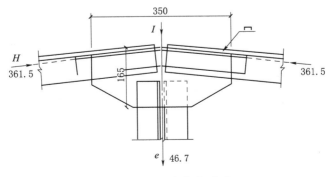

图 6.32　屋脊节点"I"

4）支座节点。为便于施焊，下弦杆角钢水平肢的底面与支座底板的净距离取140mm。在节点中心线上设置加劲肋，加劲肋的高度与节点板的高度相等，厚度取12mm，如图6.33所示。

a. 支座底板的计算。支座反力：

$$R = 23.63 \times 8 = 189.04(\text{kN})$$

支座底板的平面尺寸采用$230 \times 190 = 43700(\text{mm}^2)$。

验算柱顶混凝土的抗压强度为

$$\sigma = \frac{R}{A_n} = \frac{189.04 \times 10^3}{43700} = 4.4(\text{N/mm}^2) < f_c = 12.5\text{N/mm}^2$$

式中：f_c为混凝土强度设计值，对C25，$f_c = 12.5\text{N/mm}^2$。

底板的厚度按屋架反力作用下的弯矩计算，节点板和加劲肋将底板分成4块，每块板为相邻边支撑而另两边自由的板，求每块板的单位宽度最大弯矩。

底板下的平均应力

$$\sigma = 5.0\text{N/mm}^2$$

两支承边的对角线长度

$$a_1 = \sqrt{(95 - 10/2)^2 + 115^2} = 146(\text{mm})$$

$$b_1 = \frac{a_1}{2} = 73\text{mm}$$

$$M = \alpha\sigma a_1^2 = 0.0602 \times 5.0 \times 146^2 = 6416(\text{N} \cdot \text{mm/mm})$$

底板厚度

$$t = \sqrt{\frac{6M}{f}} = \sqrt{\frac{6 \times 6416}{215}} = 13.4\text{mm}$$

取$t = 20\text{mm}$。

b. 加劲肋与节点板的连接焊缝计算。近似按一个加劲肋承受1/4屋架反力考虑，则$V = 23.63 \times 8/4 = 47.26(\text{kN})$。

$$M = V_e = 47.26 \times (40 + 20) = 2835\text{kN} \cdot \text{mm}$$

设焊缝$h_f = 6\text{mm}$，焊缝计算长度$l_w = 460 - 20 - 2 \times 6 = 428(\text{mm})$。

则焊缝应力为

$$\tau_f^N = \frac{47.26 \times 10^3}{2 \times 0.7 \times 6 \times 428} = 13.1(\text{N/mm}^2)$$

$$\sigma_f^M = \frac{6M}{2 \times 0.7 \times h_f \times l_w^2} = \frac{6 \times 2.835 \times 10^6}{2 \times 0.7 \times 6 \times 428^2} = 11.1(\text{N/mm}^2)$$

$$\sqrt{(\tau_f^N)^2 + (\sigma_f^M/1.22)^2} = \sqrt{13.1^2 + (11.1/1.22)^2} = 15.9(\text{N/mm}^2) < 160\text{N/mm}^2$$

c. 节点板、加劲肋和底板的连接焊缝计算。设焊缝传递全部支座反力189.04kN，其中每块加劲肋各传递$R/4 = 47.26\text{kN}$，节点板传递$R/2 = 94.5\text{kN}$。

节点板与底板的连接焊缝长度$\sum h_w = 2 \times (190 - 2 \times 6) = 356\text{mm}$，取焊缝$h_f = 6\text{mm}$，则

$$\sigma_f = \frac{R/2}{0.7 \times \sum l_w \times h_f} = \frac{94.5 \times 10^3}{0.7 \times 6 \times 368} = 61.1(\text{N/mm}^2) < 160\text{N/mm}^2$$

加劲肋与底板的焊脚尺寸，取$h_f = 8\text{mm}$，则

$$\sigma_f = \frac{R/4}{0.7 \times h_f \times 2l_w} = \frac{47.26 \times 10^3}{0.7 \times 8 \times 2 \times (95-20-2 \times 8)} = 71.5(\text{N/mm}^2) < 160\text{N/mm}^2$$

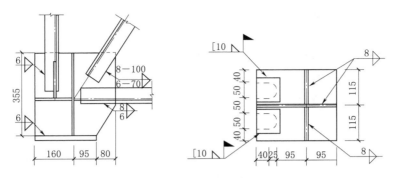

图 6.33 支座节点

施工图见书后附图。

6.2.8 吊车梁设计

1. 吊车梁的荷载及工作性能

单层厂房的吊车布置如图 6.34 所示。吊车梁承受桥式吊车产生的 3 个方向荷载作用，即吊车的竖向荷载 P、横向水平荷载（刹车力及卡轨力）T 和纵向水平荷载（刹车力）T_L。其中，纵向水平刹车力 T_L 沿吊车轨道方向，通过吊车梁传给柱间支撑，对吊车梁的截面受力影响很小，计算吊车梁时一般不需考虑。因此，吊车梁按双向受弯构件设计。

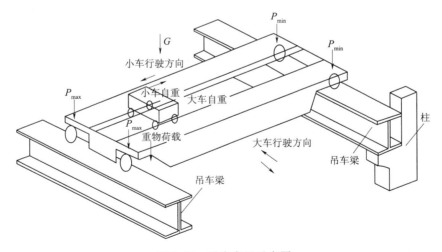

图 6.34 吊车布置示意图

（1）吊车最大轮压。吊车的竖向标准荷载为吊车的最大轮压标准值尺 $P_{k,max}$，可在吊车产品规格中直接查得。计算吊车梁的强度时，应乘以荷载分项系数 $\gamma_Q = 1.4$；同时还应考虑吊车的动力作用，乘以动力系数 α。对悬挂吊车（包括电动葫芦）及工作级别为 $A_1 \sim A_5$ 的软钩吊车，动力系数取 1.05；对于工作级别为 $A_6 \sim A_8$ 的软钩吊车、硬钩吊车和其他特种吊车，动力系数 α 可取 1.1。这样，作用在吊车梁上的最大轮压设计值为

$$P_{max} = 1.4\alpha P_{k,max} \tag{6.37}$$

（2）吊车横向水平力。吊车的横向水平荷载依《建筑结构荷载规范》（GB 50009—2012）（以下简称《荷载规范》）的规定可取吊车上横行小车重量 Q' 与额定起重量 Q 的总和乘以重力加速度 g，并乘以下列规定的百分数 ξ。

软钩吊车：额定起重量 $Q \leqslant 10t$，取 $\xi = 12\%$。

额定起重量 $Q = 15 \sim 50t$，取 $\xi = 10\%$。

额定起重量 $Q \geqslant 75t$，取 $\xi = 8\%$。

硬钩吊车：取 $\xi = 20\%$。

按上述百分数算得的横向水平荷载应等分于两边轨道，并分别由轨道上的各车轮平均传至轨顶，方向与轨道垂直，并考虑两个方向的刹车情况，再乘以荷载分项系数 $\gamma_Q = 1.4$ 之后，作用在每个车轮上的横向水平力为

$$T = \frac{1.4g\xi(Q + Q')}{n} \tag{6.38}$$

式中：n 为桥式吊车的总轮数。

在吊车的工作级别为 $A_6 \sim A_8$ 时，吊车运行时摆动引起的水平力比刹车更为不利，因此，《规范》规定，此时作用于每个轮压处的水平力标准值按下式计算，即

$$T = \alpha_1 P_{k,max} \tag{6.39}$$

系数 α_1 对一般软钩吊车取 0.1，抓斗或磁盘吊车宜采用 0.15，硬钩吊车宜采用 0.2。

手动吊车及电葫芦可不考虑水平荷载，悬挂吊车的水平荷载应由支撑系统承担，可不计算。吊车梁的计算，需要按动荷载考虑各截面的最不利情况。图 6.35 给出了支座反力的考虑方法，根据反力的影响线，确定吊车荷载的最不利位置，从而确定其最大支座反力。

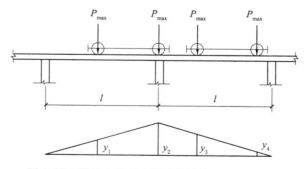

图 6.35　通过支座反力影响线计算最大支座反力

2. 吊车梁系统

吊车梁按支承情况可以分为简支和连续，按结构体系可分为实腹式和桁架式。实腹式简支梁应用最广，根据吊车梁所受荷载作用，对于吊车额定起重量 $Q \leqslant 30t$、跨度 $L \leqslant 6m$、工作级别为 $A_1 \sim A_5$ 的吊车梁，可采用加强上翼缘的办法，用来承受吊车的横向水平力，做成图 6.36（a）所示的单轴对称工字形截面。当吊车额定起重量和吊车梁跨度再大时，常在吊车梁的上翼缘平面内设置制动梁或制动桁架，用以承受横向水平荷载。图 6.36（b）所示设有制动桁架的吊车梁，由两角钢和吊车

梁的上翼缘构成制动桁架的二弦杆，中间连以角钢腹杆。图 6.36（c）所示为一个边列柱上的吊车梁，它的制动梁由吊车梁的上翼缘、钢板和槽钢组成。吊车梁则主要承担竖向荷载作用，但它的上翼缘同时为制动梁的一个翼缘。

制动结构不仅用以承受横向水平荷载，保证吊车梁的整体稳定，同时可作为人行走道和检修平台。制动结构的宽度应依吊车额定起重量、柱宽以及刚度要求确定，一般不小于 75m。当宽度不大于 1.2m 时，常用制动梁；超过 1.2m 时，为了节省一些钢材，宜采用制动桁架。对于夹钳或料耙吊车等硬钩吊车的吊车梁，因其动力作用较大，则不论制动结构宽度如何，均宜采用制动梁，制动梁的钢板常采用花纹钢板，以利于在上面行走。

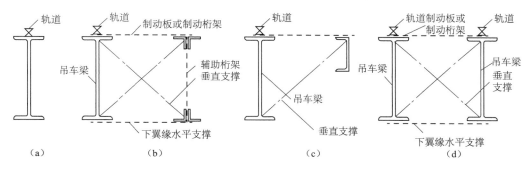

图 6.36 吊车梁及制动结构

$A_6 \sim A_8$ 级工作制吊车梁，当其跨度不小于 12m，或 $A_1 \sim A_5$ 级吊车梁，跨度不小于 18m 时，为了增强吊车梁和制动结构的整体刚度和抗扭性能，对边列柱上的吊车梁，宜在外侧设置辅助桁架同时在吊车梁下翼缘和辅助桁架的下弦之间设置水平支撑，也可在靠近梁两端 1/4～1/3 的范围内各设置一道垂直支撑［图 6.36（b）］。垂直支撑虽对增强梁的整体刚度有利，但因其在吊车梁竖向挠度影响下易产生破坏，所以应避免在梁的竖向挠度较大处设置。图 6.36（d）所示为两跨吊车梁的情况，制动桁架及垂直支撑在两个吊车梁中设置。

3. 吊车梁的连接

吊车梁上翼缘的连接应以能够可靠地与柱传递水平力，而又不改变吊车梁简支条件为原则。图 6.37 所示是两种构造处理，其中左侧连接方式称为高强螺栓连接，右侧连接方式称为板铰连接。高强螺栓连接方式的抗疲劳性能好，施工便捷，采用较普遍。其中横向高强螺栓按传递全部支座水平反力计算，而纵向高强螺栓可按一个吊车轮最大水平制动力计算（对于重级工作制吊车梁还应考虑增大系数）。高强螺栓直径一般在 20～24mm 之间。

板铰连接较好地体现了不改变吊车梁简支条件的设计思想。板铰宜按传递全部支座水平反力的轴心受力构件计算（对于重级工作制吊车梁也应考虑增大系数）。铰栓直径按抗剪和承压计算，一般在 36～38mm 之间。

重级工作制吊车梁为了增强抗疲劳性能，其上翼缘与制动结构的连接应首选高强螺栓，可将制动结构作为水平受弯构件，按传递剪力的要求确定螺栓间距，不过一般可按 100～150mm 等间距布置。对于轻、中级工作制吊车梁，其上翼缘与制动结构的连接可采取工地焊接方式，一般可用焊脚尺寸 6～8mm 的焊缝沿全长搭

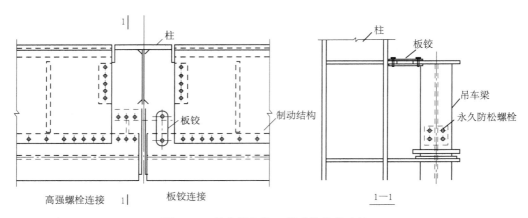

图 6.37　吊车梁与柱、制动结构的连接

接焊，仰焊部分可为间断焊缝。图 6.38 所示是吊车梁支座的一些典型连接。其中图 6.38（a）所示为简支吊车梁的支座连接。支座垫板要保证足够的刚度，以利均匀传力，其厚度一般不应小于 16mm。采用平板支座连接方案时，必须使支座加劲肋上下端刨平顶紧；而采用突缘支座连接方案时，必须要求支座加劲肋下端刨平，以利可靠传力。

下端与腹板在靠近下部约 1/3 梁高范围内用防松螺栓连接。既能传递纵向制动力，又符合简支梁端截面自由转动的假定。图 6.38（a）所示的单侧连接板厚度不应小于梁腹板厚度。梁下设有柱间支撑时，应将该梁下翼缘和焊于柱顶的传力板（厚度也不小于 16mm）用高强螺栓连接。传力板的另一端连于柱顶。可在梁下翼缘设扩大孔，下覆一带标准孔的垫板（厚度同传力板），安装定位后，将垫板焊牢于梁下翼缘。传力板与梁下翼缘之间可塞一个调整垫板，以调整传力板的标高，方便与柱顶的连接。传力板也可以弹簧板代之。图 6.38（b）所示为连续吊车梁中间支座的构造图，其加劲肋除了需按要求作切角处理外，上下端均须刨平顶紧，顶板与上翼缘一般不焊。

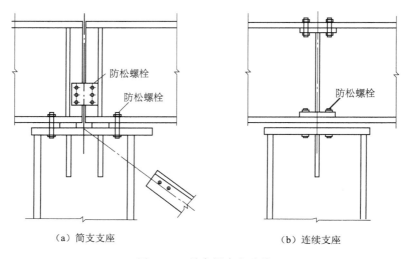

（a）简支支座　　　　　　　　　（b）连续支座

图 6.38　吊车梁支座连接

4. 吊车梁的截面验算

焊接吊车梁的初选截面方法与普通焊接梁相似，但吊车梁的上翼缘同时受吊车横向水平荷载的作用。初选截面时，为了简化起见，可只按吊车竖向荷载计算，但把钢材的强度设计值乘以 0.9，然后再按实际的截面尺寸进行验算。

（1）强度验算。验算截面时，假定竖向荷载由吊车梁承受，而横向水平荷载则由加强的吊车梁上翼缘、制动梁［图 6.39（b）所示阴影线部分截面］或制动桁架承受，并忽略横向水平荷载所产生的偏心作用。

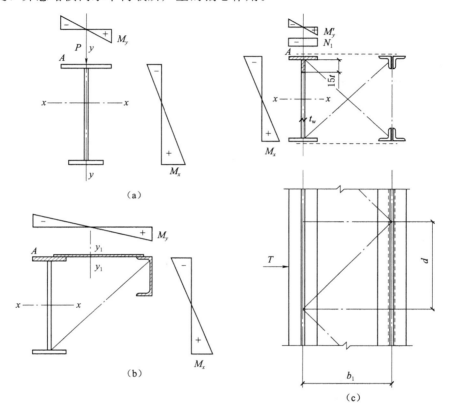

图 6.39　截面验算

对于图 6.39（a）所示加强上翼缘的吊车梁，应首先验算梁受压区的正应力。A 点的压应力最大，验算公式为

$$\sigma = \frac{M_x}{W_{nx1}} + \frac{M_y}{W'_{ny}} \leqslant f \tag{6.40}$$

同时还需用下式验算受拉翼缘的正应力，即

$$\sigma = \frac{M_x}{W_{nx2}} \leqslant f \tag{6.41}$$

对于图 6.39（b）所示有制动梁的吊车梁，同样为 A 点压应力最大，验算公式为

$$\sigma = \frac{M_x}{W_{nx}} + \frac{M_y}{W_{ny1}} \leqslant f \tag{6.42}$$

当吊车梁本身为双轴对称截面时，则吊车梁的受拉翼缘无需验算，对于采用制动桁架的吊车梁，如图 6.39（c）所示，同样应验算 A 点应力，即

$$\sigma = \frac{M_x}{W_{nx}} + \frac{M'_y}{W'_{ny}} + \frac{N_1}{A_n} \leqslant f \tag{6.43}$$

以上式中：M_x 为竖向荷载所产生的最大弯矩设计值，N·mm；M_y 为横向水平荷载所产生的最大弯矩设计值，其荷载位置和计算与 M_x 一致，N·mm；M'_x 为吊车梁上翼缘作为制动桁架的弦杆，由横向水平力所产生的局部弯矩，可近似取 $M'_x = Td/3$，T 根据具体情况按式（6.38）或式（6.39）计算；N_1 为吊车梁上翼缘作为制动桁架的弦杆，由 M_y 作用所产生的轴力，$N_1 = M_y/b_1$；W_{nx} 为吊车梁截面对 x 轴的净截面模量（上或下翼缘最外纤维），mm^3；W'_{ny} 为吊车梁上翼缘截面对 y 轴的净截面模量，mm^3；W_{ny1} 为制动梁截面，如图 6.39（b）所示阴影线部分截面，对其形心轴 y_1 的净截面模量，mm^3；A_n 为图 6.39（c）所示车梁上翼缘及腹板 $15t_w$ 的净截面面积之和，mm^2。

（2）整体稳定验算。连有制动结构的吊车梁，侧向弯曲刚度很大，整体稳定得到保证，不需验算。加强上翼缘的吊车梁，应按下式验算其整体稳定，即

$$\frac{M_x}{\varphi_b W_x} + \frac{M_y}{W_y} \leqslant f \tag{6.44}$$

式中：φ_b 为梁在最大刚度平面内弯曲所确定的整体稳定系数；W_x 为梁截面的 x 轴的毛板截面模量，mm^3；W_y 为梁截面对 y 轴的毛截面模量，mm^3。

（3）刚度验算。验算吊车梁的刚度时，应按效应最大的一台吊车的荷载标准值计算，且不乘动力系数。吊车梁在竖向的挠度可按下列近似公式计算，即

$$v = \frac{M_{kx} l^2}{10 E I_x} \leqslant [v] \tag{6.45}$$

对于重级工作制吊车梁除计算竖向的刚度外，还应按下式验算其水平方向的刚度，即

$$u = \frac{M_{ky} l^2}{10 E I_{y1}} \leqslant \frac{l}{2200} \tag{6.46}$$

式中：M_{ky} 为竖向荷载标准值作用下梁的最大弯矩，N·mm；M_{ky} 为跨内一台起重量最大吊车横向水平荷载标准值作用下所产生的最大弯矩，N·mm；I_{y1} 为制动结构截面对形心轴 y_1 的毛截面惯性矩，mm^4。

对制动桁架应考虑腹杆变形的影响，I_{y1} 乘以 0.7 的折减系数。

（4）疲劳验算。吊车梁在吊车荷载的反复作用下，可能产生疲劳破坏。因此，在设计吊车梁时，首先应注意选用合适的钢材标号和冲击韧性要求。对于构造细部应尽可能选用疲劳强度高的连接形式。一般对 $A_6 \sim A_8$ 级吊车需进行疲劳验算。验算的部位有受拉翼缘的连接焊缝处，受拉区加劲肋的端部和受拉翼缘与支撑连接处的主体金属，还需验算连接的角焊缝。这些部位的应力集中比较严重，对疲劳强度的影响大。按《规范》规定，验算时采用一台起重量最大吊车的荷载标准值，不计动力系数，且可作为常幅疲劳问题按下式计算，即

$$\alpha_f \Delta\sigma \leqslant [\Delta\sigma] \tag{6.47}$$

式中：$\Delta\sigma$ 为应力幅，$\Delta\sigma = \sigma_{max} - \sigma_{min}$，MPa；$[\Delta\sigma]$ 为循环次数 $n = 2 \times 10^6$ 次时的容许应力幅，按表 2.2 取用；α_f 为欠载效应的等效系数。

【例 6.3】 一个简支吊车梁，跨度为 12m，钢材为 Q345，承受两台起重量为

50/10t，级别为 A_6 的桥式吊车，吊车跨度 28.5m。吊车的最大轮压标准值及轮距如图 6.40 所示，横行小车自重 $Q'=15.4t$。吊车的截面尺寸已经初步选出，如图 6.41 所示。试验算此梁截面是否满足要求。

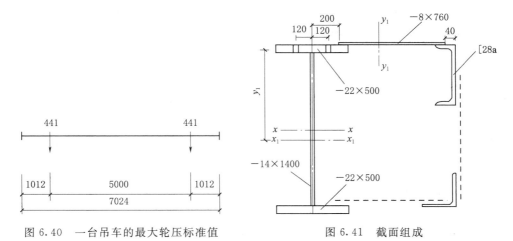

图 6.40　一台吊车的最大轮压标准值　　　　图 6.41　截面组成

解：（1）内力计算。按《规范》规定计算吊车梁的强度、稳定及吊车在竖向的刚度时，应考虑两台并列吊车满载时的作用，但在验算竖向刚度时，取用荷载标准值。计算制动梁的水平方向刚度和验算疲劳时，只考虑一台吊车的荷载标准值作用。

1）两台吊车荷载作用下的内力。

a. 竖向轮压作用。首先依荷载标准值计算。根据结构力学和材料力学知识可知，在图 6.42（a）、（b）所示的轮压位置可分别算得梁的绝对最大弯矩 $M_{k,max}$ 和梁的支座处最大剪力 $V_{k,max}$，即

$$M_{k,max}=716\times6.496-441\times6.0=2005(kN\cdot m)$$

$$V_{k,max}=441\times(12.0+9.976+4.976)/12=947(kN)$$

b. 横向水平力作用。作用在一个吊车轮上的横向水平力标准值为

$$T_k=0.1P_{k,max}=0.1\times441=44.1(kN)$$

其作用位置与竖向轮压相同，因此，横向水平力作用下产生的最大弯矩 M_{ky} 与支座的水平反力 H_k 可直接按荷载比例关系求得，即

$$M_{ky}=2005\times4.14/144=200(kN\cdot m)$$

$$N_{ky}=947\times44.1/441=95(kN)$$

2）一台吊车荷载作用下的内力，如图 6.43 所示。

a. 竖向轮压作用，即

$$M_{k,max}=349\times4.75=1658(kN\cdot m)$$

$$V_{k,max}=441\times(12.0+7.0)/12=698(kN)$$

b. 横向水平力作用。其作用位置与竖向轮压相同，按此可得

$$M_{ky}=1658\times44.1/441=166(kN\cdot m)$$

$$N_{ky}=698\times44.1/441=70(kN)$$

根据以上计算，汇总所需内力见表 6.12。

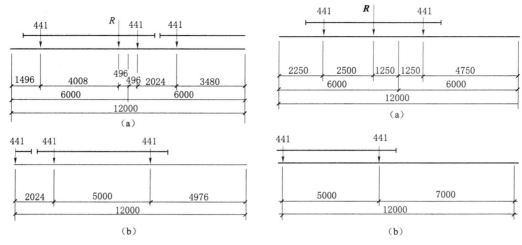

图 6.42　内力计算（两台吊车）　　　图 6.43　内力计算（一台吊车）

表 6.12　　　　　　　　　　内 力 计 算 表

吊车荷载	荷载	$M_{k,max}$ /(kN·m)	M_{max} /(kN·m)	M_{ky} /(kN·m)	M_y /(kN·m)	$V_{k,max}$ /kN	V_{max} /kN
两台	吊车	2005	$1.1 \times 1.4 \times 2005 = 3088$	200	$1.4 \times 200 = 280$	947	$1.1 \times 1.4 \times 947 = 1458$
	自重	$0.05 \times 2005 = 100$	$1.2 \times 100 = 120$			$0.05 \times 947 = 47$	$1.2 \times 70 = 84$
	合计	2105	3208			994	1542
一台	吊车	1658		166		70	

（2）截面几何特性计算。

1）吊车梁。毛截面惯性矩为

$$I_x = 1.4 \times 140^3/12 + 2 \times 50 \times 2.2 \times 71.1^2 = 1432280 (cm^4)$$

净截面面积为

$$A_n = (50 - 2 \times 2.4) \times 2.2 + (50 - 1 \times 2.4) \times 2.2 + 1.4 \times 140 = 400 (cm^2)$$

净截面的形心位置为

$$y_1 = [(50 - 1 \times 2.4) \times 2.2 \times 142.2 + 1.4 \times 140 \times 71.1]/400 = 72 (cm)$$

净截面惯性矩为

$$I_{nx} = 1.4 \times 140^3/12 + 1.4 \times 140 \times (72 - 71.1)^2 + (50 - 2 \times 2.4) \times 2.2 \times 72^2 + (50 - 2.4) \times 2.2 \times 70.2^2 = 1351853 (cm^4)$$

净截面模量为

$$W_{nx1} = 1351853/(72 + 1.1) = 18493 (cm^3)$$

半个毛截面对 x 轴的面积矩为

$$S_x = 50 \times 2.2 \times 71.1 + 70 \times 1.4 \times 35 = 11251 (cm^3)$$

2）制动梁。净截面面积为

$$A_n = (50 - 2 \times 2.4) \times 2.2 + 76 \times 0.8 + 40 = 200 (cm^2)$$

截面形心至吊车梁腹板中心之间的距离为

$$x_0 = [76 \times 0.8 \times 58 + 40 \times (20 + 76 + 4 - 2.1)]/200 = 37.2(\text{cm})$$

净截面惯性矩为

$$\begin{aligned}I_{ny} =\ &2.2 \times 50^3/12 - 2 \times 2.74 \times 2.2 \times 12^2 + (50 - 2 \times 2.4) \times 2.2 \times 37.2^2 \\&+ 0.8 \times 76^3/12 + 76 \times 0.8 \times (38 + 20 - 37.2)^2 + 218 \\&+ 40 \times (97.9 - 37.2)^2 = 362172(\text{cm}^4)\end{aligned}$$

对 $y_1 - y_1$ 轴的净截面模量（吊车梁上翼缘左侧外边缘）为

$$W_{ny1} = 362172/62.2 = 5822(\text{cm}^3)$$

毛截面面积为

$$A_n = 50 \times 2.2 + 76 \times 0.8 + 40 = 211(\text{cm}^2)$$

截面形心至吊车梁腹板中心之间的距离为

$$x_0 = [76 \times 0.8 \times 58 + 40 \times (20 + 76 + 4 - 2.1)]/211 = 35.3(\text{cm})$$

毛截面惯性矩为

$$\begin{aligned}I_y =\ &2.2 \times 50^3/12 + 50 \times 2.2 \times 37.2^2 + 0.8 \times 76^3/12 \\&+ 76 \times 0.8 + (38 + 20 - 35.3)^2 + 218 + 40 \times (97.9 - 37.2)^2 \\&= 383332(\text{cm}^4)\end{aligned}$$

（3）截面验算。

1）强度验算。上翼缘最大正应力为

$$\sigma = \frac{M_x}{W_{nx1}} + \frac{M_y}{W_{ny1}} = \frac{3208 \times 10^6}{18493 \times 10^3} + \frac{280 \times 10^6}{5822 \times 10^3} = 222(\text{N/mm})^2 < f = 295\text{N/mm}^2$$

腹板最大剪应力为

$$\tau = \frac{VS}{I_x T_w} = \frac{1542 \times 10^3 \times 11251 \times 10^3}{1432280 \times 10^4 \times 14} = 87(\text{N/mm}^2) < f = 170\text{N/mm}^2$$

腹板局部压应力验算（吊车轨高 170mm）为

$$\sigma_c = \frac{\psi F}{t_w l_z} = \frac{1.35 \times 1.1 \times 1.4 \times 441 \times 10^3}{14 \times (50 + 2 \times 170 + 5 \times 22)} = 131(\text{N/mm}^2) < f = 310\text{N/mm}^2$$

2）整体稳定。因为制动梁、吊车梁整体稳定可以保证，不需要验算。

3）刚度验算。吊车梁的竖向挠度验算

$$u = \frac{M_{kx} l^2}{10EI_x} = \frac{1658 \times 10^6 \times 12000^2}{10 \times 206 \times 10^3 \times 1432280 \times 10^4} = 8.1\text{mm} < [v] = \frac{l}{750} = 16\text{mm}$$

制动梁的水平挠度验算

$$u = \frac{M_{ky} l^2}{10EI_y} = \frac{166 \times 10^6 \times 12000^2}{10 \times 206 \times 10^3 \times 383332 \times 10^4} = 3.0(\text{mm}) < [v] = \frac{l}{2200} = 5.5\text{mm}$$

刚度满足。

4）疲劳验算。仅以下翼缘用高强度螺栓连接下弦水平支撑处的主体金属为例，说明疲劳验算的方法。恒载不影响计算应力幅，因此仅按吊车荷载计算。

$$\Delta\sigma = \frac{M_x}{I_{nx}} y = \frac{1658 \times 10^6}{1351853 \times 10^4} \times 712 = 87(\text{N/mm}^2)$$

按疲劳计算的构件和连接分类，查附录 2 得此处应为 2 类，由表 2.2 查得容许应力幅为 $[\sigma] = 144\text{N/mm}^2$，吊车梁欠载效应的等效系数为 0.8，依式（2.16），得

$$\alpha_f \Delta\sigma = 0.8 \times 87 = 70 (\text{N/mm}^2) < 144 \text{N/mm}^2$$

5）局部稳定验算。因在抗弯强度验算时取 $\gamma_x = \gamma_y = 1.0$，故梁受压翼缘自由外伸宽度与其厚度之比为

$$\frac{500-14}{2 \times 22} = 11 < 15\sqrt{\frac{235}{345}} = 12.4$$

由于

$$80\sqrt{\frac{345}{235}} < \frac{1400}{14} = 100 < 170\sqrt{\frac{345}{235}}$$

故需要按计算配置横向加劲肋。

因钢轨用压板和防松螺栓紧扣于吊车梁上翼缘，可以认为该翼缘的扭转受到约束。计算弯曲应力临界值的通用高厚比为

$$\lambda_b = \frac{1400/14}{170}\sqrt{\frac{345}{235}} = 0.71 < 0.85$$

故取横向加劲肋间距 $a = 2000\text{mm} = 1.43h_0$，剪应力和横向压应力的临界值分别计算为

$$\lambda_s = \frac{1400/14}{41\sqrt{5.34 + 4(1400/2000)^2}}\sqrt{\frac{345}{235}} = 1.1$$

$$\tau_{cr} = [1 - 0.59 \times (1.1 - 0.8)] \times 180 = 148 (\text{N/mm}^2)$$

$$\lambda_c = \frac{1400/14}{28\sqrt{10.9 + 13.4(1.83 - 1.43)^2}}\sqrt{\frac{345}{235}} = 1.2$$

$$\sigma_{t,cr} = [1 - 0.79 \times (1.2 - 0.9)] \times 310 = 237 (\text{N/mm}^2)$$

a. 验算跨中腹板区格。区格的平均弯矩取最大弯矩值 M_{max}；$\sigma = 3208 \times 10^6 / 18493 \times 10^3 = 173 \text{N/mm}^2$；由图 6.43（a）不难求得该腹板区格的剪力为 $1.05 \times 1.1 \times 1.4 \times 275 = 445 (\text{kN})$，相应的剪应力为 $445 \times 10^3 / (1400 \times 14) = 23 (\text{N/mm}^2)$，于是

$$\left(\frac{173}{310}\right)^2 + \left(\frac{23}{148}\right)^2 + \frac{108}{237} = 0.79 < 1.0$$

b. 验算梁端腹板区格。$V_{max} = 947\text{kN}$，由图 6.43 得区格右端的剪力 $V = 947 - 441 = 533 (\text{kN})$，平均剪力为 $1.05 \times 1.1 \times 1.4 \times (533 + 947)/2 = 1197 (\text{kN})$，平均剪应力为 $1197 \times 10^3 / (1400 \times 14) = 23 (\text{N/mm}^2)$；同时可以得到距离梁左端 2m 处的弯矩为 $(947-441) \times 2 = 1012 (\text{kN/m})$，平均弯矩为 $1.05 \times 1.1 \times 1.4 \times 1012/2 = 818 (\text{kN/m})$，平均弯曲正应力为 $818 \times 173/3208 = 44 (\text{N/mm}^2)$。于是

$$\left(\frac{44}{310}\right)^2 + \left(\frac{61}{148}\right)^2 + \frac{108}{237} = 0.65 < 1.0$$

腹板局部稳定没有问题。

6.3 轻型门式刚架结构

6.3.1 简述

轻型门式刚架结构主要指承重结构为单跨或多跨实腹门式钢架，具有轻型屋盖

和轻型外墙、无桥式吊车或有起重量不大于 20t 的 $A_1 \sim A_5$ 工作级别桥式吊车或 3t 悬挂式起单层房屋钢结构。

　　轻型门式刚架结构的构件截面尺寸较小，可有效地利用建筑空间；其自重较轻，建筑体型较为简洁、美观。门式刚架为超静定结构，内力分布较为均匀，有利于充分发挥材料的强度；门式刚架结构平面内、外的刚度比较接近，有利于制作、运输和安装；同时，门式刚架的构、配件产品的标准化、工业化程度较高，大多数在工厂制作，仅在工地现场进行简单的拼接和安装，速度快，工期较短，且便于维护与拆迁。

　　门式刚架用于中、小跨度的工业建筑或较大跨度的民用公共建筑，均有较为广泛的适用和较好的经济效果。因此，门式刚架已广泛用于各类工业厂房、仓库、体育场馆、会议厅、展览中心、影剧场等大型公共建筑以及不同用途的各种活动房屋；门式刚架特别适用于地震区或地基承载力较低、缺少砂石和水泥等材料的地区，以及运输条件较差、施工场地狭小或建设工期较短的工程。

1. 门式刚架结构的组成

轻型门式刚架结构的组成如图 6.44 所示，主要包括以下几部分。

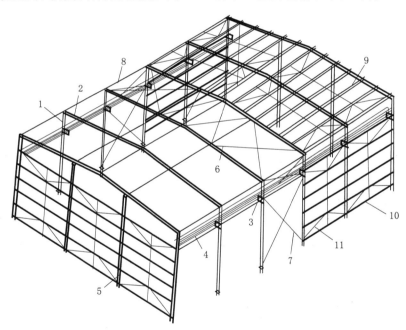

图 6.44　轻型门式刚架结构基本组成
1—框架柱；2—框架梁；3—牛腿；4—吊车梁；5—抗风柱；6—屋面支撑；
7—柱间支撑；8—系杆；9—檩条；10—墙梁；11—拉条

　　（1）主结构：门式刚架、吊车梁、托梁或托架。
　　（2）次结构：屋面檩条和墙面檩条等。
　　（3）支撑结构：屋面支撑、柱间支撑、系杆。
　　（4）围护结构：屋面板和墙板。
　　（5）辅助结构：楼梯、平台、扶栏等。

（6）基础。

2. 门式刚架的结构形式

门式刚架的结构形式分为单跨［图 6.45（a）、（b）、（h）］、双跨［图 6.45（e）、（f）、（g）、（i）］和多跨［图 6.45（c）、（d）］，按屋面坡脊可分为单脊单坡［图 6.45（a）］、单脊双坡［图 6.45（b）、（c）、（d）、（g）、（h）］、多脊多坡［图 6.45（e）、（f）、（i）］。

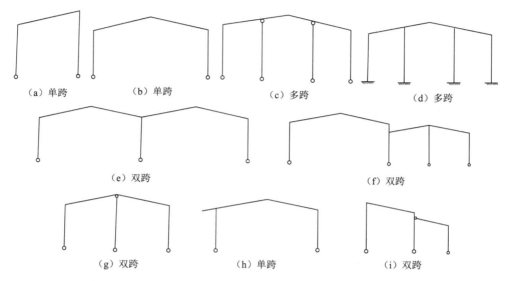

图 6.45　门式刚架的结构形式
（a）单脊单坡；（b）、（c）、（d）、（g）、（h）单脊双坡；（e）、（f）、（i）多脊多坡

单脊双坡多跨刚架，用于无桥式吊车房屋时，当刚架柱不是特别高且风荷载也不是很大时，中柱宜采用两端铰接的摇摆柱［图 6.45（c）、（g）］，中间摇摆柱和梁的连接构造简单，而且制作和安装都省工。这些柱不参与抵抗侧力，截面也比较小。但是在设有桥式吊车的房屋，中柱宜为两端刚接［图 6.45（d）］，以增加刚架的侧向刚度。中柱用摇摆柱的方案体现"材料集中使用"的原则。边柱和梁形成刚架，承担全部抗侧力的任务（包括传递水平荷载和防止门架侧向失稳）。由于边柱的高度相对较小（即长细比较小）。材料能够比较充分地发挥作用。

根据跨度、高度及荷载不同，门式刚架的梁、柱可采用变截面或等截面实腹焊接工字形截面或轧制 H 形截面。设有桥式吊车时，柱宜采用等截面构件。变截面构件通常改变腹板的高度做成楔形，必要时也可改变腹板厚度。结构构件在运输单元内一般不改变翼缘截面，必要时可改变翼缘厚度；邻接的安装单元可采用不同的翼缘截面，两单元相邻截面高度宜相等。

门式刚架的柱脚多按铰接支承设计，通常为平板支座，设一对或两对地脚锚栓。当用于工业厂房且有 5t 以土桥式吊车时，宜将柱脚设计成刚接。

门式刚架轻型房屋的屋面坡度宜取 1/20～1/8，在雨水较多的地区宜取其中的较大值。

门式刚架可由多个梁、柱单元构件组成。柱一般为单独的单元构件，斜梁可根据运输条件划分为若干个单元。单元构件本身采用焊接，单元构件之间可通过端板用高强度螺栓连接。

门式刚架上可设置起重量不大于 3t 的悬挂起重机和起重量不大于 20t 的轻、中级工作制单梁或双梁桥式吊车。

3. 门式刚架结构布置

（1）平面布置。门式刚架的跨度应取横向刚架柱轴线间的距离，跨度宜为 9～36m，宜以 3m 为模数，但也可不受模数限制。当边柱宽度不等时，其外侧应对齐。门式刚架的高度应取地坪至柱轴线与斜梁轴线交点的高度，宜取 4.5～9m，必要时可适当放大。门式刚架的高度应根据使用要求的室内净高确定，有吊车的厂房应根据轨顶标高和吊车净空的要求确定。柱的轴线可取通过柱下端（较大端）中心的竖向轴线，工业建筑边柱的定位轴线宜取柱外皮。斜梁的轴线可取通过变截面梁段最小端中心与斜梁上表面平行的轴线。

门式刚架的合理间距应综合考虑刚架跨度、荷载条件及使用要求等因素，一般宜取 6m、7.5m 或 9m。

挑檐长度可根据使用要求确定，宜采用 0.5～1.2m，其上翼缘坡度宜与刚架斜梁坡度相同。门式刚架轻型房屋的构件和围护结构，通常刚度不大，温度应力相对较小。因此，其温度分区与传统结构形式相比可以适当放宽，但应符合下列规定。

1）纵向温度区段不大于 300m。

2）横向温度区段不大于 150m。

3）当有计算依据时，温度区段可适当放大。

4）当房屋的平面尺寸超过上述规定时，需设置伸缩缝，伸缩缝可采用两种做法：设置双柱；在搭接檩条的螺栓连接处采用长圆孔，并使该处屋面板在构造上允许胀缩。

对有吊车的厂房，当设置双柱形式的纵向伸缩缝时，伸缩缝两侧刚架的横向定位轴线可加插入距。在多跨刚架局部抽掉中柱或边柱处，可布置托架或托梁。

（2）檩条和墙梁布置。屋面檩条一般应等间距布置。但在屋脊处，应沿屋脊两侧各布置一道檩条，使得屋面板的外伸宽度不要太长（一般小于 200mm），在天沟附近应布置一道檩条，以便于天沟的固定。确定檩条间距时，应综合考虑天窗、通风屋脊、采光带、屋面材料、檩条规格等因素按计算确定。

侧墙墙梁的布置，应考虑设置门窗、挑檐、遮雨篷等构件和围护材料的要求。当采用压型钢板作围护面时，墙梁宜布置在刚架柱的外侧，其间距由墙板板型和规格确定，且不大于由计算确定的数值。

（3）支撑和刚性系杆布置。支撑和刚性系杆的布置应符合下列规定。

1）在每个温度区段或分期建设的区段中，应分别设置能独立构成空间稳定结构的支撑体系。

2）在设置柱间支撑的开间，宜同时设置屋盖横向支撑，以组成几何不变体系。

3）屋盖横向支撑宜设在温度区间端部的第一个或第二个开间。柱间支撑的间距应根据房屋纵向柱距、受力情况和安装条件确定。当无吊车时一般取 30～45m；当有吊车时宜设在温度区段中部，或当温度区段较长时宜设在三分点处，且间距不宜大于 60m。

4）当房屋高度相对于柱间距较大时，柱间支撑宜分层设置；当房屋宽度大于60m时，在内柱列宜适当增加柱间支撑。

5）当端部支撑设在第二个开间时，在第一个开间的相应位置应设置刚性系杆。

6）在刚架转折处（单跨房屋边柱柱顶、屋脊及多跨刚架的中柱柱顶）应沿房屋全长设置刚性系杆。

7）由支撑斜杆等组成的水平桁架，其直腹杆宜按刚性系杆考虑。

8）刚性系杆可由檩条兼作，此时檩条应满足压弯构件的承载力和刚度要求，当不满足时可在刚架斜梁间设置钢管、H 型钢或其他截面形式的杆件。

门式刚架轻型房屋钢结构的支撑可用带张紧装置的十字交叉圆钢支撑，圆钢与构件的夹角宜接近 45°，应在 30°～60°范围内。圆钢应采用特制的连接件与梁、柱腹板连接，校正定位后张紧固定。张紧手段最好用花篮螺钉。

当房屋内设有起重量不小于 5t 的桥式吊车时，柱间宜用型钢支撑。当房屋中不允许设置交叉柱间支撑时，可设置纵向刚架。

6.3.2 刚架设计

主刚架由边柱、刚架梁、中柱等构件组成。边柱和梁通常根据门式刚架弯矩包络图的形状制作成变截面以达到节约材料的目的；根据门式刚架横向平面承载纵向支撑提供平面外稳定的特点，要求边柱和梁在横向平面内具有较大的刚度，一般采用焊接工字形截面。中柱以承受轴压力为主，通常采用强弱轴惯性矩相差不大的宽翼缘 H 型钢、矩形钢管或圆管截面。刚架的主要构件运输到现场后通过高强度螺栓连接节点相连。

1. 荷载及荷载组合

（1）荷载。作用在轻型钢结构上的荷载包括以下类型。

1）恒载。包括结构构件的自重和悬挂在结构上的非结构构件的重力荷载，如屋面、檩条、支撑、吊顶、墙面构件和刚架自身等。按现行《荷载规范》的规定采用。

2）活载。包括屋面均布荷载、雪荷载、积灰荷载、风荷载及吊车荷载。当采用压型钢板轻型屋面时，屋面竖向均布活荷载的标准值（按水平投影面积计算）应取 $0.5kN/m^2$；对受荷水平投影面积超过 $60m^2$ 的刚架结构，计算时采用的竖向均布活荷载标准值可取不小于 $0.3kN/m^2$。设计屋面板和檩条时应考虑施工和检修集中荷载（人和小工具的重力），其标准值为 1kN。屋面雪荷载和积灰荷载的标准值应按《荷载规范》的规定采用，设计屋面板、檩条时应考虑在屋面天沟、阴角、天窗挡风板内和高低跨连接处等的荷载增大系数或不均匀分布系数。

3）风荷载。按《门式刚架轻型房屋钢结构技术规范》（GB 51022—2015）（以下简称《门刚规范》）附录 A 的规定，垂直于建筑物表面的风荷载，应按下式计算，即

$$w_k = \mu_s \mu_z w_0 \tag{6.48}$$

式中：w_k 为风荷载标准值，kN/m^2；w_0 为基本风压，kN/m^2，按照《荷载规范》的规定值乘以 1.05 采用；μ_z 为风荷载高度变化系数，按照《荷载规范》的规定采用，当高度小于 10m 时，应按 10m 高度处的数值采用；μ_s 为风荷载体型系数，考

虑内外风压最大值的组合，且含阵风系数，按《门刚规范》附录的规定采用。

4）温度荷载。按实际环境温差考虑。

5）吊车荷载。包括竖向荷载和纵向及横向水平荷载，按照《荷载规范》的规定取用，但吊车的组合一般不超过两台。

6）地震作用。按照《荷载规范》的规定取用，不与风荷载作用同时考虑。

（2）荷载组合。荷载效应的组合一般应遵从《荷载规范》的规定。针对门式刚架的特点，《门刚规范》给出下列组合原则。

1）屋面均布活荷载不与雪荷载同时考虑，应取两者中的较大值。

2）积灰荷载应与雪荷载或屋面均布活荷载中的较大值同时考虑。

3）施工或检修集中荷载不与屋面材料或檩条自重以外的其他荷载同时考虑。

4）多台吊车的组合应符合《荷载规范》的规定。

5）当需要考虑地震作用时，风荷载不与地震作用同时考虑。

对于门式刚架结构，计算承载能力极限状态时，应考虑以下几种荷载的组合。

1）$1.2 \times$ 永久荷载标准值 $+1.4 \times$ 竖向可变荷载标准值。

2）$1.0 \times$ 永久荷载标准值 $+1.4 \times$ 风荷载标准值。

3）$1.2 \times$ 永久荷载标准值 $+0.9 \times (1.4 \times$ 竖向可变荷载标准值 $+1.4 \times$ 风荷载标准值）。

4）$1.2 \times$ 永久荷载标准值 $+0.9 \times (1.4 \times$ 竖向可变荷载标准值 $+1.4 \times$ 吊车竖向可变荷载标准值 $+1.4 \times$ 吊车水平可变荷载标准值）。

5）$1.2 \times$ 永久荷载标准值 $+0.9 \times (1.4 \times$ 风荷载标准值 $+1.4 \times$ 吊车水平可变荷载标准值）。

6）$1.2 \times$（永久荷载标准值 $+0.5 \times$ 竖向可变荷载标准值 $+0.5 \times$ 吊车自重） $+1.3 \times$ 地震作用。

2. 作用效应计算

（1）内力计算。由于门式刚架结构的自重较轻，地震作用产生的荷载效应一般较小。设计经验表明，当抗震设防烈度为 7 度而风荷载标准值大于 $0.35 \mathrm{kN/m^2}$，或抗震设防烈度为 8 度而风荷载标准值大于 $0.45 \mathrm{kN/m^2}$ 时，地震作用的组合一般不起控制作用，可只进行基本的内力计算。

对于变截面门式刚架，应采用弹性分析方法确定各种内力，只有当刚架的梁柱全部为等截面时才允许采用塑性分析方法，但后一种情况在实际工程中已很少采用。进行内力分析时，通常把刚架当作平面结构对待，一般不考虑蒙皮效应，只是把它当作安全储备。当有必要且有条件时，可考虑屋面板的应力蒙皮效应。蒙皮效应是将屋面板视为沿屋面全长伸展的深梁，可用来承受平面内的荷载。面板可视为承受平面内横向剪力的腹板，其边缘构件可视为翼缘，承受轴向拉力和压力。与此类似，矩形墙板也可按平面内受剪的支撑系统处理。考虑应力蒙皮效应可以提高刚架结构的整体刚度和承载力，但对压型钢板的连接有较高的要求。

变截面门式刚架的内力通常采用杆系单元的有限元法（直接刚度法）编制程序上机计算。计算时将变截面的梁、柱构件分为若干段；每段的几何特性当作常量，也可采用楔形单元。地震作用的效应可采用底部剪力法分析确定。当需要手算校核时，可采用一般结构力学方法（如力法位移法、弯矩分配法等）或利用静力计算的公式图表进行校核。

风荷载可能是左风或右风，因此在同一截面上所产生的内力值不止一个；同样，吊车竖向荷载或吊车水平荷载在同一截面上所产生的内力值也不止一个。因此，还需对同种荷载组合中的内力进行挑选并组合。在刚架梁的控制截面上，一般应计算以下 3 种最不利内力组合。

1）M_{max} 及相应的 V。

2）M_{min}（即负弯矩最大）及相应的 V。

3）V_{max} 及相应的 M。

在刚架柱的控制截面上，一般应计算以下 4 种最不利内力组合。

1）N_{max} 及相应的 M、V。

2）N_{min} 及相应的 M、V。

3）M_{max} 及相应的 N、V。

4）M_{min}（即负弯矩最大）及相应的 N、V。

刚架梁中的弯矩以使梁的下部受拉者为正，反之为负；剪力以绕杆端顺时针转者为正，反之为负。刚架柱中的弯矩以使左边受拉者为正，反之为负；轴力以受压为正，反之为负。

（2）侧移计算。变截面门式刚架的柱顶侧移应采用弹性分析方法确定。计算时荷载取标准值，不考虑荷载分项系数。侧移计算可以和内力分析一样在计算机上进行。《门刚规范》中给出了柱顶侧移的简化公式，可以在初选构件截面时估算侧移刚度，以免因刚度不足而需要重新调整构件截面。

单层门式刚架的柱顶位移设计值，不应大于表 6.13 规定的限值。

表 6.13　　　　　　　　　　　刚架柱顶位移计算值的限值表

吊车情况	其他情况	柱顶位移限值
无吊车	当采用轻型钢墙板时 当采用砌体墙时	$h/75$ $h/100$
有桥式吊车	当吊车有驾驶室时 当吊车由地面操作时	$h/240$ $h/150$

注　h 表示刚架柱高度。

3. 构件设计

（1）主刚架构件截面板件的最大宽厚比和有效宽度。

1）梁、柱板件的最大宽厚比。工字形截面构件的翼缘板是三边自由一边支承的板件，不利用其屈曲后强度，按翼缘板件达到强度极限承载力时不失去局部稳定的条件控制其宽厚比，故工字形截面构件受压翼缘板自由外伸宽度 b 与其厚度 t 之比为

$$\frac{b}{t} \leqslant 15\sqrt{\frac{235}{f_y}} \tag{6.49}$$

工字形截面构件的腹板是四边支承板件，可利用其屈曲后强度，腹板的宽厚比按现行国家标准《冷弯薄壁型钢结构技术规范》（GB 50018—2016）确定。工字形截面构件的计算高度 h_w 与其厚度 t_w 之比需满足（图 6.46）

$$\frac{h_w}{t_w} \leqslant 250\sqrt{\frac{235}{f_y}} \qquad (6.50)$$

2）腹板的有效宽度。轻型钢结构的设计理论，主要是建立在利用板件的屈曲后强度的基础之上。试验表明，板件（尤其是宽厚比大的板件）在达到其弹性屈曲临界应力后还可以继续加载，而且沿板件宽度方向压应力呈马鞍形分布，直到板件边缘应力达到屈服强度而丧失承载能力。为了利用板件的屈曲后强度，进而引进了板件的有效宽度的概念。

当工字形截面构件的腹板受弯及受压板幅利用屈曲后强度时，应按有效宽度计算其截面特性。有效宽度应取值如下。

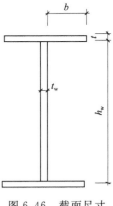

图 6.46　截面尺寸

当腹板全部受压时，有

$$h_e = \rho h_w \qquad (6.51)$$

当腹板部分受拉时，受拉区全部有效，受压区有效宽度为

$$h_e = \rho h_c \qquad (6.52)$$

式中：h_e 为腹板受压区有效宽度，mm；h_c 为腹板受压区宽度，mm；ρ 为有效宽度系数，按下列公式进行计算。

当 $\lambda_p \leqslant 0.8$ 时，有

$$\rho = 1 \qquad (6.53)$$

当 $0.8 < \lambda_p \leqslant 1.2$ 时，有

$$\rho = 1 - 0.9\,(\lambda_p - 0.8) \qquad (6.54)$$

当 $\lambda_p > 1.2$ 时，有

$$\rho = 0.64 - 0.24\,(\lambda_p - 1.2) \qquad (6.55)$$

式中：λ_p 为与板件受弯、受压有关的参数，按式（6.56）计算，即

$$\lambda_p = \frac{h_w/t_w}{28.1\sqrt{k_\sigma}}\sqrt{\frac{f_y}{235}} \qquad (6.56)$$

式中：k_σ 为板件在正应力作用下的凸曲系数。

$$k_\sigma = \frac{16}{\sqrt{(1+\beta)^2 + 0.112\,(1-\beta)^2} + (1+\beta)} \qquad (6.57)$$

$\beta = \sigma_2/\sigma_1$ 为腹板边缘正应力比值，以压为正，拉为负，$-1 \leqslant \beta \leqslant 1$。

当腹板边缘最大应力 $\sigma_1 < f$ 时，计算 λ_p 时可用 $\gamma_R \sigma_1$ 代替式（6.56）中的 f_y，γ_R 为抗力分项系数，对 Q235 钢材，$\gamma_R = 1.087$；对 Q345 钢材，$\gamma_R = 1.111$。为简单起见，可统一取 $\gamma_R = 1.1$。

根据公式算得的腹板有效宽度 h_e，沿腹板高度按下列规则分布（图 6.47）。

当腹板全截面受压，即 $\beta > 0$ 时，有

$$h_{e1} = 2h_e/(5-\beta) \qquad (6.58)$$
$$h_{e2} = h_e - h_{e1} \qquad (6.59)$$

当腹板部分截面受拉，即 $\beta < 0$ 时，有

$$h_{e1} = 0.4h_e \qquad (6.60)$$
$$h_{e2} = 0.6h_e \qquad (6.61)$$

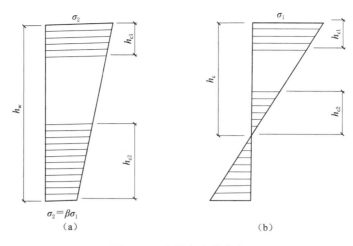

图 6.47　有效宽度的分布

3）腹板屈曲后强度利用。在进行刚架梁、柱构件的截面设计时，为了节省钢材，允许腹板发生局部屈曲，并利用其屈曲后强度。工字形截面构件腹板的受剪板幅，当腹板的高度变化不超过 60mm/m 时，可考虑屈曲后强度（拉力场），其抗剪承载力设计值应按下列公式计算，即

$$V_d = h_w t_w f_v' \tag{6.62}$$

$$f_v' = \begin{cases} f_v & \lambda_w \leqslant 0.8 \\ [1-0.64(\lambda_w-0.8)]f_v & 0.8 < \lambda_w < 1.4 \\ (1.0-0.275\lambda_w)f_v & \lambda_w \geqslant 1.4 \end{cases} \tag{6.63}$$

式中：f_v 为钢材的抗剪强度设计值，N/mm^2；h_w 为腹板高度，对楔形腹板取板幅平均高度，mm；f_v' 为腹板屈曲后抗剪强度设计值，N/mm^2；λ_w 为与板件受剪有关的参数，按下式计算，即

$$\lambda_w = \frac{\dfrac{h_w}{t_w}}{37\sqrt{k_\tau}\sqrt{235/f_y}} \tag{6.64}$$

$$k_\tau = \begin{cases} 4 + \dfrac{5.34}{\left(\dfrac{a}{h_w}\right)^2} & \dfrac{a}{h_w} < 1.0 \\ 5.34 + \dfrac{4}{\left(\dfrac{a}{h_w}\right)^2} & \dfrac{a}{h_w} \geqslant 1.0 \end{cases} \tag{6.65}$$

式中：k_τ 为受剪板件的凸曲系数；当不设横向加劲肋时，取 $k_\tau = 5.34$；a 为横向加劲肋间距，mm，当利用腹板屈曲后抗剪强度时，a 宜取 $h_w \sim 2h_w$。

（2）刚架梁、柱构件的强度计算。

1）工字形截面受弯构件在剪力 V 和弯矩 M 共同作用下的强度应符合下列要求，即

$$M \leqslant \begin{cases} M_e & V \leqslant 0.5V_d \\ M_f + (M_e - M_f)\left[1 - \left(\dfrac{V}{0.5V_d} - 1\right)^2\right] & 0.5V_d < V < V_d \end{cases} \tag{6.66}$$

当截面为双轴对称时，有

$$M_f = A_f (h_w + t) f \tag{6.67}$$

式中：M_f 为两翼缘所承担的弯矩，$kN \cdot m$；M_e 为构件有效截面所承担的弯矩，$kN \cdot m$；W_e 为构件有效截面最大受压纤维的截面模量，mm^3；A_f 为构件翼缘的截面面积，mm^2；V_d 为腹板抗剪承载力设计值，kN，按式（6.62）计算。

2）工字形截面压弯构件在剪力 V、弯矩 M 和轴压力 N 共同作用下的强度应符合下列要求，即

$$M \leqslant \begin{cases} M_e^N = M_e - \dfrac{NW_e}{A_e} & V \leqslant 0.5V_d \\ M_f^N + (M_e^N - M_f^N) \left[1 - \left(\dfrac{V}{0.5V_d} - 1 \right)^2 \right] & 0.5V_d < V \leqslant V_d \end{cases} \tag{6.68}$$

当截面为双轴对称时，有

$$M_f^N = A_f (h_w + t) \left(f - \dfrac{N}{A} \right) \tag{6.69}$$

式中：A_e 为有效截面面积，mm^2；M_f^N 为兼承压力 N 时两翼缘所能承受的弯矩，$kN \cdot m$。

（3）压弯构件的整体稳定性计算。

1）变截面柱在刚架平面内的稳定性计算

变截面柱在刚架平面内的整体稳定性按下列公式计算，即

$$\frac{N_0}{j_{xy}A_{e0}} + \frac{\beta_{mx}M_1}{\left(1 - \dfrac{N_0}{N'_{Ex0}} j_{xy} \right) W_{e1}} \leqslant f \tag{6.70}$$

$$N'_{Ex0} = \frac{\pi^2 E A_{e0}}{1.1\lambda^2} \tag{6.71}$$

式中：N_0 为小头的轴线压力设计值，kN；M_1 为大头的弯矩设计值，$kN \cdot m$；A_{e0} 为小头的有效截面面积，mm^2；W_{e1} 为大头有效截面最大受压纤维的截面模量，mm^3；j_{xy} 为杆件轴心受压稳定系数，按楔形柱确定其计算长度，计算长度系数由《荷载规范》查得，计算长细比时取小头截面的回转半径；β_{mx} 为等效弯矩系数。由于轻型门式刚架都属于有侧移失稳，故 $\beta_{mx} = 1.0$；N'_{Ex0} 为参数，计算 λ 时回转半径 i_0 以小头截面为准。

当柱的最大弯矩不出现在大头时，M_1 和 W_{e1} 分别取最大弯矩和该弯矩所在截面的有效截面模量。

2）变截面柱在刚架平面内的计算长度。截面高度呈线性变化的柱，在刚架平面内的计算长度应取 $h_0 = \mu_\gamma h$，式中 h 为柱的几何高度，μ_γ 为计算长度系数。μ_γ 可由下列 3 种方法之一确定，第一种为查表法，适合于手算，主要用于柱脚铰接的对称刚架；第二种方法为一阶分析法，普遍适用于各种情况，并且适合上机计算；第三种方法为二阶分析法，要求采用二阶分析的计算程序。

下面只介绍一阶分析法，其他两种方法参见《门刚规范》。当刚架利用一阶分析计算程序得出柱顶水平荷载作用下的侧移刚度 $K = H/u$ 时，柱的计算长度系数可由下列公式计算。

a. 单跨对称刚架［图 6.47（a）］，柱的计算长度系数如下。

当柱脚铰接时，有

$$\mu_\gamma = 4.14 \sqrt{\frac{EI_{c0}}{Kh^3}} \tag{6.72}$$

当柱脚刚接时，有

$$\mu_\gamma = 5.85 \sqrt{\frac{EI_{c0}}{Kh^3}} \tag{6.73}$$

对屋面坡度不大于 1:5 时，有摇摆柱的多跨对称刚架的边柱，仍可按上述公式计算，但 μ_γ 应乘以放大系数 $\eta' = \sqrt{1 + \dfrac{\sum (P_{1i}/h_{1i})}{\sum (P_{fi}/h_{fi})}}$，摇摆柱的计算长度系数取 $\mu_\gamma = 1.0$。

式中：I_{c0} 为柱小头的截面惯性矩，mm^4；K 为柱顶水平荷载作用下的侧移刚度，N/m；h 为柱的高度，m；P_{1i} 为摇摆柱承受的荷载，kN；P_{fi} 为边柱承受的荷载，kN；h_{1i} 为摇摆柱的高度，m；h_{fi} 为刚架边柱的高度，m。

b. 中间柱为非摇摆柱的多跨刚架 [图 6.48 (b)]，可按下列公式计算。

当柱脚铰接时，有

$$\mu_\gamma = 0.85 \sqrt{\frac{1.2 P'_{E0i}}{KP_i} \sum \frac{P_i}{h_i}} \tag{6.74}$$

当柱脚刚接时，有

$$\mu_\gamma = 1.20 \sqrt{\frac{1.2 P'_{E0i}}{KP_i} \sum \frac{P_i}{h_i}} \tag{6.75}$$

$$P'_{E0i} = \frac{\pi^2 EI_{0i}}{h_i^2} \tag{6.76}$$

式中：h_i、P_i、P'_{E0i} 为分别为第 i 根柱的高度、竖向荷载和以小头为准的参数，m、kN、kN。

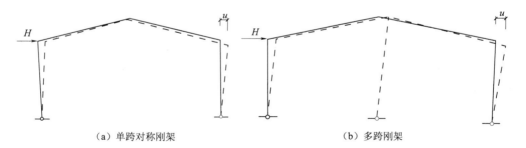

（a）单跨对称刚架　　　　　　　　　　　（b）多跨刚架

图 6.48　一阶分析时的柱顶位移

3）变截面柱在刚架平面外的稳定性计算。变截面柱的平面外整体稳定应分段按下面公式计算，即

$$\frac{N_0}{\varphi_y A_{e0}} + \frac{\beta_t M_1}{\varphi_{b\gamma} W_{e1}} \leqslant f \tag{6.77}$$

对一端弯矩为零的区段，有

$$\beta_t = 1 - \frac{N}{N'_{Ex0}} + 0.75 \left(\frac{N}{N'_{Ex0}}\right)^2 \tag{6.78}$$

对两端弯曲应力基本相等的区段，有

$$\beta_t = 1.0 \tag{6.79}$$

式中：φ_y 为轴心受压构件弯矩作用平面外的稳定系数，以小头为准，按《荷载规范》的规定采用，计算长度取纵向支承点的距离；若各段线刚度差别较大，则在确定计算长度时可考虑各段间的相互约束；N_0 为所计算构件段小头截面的轴向压力，kN；M_1 为所计算构件段大头截面的弯矩，kN·m；β_t 为等效弯矩系数；N'_{Ex0} 为在刚架平面内以小头为准的柱参数，kN；φ_{by} 为均匀弯曲楔形受弯构件的整体稳定系数，对双轴对称的工字形截面杆件，有

$$\varphi_{by} = \frac{4320}{\lambda_{y0}^2} \cdot \frac{A_0 h_0}{W_{x0}} \sqrt{\left(\frac{\mu_s}{\mu_w}\right)^4 + \left(\frac{\lambda_{y0} t_0}{4.4 h_0}\right)^2} \left(\frac{235}{f_y}\right) \tag{6.80}$$

$$\lambda_{y0} = \frac{\mu_s l}{i_{y0}} \tag{6.81}$$

$$\mu_s = 1 + 0.023 \gamma \sqrt{\frac{l h_0}{A_f}} \tag{6.82}$$

$$\mu_w = 1 + 0.00385 \gamma \sqrt{\frac{l}{i_{y0}}} \tag{6.83}$$

式中：A_0、h_0、W_{x0}、t_0 为分别为构件小头的截面面积、截面高度、截面模量和受压翼缘截面厚度，mm^2、mm、mm^3、mm；A_f 为受压翼缘截面面积；i_{y0} 为受压翼缘与受压区腹板 $1/3$ 高度组成的截面绕 y 轴的回转半径，mm；l 为楔形构件计算区段的平面外计算长度，取支承点间的距离，m。

当两翼缘截面不相等时，应参照《规范》中相应内容加上截面不对称影响系数 η_b 项。当算得 φ_{by} 的值大于 0.6 时，应按《规范》的规定查出相应的 φ'_b 替 φ_{by} 值。

（4）斜梁和隅撑的设计。

1）斜梁设计。当斜梁坡度不超过 1：5 时，因轴力很小，可按压弯构件计算其强度和刚架平面外的稳定，不计算平面内的稳定。

实腹式刚架斜梁的平面外计算长度，取侧向支承点的间距。当斜梁两翼缘侧向支承点间的距离不等时，应取最大受压翼缘侧向支承点间的距离。斜梁不需要计算整体稳定性的侧向支承点间最大长度，取斜梁受压翼缘宽度的 $16\sqrt{235/f_y}$ 倍。

当斜梁上翼缘承受集中荷载处不设横向加劲肋时，除应按《规范》的规定验算腹板上边缘正应力、剪应力和局部压应力共同作用时的折算应力外，还应满足式（6.85）的要求，即

$$F \leqslant 15 \alpha_m t_w^2 f \sqrt{\frac{t_f}{t_w} \cdot \frac{235}{f_y}} \tag{6.84}$$

$$\alpha_m = 1.5 - \frac{M}{W_e f} \tag{6.85}$$

式中：F 为上翼缘所受的集中荷载，kN；t_f、t_w 为分别为斜梁翼缘和腹板的厚度，mm；α_m 为参数，$\alpha_m \leqslant 1.0$，在斜梁负弯矩区取零；M 为集中荷载作用处的弯矩，kN·m；W_e 为有效截面最大受压纤维的截面模量，mm^3。

2）隅撑设计。当实腹式刚架斜梁的下翼缘受压时，必须在受压翼缘两侧布置隅撑（山墙处刚架仅布置在一侧）作为解架的侧向支承，隅撑的另一端连接在楼条上。

隔撑间距不宜大于所撑梁受压翼缘宽度的 $16\sqrt{235/f_y}$ 倍。

隔撑应根据《规范》的规定按轴心受压构件的支撑来设计。轴心力 N 可按下列公式计算，即

$$N = \frac{Af}{60\cos\theta}\sqrt{\frac{f_y}{235}} \tag{6.86}$$

式中：A 为实腹斜梁被支撑翼缘的截面面积，mm^2；f 为实腹斜梁钢材的强度设计值，N/mm^2；f_y 为实腹斜梁钢材的屈服强度，N/mm^2；θ 为隔撑与檩条轴线的夹角，$(°)$。

当隔撑成对布置时，每根隔撑的计算轴压力可取式（6.86）计算值的一半。

6.3.3 节点设计

门式刚架结构中的节点设计包括梁柱连接节点、梁梁拼接节点、柱脚节点以及其他一些次结构与刚架的连接节点。对有桥式吊车的门式刚架结构，刚架柱上还有牛腿节点。门式刚架的节点设计应注意节点的构造合理，便于施工安装。

1. 梁柱连接及梁梁拼接节点

门式刚架斜梁与柱的刚接连接，一般采用高强度螺栓端板连接。具体构造有端板竖放［图6.49（a）］、端板平放［图6.49（b）］和端板斜放［图6.49（c）］3种形式。斜梁拼接时也可用高强度螺栓—端板连接，宜使端板与构件外边缘垂直［图6.49（d）］。斜梁拼接应按所受最大内力设计。当内力较小时，应按能承受不小于较小被连接截面承载力一半设计。

图6.49所示节点也称为端板连接节点，都必须按照刚接节点进行设计，即在保证必要强度的同时提供足够的转动刚度。

为了满足强度需要，应采用高强度螺栓，并应对螺栓施加预拉力，预拉力可以增强节点转动刚度。螺栓连接可以是摩擦型或承压型的，摩擦型连接按剪力大小决定端板与柱翼缘接触面的处理方法。当剪力较小时，摩擦面可不做专门处理。

端板螺栓应成对地对称布置。在受拉翼缘和受压翼缘的内外两侧各设一排，并宜使每个翼缘的4个螺栓的中心与翼缘的中心重合。为此，将端板伸出截面高度范围以外形成外伸式连接［图6.49（a）］，以免螺栓群的力臂不够大。但若把端板斜放，因斜截面高度大，受压一侧端板可不外伸［图6.49（b）］。分析研究表明，图6.49（a）所示的外伸式连接转动刚度可以满足刚性节点的要求。外伸式连接在节点负弯矩作用下，可假定转动中心位于下翼缘中心线上。如图6.49（a）所示，上翼缘两侧对称设置4个螺栓时，每个螺栓承受下面公式表达的拉力，并以此确定螺栓直径，即

$$N_t = \frac{M}{4h_1} \tag{6.87}$$

式中：h 为梁上下翼缘板厚度中心点间的距离，mm；力偶 M/h_1 的压力由端板与柱翼缘间承压面传递，端板从下翼缘中心伸出的宽度应不小于 $e = \frac{M}{h_1}\frac{1}{2bf}$，$b$ 为端板宽度，mm。为了减小力偶作用下的局部变形，有必要在梁上下翼缘中线处设柱加劲肋。有加劲肋的节点，转动刚度比不设加劲肋的节点大。

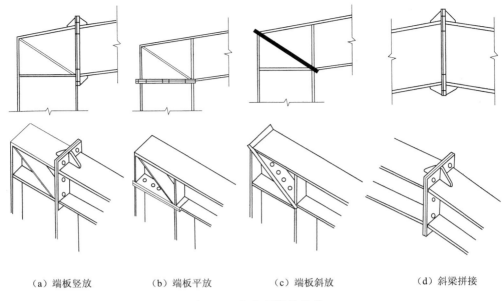

（a）端板竖放　　　（b）端板平放　　　（c）端板斜放　　　（d）斜梁拼接

图 6.49　钢架斜梁的连接

当受拉翼缘两侧各设一排螺栓不能满足承载力要求时，可以在翼缘内侧增设螺栓，如图 6.50 所示。按照绕下翼缘中心的转动保持在弹性范围内的原则，此第三排螺栓的拉力可以按 $N_t h_s / h_1$ 计算，h_3 为下翼缘板厚度中心至第三排螺栓的距离，两个螺栓可承弯矩 $M = 2 N_t^b / h_1$。

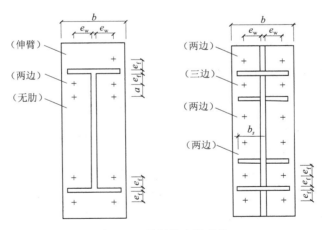

图 6.50　端板的支承条件

节点上剪力可以认为由上边两排抗拉螺栓以外的螺栓承受，第三排螺栓拉力未用足，可以和下面两排（或两排以上）螺栓共同抗剪。

螺栓排列应符合构造要求，如图 6.50 中的 e_w、e_f 应满足扣紧螺栓所用工具的净空要求，通常不小于 35mm，螺栓端距不应小于 2 倍螺栓孔径，两排螺栓之间的最小距离为 3 倍螺栓直径，最大距离不应超过 400mm。

端板的厚度 t 可根据支承条件（图 6.50）按下列公式计算，但不应小于 16mm，和梁端板相连的柱翼缘部分应与端板等厚度。

（1）伸臂类端板，即

$$t \geqslant \sqrt{\frac{6e_f N_t}{bf}} \tag{6.88}$$

（2）无加劲肋类端板，即

$$t \geqslant \sqrt{\frac{3e_w N_t}{(0.5a + e_w)f}} \tag{6.89}$$

（3）两边支承类端板。

当端板外伸时，有

$$t \geqslant \sqrt{\frac{6e_f e_w N_t}{[e_w b + 2e_f(e_f + e_w)f]}} \tag{6.90}$$

当端板平齐时，有

$$t \geqslant \sqrt{\frac{12e_f e_w N_t}{[e_w b + 4e_f(e_f + e_w)f]}} \tag{6.91}$$

（4）三边支承类端板，即

$$t \geqslant \sqrt{\frac{6e_f e_w N_t}{[e_w(b + 2b_s) + 4e_f^2]f}} \tag{6.92}$$

式中：N_t 为一个高强度螺栓受拉承载力设计值，kN；e_w、e_f 为分别为螺栓中心至腹板和翼缘板表面的距离，mm；b、b_s 为分别为端板和加劲肋板的宽度，mm；a 为螺栓的间距，mm；f 为端板钢材的抗拉强度设计值，N/mm²。

在门式刚架斜梁与柱相交的节点域，应按下面公式验算剪应力，即

$$\tau = \frac{M}{d_b d_c t_c} \leqslant f_v \tag{6.93}$$

式中：d_c、t_c 分别为节点域柱腹板的宽度和厚度，mm；d_b 为斜梁端部高度或节点域高度，mm；M 为节点承受的弯矩，对多跨刚架中间处，应取两侧斜梁端弯矩的代数和或柱端弯矩，kN·m；f_v 为节点域钢材的抗剪强度设计值，N/mm²。

当不满足式（6.93）的要求时，应加厚腹板或设置斜加劲肋。

刚架构件的翼缘与端板的连接应采用全熔透对接焊缝，腹板与端板的连接应采用角对接组合焊缝或与腹板等强的角焊缝。在端板设置螺栓处，应按下列公式验算构件腹板的强度。

当 $N_{t2} \leqslant 0.4P$ 时，有

$$\frac{0.4P}{e_w t_w} \leqslant f \tag{6.94}$$

当 $N_{t2} > 0.4P$ 时，有

$$\frac{N_{t2}}{e_w t_w} \leqslant f \tag{6.95}$$

式中：N_{t2} 为翼缘内第二排一个螺栓的轴向拉力设计值，kN；P 为高强度螺栓的预

拉力，kN；e_w 为螺栓中心至腹板表面的距离，mm；t_w 为腹板厚度，mm；f 为腹板钢材的抗拉强度设计值，N/mm²。

当不满足以上要求时，可设置腹板加劲肋或局部加厚腹板。

2. 柱脚节点

柱脚的作用是将柱身的压力均匀地传给基础，并和基础牢固地连接起来。柱的构造比较复杂，用钢量较大，制造比较费工。设计柱脚时应力求传力明确、可靠、构造简单、节省材料、施工方便，并尽可能符合计算简图。柱脚按其与基础的连接方式不同，可分为铰接和刚接两种形式。铰接柱脚主要承受轴心压力，刚接柱脚主要承受压力和弯矩。门式刚架轻型房屋钢结构的柱脚，宜采用平板式铰接柱脚［图6.51（a）、（b）］。当用于工业厂房且有 5t 以上桥式吊车时，宜将柱脚设计为刚接［图6.51（c）、（d）］。

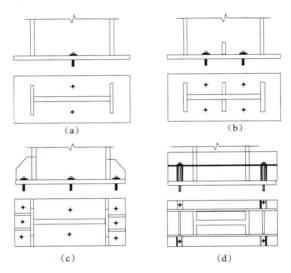

图 6.51　门式刚架柱脚形式

柱脚锚栓应采用 Q235 或 Q345 钢材制作。锚栓的锚固长度应符合现行国家标准《建筑地基基础设计规范》（GB 50007—2011）的规定，锚栓端部按规定设置弯钩或锚板。

计算有柱间支撑的柱脚锚栓在风荷载作用下的上拔力时，应计入柱间支撑的最大竖向分力，此时，不考虑活荷载（或雪荷载）、积灰荷载和附加荷载的影响，同时永久荷载的分项系数应取 1.0。锚栓直径不宜小于 24mm，且应采用双螺帽以防松动。

柱脚锚栓不宜用于承受柱脚底部的水平剪力。此水平剪力可由底板与混凝土基础之间的摩擦力（摩擦系数可取 0.4）或设置抗剪键承受。计算柱脚锚栓的受拉承载力时，应采用螺纹处的有效截面面积。

6.3.4　檩条设计

屋盖中檩条用钢量所占比例较大，因此合理选择檩条形式、截面和间距，以减少檩条用钢量，对减轻屋盖重量、节约钢材有重要意义。

1. 檩条截面形式

檩条的截面形式可分为实腹式、空腹式和格构式 3 种。实腹式檩条的截面分为普通或轻型热轧型钢截面和冷弯薄壁型钢截面。普通或轻型热轧型钢截面板件较厚，如图 6.52（a）、（b）所示，抗弯性能好，但用钢量大，工程中只有当跨度或荷载较大时采用。冷弯薄壁型钢截面采用基板为 1.5～3.0mm 厚的薄钢板在常温下辊压而成，如图 6.52（c）～（e）所示，由于制作安装简单、用钢量省，是目前轻型钢结构屋面工程中应用最普遍的截面形式。

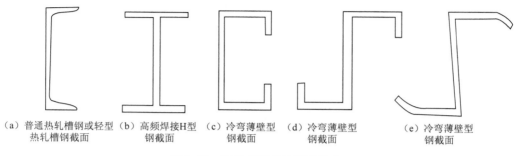

（a）普通热轧槽钢或轻型　（b）高频焊接H型　（c）冷弯薄壁型　（d）冷弯薄壁型　　　　（e）冷弯薄壁型
　　热轧槽钢截面　　　　　钢截面　　　　　钢截面　　　　　钢截面　　　　　　　钢截面

图 6.52　实腹式檩条的截面形式

图 6.52（a）所示为普通热轧槽钢或轻型热轧槽钢截面，因板件较厚，用钢量较大，目前已很少在工程中采用。图 6.52（b）所示为高频焊接 H 型钢截面，具有抗弯性能好的特点，适用于檩条跨度较大的场合，但 H 型钢截面的檩条与刚架斜梁的连接构造比较复杂。图 6.52（c）～（e）是冷弯薄壁型钢截面，在工程中的应用都很普遍。卷边槽钢（也称 C 型钢）檩条适用于屋面坡度 $i \leqslant 1/3$ 的情况，直卷边和斜卷边 Z 型檩条适用于屋面坡度 $i > 1/3$ 的情况。斜卷边 Z 型钢存放时可叠层堆放，占地少。做成连续梁檩条时，构造上也很简单。

格构式檩条可采用下撑式、平面桁架式和空间桁架式檩条。当屋面荷载较大或檩条跨度大于 9m 时，宜选用格构式檩条。格构式檩条的构造和支座相对复杂，侧向刚度较低，但用钢量较少。

本节只重点介绍冷弯薄壁型钢实腹式檩条的设计和构造，空腹式檩条和格构式檩条的设计内容可参阅相关设计手册。

2. 檩条荷载和荷载组合

（1）荷载。实际工程中檩条所承受的荷载主要有永久荷载和可变荷载。

1）永久荷载。作用在檩条上的永久荷载主要有屋面维护材料（包括压型钢板、防水层、保温或隔热层等）、檩条、拉条和撑杆自重、附加荷载自重等。

2）可变荷载。屋面可变荷载主要有屋面均布活荷载、雪荷载、积灰荷载和风荷载。屋面均布活荷载标准值按受荷水平投影面积取用，对于檩条一般取 0.5kN/m^2；雪荷载和积灰荷载按《荷载规范》或当地资料取用。

（2）荷载组合。计算檩条的内力时，需考虑的荷载组合有以下几种。

1）1.2×永久荷载＋1.4×（屋面均布活荷载或雪荷载最大值）。

2）1.2×永久荷载＋1.4×施工检修集中荷载换算值。

当需考虑风吸力对屋面压型钢板的受力影响时，还应进行下面的荷载组合。

3）1.0×永久荷载＋1.4×风吸力荷载。

应当注意的是，檩条和墙梁的风荷载体型系数不同于刚架，应按《门刚规范》采用。

（3）檩条内力分析。设置在刚架斜梁上的檩条在垂直于地面的均布荷载作用下，沿截面两个形心主轴方向都有弯矩作用，属于双向受弯构件。在进行内力分析时，首先要把均布荷载 q 分解为沿截面形心主轴方向的荷载分量 q，如图 6.53 所示。

图 6.53 卷边槽钢檩条截面主轴和荷载

对 x-x 轴，有

$$q_y = q\cos\alpha_0 \tag{6.96}$$

对 y-y 轴，有

$$q_x = q\sin\alpha_0 \tag{6.97}$$

式中：α_0 竖向均布荷载设计值 q 和形心主轴 y 轴的夹角，（°）。

对设有拉条的简支檩条（墙梁），由 q_x、q_y 分别引起的 M_x 和 M_y 按表 6.14 计算。

表 6.14　　　　　　　　　　　　　檩条（墙梁）的内力计算表

拉条设置情况	由 q_y 产生的内力		由 q_x 产生的内力	
	$M_{x\max}$	$V_{x\max}$	$M_{y\max}$	$V_{y\max}$
无拉条	$\dfrac{1}{8}q_y l^2$	$\dfrac{1}{2}q_y l$	$\dfrac{1}{8}q_x l^2$	$\dfrac{1}{2}q_x l$
跨中有一道拉条	$\dfrac{1}{8}q_y l^2$	$\dfrac{1}{2}q_y l$	拉条处负弯矩 $\dfrac{1}{32}q_x l^2$ 拉条与支座间正弯矩 $\dfrac{1}{64}q_x l^2$	拉条处最大剪力 $\dfrac{5}{8}q_x l$
三分点处各有一道拉条	$\dfrac{1}{8}q_y l^2$	$\dfrac{1}{2}q_y l$	拉条处负弯矩 $\dfrac{1}{90}q_x l^2$ 跨中正弯矩 $\dfrac{1}{360}q_x l^2$	拉条处最大剪力 $\dfrac{11}{30}q_x l$

注　在计算 M_y 时，将拉条作为侧向支承点，按双跨或三跨连续梁计算。

对于多跨连续檩条，在计算 M_y 时，不考虑活荷载的不利组合，跨中和支座弯矩都近似取 $0.1q_y l^2$。

3. 檩条截面验算

（1）檩条强度计算。当屋面能阻止檩条的失稳和扭转时，可按下列强度公式验算截面，即

$$\frac{M_x}{M_{enx}} + \frac{M_y}{W_{eny}} \leqslant f \tag{6.98}$$

式中：M_x、M_y 为对截面 x 轴和 y 轴的弯矩，kN·m；W_{enx}、W_{eny} 为对两个形心主轴的有效净截面模量（对冷弯薄壁型钢）或净截面模量（对热轧型钢），mm³。

（2）檩条整体稳定计算。当屋面不能阻止檩条的侧向失稳和扭转时（如采用扣合式屋面板时），应按下列稳定公式验算截面，即

$$\frac{M_x}{\varphi_{bx} W_{ex}} + \frac{M_y}{W_{ey}} \leqslant f \tag{6.99}$$

式中：W_{ex}、W_{ey} 为主轴 x 和主轴 y 的有效截面模量（对冷弯薄壁型钢）或毛截面模量（对热轧型钢），mm^3；φ_{br} 为梁的整体稳定系数，根据不同情况按现行国家标准《冷弯薄壁型钢结构技术规范》（GB 50018—2016）或《钢结构设计规范》（GB 50017—2003）的规定计算。

在风吸力作用下，当屋面能阻止上翼缘侧移和扭转时，受压下翼缘的稳定性应按《门刚规范》附录内容计算。当按《规范》计算时，如檩条上翼缘与屋面板有可靠连接，可不计算式中的扭转项，仅计算其强度。

（3）檩条变形验算。实腹式檩条应验算垂直于屋面方向的挠度。

对卷边槽形截面的两端简支檩条，应按下列公式进行验算，即

$$\frac{5}{384}\frac{q_{ky}l^4}{EI_x}\leqslant[v] \tag{6.100}$$

式中：q_{ky} 为沿 y 轴作用的分荷载标准值，N/mm^2；I_x 为对 x 轴的毛截面惯性矩，mm^4。

对 Z 形截面的两端简支檩条，应按下列公式进行验算，即

$$\frac{5}{384}\frac{q_k\cos\alpha l^4}{EI_{x1}}\leqslant[v] \tag{6.101}$$

式中：α 为屋面坡度；I_{x1} 为 Z 形截面对平行于屋面的形心轴的毛截面惯性矩，mm^4。

（4）檩条构造要求。檩条的布置与设计应遵循以下构造要求：当屋面坡度大于 1/10、檩条跨度大于 4m 时应在檩条间跨中位置设置拉条。当檩条跨度大于 6m 时，应在檩条跨度三分点处各设置一道拉条。拉条的作用是防止檩条侧向变形和扭转，并且提供 x 轴方向的中间支点。此中间支点的力需要传到刚度较大的构件。为此，需要在屋脊或檐口处设置斜拉条和刚性撑杆。当檩条用卷边槽钢时，横向力指向下方，斜拉条应按图 6.54（a）、（b）所示布置。当檩条为 Z 形截面横向荷载向上时，斜拉条应布置于屋檐处 [图 6.54（c）]。以上论述适用于没有风荷载和屋面风吸力小于重力荷载的情况。

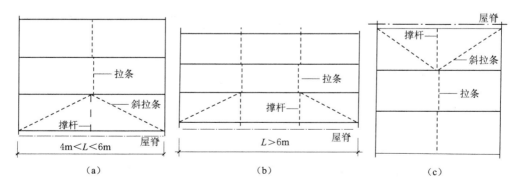

图 6.54　拉条、斜拉条、撑杆的布置

拉条通常用圆钢做成，圆钢直径不宜小于 10mm。圆钢拉条可设在距檩条上翼缘 1/3 腹板高度范围内。当在风吸力作用下檩条下翼缘受压时，屋面宜用自攻螺钉直接与檩条连接，拉条宜设在下翼缘附近。为了兼顾无风和有风两种情况，可在上、下翼缘附近交替布置。当采用扣合式屋面板时，拉条的设置根据檩条的稳定计

算确定。刚性撑杆可采用钢管、方钢或角钢做成。通常按压杆的刚度要求 $[\lambda] \leqslant$ 220 来选择截面。

实腹式檩条可通过檩托与刚架斜梁连接，檩托可用角钢和钢板做成，檩条与檩托的连接螺栓不应少于两个，并沿檩条高度方向布置。设置檩托的目的是为了阻止檩条端部截面的扭转，以增强其整体稳定性。

槽形和 Z 形檩条上翼缘的肢尖（或卷边）应朝向屋脊方向，以减少荷载偏心引起的扭矩。计算檩条时，不能把隅撑作为檩条的支承点。

6.3.5　墙梁设计

1. 墙梁布置

门式刚架中支承轻型墙体结构的墙梁宜采用卷边槽形钢或斜卷边 Z 形的冷弯薄壁型钢等。

墙梁主要承受墙板传递来的水平风荷载及墙板自重，墙梁两段支承于建筑物的承重柱或墙架柱上。当墙板自承重时，墙梁上可不设拉条。为了减小墙梁的竖向挠度，应在墙梁上设置拉条，并在最上层墙梁处设置斜拉条将拉力传至刚架柱。当墙梁的跨度为 4～6m 时，可在跨中设置一道拉条，当墙梁跨度大于 6m 时，在跨间三分点处各设置一道拉条。拉条作为墙梁的竖向支承，利用斜拉条将拉力传给柱。当斜拉条所悬挂的墙梁数超过 5 个时，宜在中间设置一道斜拉条，这样可将拉力分段传给柱，墙梁应尽量等间距设置，但在布置时应考虑门窗洞口等细部尺寸。

2. 墙梁计算

墙梁上的荷载主要有竖向荷载和水平风荷载，竖向荷载有墙板自重和墙梁自重，墙板自重及水平风荷载可根据《荷载规范》查取，墙梁自重根据实际截面确定，初选截面时可近似地取 0.5kN/m。

墙梁的荷载组合按以下情况进行计算。

(1) 1.2×竖向永久荷载＋1.4×水平风压力荷载（迎风）。

(2) 1.2×竖向永久荷载＋1.4×水平风吸力荷载（背风）。

墙梁的设计公式和檩条相同。

6.3.6　抗风柱、支撑设计

1. 抗风柱设计

抗风柱是门式轻型钢结构，单层厂房山墙处的结构组成构件抗风柱不仅是山墙围护结构的承重构架，同时也将山墙承受的水平风力通过自身及屋盖系统传给基础，抗风柱设计是结构工程师们设计过程中不可缺少的结构构件，应当加以重视。

门式刚架铰接连接的抗风柱计算的标准模型如图 6.55 所示，柱脚铰接，柱顶由支撑系统提供水平向约束。抗风柱设计一般按照受弯构件考虑，由山墙面檩条提供平面支承以提高受弯构件的稳定性能。在抗风柱跨中弯矩最大处，需要设置墙梁隅撑以保证受压情况下内翼缘的稳定。

2. 支撑设计

门式刚架结构中的交叉支撑和柔性系杆可按拉杆设计，非交叉支撑中的受压杆件及刚性系杆按压杆设计。

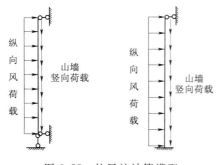

图 6.55 抗风柱计算模型

刚架斜梁上横向水平支撑的内力，据纵向风荷载按支承于柱顶的水平桁架计算，并计入支撑对斜梁起减少计算长度作用而承受的力，对于交叉支撑可不计压杆的受力。

刚架柱间支撑的内力，应根据该柱列所受纵向风荷载（如有吊车，还应计入吊车纵向制动力）按支承于柱脚上的竖向悬臂桁架计算，并计入支撑对柱起减小计算长度而应承受的力，对交叉支撑可不计压杆的受力。当同一柱列设有多道柱间支撑时，纵向力在支撑间可按平均分布考虑。

支撑构件受拉或受压时，应按现行国家标准《规范》或《冷弯薄壁型钢结构技术规范》（GB 50018—2016）关于轴心受拉或轴心受压构件的规定计算。

支撑杆件中，拉杆可采用圆钢制作，用特制的连接件与梁、柱腹板相连，并应以花篮螺钉张紧。压杆宜采用双角钢组成的 T 形截面或十字形截面，按压杆设计的刚性系杆也可采用圆管截面。

6.3.7 轻型门式刚架工程设计实例

1. 主刚架设计

（1）设计资料。某单层厂房采用单层单跨双坡门式刚架，厂房跨度 24m，长度 60m，柱距 6m，屋面坡度为 1∶10，屋面和墙面均采用压型钢板，天沟为彩钢板天沟；钢材材质为 Q345B，焊条型号 E50，采用 10.9 级摩擦型高强度螺栓。室内地坪标高为 ±0.00m，室外地坪标高为 −0.150m，基础顶面离室外地坪为 1.0m。设计基本风压 0.35kN/m²，地面粗糙度为 B 类，基本雪压 0.50kN/m²。地基承载力标准值为 150kN/m²，地基土容重 19kN/m。抗震设防烈度为 6 度，设计基本地震加速度值为 0.05g，设计地震分组为第一组。

厂房内设一台 20t 吊车。吊车按大连重工起重集团有限公司 DQQD 型 3 – 50/10T（A5 工作制）吊钩起重技术规格选用。选用跨度为 22.5m，轮距为 4100mm，吊车宽度为 5944mm，小车重 6.858t，起重机重量为 30.304t。

（2）刚架的结构形式及主要尺寸。刚架采用实腹式等截面柱、变截面横梁刚架（图 6.56）。

吊车轨顶标高取为 +9.000m，取轨道顶面至吊车梁顶面的距离 $h_a=0.2$m，故牛腿顶面标高＝轨顶标高−h_b−h_a＝9.0−0.6−0.2＝+8.200m。

吊车轨道顶至吊车顶部的高度为 2.3m，考虑屋架下弦至吊车顶部所需空隙高度为 220mm，故

$$柱顶标高＝9+2.3+0.22＝+11.520(m)$$

基础顶面至室外地坪的距离为 1.0m，则基础顶面至室内地坪的高度为 1.0+0.15＝1.15m，故从基础顶面算起的柱高 $H＝11.52+1.15＝12.67$(m)。

柱采用 H 形截面 350×200×8×10。

梁采用 H 形变截面（350～500）×200×8×10。

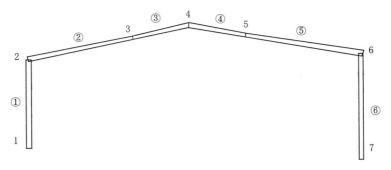

图 6.56 刚架结构形式

（3）荷载计算。

1）永久荷载标准值。

屋面自重（含压型钢板、檩条以及屋面支撑等）：　　　0.3kN/m²

刚架斜梁自重：　　　　　　　　　　　　　　　　　　0.1kN/m²

墙面自重（包括墙架重）：　　　　　　　　　　　　　0.3kN/m²

柱自重：　　　　　　　　　　　　　　　　　　　　　5.2kN/m

2）可变荷载标准值。

屋面活荷载（不上人屋面）：　　　　　　　　　　　　0.5kN/m²

雪荷载：　　　　　　　　　　　　　　　　　　　　　0.5kN/m²

风荷载：基本风压由《荷载规范》查得为 0.35kN/m²，乘以 1.05 采用；风荷载高度变化系数，按《荷载规范》的规定采用；当高度小于 10m 时，应按 10m 高度处的数值采用；风荷载体型系数按《门刚规范》规定采用。

3）吊车荷载。吊车竖向荷载标准值为

$$P_{\max,k}=199\text{kN}, \quad P_{\min,k}=60\text{kN}$$

吊车横向水平荷载标准值为

$$H_k=\alpha\frac{Q+g}{2n}=0.12\times\frac{(30.304+6.858)\times 9.8}{4}=10.93\text{(kN)}$$

作用于柱牛腿的吊车竖向荷载：确定吊车荷载的最不利位置，求得吊车 $D_{\max}$ 和 $D_{\min}$，即

$$D_{\max}=1.4\times 199\times(1+1.9/6)=366.82\text{(kN)}$$
$$D_{\min}=366.82\times 60/199=110.60\text{(kN)}$$

两台吊车作用的横向水平荷载为

$$T_{\max}=(1+1.9/6)\times 10.93=14.39\text{(kN)}$$

（4）内力计算与内力组合。通过手算或采用相关内力计算软件计算出各种工况下的内力。

"1.2×永久荷载＋1.4×活荷载"组合下的弯矩图如图 6.57 所示。

内力计算完成后，根据绘出的内力图进行内力组合。对刚架柱，一般可选柱底、柱顶及牛腿处截面进行组合和截面验算，每个截面必须组合出 $+M_{\max}$ 与相应的 N、V；$-M_{\max}$ 与相应的 N、V；$N_{\max}$ 与相应的 M、V；$+V_{\max}$ 与相应的 M、N。

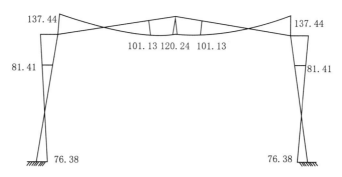

图 6.57　内力组合下的弯矩图

对于刚架横梁，要列出横梁两个端截面和跨中截面的弯矩 M、轴心力 N 和剪力 V，组合出 $+M_{max}$ 与相应的 N、V；$-M_{max}$ 与相应的 N、V；$+V_{max}$ 与相应的 M、N；$-V_{max}$ 与相应的 M、N。

内力组合时需注意，每次组合必须包括恒荷载；每次组合以一种内力（如弯矩或轴力）为目标来决定荷载项的取舍；当取 N_{max} 或 N_{min} 为组合目标时，应该使相应的 M 的绝对值尽量大，因此对于不产生轴力而产生弯矩的荷载中的弯矩值也应当组合进去；风荷载有左风和右风两种情况，每次组合只能取其中一种；一般情况下应该遵循"有 T_{max} 必有 D_{max}（或 D_{min}），有 D_{max}（或 D_{min}）未必有 T_{max}"。吊车荷载组合时，考虑多台吊车竖向荷载时，参与组合的吊车台数不宜多于 4 台；考虑多台吊车水平荷载时，参与组合的吊车台数不应多于两台。4 台吊车参与组合的荷载折减系数取 0.8，两台吊车参与组合的荷载折减系数取 0.9。

边柱内力组合结果：$M=-137.44 \text{kN} \cdot \text{m}$，$N=-46.41 \text{kN}$，$V=-16.88 \text{kN}$。

横梁内力组合结果：

端部截面：$M=-137.44 \text{kN} \cdot \text{m}$，$N=-21.41 \text{kN}$，$V=-44.50 \text{kN}$。

跨中截面：$M=101.13 \text{kN} \cdot \text{m}$，$N=-18.18 \text{kN}$，$V=-12.18 \text{kN}$。

屋脊处截面：$M=120.24 \text{kN} \cdot \text{m}$，$N=-16.79 \text{kN}$，$V=1.68 \text{kN}$。

最大剪力：$V=-44.50 \text{kN}$

（5）构件验算。

1）宽厚比验算。按《门刚规范》规定验算。

翼缘板自由外伸宽厚比为

$\dfrac{(200-8)/2}{10}=9.6<15\sqrt{235/f_y}=12.4$，满足规程限值要求。

腹板高厚比为

$\dfrac{500-2\times10}{8}=60<250\sqrt{235/f_y}=206$，满足规程限值要求。

梁腹板高度变化率 $(500-350)/8.4=17.86(\text{mm/m})<60\text{mm/m}$，故腹板抗剪可以考虑屈曲后强度。腹板不设加劲肋，$k_\tau=5.34$

$$\lambda_w=\frac{h_w/t_w}{37\sqrt{k_\tau}\sqrt{235/f_y}}=\frac{405/8}{37\times\sqrt{5.34}\times\sqrt{235/345}}=0.717$$

$\lambda_w=0.717<0.8$，所以 $f_v'=f_v$，梁的抗剪承载力设计值为 $V_d=h_w t_w f_v$。

2) ①号单元（柱）截面验算。

内力：$M=-137.44\text{kN}\cdot\text{m}$，$N=-46.41\text{kN}$，$V=-16.88\text{kN}$。

强度验算：

$$\sigma_1 = N/A + M/W_e = 46.41\times10^3/6640 + 137.44\times10^6\times175/13959\times10^4$$
$$= 179.3(\text{N/mm}^2)$$

$$\sigma_1 = N/A - M/W_e = 46.41\times10^3/6640 - 137.44\times10^6\times175/13959\times10^4$$
$$= -165.3(\text{N/mm}^2)$$

截面边缘正应力比值 $\beta = \sigma_2/\sigma_1 = -165.3/179.3 = -0.92$

$$k_\sigma = \frac{16}{\sqrt{(1+\beta)^2 + 0.112(1-\beta)^2} + (1+\beta)}$$
$$= \frac{16}{\sqrt{(1-0.92)^2 + 0.112(1+0.92)^2} + (1-0.92)} = 21.99$$

$$\lambda_p = \frac{h_w/t_w}{28.1\sqrt{k_\sigma}\sqrt{235/f_y}} = \frac{330/8}{28.1\times\sqrt{21.99}\times\sqrt{235/345}} = 0.38 < 0.8$$

此时有效宽度系数 $\rho=1$。

$$V = 16.88 < 0.5V_d = 0.5\times330\times8\times180\times10^{-3} = 237.6(\text{kN})$$

$$M_e^N = M_e - NW_e/A_e = (f - N/A_e)W_e$$
$$= (310 - 46.41\times10^3/6640)\times13959\times10^4/175$$
$$= 241.7\times10^6(\text{N}\cdot\text{mm})$$

$M = 137.44\text{kN}\cdot\text{m} < M_e^N = 241.7\text{kN}\cdot\text{m}$，故截面强度满足要求。

稳定验算：

a. 刚架柱平面内的整体稳定性验算。根据《门刚规范》可求出楔形柱的计算长度系数。

柱惯性矩 $I_{c1}=I_{c0}=13959\times10^4\text{mm}$；梁最小截面惯性矩 $I_{b0}=13959\times10^4\text{mm}$。

柱的线刚度 $K_1 = I_{c1}/h = 13959\times10^4/12670 = 11017(\text{mm}^3)$。

$\gamma_1 = d_1/d_0 - 1 = 500/350 - 1 = 0.429$，$\gamma_2 = d_2/d_0 - 1 = 500/350 - 1 = 0.429$，$\beta=0.3$，从《门刚规范》附录插值求得斜梁换算长度系数 $\psi_s = 0.55$。

梁的线刚度为

$$K_2 = I_{b0}/(2\psi_s) = 13959\times10^4/(2\times0.55\times12060) = 10522(\text{mm}^3)$$

$$K_2/K_1 = 10522/11017 = 0.955,\qquad I_{c0}/I_{c1} = 1$$

由一阶分析计算程序得出 $\mu_\gamma = 1.446$。

$$\lambda_x = \frac{L_{0x}}{\sqrt{I_{c0x}/A_{e0}}} = \frac{1.446\times12670}{\sqrt{13959\times10^4/6640}} = 126 N'_{Ex0}$$

$$= \frac{\pi^2 EA_{e0}}{1.1\lambda^2} = \frac{3.14^2\times2.06\times10^5\times6640}{1.1\times126^2}$$
$$= 7.72\times10^5(\text{N})$$

所用钢材为 Q345，故查《规范》附录表 C-2 时，长细比换算 $126\sqrt{345/235} = 153$ 查表得 $\varphi_{xy} = 0.298$。

楔形柱平面内稳定验算：

$$\frac{N_0}{\varphi_{x\gamma}A_{e0}}+\frac{\beta_{mx}M_1}{\left(1-\frac{N_0}{N'_{Ex0}}\varphi_{x\gamma}\right)W_{e1}}=\frac{46.41\times10^3}{0.298\times6640}+\frac{1.0\times137.44\times10^6\times175}{\left(1-\frac{46.41}{772}\times0.298\right)\times13959\times10^4}$$

$$=198.90<310$$

满足要求。

b. 刚架柱平面外的整体稳定性验算。考虑压型钢板墙面与墙梁紧密连接，起到应力蒙皮作用，与柱相连的墙梁可作为柱平面外的支撑点，计算时按常规墙梁隔撑间距考虑，取 $l_y=3000mm$。

楔形柱平面外稳定验算：

$$\lambda_y=\frac{L_{0y}}{\sqrt{I_{c0y}/A_{e0}}}=\frac{3000}{\sqrt{1334\times10^4/6640}}=67$$

长细比换算为 $67\sqrt{345/235}=81$，查表得 $\varphi_y=0.681$，

$$\gamma=d_1/d_0-1=0$$

$$\beta_t=1-N/N'_{Ex0}+0.75(N/N'_{Ex0})^2=1-46.41\times10^3/7.72\times10^5$$
$$+0.75(46.41\times10^3/7.72\times10^5)^2=0.943$$

$$\mu_s=\mu_w=1$$

$$\lambda_{y0}=\mu_{sl}/i_{y0}=1\times3000/44.82=67$$

$$\varphi_{by}=\frac{4230}{\lambda_{y0}^2}\frac{A_0h_0}{W_{x0}}\sqrt{\left(\frac{\mu_s}{\mu_w}\right)^2+\left(\frac{\lambda_{y0}t_0}{4.4h_0}\right)^2}\left(\frac{235}{f_y}\right)=\frac{4320}{67^2}\times\frac{6640\times350\times175}{13950\times10^4}\times$$

$$\sqrt{1+\left(\frac{67\times10}{4.4\times350}\right)^2}\times\left(\frac{235}{345}\right)=2.08>0.6。按《规范》规定，用 \varphi'_{by}代替 \varphi_{by}，\varphi'_{by}=$$

$1.07-0.282/\varphi_{by}=0.934$

$$\frac{N_0}{\varphi A_{e0}}+\frac{\beta_t M_1}{\varphi'_{by}W_{e1}}=\frac{46.41\times10^3}{0.681\times6640}+\frac{0.943\times137.44\times10^6\times175}{0.934\times13959\times10^4}$$

$$=184.23<310(N/mm^2)$$

3) ③号单元（梁）截面验算。

端部节点：$M=-137.44N\cdot m$，$N=-21.41kN$，$V=-44.50kN$

跨中节点：$M=101.13kN\cdot m$，$N=-18.18kN$，$V=-12.18kN$

a. 强度验算。

端部节点：

$$\sigma_1=N/A+M/W_e=21.41\times10^3/7840+137.44\times10^6\times250/31386\times10^4$$
$$=112.2(N/mm^2)$$

$$\sigma_1=N/A-M/W_e=21.41\times10^3/7840-137.44\times10^6\times250/31386\times10^4$$
$$=-106.74(N/mm^2)$$

截面边缘正应力比值 $\beta=\sigma_2/\sigma_1=-106.74/112.2=-0.951$，

$$k_\sigma=\frac{16}{\sqrt{(1+\beta)^2+0.112(1-\beta)^2}+(1+\beta)}$$

$$=\frac{16}{\sqrt{(1-0.951)^2+0.112(1+0.951)^2}+(1-0.951)}$$

$$=22.73$$

$$\lambda_p = \frac{h_w/t_w}{28.1\sqrt{k_\sigma}\sqrt{235/f_y}} = \frac{480/8}{28.1 \times \sqrt{22.73} \times \sqrt{235/345}} = 0.54 < 0.8$$

所以，有效宽度系数 $\rho = 1$，即此时端部节点截面全部有效。

$$V = 44.5 < 0.5V_d = 0.5 \times 405 \times 8 \times 180 \times 10^{-3} = 291.6(kN)$$

$$M_e^N = M_e - NW_e/A_e = (f - N/A_e)W_e = (310 - 21.41 \times 10^3/7840) \times 31386 \times 10^4/250$$
$$= 387.5 \times 10^6 (N \cdot mm)$$

$M = 137.44 kN \cdot m < M_e^N = 385.7 kN \cdot m$，故端部节点截面强度满足要求。

b. 平面外稳定验算。考虑屋面压型钢板与檩条紧密连接，檩条可作为钢架梁平面外的支撑点，计算时平面外计算长度按常规檩条隔撑间距考虑，取 $l_y = 3000mm$。

钢梁材料为 Q345，$\lambda_y = \frac{L_{0y}}{\sqrt{I_{b0y}/A_{c0}}} = \frac{3000}{\sqrt{1335 \times 10^4/6640}} = 67$，查表得 $\varphi_y = 0.681$，$\beta_{tx} = 1.0$。

因 $\lambda_y = 67 < 120\sqrt{\frac{235}{f_y}} = 99$，$\varphi_{by} = 1.07 - \frac{\lambda_y^2}{44000} \cdot \frac{f_y}{235} = 1.07 - \frac{67^2}{44000} \cdot \frac{345}{235} = 0.92 > 0.6$。

按《规范》规定，用 φ'_{by} 代替 φ_{by}，$\varphi'_{by} = 1.07 - 0.282/\varphi_{by} = 0.763$。

$$\frac{N_0}{\varphi_y A_{e0}} + \frac{\beta_t M_1}{\varphi'_{by} W_{e1}} = \frac{21.41 \times 10^3}{0.681 \times 7840} + \frac{1 \times 137.44 \times 10^6 \times 250}{0.763 \times 31.386 \times 10^4} = 147.5 < 310(N/mm^2)$$

4）节点验算。

a. 梁柱节点螺栓强度验算。梁柱节点采用 10.9 级 M24 摩擦型高强度螺栓连接，构件接触面采用的处理方法为喷砂，摩擦面抗滑移系数 $\mu = 0.5$，每个高强螺栓的预拉力为 $P = 225 kN$，连接处内力设计值为

$$M = -137.44 kN \cdot m, \quad N = -21.41 kN, \quad V = -44.50 kN$$

螺栓承受的最大拉力为

$$N_{t1} = \frac{M_{y1}}{\sum y_i^2} - \frac{N}{n} = \frac{137.44 \times 0.3}{4 \times (0.3^2 + 0.19^2)} + \frac{21.41}{8} = 79.07 < 0.8P = 0.8 \times 225 = 180(kN)$$

螺栓抗拉满足要求。

每个螺栓承受的剪力为

$$N_v = \frac{V}{n} = \frac{44.5}{8} = 5.56 < [N_v^b] = 0.9 n_\mu P = 101.25 kN$$

螺栓抗剪满足要求。

最外排螺栓验算

$$\frac{N_v}{N_v^b} + \frac{N_t}{N_t^b} = \frac{5.56}{101.25} + \frac{79.07}{180} = 0.49 < 1$$

满足要求。

b. 端板厚度验算。端板厚度取 $t = 20mm$，按两边支承端板外伸计算（根据《门刚规范》规定）

$$t \geq \sqrt{\frac{6e_f e_w N_t}{[e_w b + 2e_f(e_f + e_w)]f}} = \sqrt{\frac{6 \times 50 \times 50 \times 79.07 \times 10^3}{[50 \times 220 + 2 \times 50 \times (50 + 50)] \times 295}} = 13.8(mm)$$

满足要求。

c. 节点域剪应力计算。根据《门刚规范》规定，$\tau = \dfrac{M}{d_b d_c t_c} = \dfrac{137.44 \times 10^6}{480 \times 430 \times 8} = $

$83.2 < 180(\text{N/mm}^2)$

节点域剪应力满足要求。

d. 螺栓处腹板强度验算。翼缘内第二排第一个螺栓的轴向拉力设计值为

$$N_{t2} = \frac{M_{y1}}{\sum y_i^2} - \frac{N}{n} = \frac{137.44 \times 0.19}{4 \times (0.3^2 + 0.19^2)} - \frac{21.41}{8} = 49.1(\text{kN}) < 90\text{kN}$$

$$\frac{0.4P}{e_w t_w} = \frac{0.4 \times 225 \times 10^3}{50 \times 8} = 225 < 310(\text{N/mm}^2)$$

刚架梁腹板强度满足要求。

e. 其他节点验算略。

2. 围护结构设计

（1）抗风柱设计。每侧山墙设置两根抗风柱，形式为实腹工字钢。山墙墙面板及檩条自重为 0.15kN/m^2。

1）荷载计算。

墙面恒载值 $p = 0.15\text{kN/m}^2$。

风压高度变化系数 $\mu_z = 1.06$，风压体型系数 $\mu_s = 0.9$。

风压设计值 $\overline{w} = 1.4\mu_s\mu_z\overline{w}_0 = 1.4 \times 0.9 \times 1.06 \times 1.05 \times 0.35 = 0.491(\text{kN/m}^2)$。

单根抗风柱承受的均布线荷载设计值如下。

恒载 $q = 1.4 \times 1/3 \times 0.15 \times 24 = 1.68\text{kN/m}$。

风荷载 $q_w = 1.4 \times 1/3 \times \overline{w} \times L = 1.4 \times 1/3 \times 0.491 \times 24 = 5.50(\text{kN/m})$。

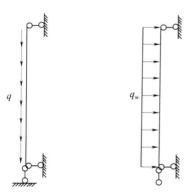

图 6.58 抗风柱分析模型

2）内力分析。抗风柱的柱脚和柱顶分别由基础和屋面支撑提供竖向及水平支承，分析模型如图 6.58 所示。

可得到构件的最大轴压力为 21.29kN，最大弯矩为 121.06kN·m。

3）截面选择。取工字钢截面为 $300 \times 200 \times 6 \times 8$，绕强轴长细比 104，绕弱轴考虑墙面檩条隅撑的支承作用，计算长度取 3m，那么绕弱轴的长细比为 64，满足抗风柱的控制长细比限值 $[\lambda] < 150$ 的要求。

强度校核为

$$\sigma_1 = \frac{N}{A} + \frac{M}{W_e} = \frac{21290}{4904} + \frac{121.06 \times 10^6}{796814.2} = 156.2(\text{N/mm}^2) < 215\text{N/mm}^2$$

稳定验算为

$$\frac{N}{\varphi_y A} + \frac{\beta_{tx} M_1}{\varphi_{by} W_{1x}} = \frac{21290}{0.406 \times 4904} + \frac{121060000}{0.874 \times 796814.2} = 184.53(\text{N/mm}^2) < 215\text{N/mm}^2$$

挠度验算：在横向风荷载作用下，抗风柱的水平挠度小于 L/400，满足挠度要求。

（2）支撑设计。

1) 柱间支撑。两端山墙每侧中部各设有一道柱间支撑，形式为 X 形交叉支撑，分上、下层。

支撑选用热轧等截面角钢 L70×6，系杆采用热轧无缝钢管 φ102×5。钢材型号为 Q235。柱间支撑分析模型（图 6.59）如下。

经计算，柱顶风荷载为 50.40kN，纵向吊车荷载为 58.08kN。

由受力分析，得到支撑设计值为 119.97kN，系杆设计值为 64.79kN。

a. 系杆验算。查表知热轧无缝钢管 φ102×5，$i=34.3$mm。

由 $\lambda=6000/34.3=175$，查表得稳定系数 $\varphi=0.256$。

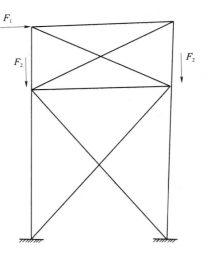

图 6.59 柱间支撑分析模型

$$\frac{N}{\varphi A}=\frac{64.79\times10^3}{0.256\times1524}=166<215(\text{N/mm}^2)$$

系杆验算满足要求。

b. 支撑验算

$$\sigma=\frac{N}{A}=\frac{119.97\times10^3}{816}=147<215(\text{N/mm}^2)$$

支撑验算满足要求。

2) 屋面支撑。屋面两侧各设一道屋面支撑，一道为四跨。支撑采用热轧等截面角钢 L70×6，系杆采用等边角钢十字组合 2L90×6。钢材型号为 Q235。屋面支撑分析模型如图 6.60 所示。

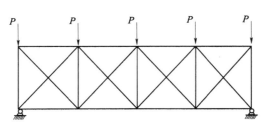

图 6.60 屋面支撑分析模型

a. 系杆验算。查表知，等边角钢十字组合 2L90×6，$A=2127$mm²，$i=35.13$mm。

由 $\lambda=6000/35.13=171$ 查表得 $\varphi=0.246$。

$$\frac{N}{\varphi A}=\frac{87.468\times10^3}{0.246\times2127}=167.2<215(\text{N/mm}^2)$$

系杆验算满足要求。

b. 支撑验算

$$\sigma=\frac{N}{A}=\frac{92.77\times10^3}{816}=113.7<215(\text{N/mm}^2)$$

支撑验算满足要求。

（3）檩条及墙梁设计。

1）屋面檩条。屋面材料为压型钢板，屋面坡度 1/10（$\alpha = 5.71°$）。檩条采用冷弯卷边槽钢 C160×60×20×2.5，钢材型号为 Q235。檩条间距为 1.5m，于 1/2 处设一道拉条。

a. 荷载标准值。

永久荷载：压型钢板　0.30kN/m²。

檩条（包括拉条）：0.05kN/m²。

总计：0.32kN/m²。

可变荷载：屋面均布活荷载 0.30kN/m²，雪荷载 0.35kN/m²，计算时取两者中较大值 0.35kN/m²。基本风压 $w_0 = 1.05 \times 0.35 = 0.368$kN/m²。

b. 内力计算。永久荷载与屋面活荷载组合。

檩条线荷载为

$$p_k = (0.35 + 0.35) \times 1.5 = 1.05(\text{kN/m})$$
$$p = (1.2 \times 0.35 + 1.4 \times 0.35) \times 0.35 = 1.365(\text{kN/m})$$
$$p_x = p\sin 5.71° = 0.136(\text{kN/m})$$
$$p_y = p\cos 5.71° = 1.358(\text{kN/m})$$

弯矩设计值为

$$M_x = p_y l^2/8 = 1.358 \times 6^2/8 = 6.11(\text{kN} \cdot \text{m})$$
$$M_y = p_x l^2/32 = 0.136 \times 6^2/32 = 0.15(\text{kN} \cdot \text{m})$$

永久荷载与风荷载吸力组合：风荷载高度变化系数取 $\mu_z = 1.07$，风荷载体型系数取边缘带 $\mu_s = -14$。

垂直屋面的风荷载标准值：

$$\overline{w}_k = \mu_s \mu_z \overline{w}_0 = -1.4 \times 1.07 \times 0.368 = -0.551(\text{kN/m}^2)$$

檩条线荷载为

$$p_x = 0.35 \times 1.5 \times \sin 5.71° = 0.052(\text{kN/m})$$
$$p_y = 1.4 \times 0.551 \times 1.5 - 0.35 \times 1.5 \times \cos 5.71° = 0.635(\text{kN/m})$$

弯矩设计值为

$$M_x = p_y l^2/8 = 0.635 \times 6^2/8 = 2.86(\text{kN} \cdot \text{m})$$
$$M_y = p_x l^2/32 = 0.052 \times 6^2/32 = 0.06(\text{kN} \cdot \text{m})$$

c. 强度计算。强度按永久荷载与屋面活荷载组合计算。

$$\sigma_1 = \frac{M_x}{W_{enx}} + \frac{M_y}{W_{eny\,max}} = \frac{6.11 \times 10^6}{32.42 \times 10^3} + \frac{0.15 \times 10^6}{17.52 \times 10^3} = 197.1(\text{N/mm}^2) < 215\text{N/mm}^2$$

$$\sigma_2 = \frac{M_x}{W_{enx}} + \frac{M_y}{W_{eny\,max}} = \frac{6.11 \times 10^6}{32.42 \times 10^3} - \frac{0.15 \times 10^6}{7.79 \times 10^3} = 169.2(\text{N/mm}^2) < 215\text{N/mm}^2$$

d. 稳定性计算。稳定按永久荷载与风荷载吸力组合计算。

依据《冷弯薄壁型钢结构技术规范》（GB 50018—2016），查表计算得 $\varphi_b' = 0.807$。考虑有效截面积乘以 0.95 的折减系数，稳定性为

$$\sigma = \frac{M_x}{\varphi'_b W_{ex}} + \frac{M_y}{W_{ey}} = \frac{2.86 \times 10^6}{0.807 \times 0.95 \times 36.02 \times 10^3} + \frac{0.06 \times 10^6}{0.95 \times 8.66 \times 10^3}$$
$$= 110.86(\text{N/mm}^2) < 215\text{N/mm}^2$$

e. 挠度计算

$$v_y = \frac{5}{384} \times \frac{1.05 \times \cos 5.71° \times 6000^4}{206 \times 10^3 \times 288.13 \times 10^4} = 29.7(\text{mm}) < 1/200 = 30\text{mm}$$

f. 构造要求

$$\lambda_x = 600/6.21 = 97, \quad \lambda_y = 300/2.19 = 137 < 200$$

满足要求。

2）墙梁。采用冷弯卷边槽钢 C160×60×20×2.5，钢材型号为 Q235，墙梁间距为 1.5m。

a. 荷载。基本风压 $w_0 = 1.05 \times 0.35 = 0.368(\text{kN/m}^2)$，风压高度变化系数 $\mu_z = 1.04$，风压体型系数 $\mu_s = -1.1$，风压设计值 $w = 1.4\mu_s\mu_z w_0 = -1.4 \times 1.1 \times 1.04 \times 0.368 = 0.589(\text{kN/m}^2)$，作用于墙梁上的水平风荷载设计值为 $q = 0.589 \times 1.5 = 0.884(\text{kN/m}^2)$，自重设计值为 0.07kN/m。

b. 内力计算。
$$M_x = q_x L^2/8 = 0.884 \times 6^2/8 = 3.98(\text{kN} \cdot \text{m})$$
$$M_y = q_y L^2/8 = 0.07 \times 6^2/8 = 0.32(\text{kN} \cdot \text{m})$$
$$V_x = q_x L/2 = 0.884 \times 6/2 = 2.65(\text{kN})$$

c. 强度计算。
$$\sigma_1 = \frac{M_x}{W_{enx}} + \frac{M_y}{W_{eny}} = \frac{3.98 \times 10^6}{1.05 \times 36.02 \times 10^3} + \frac{0.32 \times 10^6}{1.2 \times 8.66 \times 10^3}$$
$$= 136.03(\text{N/mm}^2) < 215\text{N/mm}^2$$
$$\tau_x = \frac{3V_x}{2h_0 t} = \frac{3 \times 2.65 \times 1000}{2 \times (160 - 6 \times 2.5) \times 2.5} = 10.97(\text{N/mm}^2) < 125\text{N/mm}^2$$

d. 挠度计算。
$$v_y = \frac{5}{384} \times \frac{0.421 \times 6000^4}{206 \times 10^3 \times 288.13 \times 10^4} = 12.0(\text{mm}) < 1/200 = 30\text{mm}$$

满足要求。

（4）吊车梁设计。吊车梁选用图集 08SG520‐3HDLB‐13，吊车轨道选用 TG‐43型，轨道与吊车梁连接选用图集 00G514‐6GDGL‐2。

思考题

6.1　试述屋盖支撑系统的设置及作用。

6.2　试述在由角钢组成的屋架中角钢杆件截面形式选择的原因。

6.3　本章钢屋架是按屋面荷载作用在屋架节点上考虑的，这也是常见的情况。试想，如果屋面荷载不是作用在节点而是作用在屋架的上弦杆上，该如何考虑弦杆的设计。

6.4　对于传统的大板屋面，由于屋盖重量较大，风荷载往往不起控制作用，对于轻型屋面，风荷载所占的影响相对较大，试详细分析考虑风荷载时荷载的组合。

6.5 平面钢结构有哪些形式？各类结构形式具有哪些基本特点？

6.6 如何设置平面支撑系统才能使得平面钢结构形成稳定的空间体系？

6.7 什么是板的有效宽度？如何计算板的有效宽度比？板的支撑条件对其有效宽厚比产生什么影响？

6.8 分析并说明使板具有屈曲后强度的原因有哪些？

6.9 轻型门式刚架屋面构造中隔撑应如何设置？隔撑的主要作用是什么？

6.10 设计冷弯薄壁卷边 C 型钢檩条：

（1）设计资料。封闭式建筑，屋面材料为压型钢板，屋面坡度为 1/10 （$\alpha =$ 5.71°），檩条跨度 6m，于 1/2 处设一道拉条；水平檩距 1.5m。檐口距地面高度 8m，屋脊距地面高度 9.2m。钢材型号为 Q235B。

（2）荷载标准值（对水平投影面）。

1）永久荷载。

压型钢板（双层含保温）：$0.25kN/m^2$。

檩条自重（包括拉条）：$0.05kN/m^2$。

2）可变荷载。屋面均布活荷载 $0.50kN/m^2$，雪荷载 $0.35kN/m^2$，基本风压 $w_0 = 0.30kN/m^2$。

第 7 章

平面钢闸门

7.1 概述

7.1.1 闸门的作用

闸门是水工建筑物的重要组成部分之一，它可用来关闭、开启或局部开启水工建筑物的过水孔口，其主要作用是调节上下游水位和流量，获得防洪、供水、灌溉和发电等效益。

7.1.2 闸门的分类

闸门的种类繁多，通常可按其功用、材料、结构形式、孔口位置和规模来划分。

（1）按闸门的功用，可分为工作闸门、事故闸门、检修闸门和施工闸门。

1）工作闸门是指经常用来调节水工建筑物孔口流量的闸门，这种闸门一般在动水中启闭。

2）事故闸门是上、下游水道或其设备发生事故时，能在动水中关闭的闸门，在事故清除后，可依具体情况在静水或动水中开启。

3）检修闸门是在水工建筑物或有关设备需要检修时用以挡水的闸门，一般是在静水条件下启闭。

4）施工闸门是用来封闭施工导流孔口并在动水中关闭的闸门。

（2）按闸门（主要是门叶结构）的材料，可分为钢闸门、钢筋混凝土闸门和木闸门等。

1）钢闸门具有自重轻、承载高、性能和质量稳定、施工和维护简单、有一定的抗震性、可减少启闭设备投资等优点。随着我国钢产量和制造技术的不断发展，目前国内大中型水利工程中均采用钢闸门。为延长使用寿命，钢闸门须采取防腐蚀措施。

2）钢筋混凝土闸门制造、维护较简单，造价低廉，适用于偏远地区的一些小型水利工程。但其自重较大，增加了启闭设备容量，并且混凝土有透水性，结构抗震性能差，通常不建议在大中型工程中使用。

3）木闸门适用于孔口和水头都很小的情况。因木材长时间在水中易腐烂，使用寿命有限，现以较少采用。

（3）按闸门的结构形式，可分为平面闸门、弧形闸门以及其他形式的闸门。

1）平面闸门是水工建筑物中最常用的，其结构较为简单，操作运行方便、可靠，较易满足建筑物的布置要求。简单的平面闸门仅为一整块平板，较复杂的平面闸门由梁格和面板组成。平面闸门根据其移动方式不同，可分为直升式、横拉式、转动式和浮箱式等。

2）弧形闸门应用十分广泛，它将一块弧形门叶用支臂铰支于铰座上，通常弧面中心即为铰心，所以水压力总是通过铰心的，运行阻力矩较小。弧形闸门两侧支臂通常采用双支臂，当闸门高度较大时，其支臂也有做成三支臂的。根据支臂的布置形式，可分为直支臂和斜支臂两种。

3）其他形式的闸门有：用于宽而浅露顶式孔口的扇形闸门、鼓形闸门和屋顶式闸门等借助水力自动启闭的闸门；用于通航船闸的人字闸门、一字闸门、横拉闸门；还有屋顶式闸门、竖轴弧形闸门和三角闸门等在静水中启闭的闸门。

（4）按闸门的孔口位置，可分为露顶闸门和潜孔闸门。

当闸门关闭时，露顶闸门的门叶顶部是高出上游正常高水位的，而潜孔闸门的门叶顶部是低于上游正常高水位的，且多数为深孔闸门。

（5）按闸门的规模，可分为超大型、大型、中型和小型闸门。

最新《水工金属结构产品生产许可证实施细则》规定，闸门根据门叶面积与水头乘积值（m^3）可分为超大型（＞5000）、大型（1000～5000）、中型（200～1000）和小型（≤200）。

7.1.3　闸门的荷载

作用在闸门上的荷载，按设计条件和校核条件划分为两大类，即设计荷载和校核荷载。

1. 设计荷载

设计荷载是指闸门在正常工作条件下经常作用的荷载，或在运行期间常常不定期重复作用的荷载，主要包括闸门自重（包括加重）、在设计水头下的静水压力、在设计水头下的动水压力、在设计水头下的波浪压力、在设计水头下的地震动水压力以及在设计水头下的水锤压力、泥沙压力、风压力和启闭力。

2. 校核荷载

校核荷载是指闸门在校核条件下承受的荷载，包括非运行情况下不经常作用的和偶然作用的荷载。主要包括闸门自重（包括加重）、在校核水头下的静水压力、在校核水头下的动水压力、在校核水头下的波浪压力、在校核水头下的地震动水压力、在校核水头下的水锤压力、泥沙压力、风压力以及冰、漂浮物和推移物质的撞击力和温度荷载及启闭力。

闸门有特殊要求时，还应包括其他特殊荷载，如闸门前后有水下爆破时，应专门研究爆破产生的冲击波对闸门的影响等。

闸门设计时，应根据闸门不同的应用情况和工作条件选取荷载及各荷载实际上可能同时出现的最不利组合。

7.1.4 闸门设计的主要内容和方法

闸门设计的主要内容包括收集和分析资料、闸门选型和布置、门体布置和结构及零部件设计、施工图绘制。

1. 收集和分析资料

收集和分析闸门的基本设计资料是闸门设计的首要工作,包括:枢纽的任务和水工建筑物的等级、形式与布置;闸门运用条件与相关尺寸;水文、泥沙、水质、漂浮物与气象方面的资料;有关闸门的材料、制造、运输和安装等方面的条件;地质、地震和其他特殊要求等。

分析资料就是要弄清闸门的各种工况及运行条件,确定闸门的荷载及具体的操作方式。通过分析闸门所有可能的工况组合,找出最不利工况,并将该工况下闸门承受的荷载作为设计荷载。另外,还要确定闸门的运行条件,从而计算闸门的启闭力和选用启闭设备。

2. 闸门选型和布置

闸门选型和布置直接关系到相关建筑物的布置和工程量,影响到整个工程的投资和施工进度,有时甚至是决定性的。影响闸门选型的主要因素有闸门与启闭机械的设置位置、孔口尺寸、闸门与启闭机械的形式、数量、运行方式,以及运行和检修有关的布置要求等。闸门选型布置只有经反复论证拟定之后,才可顺利地进行闸门的结构布置与结构计算。

3. 门体布置和结构及零部件设计

门体布置是根据闸门的形式、孔口尺寸和材料等情况来选择合理的门叶结构、零部件的形式和布置。门体布置应注意闸门的构造简单、安全可靠、节约材料以及便于制造、运输、安装与运行维护等方面的要求。

闸门结构和零部件的设计应首先根据实际可能发生的最不利的荷载组合情况和选定的结构、零部件的布置和材料,确定荷载分配,在此基础上进行各构件和零部件的设计计算,一般先选择各构件和零部件的规格,再进行强度、刚度和稳定性验算。通常需要多次反复计算比较,才能确定较为合理的方案。

4. 施工图绘制

闸门施工图绘制一般按现行有关机械制图标准执行,主要注意事项有:①闸门总体尺寸和布置与建筑物有关部位之间,以及闸门门叶部分各构件之间的配合;②各构件的截面尺寸、跨度及其相邻构件在外形尺寸和连接上的配合;③各构件本身的截面构造及零部件的加工精度和热处理等。

目前,《水利水电工程钢闸门设计规范》(SL 74—2013)仍然采用容许应力法进行闸门的设计,而工业与民用建筑及水工建筑等专业的规范大多已采用极限状态设计原则。钢闸门设计规范应向可靠度设计过渡,从荷载的统计、分项系数的确定和安全度的规定等方面着手进行研究,为规范修订时采用可靠度设计方法提供理论基础。

闸门结构的力学计算模型主要采用平面体系,即把一个空间承重结构划分成几个独立的平面体系分别进行计算。实践证明,这种方法偏于保守。闸门实际上是空间结构,若将闸门按空间结构体系进行计算,更符合闸门工作的实际状况。但是,按空间结构进行分析相当繁杂，需要借助一些通用的结构分析软件并应用有限元理论来计算。目前，软硬件条件均已具备。但闸门的空间结构理论还不够完善，国内还没有成熟的用于闸门结构设计的专业软件。实际上，闸门结构有限元计算的关键是闸门的有限元建模，模型的合理与否将决定最终计算的准确度。有限元计算不仅可以对闸门进行各种荷载组合的受力分析，还可以计算闸门的自振频率，为闸门的振动分析提供依据。随着闸门结构有限元计算理论研究与大型模型试验的不断开展，闸门空间结构的计算方法将会有很大的发展。

7.2 平面钢闸门的组成

平面钢闸门一般是由可以上下移动的门叶结构（活动部分）、埋设构件和启闭设备三大部分组成。

7.2.1 门叶结构

门叶结构是用来封闭和根据需要开启孔口的活动挡水结构。图 7.1 所示为平面钢闸门门叶结构立体示意图。

1. 面板

面板是用来封闭孔口的挡水部件，将直接承受的水压力传给梁格。面板通常设在闸门上游面，从而避免梁格和行走支承浸没于水中聚积污物，也可以减少因门底过水而产生的振动。仅对静水启闭或当启闭闸门时门底流速较小的闸门，为便于设置止水，通常在闸门的下游设置面板。

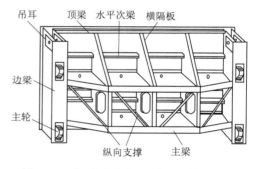

图 7.1 平面钢闸门门叶结构立体示意图

2. 梁格

梁格是由梁系组成的框架，用来支承面板，通过减小面板跨度来减小面板厚度。由图 7.1 可见，梁格一般由主梁、次梁（包括水平次梁、竖直次梁、顶梁和底梁）和边梁组成。其主要作用是支撑面板，并将面板传来的水压力依次通过次梁、主梁、边梁最终传给闸门的行走支承。

3. 空间支撑（空间连接系）

门叶结构是一竖置的梁板结构，面板和梁格的自重都是竖向的，而其所承受的水压力是水平的，因此，要使每根梁都能处在它所承担的外力作用平面内，就必须用支撑来保证整个梁格在闸门空间的相对位置。

横向支撑位于闸门横向垂直平面内（图 7.1），一般为实腹隔板，用以支承顶梁、底梁和水平次梁，并将所承受的力传给主梁。同时，横向支撑能够保证门叶结构在横向垂直平面内的刚度，使面板上、下两侧不致产生过大的变形。

纵向支撑通常采用桁架或刚架。桁架结构由横向支撑的下弦、主梁的下翼缘和加设的斜杆组成（图 7.1）。该桁架支承在边梁上，主要用以承担门叶自重及其他可能产生的竖向荷载，并与横向支撑共同保证整个门叶结构在空间的刚度。

4. 行走支承

为保证门叶结构上下灵活移动，需在边梁上设置滚轮或滑块，这些行走支承还将闸门所承受的水压力传递给埋设在门槽内的轨道。

5. 吊具

用来连接启闭设备的部件。

6. 止水

为防止闸门漏水，在闸门与埋设构件之间的所有缝隙均需要设置止水（也称水封）。最常用的止水是固定在门叶结构上的定型橡皮止水。

7.2.2 埋设构件

门槽的埋设构件主要有行走支承的轨道、与橡皮止水相接触的型钢、为保护门槽和孔口边棱处的混凝土免遭破坏所设置的加固角钢等，详见文献［6］。

由上述的结构组成可以知道，在挡水时闸门所承受的水压力是沿着下列途径传递给闸墩的，即

$$\text{水平水压力} \rightarrow \text{面板} \rightarrow \begin{array}{c} \rightarrow \text{水平} \rightarrow \\ \downarrow \\ \text{竖直次梁} \end{array} \rightarrow \text{主梁} \rightarrow \text{边梁} \rightarrow \text{主轮（或滑块）} \rightarrow \text{轨道} \rightarrow \text{闸墩}$$

理清闸门结构的传力途径，有助于掌握各种构件的受力情况和闸门的程序设计。

7.2.3 启闭设备

大、中型闸门常采用卷扬式或油压式启闭机，小型闸门常用螺杆式启闭机。闸门启闭设备的具体选用详见文献［19］。

7.3 面板设计

为便于结构布置和制造，一扇闸门的面板厚度通常采用同一规格，当闸门因高度较大而需分节时，可考虑沿门高按水压力大小改变面板厚度。

面板的局部弯曲应力，可视边界支承情况，按四边固定（或三边固定一边简支或两相邻边固定，另两边简支）的弹性薄板承受均布荷载（对露顶式闸门的顶区格按三角形荷载）计算。验算面板强度时，应考虑面板的局部弯曲应力和面板兼作主（次）梁翼缘的整体弯曲应力相叠加的折算应力。有关面板厚度的计算和面板参加主（次）梁整体抗弯的强度验算，以均布荷载作用下四边固定面板为例进行说明。

7.3.1 初选面板厚度

作用于面板上的水压力强度上小下大，计算时可以近似地取面板区格中心处的水压力强度作为该面板区格的均布荷载。四边固定板在均布荷载作用下，长边中点 A 处的局部弯应力最大，其强度条件为

$$\sigma_{\max} = \frac{M_{\max}}{1 \times t^2/6} = kpa^2/t^2 \leqslant \alpha[\sigma]$$

式中：k 为四边固定矩形弹性薄板支承长边中点的弯应力系数，可按附表 12.1 查阅；p 为面板计算区格中心的水压力强度，$p = \gamma g h = 0.0098h\text{N/m}^3$；$\gamma$ 为水的密度，通常淡水取 10kN/m^3，海水取 10.4kN/m^3，含沙水由试验确定；h 为区格中心的水头，m；a、b 分别为面板计算区格的短边和长边的长度，从面板与主（次）梁的连接焊缝算起，mm。

由上式可得

$$t \geqslant a \sqrt{\frac{kp}{0.9\alpha[\sigma]}} \tag{7.1}$$

式中：0.9 为面板参加主梁工作需要保留的强度储备系数；α 为弹塑性调整系数，当 $b/a > 3$ 时 $\alpha = 1.4$，当 $b/a \leqslant 3$ 时 $\alpha = 1.5$；$[\sigma]$ 为钢材的抗弯容许应力，N/mm^2。

从上到下初选闸门面板每个区格的厚度后，如各区格间板厚相差较大，应调整区格竖向间距再次试选，直至各区格所需的板厚大致相等，从而节约材料，便于订货与制造。常用面板厚度为 $8 \sim 16\text{mm}$，一般不小于 6mm。计算所得厚度，还应根据工作环境的防腐条件等因素，增加 $1 \sim 2\text{mm}$ 腐蚀裕度。

7.3.2 面板参加主（次）梁整体弯曲时的强度验算

按式（7.1）初选面板厚度并选定主梁截面后，考虑到面板本身在局部弯曲的同时，还随着主（次）梁产生整体弯曲，面板为双向受力状态，故应按强度理论对折算应力进行验算。

（1）当面板的边长比 $b/a > 1.5$，且长边沿主梁轴线方向布置时（图 7.2），可充分利用面板的强度，此时面板在 A 点上游面的折算应力验算公式为

$$\sigma_{zh} = \sqrt{\sigma_{my}^2 + (\sigma_{mx} - \sigma_{0x})^2 - \sigma_{my}(\sigma_{mx} - \sigma_{0x})} \leqslant 1.1\alpha[\sigma] \tag{7.2}$$

式中：σ_{my} 为垂直于主（次）梁轴线方向、面板区格支承长边中点的局部弯曲应力，

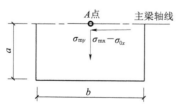

图 7.2 当面板的边长比 $b/a > 1.5$ 且长边沿主梁轴线方向 时面板的应力状态

N/mm^2，其值为 $\sigma_{my} = k_y pa^2/t^2$；$\sigma_{mx}$ 为面板区格沿主（次）梁轴线方向的局部弯曲应力，N/mm^2，其值为 $\sigma_{mx} = \mu\sigma_{my}$，$\mu = 0.3$；$\sigma_{0x}$ 为与面板验算点对应的主（次）梁上翼缘的整体弯曲应力，N/mm^2；k_y 为支承长边中点弯应力系数；其他符号意义同前。

（2）当面板的边长比 $b/a \leqslant 1.5$ 或面板长边方向与主（次）梁轴线垂直时（图 7.3），面板 B 点下游面的应力值 $(\sigma_{mx} + \sigma_{0xB})$ 较大，可能比 A 点上游面提前进入塑性状态，故还需验算 B 点下游面在同号平面应力状态下的折算应力，其计算式为

$$\sigma_{zh} = \sqrt{\sigma_{my}^2 + (\sigma_{mx} + \sigma_{0x})^2 - \sigma_{my}(\sigma_{mx} + \sigma_{0x})} \leqslant 1.1\alpha[\sigma] \tag{7.3}$$

式中：σ_{mx} 为面板在 B 点沿主梁轴线方向的局部弯曲应力，N/mm^2，$\sigma_{mx} = kpa^2/t^2$，k 值对图 7.3 (a) 取附录 12 中的 k_x、对图 7.3 (b) 取附录 12 中的 k_y；$\sigma_{my} = \mu(\sigma_{mx} + \sigma_{0x})$，$\text{N/mm}^2$，其中 σ_{0x} 为对应于面板验算点（B 点）主梁上翼缘的整体弯曲应力，N/mm^2。虽然当梁整体弯曲时在梁轴线上的弯应力为 M/W，但 B 点

远离主梁轴线，由于剪力滞后，所以 B 点实际的弯应力 σ_{0x} 有较大的衰减。B 点实际的整体弯曲应力 σ_{0x} 为

$$\sigma_{0x} = (1.5\xi_1 - 0.5)\frac{M}{W} \qquad (7.4)$$

式中：ξ_1 为面板兼作主（次）梁上翼缘工作的有效宽度系数，见表 7.1；其他符号意义同前。

　　注：式（7.2）和式（7.3）中 σ_{my}、σ_{mx} 和 σ_{0x} 均取绝对值，式（7.4）的适用条件为 $\xi_1 \geqslant 1/3$。

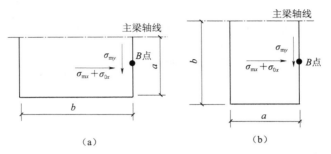

图 7.3　当面板的边长比 $b/a \leqslant 1.5$ 或面板长边方向与主（次）
梁轴线垂直时的面板应力状态

7.3.3　面板与梁格的连接计算

　　水压力作用下面板产生弯曲时，因梁格之间相互移近受到约束，面板与梁格之间的连接角焊缝上将产生垂直于焊缝方向的侧拉力。经分析计算，每单位长度（mm）焊缝长度上的侧拉力可按以下近似公式计算，即

$$P = 0.07t\sigma_{max} \qquad (7.5)$$

式中：σ_{max} 为厚度 t 的面板中的最大弯应力，计算时 σ_{max} 取 $[\sigma]$，N/mm^2。

　　同时，因面板兼作主梁上翼缘，当主梁弯曲时，面板与主梁之间的连接角焊缝还将承受沿焊缝长度方向的水平剪力，主梁轴线一侧的角焊缝每单位长度内的剪力为 T，则

$$T = \frac{VS}{2I}$$

　　因此，已知角焊缝的容许剪应力 $[\tau_f^w]$ 时，面板与梁格连接角焊缝的焊脚尺寸 h_f 可近似按下式计算，即

$$h_f \geqslant \frac{\sqrt{P^2 + T^2}}{0.7[\tau_f^w]} \qquad (7.6)$$

　　面板与梁格的连接焊缝应采用连续焊缝，并保证 $h_f \geqslant 6mm$。

7.4　梁格设计

7.4.1　梁格的布置和连接形式

1. 梁格的布置

钢闸门中，面板的用钢量占整个闸门用钢量的比例较大，且钢板价格较高，为

了使面板的厚度经济合理，同时减少梁格材料的用量，根据闸门跨度，可将梁格的布置分为下列 3 种情况。

（1）简式，如图 7.4（a）所示，对于跨度较小、门高较大的闸门，可不设次梁，直接将面板支承在主梁上。

（2）普式，如图 7.4（b）所示，适用于中等跨度的闸门。

（3）复式，如图 7.4（c）所示，适用于露顶式大跨度闸门。

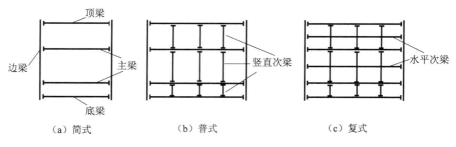

（a）简式　　　　　　　（b）普式　　　　　　　（c）复式

图 7.4　梁格布置

梁格布置时，竖直次梁的间距一般为 1~2m。当主梁为桁架时，竖直次梁的间距应与桁架节间相协调。水平次梁的间距一般为 0.044~0.12m。根据水压力的变化上疏下密布置。

2. 梁格的连接形式

梁格连接有齐平连接和降低连接两种形式，如图 7.5 所示。

（1）齐平连接，如图 7.5（a）所示，即水平次梁、竖直次梁与主梁的上翼缘表面齐平与面板直接相连。该连接形式的优点是：梁格与面板形成刚强的整体；可以将部分面板作为梁计算截面的一部分，以减少梁格的用钢量；面板为四边支承，受力条件好。该连接形式的缺点是：水平次梁在遇到竖直次梁时，需要先被切断再与竖直次梁连接。因此，这种连接做工复杂。现在较多采用的是横隔板兼作竖直次梁，如图 7.5（c）所示。

（2）降低连接，如图 7.5（b）所示，即主梁和水平次梁与面板直接相连，而竖直次梁降低到水平次梁下游，使水平次梁能在面板和竖直次梁间穿过而成为连续梁。该连接中面板为两边支承，面板和水平次梁都可视为主梁截面的一部分，参加主梁的抗弯工作。

7.4.2　次梁的设计

1. 次梁的荷载及计算简图

（1）梁格为降低连接。对于降低连接梁格（图 7.6），竖直次梁为支承在主梁上的简支梁，水平次梁为支承在竖直次梁上的连续梁。

水平次梁承受均布水压力荷载，水压力荷载作用范围按面板区格的中线来划分，则水平次梁所受的均布荷载为

$$q = \frac{p(a_{上} + a_{下})}{2} \tag{7.7}$$

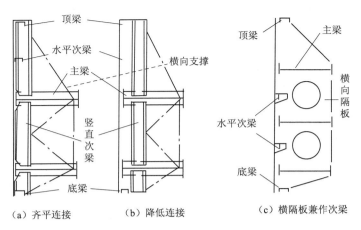

图 7.5 梁格连接的形式

式中：p 为所计算水平次梁轴线处的水压强度，N/cm^2；$a_上$、$a_下$ 分别为所计算水平次梁轴线到上、下相邻梁的距离，cm。

竖直次梁为支承在主梁上的简支梁，承受水平次梁支座反力传来的集中力 R，R 为水平次梁边跨内侧支座反力。

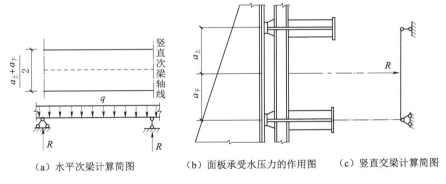

图 7.6 梁格为降低连接时次梁的计算简图

（2）梁格为齐平连接。梁格为齐平连接时，水平次梁和竖直次梁同时支承面板。面板传给梁格的水压力，按梁格夹角的平分线来划分各梁所负担的水压力作用范围，具体计算参阅文献 [6]。

2. 次梁的截面设计

次梁的荷载和计算简图确定之后，就可以求其内力。通常次梁承受荷载不大，采用型钢梁即可。其具体计算步骤见本书 4.5、4.6 节。

闸门的水平次梁，一般采用角钢或槽钢，且肢尖向下与面板相连，如图 7.7（a）所示，以免因上部形成凹槽积水积淤而加速钢材腐蚀。竖直次梁常采用工字钢 ［图 7.7（b）］或实腹隔板。

当次梁直接焊接于面板时，焊缝两侧的面板在一定的宽度（有效宽度）内可以兼作次梁上翼缘参加次梁的整体抗弯。有效宽度 B 可按以下两式计算，并选用较小值。

（1）考虑面板兼作次梁受压翼缘时，不产生失稳而限制的有效宽度（图 7.7）为

$$B \leqslant b_l + 2c \tag{7.8}$$

式中：b_l 为次梁与面板接触的宽度，mm；c 为次梁一侧面板兼作其受压翼缘的宽度，对 Q235 钢，$c = 30t$（t 为面板厚度），对 Q345、Q390 钢，$c = 25t$。

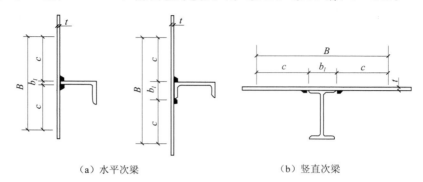

（a）水平次梁   （b）竖直次梁

图 7.7   次梁截面形式及面板兼作梁翼的有效宽度

（2）考虑面板沿宽度上应力分布不均而折算的有效宽度为

$$B = \xi_1 b \text{ 或 } B = \xi_2 b \tag{7.9}$$

式中：ξ_1、ξ_2 为有效宽度系数，ξ_1 适用于梁的正弯矩图为抛物线的梁段，ξ_2 适用于梁的负弯矩图可近似取为三角形的梁段，查表 7.1；b 为与所计算次梁相邻的两梁间距的一半，$b = \dfrac{b_1 + b_2}{2}$，b_1、b_2 分别为该次梁与两侧相邻梁的间距，m。

表 7.1   面板的有效宽度系数 ξ_1 和 ξ_2

l_0/b	0.5	1.0	1.5	2.0	2.5	3	4	5	6	8	10	12
ξ_1	0.20	0.40	0.58	0.70	0.78	0.84	0.90	0.94	0.95	0.97	0.98	1.00
ξ_2	0.16	0.30	0.42	0.51	0.58	0.64	0.71	0.77	0.79	0.83	0.86	0.92

注 l_0 为主（次）梁弯矩零点之间的距离。对于简支梁 $l_0 = l$，其中 l 为主（次）梁的跨度；对于连续梁的边跨和中间跨的正弯矩段，可近似地分别取 $l_0 = 0.8l$ 和 $l_0 = 0.6l$；对于连续梁的负弯矩段可近似地取 $l_0 = 0.4l$。

7.4.3   主梁的设计

1. 主梁的布置

（1）主梁的数目。主梁的数目主要取决于闸门尺寸。当闸门的跨高比 $L/H \leqslant 1.0$ 时，主梁的数目一般应多于两根，即多主梁式；反之，当 $L/H \geqslant 1.5$ 时，主梁的数目一般应减少到两根，即双主梁式。

（2）主梁的位置。主梁位置的确定应考虑下列各因素。

1）主梁宜按等荷载原则布置，可使每根主梁所需的截面尺寸相同，便于制造。

2）主梁间距应适应制造、运输和安装的条件。

3）主梁间距应满足行走支承布置的要求。

4）底主梁到底止水距离应符合底缘布置的要求。

对于实腹式主梁的工作闸门和事故闸门，一般应保证底主梁的下翼缘到底止水边缘连线的倾角不小于 $30°$（图 7.8），以免启门时水流冲击底主梁和在底主梁下方产生负压，而导致闸门振动。当闸门支承在非水平底槛上时，该角度可适当增减，当不能满足 $30°$ 要求时，应对门底部采取补气措施。部分利用水柱闭门的平面闸门，其上游倾角不应小于 $45°$，且不超出 $60°$（图 7.8）。

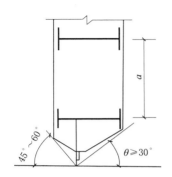 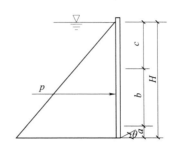

图 7.8　闸门底缘的布置要求　　　　图 7.9　双主梁闸门的主梁布置

双主梁式闸门的主梁应对称于静水压力合力 P 的作用线（图 7.9），在满足上述底缘布置要求的前提下，两主梁的间距 b 宜尽量大些，并注意上主梁到门顶的距离 c 不宜太大，一般不超过 $0.45H$，且不宜大于 $3.6\mathrm{m}$，以保证门顶悬臂部分有足够的刚度。

多主梁式闸门的主梁位置，可根据各主梁等荷载的原则确定。具体做法有图解法和数解法两种。下面按数解法进行介绍。

假定水面至门底的距离为 H，主梁的数目为 n，第 k（$k=1,2,\cdots,n$）根主梁至水面的距离为 y_k，则

对于露顶闸门，有

$$y_k=\frac{2H}{3\sqrt{n}}\big[K^{1.5}-(K-1)^{1.5}\big] \tag{7.10}$$

对于潜孔闸门，有

$$y_k=\frac{2H}{3\sqrt{n+\beta}}\big[(K+\beta)^{1.5}-(K+\beta-1)^{1.5}\big] \tag{7.11}$$

其中　　　　　　　　　　　　$$\beta=\frac{na^2}{H^2-a^2}$$

式中：a 为水面至门顶止水的距离，m。

在确定主梁位置时，还应注意到主梁间距需满足滚轮嵌设的要求，有时也要考虑到制造、运输和安装的方便。

2. 主梁的形式

根据闸门的跨度和水头大小，主梁可采用实腹式或桁架式。对于跨度小水头低的闸门，可采用型钢梁，如槽钢和工字钢；对于中等跨度（$5\sim10\mathrm{m}$）的闸门常采用实腹式组合梁，为了减小门槽宽度和节约钢材，可在端部改变主梁截面高度，将其端部高度 h_{0s} 控制在 $0.4h_0\sim0.65h_0$，其中 h_0 为主梁中间部位腹板高度〔近似等

于该处的主梁高度 h，梁高 h 应满足 $h_{\min} \leqslant h \leqslant \dfrac{h_{ec}}{1.1} \sim \dfrac{h_{ec}}{1.2}$，其中 $h_{\min}$ 为最小梁高，

$h_{\min} = (0.21 \sim 0.23) \dfrac{[\sigma]L}{E[\omega/L]}$；$h_{ec}$ 为经济梁高，$h_{ec} = 3.1 W^{\frac{2}{5}}$；对于大跨度（20m 以上）的闸门，则宜采用桁架式主梁，以节约钢材，同时减轻了门重和启闭机的容量，但桁架制造费工，维护较为麻烦。桁架节间应取偶数，以便闸门所有杆件都对称于跨中，利于布置主桁架之间的连接系，为了避免弦杆承受节间集中荷载，宜使竖直次梁的间距与桁架节间尺寸相一致。

3. 主梁的荷载及计算简图

主梁为支承在闸门边梁上的单跨简支梁（图 7.10）。除承受竖直次梁传来的集中荷载外 [图 7.6 (c)]，还承受面板直接传来的分布荷载，为了简化计算，可近似将作用在主梁上的荷载换算为均布荷载。当主梁按等荷载原则布置时，每根主梁所受的均布荷载集度为

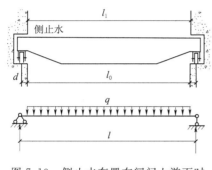

$$q = \frac{P}{n}$$

式中：P 为闸门单位跨度上作用的总水压力，kN/m；n 为主梁的数目。

若主梁不按等荷载布置，各主梁所受的荷载可按杠杆原理分配确定，最后按承受荷载最大的主梁进行截面设计。

如图 7.10 所示，主梁的计算跨度 l 为闸门行走支承中心线之间的距离，即

$$l = l_0 + 2d$$

图 7.10　侧止水布置在闸门上游面时主梁的计算简图

式中：l_0 为闸门的孔口宽度，m；d 为行走支承中心线到闸墩侧壁的距离，根据跨度和水头的大小，d 通常取 $0.15 \sim 0.4$m。

如图 7.10 所示，主梁的荷载跨度 l 等于两侧止水间的距离。当侧止水布置在闸门的下游面时，闸门侧向水压力将对主梁产生轴向压力 N，主梁应按压弯构件设计。

当主梁采用桁架式时，可将水压力化为节点荷载 $P = ql$（l 为桁架的节间长度），然后求解主桁架在节点荷载作用下的杆件内力并选择截面。但对于直接与面板相连的上弦杆，应考虑面板传来的水压力对上弦杆引起的局部弯曲而按压弯构件进行设计。

7.4.4　边梁的设计

边梁是设在闸门两侧的竖直构件，主要用来支承主梁和边跨的顶梁、底梁、水平次梁以及纵向支撑，并在边梁上设置行走支承（滚轮或滑块）和吊耳。边梁设计与行走支承的布置和形式有关，应同时考虑。

1. 边梁的形式

边梁的截面形式有单腹式和双腹式两种，如图 7.11 所示。

单腹式边梁构造简单，便于与主梁连接，但抗扭刚度差，这对于因闸门弯曲变

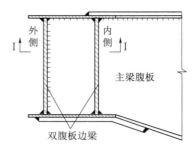

图 7.11 边梁的截面形式及连接构造

形、温度变化及其他荷载作用而在边梁中产生扭矩的情况是不利的。单腹式截面的边梁主要适用于滑道支承的闸门。

双腹式边梁抗扭刚度大，也便于设置滚轮和吊轴，但构造复杂且用钢量大。双腹式边梁广泛用于定轮闸门。

2. 边梁的荷载及计算简图

如图 7.12 所示，作用在边梁上的荷载有：水平方向上，梁系传来的水压力 P_1、P_2、$\cdots$、P_7 和行走支承反力 R_1、R_2；竖直方向上，闸门自重 $G/2$、启闭闸门时行走支承和止水与埋固件间的摩阻力 $T_{zd}/2$ 和 $T_{zs}/2$，门底过水时的下吸力 P_x，可能存在的门顶水柱重 W_s，以及启门力 $T/2$ 等。可见，边梁受力较为复杂。其截面尺寸一般按构造要求确定，然后进行强度验算。截面高度应与主梁端部高度相等，腹板厚度宜等于主梁端部腹板厚度，翼缘厚度应大于腹板厚度，可用面板兼作其上翼缘，也可单设。

图 7.12 所示的边梁可简化为支承在两个滚轮上的简支梁，竖向荷载可简化为轴向外力，水平荷载可简化为横向外力。当闸门处于开启状态时，应按拉弯构件进行边梁截面校核，当闸门关闭时，应按压弯构件进行截面校核。边梁需要验算的危险截面一般是上、下轮轴支承处或与主梁连接处。如果边梁的翼缘或腹板直接承受水压，还应将由于板的局部弯应力和上述的边梁所引起的应力按折算应力进行校核。

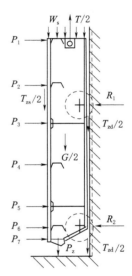

图 7.12 平面闸门
边梁荷载图

7.5 支撑设计

7.5.1 横向支撑

横向支撑（又称横向连接系）是用来承受水平次梁（包括顶、底梁）传来的水压力（图 7.5），并将它们传给主梁的构件。当各主梁因水位变化等原因而引起受力不均时，横向支撑可起到均衡主梁的受力并保证闸门横截面刚度的作用。

1. 横向支撑的布置

横向支撑宜布置在每根竖直次梁所在的竖平面内，或每隔一根竖直次梁布置一个。横向支撑间距一般不大于 4m，常为 1.5～3m，在双主梁闸门中，其间距一般不超出主梁间距的 2 倍。其数目宜取单数。横向支撑一般等间距布置，但有时为设计计算的方便，两侧的横向支撑与双腹板边梁内侧腹板的间距可适当减小。

2. 横向支撑的形式

横向支撑有桁架式和隔板式两种（图 7.5）。其截面高度均与主梁相同。当采用隔板式横向支撑时，其厚度一般不超过 8～10mm。横隔板的上翼缘可用面板充当，其下翼缘一般用宽 100～200mm、厚 10～12mm 的扁钢制成。按构造要求确定的尺寸，使横隔板内的应力很小，可不进行强度验算。同时，为减轻闸门自重，可在隔板中央开孔，并在孔周围焊上一圈扁钢以加强其刚度。

当采用桁架式横向支撑时，横向桁架可视为支承在主梁下翼缘上的桁架。在上弦节点承受了由顶、底梁和水平次梁传来的集中力，当上弦杆直接与面板相连时，其上弦节间还承受面板传来的分布力，计算时可按杠杆原理先将节间荷载分配到各节点上，与直接作用在节点上的荷载相加。桁架式横向支撑一般应采用空间结构理论进行分析计算。

7.5.2　纵向支撑

纵向支撑（又称纵向连接系或门背连接系）位于闸门各主梁下翼缘之间的竖向平面内（图 7.1），多为桁架式。主要用于承受闸门的部分自重和其他竖向荷载，保证闸门在竖向平面内的刚度，并与主梁和面板构成封闭的空间体系以承受某些荷载作用下闸门产生的扭矩。

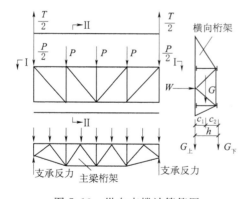

图 7.13　纵向支撑计算简图

1. 纵向支撑的荷载和受力简图

桁架的弦杆即为各主梁的下翼缘或主梁桁架的下弦杆，它的竖杆即为横隔板的下翼缘或横向桁架的下弦杆，斜杆是另设的。该桁架支承在闸门两侧的边梁上。计算它承受的竖向力时，首先由（图 7.12）相关公式算出闸门自重，然后根据起吊闸门时，面板负担 $0.6G$，纵向支撑负担 $0.4G$。若该桁架的节间数为 n，则每个节点荷载为 $0.4G/n$。然后即可对该桁架进行内力分析。若桁架的弦杆为折线形时

（图 7.13），可近似地将弦杆所在的折面展开为平面，其中的斜杆应按实际杆长计算。对于兼用的杆件，如弦杆和竖杆，由于双重受力的作用，若出现异号应力时应分别验算，若出现同号应力时应叠加验算。

2. 纵向支撑的形式

在跨度较小、主梁数目较多的闸门时，纵向支撑可采用人字形斜杆、交叉斜杆以及刚架的形式（图 7.14）。

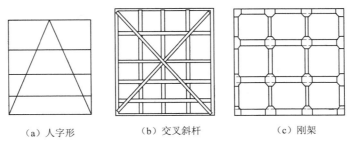

（a）人字形　　　　　（b）交叉斜杆　　　　　（c）刚架

图 7.14　纵向支撑形式

7.6　平面钢闸门的零部件设计

7.6.1　行走支承

平面钢闸门的行走支承由主行走支承和侧向、反向支承组成。行走支承应在较小摩擦阻力下保证闸门正常工作。

主行走支承承受闸门全部的水压力，并将其传给轨道。根据闸门移动时的阻力，主行走支承分为滑动式和滚轮式两种形式。平面钢闸门主行走支承的形式，应根据工作条件、荷载和跨度选定。工作闸门和事故闸门宜采用滚轮或滑动支承。检修闸门和启闭力不大的工作闸门，可采用钢或铸铁等材料制造的滑块支承。

侧向、反向支承主要起导向作用，防止闸门在移动过程中前后碰撞、左右歪斜而受卡，从而保证闸门在门槽中顺利启闭。侧向、反向支承可根据闸门尺寸、水压大小、吊点、门槽形式以及主行走支承的选用等情况，按标准选用。

1. 滑道支承

滑道支承材料有压合胶木、填充聚四氟乙烯板材、填充尼龙和钢基铜塑复合板或其他高比压低摩阻材料，目前最常用的是压合胶木滑道。胶木是一种用多层桦木片浸渍酚醛树脂后，经过加热加压处理制成的胶合层压木。它具有较高的力学性能、较低的摩擦系数和良好的加工性能。

压合胶木滑块的工作面由 3 条压合胶木组成，总宽度宜为 100～150mm，如图 7.15 所示；压入夹槽以前的胶木含水率不应大于 5%；3 条胶木的总宽度应比铸钢夹槽宽度大 1.3%～1.7%；压入后的胶木表面应略高于槽顶，并对其加工，加工后粗糙度 Ra 应达到 3.2μm，并使胶木表面比槽顶面低 2～4mm，表面用润滑油保护。

胶木滑道钢轨表面通常做成圆弧形，如图 7.15（c）所示。为了减少摩擦阻力，可在普通钢轨表面堆焊一层 3～5mm 厚的不锈钢或直接用不锈钢板加工而成，然后加工到 Ra 3.2μm，前者加工后的不锈钢厚度应不小于 2～3mm。轨头设计宽度 b 和轨顶圆弧半径 R 应按胶木与轨面之间单位长度上的支承压力由表 7.2 来决定。

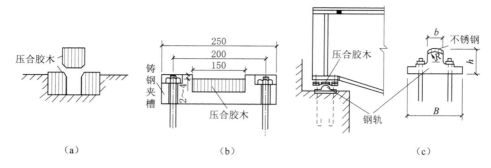

图 7.15　胶木滑道构造

表 7.2　　　　　　　　　　　　钢轨工作表面宽度与圆弧半径

支撑压力 q/(N/mm)	<1000	1000~2000	2000~3000	3000~4000
轨顶圆弧半径 R/mm	100	150	200	300
轨头设计宽度 b/mm	25	35	40	50

注　b 值不得与滑块中间的一条胶木同宽。

钢轨底面宽度 B〔图 7.15（c）〕应根据混凝土的容许抗压强度（附表 9.5）决定。钢轨高度 h 应不小于 $B/3$。

胶木滑块与轨道弧面之间的最大接触应力可按下式计算，即

$$\sigma_{max} = 104 \sqrt{\frac{q}{R}} \leqslant [\sigma_j] \tag{7.12}$$

式中：q 为滑块单位长度上的计算荷载，N/mm；R 为滑块工作表面的曲率半径，mm；$[\sigma_j]$ 为胶木容许接触应力，其值为 500N/mm²。

如图 7.15（b）所示的夹槽，当胶木以公盈尺寸压入夹槽以后，在槽壁产生的侧压力按下式计算，即

$$P = E_c \varepsilon h \tag{7.13}$$

式中：E_c 为胶木沿层压方向的弹性模量，其值为 2500~3500N/mm²；ε 为胶木宽度公盈量与夹槽宽度之比值，一般为 1.3%~1.7%；h 为夹槽深度，mm。

求出 P 值后，即可对夹槽断面进行强度验算。

2. 滚轮支承

对于小型闸门，滚轮材料常采用铸铁。当轮压较大（超过 200kN）时，必须采用碳钢或合金钢。轮压在 1200kN 以下时，可选用普通碳素铸钢；超过 1200kN 则可选用合金铸钢。轮子的表面还可根据需要进行硬化处理，以提高表面硬度。

滚轮支承中轮子的位置应按等荷载布置，在闸门的每个边梁上最好只布置两个支承点，使轮子受力明确。为了减少滚轮转动时的摩擦阻力，在滚轮的轴孔内还要装设滑动轴承或滚动轴承。轴套要有足够的耐压耐磨性能，并能保持润滑，其材料有铜合金、胶木及复合材料等。有关强度验算问题见参考文献 [7]。

3. 侧轮与反轮

闸门启闭时，为了防止闸门在闸槽中因左右倾斜而被卡住或前后碰撞炸墩，并减少门下过水时的振动，需设置导向装置——侧轮和反轮，详见参考文献 [7]。

7.6.2 吊耳、吊杆和锁定

闸门门叶与启闭设备的连接，一般布置应设有吊耳、锁定装置，有的还有吊杆和自动抓梁等。

1. 吊耳

闸门吊点与启闭机的吊具或吊杆相连接的地方，称为吊耳。有时分节闸门还设有连接吊耳或吊装吊耳。平面闸门的吊耳一般设置在边梁或竖向隔板的顶部，并应布置在闸门重心线上。电站尾水闸门的吊耳，可稍向止水侧偏移，以提高止水效果。

吊耳的结构包括吊耳轴、止轴板、吊耳板和加强板。在满足强度条件要求下，可做成单吊耳板和双吊耳板两种。为便于吊耳轴的装卸，吊耳孔与轴的配合一般采用间隙较大的松配合；经常装卸的吊耳孔宜作梨形孔，如图 7.16 所示；闸门上设有充水阀时，吊耳的孔通常制成长形孔，以满足充水阀的开启行程。

闸门吊耳的形式应根据孔口大小、宽高比、启闭力、闸门及启闭机布置形式等因素综合考虑确定。当宽高比 $l_0/H \geqslant 1$ 时，宜采用双吊点；当宽高比 $l_0/H < 1$ 时，可采用单吊点；但当宽度的绝对值较大或启门力较大，一个吊耳的强度不能满足要求时，也应采用双吊点。

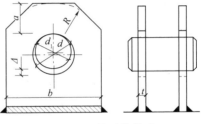

图 7.16 吊耳的构造

吊耳轴与行走轮的轴的计算类同，也需计算弯曲应力、剪应力和承轴板的局部承压应力。吊耳板的尺寸（图 7.16），可按下列关系式采用，即

$$b = (2.4 \sim 2.6)d$$

$$t \geqslant \frac{b}{20}$$

$$a = (0.9 \sim 1.05)d$$

$$\Delta = d - d_1 \leqslant 0.02d$$

吊耳板孔壁的强度验算包括以下两个方面。

（1）孔壁的局部承压应力。孔壁的局部承压应力为

$$\sigma_{cj} = \frac{N}{dt} \leqslant [\sigma_{cj}] \tag{7.14}$$

式中：N 为一块吊耳板上所受的荷载，该荷载按启门力计算时应乘以 $1.1 \sim 1.2$ 的因受力不均而引起的超载系数，N；d 为吊轴直径，mm；t 为吊耳板的厚度（当有轴承板时，应为轴承板厚度，并保证两轴承板总厚度不小于 $1.2t$），mm；$[\sigma_{cj}]$ 为局部紧接承压容许应力，N/mm^2（附表 9.2）。

（2）孔壁拉应力。孔壁拉应力可近似地按下列弹性力学中的拉美公式验算，即

$$\sigma_K = \sigma_{cj} \frac{R^2 + r^2}{R^2 - r^2} \leqslant [\sigma_K] \tag{7.15}$$

式中：R、r 分别为吊耳板孔心到板边的最近距离和轴孔半径（$r = d/2$），见图

7.16；$[\sigma_K]$ 为孔壁容许拉应力，N/mm^2（附表 9.2），如对 Q235 钢，则 $[\sigma_K]=$ $120N/mm^2$，对于可以自由转动或能抽出的轴，应将 $[\sigma_K]$ 再乘以 0.8 的系数。

2. 吊杆

吊杆作为连接闸门与启闭机的部件，可有效地减少启闭机的扬程，避免启闭机的动滑轮与钢丝绳等部件长期浸水，广泛应用于闸门长期处于水中或采用液压式启闭机和螺杆式启闭机扬程不够的场合。吊杆结构笨重、装卸不方便，应尽量采用高扬程启闭机和自动挂脱梁代替吊杆。吊杆的分段长度，应按孔口高度、启闭机的扬程和对吊杆装拆、换向和本身运输单元等要求确定。

3. 锁定装置

锁定装置是支承闸门或吊杆，使闸门固定在全开或某一开度位置的一种装置。锁定装置的构造应满足操作方便、安全可靠的要求。操作锁定一般应在锁定平台或检修平台上进行。有条件时，宜选用自动、半自动锁定器。锁定安装必须准确，左右齐平，操作时必须小心谨慎，确认锁定无误后，方可使启闭机械的牵引构件与闸门吊耳脱离或放松。

7.6.3　止水

止水是用于防止闸门与门槽埋件之间缝隙漏水的部件。一般设在门叶上，如需将止水安设在埋件上，则应提供其维修更换的条件。

止水按其装设部位可分为顶止水、侧止水、底止水和节间止水。露顶闸门上只有侧止水和底止水，潜孔闸门上还需设顶止水，分节的闸门需在各节之间设置节间止水。闸门各部位的止水应具有连续性和严密性。止水效果不好，会造成闸门严重漏水，带来一系列的问题，如闸门全关时，漏水会导致闸门及埋件的空蚀及磨蚀，甚至引起闸门的振动，影响闸门的正常运行和建筑物的安全；在低温情况下漏水，会使闸门结冰，冬季操作困难等。

止水材料有木材、橡皮和金属等。橡皮弹性好，强度较高，在工程中应用最为广泛。一般情况下，底止水和节间止水为刀形橡皮，侧止水和顶止水为 P 形橡皮（图 7.17）。它们用垫板与压板夹紧再用螺栓固定到门叶上。螺栓直径一般为 12～20mm，栓距不宜小于 150mm。

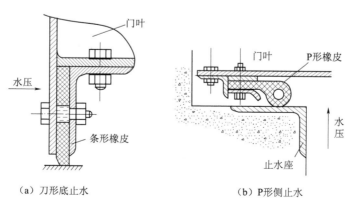

（a）刀形底止水　　　　　（b）P形侧止水

图 7.17　橡皮止水构造

露顶闸门的底止水和侧止水通常随面板的位置来设置，如当面板设在上游面时，对应止水也都设在上游面（图7.18）。

潜孔闸门止水的布置主要根据胸墙的位置和操作的要求。当胸墙在闸门的上游面时，侧止水应布置在闸槽内，顶止水布置在上游面，如图7.18（a）所示。考虑到门叶受力的挠曲变形会使顶止水脱离止水座，故设计时顶止水橡皮应留有压缩量，一般取2～4mm。当闸门的跨度较大时，还可选用图7.18的形式，使顶止水转动产生较大的位移以适应门叶挠曲变形的要求。

在深孔闸门中，若因摩阻力较大而不能靠闸门自重关闭时，为使闸门顶部形成水柱压力促使闸门关闭，这时侧止水和顶止水均需布置在下游面，而底止水布置在靠近上游面［图7.18（b）］。

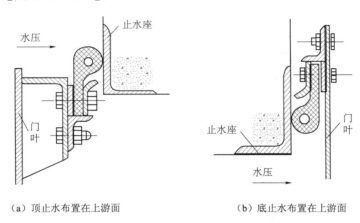

（a）顶止水布置在上游面　　　　　　（b）底止水布置在上游面

图7.18　顶止水

7.6.4　启闭力

平面钢闸门启闭力的计算，对于确定启闭设备的容量、牵引构件的尺寸以及对闸门吊耳的设计等都是必要的。一般先计算出闭门力，确定是否需要加重。对于动水开启的闸门应计算启门力，对于动水关闭静水开启的闸门还应计算持住力。

1. 动水中启闭的闸门

此类闸门特别是深孔闸门，在水压作用下，摩阻力较大，有时不能靠自重关闭，因此，必须分别计算闭门力和启门力。在确定闸门启闭力时，除考虑闸门自重 G 外，还要考虑由于水压力作用而在滚轮或滑道支承处产生的摩擦阻力 T_{zd}、止水摩擦阻力 T_{zs}、闭门时门底的上托力 P_t，启门时由于门底水流形成部分真空而产生的下吸力 P_x，有时还有门顶水柱压力 W_s 等（图7.12）。

（1）闭门力计算。

$$T_{闭}=1.2(T_{zd}+T_{zs})-n_G G+P_t \tag{7.16}$$

其中支承摩阻力 T_{zd} 按支承形式计算如下。

对于滑动轴承的滚轮，有

$$T_{zd}=\frac{W}{R}(f_1 r+f_k)$$

对于滚动轴承的滚轮，有

$$T_{zd} = \frac{W f_k}{R} \left(\frac{R_1}{d} + 1 \right)$$

对于滑动支承，有

$$T_{zd} = f_2 W$$

对止水摩阻力，有

$$T_{zs} = f_3 P_{zs}$$

对露顶式平面钢闸门自重，有

$$G = K_z K_c K_g H_1^{1.43} B^{0.88} \times 9.8 \text{kN} \quad (5\text{m} \leqslant H_1 \leqslant 8\text{m})$$

$$G = 0.012 K_z K_c H_1^{1.65} B^{1.85} \times 9.8 \text{kN} \quad (H_1 > 8\text{m})$$

对上托力，有

$$P_t = \gamma H D L_1$$

上述公式中：1.2 为摩擦阻力安全系数；n_G 为计算闭门力用的闸门自重修正系数，可采用 0.9～1.0；W 为作用在闸门上的总水压力，kN；r 为轮轴半径，cm；R 为滚轮半径，cm；d 为滚动轴承的滚柱半径，cm；R_1 为滚动轴承的平均半径（$R_1 = r + d$）；f_k 为滚动摩擦系数，钢对钢 $f_k = 0.1$cm；f_1、f_2、f_3 为滑动摩擦系数（附录 13），计算闭门力和启门力时取大值；P_{zs} 为作用在止水上的总水压力，kN；H_1、B 为孔口高度及宽度，m；K_z 为闸门行走支撑系数，对于滑动式支承 $K_z = 0.81$，对于滚轮式支承 $K_z = 1.0$，对于台车式支承 $K_z = 1.3$；K_c 为材料系数，闸门用普通碳素钢时 $K_c = 1.0$，用低合金钢时 $K_c = 1.0$；K_g 为孔口高度系数，当 $H_1 < 5$m 时，$K_g = 0.156$，当 5m $< H_1 < 8$m 时，$K_g = 0.13$；γ 为水的密度，kN/m³，可采用 10kN/m³；H 为门底水头，m；D 为底止水到上游面的间距，m；L_1 为两侧止水间距，m。

当 $T_{闭}$ 计算结果为正值时，需要加重（加重方式有加重块、利用水柱或机械下压力等）；为负值时，依靠自重可以关闭。

（2）启门力计算。

$$T_{启} = 1.2(T_{zd} + T_{zs}) + n_G' G + P_x + G_j + W_s \qquad (7.17)$$

其中下吸力为

$$P_x = p D_2 B$$

式中：n_G' 为计算启门力和持住力用的闸门自重修正系数，可采用 1.0～1.1；G_j 为加重块重量，kN；W_s 为作用在闸门上的水柱压力，kN；D_2 为闸门底止水至主梁下翼缘的距离，m；p 为闸门底缘 D_2 部分的平均下吸强度，一般按 20kN/m² 计算，对溢流坝顶闸门、水闸闸门和坝内明流底孔闸门，当下游流态良好、通气充分时，可以不计下吸力；其他符号含义同上。

（3）持住力计算。

$$T_{持} = n_G' G + P_x + G_j + W_s - (T_{zd} + T_{zs}) - P_t \qquad (7.18)$$

式中：所有符号含义同上。

2. 静水中启闭的闸门

启门力的计算除计入闸门的自重和加重外，还应考虑一定的水位差引起闸门的摩阻力。露顶闸门和电站尾水闸门可采用不大于 1m 的水位差；潜孔闸门可根据水头的大小采用 1～5m 的水头差。对有可能发生淤泥、污染物堆积等情况时，应适当增加。

7.7　平面钢闸门的埋设部件

平面钢闸门的门槽埋设部件一般包括轨道（包括主轨、反轨和侧轨）、底槛、门楣、止水座和门楣护脚等。

闸门埋件必须能将闸门所承受的荷载安全高效地传递给闸墩。为保证闸门启闭灵活，门槽混凝土面与门体间应有不小于100mm的距离。为保证安装精度，闸门埋件应采用二期混凝土安装，二期混凝土应有足够大的尺寸，以满足埋件安装和混凝土浇筑施工的要求。有条件时可采用预制门槽安装。

7.7.1　轨道

1. 主轨

（1）滚轮支承轨道。

1）滚轮支承轨道的形式。根据轮压的大小可采用不同形式：轮压小于200kN时，可采用轧制工字钢；轮压在200～500kN时，可采用由钢板焊接而成的截面钢轨或重型钢轨；轮压大于500kN时，需采用铸钢轨道。为提高钢轨的侧向刚度，常把主轮轨道与门槽的护脚角钢连接起来。

铸钢轨道在设计时应注意，轨头宽度比滚轮轮缘宽度大20～30mm；工作面一般应按粗糙度不大于4.5μm加工，其淬火硬度比滚轮工作面硬度HB值高50；长度一般为2～3m，各段之间连接如图7.19所示。

2）滚轮支承轨道的计算。轨道的计算主要是核算轨道底部与混凝土之间的承压应力以及轨顶与腹板之间的局部承压应力。

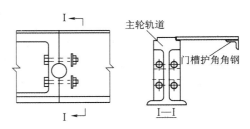

图7.19　轨道间的连接形式

a. 轨道底部与混凝土之间的承压应力验算。在轮压力 P 的作用下，轨道底部沿轨长方向的压应力可视为三角形分布。其三角形底边长度之半的 a 值可按下式求得，即

$$a = 3.3 \sqrt[3]{\frac{EI_x}{E_h b}} \tag{7.19}$$

式中：EI_x 为轨道的抗弯刚度，其中 E 为钢材的弹性模量，N/mm^2，I_x 为钢轨对自身中和轴 x 的截面惯性矩，cm^4；E_h 为轨底混凝土的弹性模量，一般为（2.5～3）$\times 10^4 N/mm^2$；b 为轨道底部宽度，mm。

分析图7.20，根据力的平衡条件有 $ab\sigma_h = P$，因此，轨底与混凝土之间的最大承压应力 σ_h 可按下式验算，即

$$\sigma_h = \frac{P}{ab} \leqslant [\sigma_h] \tag{7.20}$$

式中：$[\sigma_h]$ 为混凝土的容许承压应力（附表9.5），N/mm^2。

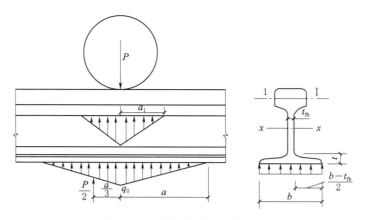

图 7.20 滚轮支承轨道受力图

b. 轨顶与腹板之间的局部承压应力验算。轨道颈部的局部承压应力分布情况和计算与上述方法相同。由于轨道的上翼缘与其腹板的弹性模量相同，并以腹板厚度 t_{fb} 取代式（7.20）中的 b，可得

$$a_1 = 3.3 \sqrt[3]{\frac{I_1}{t_{fb}}} \qquad (7.21)$$

式中：a_1 为轮压在轨头与腹板交接处的分布长度之半；I_1 为轨头对其自身中和轴 I—I 的截面惯性矩，cm^4。

求出 a_1 之后，即可类似于式（7.20）写出轨道颈部的承压应力 σ_{cd} 的验算公式为

$$\sigma_{cd} = \frac{P}{a_1 t_{fb}} \leqslant [\sigma_{cd}] \qquad (7.22)$$

式中：$[\sigma_{cd}]$ 为钢材的局部承压容许应力，N/mm^2（附表 9.3）。

c. 轨道抗弯强度验算。轨道抗弯强度可按倒置的悬臂梁验算，由图 7.20 知，抗弯条件为

$$M = \frac{Pa}{6} \leqslant [\sigma] W \qquad (7.23)$$

式中：$[\sigma]$ 为钢轨的容许弯应力，N/mm^2（附表 9.3）；W 为钢轨的抗弯截面模量，cm^3。

d. 轨道底板抗弯强度验算。同样，轨道底板厚度 t 也可按倒置的悬臂梁验算，即沿轨道长度方向取单位长度的板条当作脱离体来验算其固定端（腹板处）的抗弯强度，即

$$M = \frac{\sigma_h (b - t_{fb})^2}{8} \leqslant [\sigma] \frac{t^2}{6} \qquad (7.24)$$

（2）滑道支承轨道。

1）滑道支承轨道的形式。滑道支承轨道通常由不锈钢板与厚钢板焊接而成。

2）滑道支承轨道的计算。

a. 轨道底部与混凝土之间的承压应力验算，即

$$\sigma_h = \frac{p}{b} \leqslant [\sigma_h] \qquad (7.25)$$

式中：p 为滑道单位长度荷载，N/mm。

　　b. 轨道底板抗弯强度验算，同式 (7.24)。

2. 反轨和侧轨

　　反轨和侧轨通常采用工字钢或槽钢制作，一般按构造选定，但要考虑其在运输、安装和浇筑二期混凝土过程中有足够的刚度。为便于闸门的入槽，反轨与侧轨上端通常做成斜坡状，如图 7.21 所示。

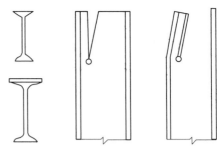

图 7.21　反轨与侧轨

7.7.2　底槛

　　闸门底槛埋件宜采用工字形断面，一般采用 $200 \sim 300$mm 高的工字钢。低水头小孔口闸门的底槛埋件可采用槽钢。门槽段需要衬护时，可结合底部衬护板做成组合工字截面。

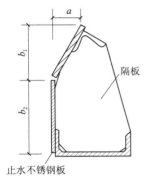

图 7.22　门楣截面形式

7.7.3　门楣

　　潜孔式闸门需要设置门楣，作为顶止水的止水座，并兼作胸墙的护角。其构造一般如图 7.22 所示，图中隔板的横向间距一般为 $500 \sim 1000$mm，水头大的可取小值。其他尺寸一般取 $a = 100 \sim 200$mm，$b_1 = 300 \sim 600$mm，b_2 应不小于 300mm。

7.7.4　止水座

　　在门体止水橡皮紧贴于混凝土的部位，应埋设表面光滑平整的钢质止水座，以满足止水橡皮与之贴紧后不漏水，并减少在橡皮滑动时的磨损。对于重要的工程，在钢质止水座的表面再焊一条不锈钢条（图 7.23）。对于中、小型工程也可采用非金属材料，如水磨石等。

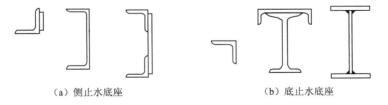

（a）侧止水底座　　　　　　　　（b）底止水底座

图 7.23　止水座型式

7.8　设计例题——露顶式平面钢闸门设计

7.8.1　设计资料

　　闸门形式：露顶式平面钢闸门。

孔口净宽：13.00m。

设计水头：7.00m。

结构材料：Q235。

焊条型号：E43。

止水材料：底止水用刀形橡皮，侧止水用P形橡皮。

行走支承：采用胶木滑道，压合胶木为MCS-2。

混凝土强度等级：C20。

7.8.2 闸门结构的形式及布置

1. 闸门尺寸的确定 [图7.24 (a)]

闸门高度：$H_1 = 7 + 0.3 = 7.3$ (m)（0.3m为考虑风浪所产生的水位超高）。

闸门的荷载跨度：$L_1 = 13m$（两侧止水的间距）。

闸门计算跨度：$L = L_0 + 2d = 13 + 2 \times 0.2 = 13.4$(m)。

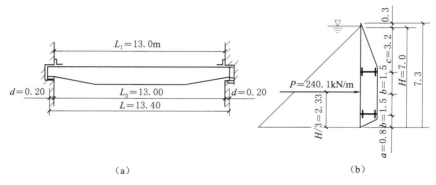

图7.24 闸门主要尺寸

2. 主梁形式

本闸门属中等跨度，考虑经济性和制造维护方便，主梁采用实腹式工字形变截面焊接组合梁。

3. 主梁布置

闸门跨度 $L = 13.4m > 1.5H = 1.5 \times 7 = 10.5m$，采用双主梁。

为使两主梁在设计水位时所受的水压力相等，两主梁应对称置于水压力合力的作用线 [图7.24 (b)]，并满足：

上悬臂 $c \leqslant 0.45H$ 和3.6m，取 $c = 0.45H = 0.45 \times 7 = 3.15$(m)，取 $c = 3.2m$。

下悬臂 $a \geqslant 0.12H$ 和0.4m，$0.12H = 0.12 \times 7 = 0.84$(m)，取 $a = 0.8m$。

主梁间距 $2b = H - c - a = 7 - 3.2 - 0.8 = 3$(m)。

4. 梁格的布置和形式

梁格采用复式布置和等高连接，水平次梁间距上疏下密（图7.25），保证面板各区格所需厚度大致相等，水平次梁为穿过横隔板预留孔，并被横隔板所支承的四跨连续梁。

5. 支撑的布置和形式

（1）横向支撑：采用3道厚度为10mm的横隔板，其间距为3.35m。

（2）纵向支撑：设在两主梁下翼缘的竖平面内，采用单角钢斜杆式桁架。

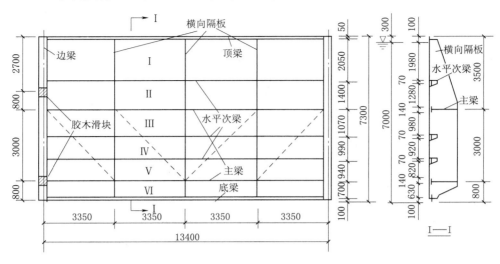

图 7.25 梁格布置尺寸

6. 边梁和行走支承

边梁采用单腹式，行走支承采用压合胶木滑道。

7.8.3 面板设计

先估算面板厚度，在主梁截面选择之后再验算面板的局部弯曲与主梁整体弯曲的折算应力。

1. 估算面板厚度（图 7.25）

满足强度条件的最小板厚 $\quad t = a\sqrt{\dfrac{kp}{0.9\alpha[\sigma]}}$

当 $b/a \leqslant 3$ 时，$\alpha = 1.5$，则 $t = a\sqrt{\dfrac{kp}{0.9 \times 1.5 \times 160}} = 0.068a\sqrt{kp}$

当 $b/a > 3$ 时，$\alpha = 1.4$，则 $t = a\sqrt{\dfrac{kp}{0.9 \times 1.4 \times 160}} = 0.07a\sqrt{kp}$

现列表 7.3 计算如下。

表 7.3 面 板 厚 度 的 估 算

区格	a/mm	b/mm	b/a	k	p/(N/mm^2)	$\sqrt{kp}$	t/mm
I	1980	3340	1.69	0.606	0.009	0.074	9.83
II	1280	3340	2.61	0.500	0.024	0.110	9.57
III	980	3340	3.41	0.500	0.037	0.137	9.40
IV	920	3340	3.63	0.500	0.047	0.153	9.85
V	820	3340	4.07	0.500	0.056	0.167	9.59
VI	630	3340	5.30	0.750	0.064	0.219	9.66

根据表 7.3 计算面板厚度选用 10mm。

2. 面板与梁格的连接计算

面板与主梁、顶梁、底梁、水平次梁及横隔板等的连接焊缝的焊角尺寸 h_f 可按构造要求选定，主梁上翼缘厚度为 20mm，$h_{fmiin} \geq 1.5\sqrt{20} = 6.7mm$；$h_{fmax} \leq 8$（肢尖），$h_{fmax} \leq 1.2 \times 10 = 12mm$（肢背）。可取 $h_f = 8mm$。

7.8.4 水平次梁、顶梁和底梁设计

1. 内力计算

水平次梁和顶、底梁都是支承在横隔板上的连续梁，作用在它们上面的水压力可按式（7.7）计算，即 $q = p(a_上 + a_下)/2$。

表 7.4 计算可得：$\sum q = 246.5 kN/m$。

表 7.4　　　　　水平次梁、顶梁和底梁均布荷载的计算

梁号	梁轴线处水压 p /(kN/m²)	梁间距 /m	$(a_上 + a_下)/2$ /m	$q = p(a_上 + a_下)/2$ /(kN/m)	备　注
1				4.24	顶梁荷载由下图计算得：
2	17.64	2.05	1.725	30.43	$R_1 = \dfrac{\frac{17.64 \times 1.72}{2} \times \frac{1.72}{3}}{2.05} = 4.24$
3	31.36	1.4	1.235	38.73	
4	41.85	1.07 0.99	1.03	43.11	
5	51.55	0.94	0.965	49.75	
6	60.76	0.7	0.82	49.82	
7	67.6		0.45	30.42	

根据表 7.4 计算，水平次梁计算荷载取 49.75kN/m，水平次梁为四跨连续梁（图 7.26），跨度为 3.35m。水平次梁弯曲时的跨中最大弯矩在边跨，其值为

$$M_{次中} = 0.077ql^2 = 0.077 \times 49.75 \times 3.35^2 = 42.99 (kN \cdot m)$$

支座 B 处最大负弯矩为

$$M_{次B} = 0.107ql^2 = 0.107 \times 49.75 \times 3.35^2 = 59.74 (kN \cdot m)$$

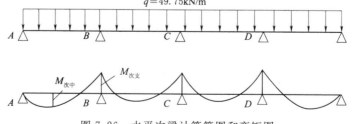

图 7.26　水平次梁计算简图和弯矩图

2. 截面选择

$$W \geq \frac{M_{max}}{[\sigma]} = \frac{59.74 \times 10^6}{160} = 373375 (mm^3)$$

考虑利用面板作为次梁截面上翼缘的一部分，初选 [28c，由附表 3.4 查得：$A = 5122mm^2$；$W = 393000mm^3$；$I = 55000000mm^4$；$b = 86mm$；$t_w = 11.5mm$。

面板参加次梁工作有效宽度分别按式（7.8）及式（7.9）计算，并取其中较

小值。

式（7.8）　　　　$B \leqslant b_l + 60t = 86 + 60 \times 10 = 686 \text{(mm)}$

式（7.9）　　　　$B = \xi_1 b$　（对跨间正弯矩段）

　　　　　　　　$B = \xi_2 b$　（对支座负弯矩段）

ξ 值由 l_0/b 查表 7.1 确定

按 5 号梁计算，梁间距 $b = \dfrac{b_1 + b_2}{2} = \dfrac{940 + 990}{2} = 965 \text{(mm)}$。

对于第一跨中正弯矩段：$l_0 = 0.8l = 0.8 \times 3350 = 2680 \text{(mm)}$。

对于支座负弯矩段：$l_0 = 0.4l = 0.4 \times 3350 = 1340 \text{(mm)}$。

当 $l_0/b = 2680/965 = 2.7777$ 时，$\xi_1 = 0.81$，对应 $B = 0.81 \times 965 = 782 \text{(mm)}$。

当 $l_0/b = 1340/965 = 1.389$ 时，$\xi_2 = 0.39$，对应 $B = 0.39 \times 965 = 376 \text{(mm)}$。

对第一跨中选用 $B = 686\text{mm}$，则水平次梁组合截面尺寸如图 7.27 所示。

组合截面形心到槽钢中心线的距离为

$$e = \frac{686 \times 10 \times 145}{686 \times 10 + 5122} = 83 \text{(mm)}$$

跨中组合截面的惯性矩及最小抗弯截面模量为

$$I_{次中} = 55000000 + 5122 \times 83^2 + 686 \times 10 \times 62^2$$
$$= 116655298 \text{(mm}^4)$$

$$W_{\min 中} = \frac{116655298}{140 + 83} = 523118 \text{(mm}^3)$$

对支座段选用 $B = 376\text{mm}$，此时，组合截面形心到槽钢中心线距离为

$$e = \frac{376 \times 10 \times 145}{376 \times 10 + 5122} = 61 \text{(mm)}$$

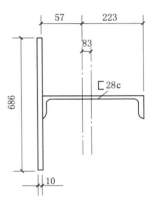

图 7.27　面板参加水平次梁
工作后的组合截面

跨中组合截面的惯性矩及最小抗弯截面模量为

$$I_{次B} = 55000000 + 5122 \times 61^2 + 686 \times 10 \times 84^2 = 122626846 \text{(mm}^4)$$

$$W_{\min B} = \frac{122626846}{140 + 61} = 610084 \text{(mm}^3)$$

3. 水平次梁强度验算

因支座 B 处弯矩值最大，且 W 值较小，故只需验算该处截面的抗弯强度，即

$$\sigma_{次\max} = \frac{M_{次B}}{W_{\min B}} = \frac{59.74 \times 10^6}{610084} = 97.9 \text{(N/mm}^2) < [\sigma] = 160 \text{N/mm}^2$$

说明水平次梁选用 [28c，满足抗弯强度要求。

轧制梁的剪应力一般很小，可不必验算。

4. 水平次梁的挠度验算

受均布荷载的等跨连续梁，最大挠度发生在边跨，验算如下：

$$\frac{\omega}{l} = \frac{5}{384} \frac{ql^3}{EI_{次}} - \frac{M_{次B}l}{16EI_{次}}$$

$$= \frac{5 \times 49.75 \times (3350)^2}{384 \times 2.06 \times 10^5 \times 116655298} - \frac{59.74 \times 10^6 \times 3350}{16 \times 2.06 \times 10^5 \times 116655298}$$

$$= 0.0005 < \left[\frac{\omega}{l}\right] = \frac{1}{250} = 0.004$$

说明水平次梁选用 [28c，满足强度和刚度要求。

5. 顶梁和底梁

考虑到设计、订购和施工方便，顶梁和底梁也采用 [28c。

7.8.5 主梁设计

1. 截面选择

（1）内力计算（图 7.28）。

弯矩：
$$M_{max} = \frac{120.05 \times 13}{2} \times \left(\frac{13.4}{2} - \frac{13}{4}\right) = 2692(kN \cdot m)$$

剪力：
$$V_{max} = \frac{120.05 \times 13}{2} = 780(kN)$$

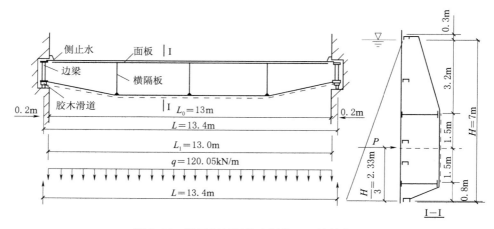

图 7.28 平面钢闸门的主梁位置和计算简图

（2）所需抗弯截面模量。

考虑主梁在闸门自重作用下产生附加应力，取容许应力 $[\sigma] = 0.9 \times 160 = 144N/mm^2$，则所需的抗弯截面模量为

$$W = \frac{M_{max}}{[\sigma]} = \frac{2692 \times 10^5}{144 \times 100} = 18695(cm^3)$$

（3）腹板高度选择（不对称变截面梁）。

最小梁高：$h_{min} = 0.96 \times 0.23 \dfrac{[\sigma]L}{E[\omega/L]} = 0.96 \times 0.23 \dfrac{144 \times 100 \times 13.4 \times 100}{2.06 \times 10^7 \times (1/600)} = 124(cm)$

经济梁高：$h_{ec} = 3.1W^{\frac{2}{5}} = 3.1 \times 18695^{\frac{2}{5}} = 159(cm)$

梁高 h 应满足：$h_{min} \leqslant h \leqslant \dfrac{h_{ec}}{1.1} \sim \dfrac{h_{ec}}{1.2}$，所以选用腹板高度 $h_0 = 145cm$。

（4）腹板厚度选择。

$$t_w = \frac{\sqrt{h}}{11} = \frac{\sqrt{145}}{11} = 1.095(cm)，选用 t_w = 1.1cm。$$

（5）翼缘截面选择。

设上、下翼缘尺寸相等，则单个翼缘所需截面面积为

$$A_1 = \frac{W}{h_0} - \frac{t_w h_0}{6} = \frac{18695}{145} - \frac{1.1 \times 145}{6} = 102 \text{(cm}^2\text{)}$$

下翼缘选用 $t_1 = 2.0 \text{cm}$

下翼缘宽度 $b_1 = \frac{A_1}{t_1} = \frac{102}{2.0} = 51 \text{(cm)}$

选用 $b_1 = 51 \text{cm}$，满足：$b_1 \in \left(\frac{h}{2.5} \sim \frac{h}{5}\right) = (58 \sim 29 \text{cm})$

考虑部分面板兼作主梁的上翼缘，故上翼缘尺寸可适当减小，选用 $t = 2.0 \text{cm}$，$b = 20 \text{cm}$。

面板兼作主梁上翼缘的有效宽度直接采用

$$B = b + 60t = 20 + 60 \times 1 = 80 \text{(cm)}$$

上翼缘截面面积为

$$A = 20 \times 2 + 80 \times 1 = 120 \text{(cm}^2\text{)}$$

2. 截面验算

（1）抗弯强度验算。

主梁跨中截面（图 7.29）的几何特性见表 7.5。

截面形心至面板表面距离为

$$y_1 = \frac{\sum Ay'}{\sum A} = \frac{31739.25}{439.5} = 72.2 \text{(cm)}$$

截面惯性矩：$I = \frac{t_w h_0^3}{12} + \sum Ay^2 = \frac{1.1 \times 145^3}{12} + 1212240.5 = 1491697 \text{(cm}^4\text{)}$

抗弯截面模量：

上翼缘顶边 $W_{max} = \frac{I}{y_1} = \frac{1491697}{72.2} = 20661 \text{(cm}^3\text{)}$

下翼缘底边 $W_{min} = \frac{I}{y_2} = \frac{1491697}{77.8} = 19174 \text{(cm}^3\text{)}$

最大弯曲应力 $\sigma_{max} = \frac{M_{max}}{W_{min}} = \frac{2692 \times 10^6}{19174 \times 10^3} = 140 \text{(N/mm}^2\text{)} < 144 \text{ N/mm}^2$（安全）。

表 7.5 主梁跨中截面的几何特性

部位	截面尺寸 /(cm×cm)	截面面积 A/cm²	各形心离面板表面距离 y'/cm	Ay' /cm³	各形心离中和轴距离 y=y'−y₁ /cm	Ay² /cm⁴
面板部分	80×1	80	0.5	40	−71.7	411271.2
上翼缘板	20×2	40	2	80	−70.2	197121.6
腹 板	145×1.1	217.5	75.5	16421.25	3.2	2227.2
下翼缘板	51×2.0	102	149	15198	76.8	601620.5
合 计		439.5		31739.25		1212240.5

（2）整体稳定性与挠度验算。

因主梁上翼缘直接与钢面板焊接，侧移受限，可不必验算整体稳定性。所选梁高大于满足刚度要求的最小梁高，所以不必验算梁的挠曲变形。

3. 截面改变

因主梁跨度较大，为减小边梁高度和门槽宽度，可将主梁支承端腹板高度减小为 $h_{0s} \in (0.4h_0 \sim 0.65h_0) = (58 \sim 94\text{cm})$，选用 $h_{0s} = 80\text{cm}$（图 7.30）。

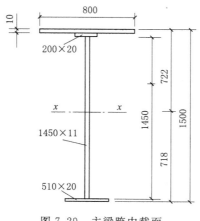

图 7.29　主梁跨中截面

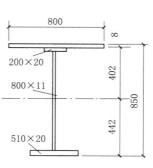

图 7.30　主梁支承端截面

梁高开始改变的位置取在邻近支承端的横向隔板下翼缘的外侧（图 7.31），离开支承端的距离为 $335 - 10 = 325\text{cm}$。

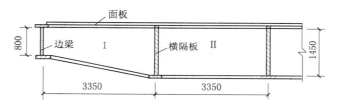

图 7.31　主梁变截面位置图

剪切强度验算：主梁端部与边梁用对接焊缝连接，该处剪力最大，截面尺寸最小，可按工字形截面对焊缝进行抗剪验算。主梁端部截面几何特性见表 7.6。

表 7.6　　　　　　　　　　主梁端部截面的几何特性

部位	截面尺寸 /(cm×cm)	A /cm²	y' /cm	Ay' /cm²	$y = y' - y_1$ /cm	Ay^2 /cm⁴
面板部分	80×1	80	0.5	40	−39.7	126087.2
上翼缘板	20×2	40	2	80	−38.2	58369.6
腹板	145×1.1	88	43	3784	2.8	689.92
下翼缘板	51×2.0	102	84	8568	43.8	195680.88
合计		310		12472		380827.6

截面形心至面板表面距离：$y_1 = \dfrac{12472}{310} = 40.2 (\text{cm})$

截面惯性矩：$I_0 = \dfrac{1.1 \times 80^3}{12} + 380827.6 = 42776.1 (\text{cm}^4)$

截面下半部对中和轴的静矩：$S = 102 \times 43.8 + 42.8 \times 1.1 \times \dfrac{42.8}{2} = 5475 (\text{cm}^3)$

剪应力：$\tau = \dfrac{V_{max}S}{I_0 t_w} = \dfrac{780 \times 10^3 \times 5475 \times 10^3}{42776 \times 10^4 \times 11} = 90.8 (\text{N/mm}^2) \leqslant [\tau] = 95\text{N/mm}^2$

（安全）

4. 翼缘焊缝

翼缘焊缝的焊角尺寸 h_f，按剪力最大的支承端截面计算。对应有以下结果。

上翼缘对中和轴的静矩：$S_1 = 80 \times 39.7 + 40 \times 38.2 = 4704 (\text{cm}^3)$

下翼缘对中和轴的静矩：$S_2 = 102 \times 43.8 = 4467.6 (\text{cm}^3)$

所需 $\qquad h_f \geqslant \dfrac{V_{max}S_1}{1.4 I_0 [\tau_f^w]} = \dfrac{780 \times 10^3 \times 4704 \times 10^3}{1.4 \times 42776 \times 10^4 \times 160} = 3.8 (\text{mm})$

角焊缝应满足 $\qquad h_{fmiin} \geqslant 1.5\sqrt{20} = 6.7 (\text{mm})$

全梁的上、下翼缘与腹板连接角焊缝都采用 $h_f = 8\text{mm}$。

5. 腹板加劲肋和局部稳定验算

弯矩较大的区格 Ⅱ，$\dfrac{h_0}{t_w} = \dfrac{145}{1.1} = 132 > 80$，而小于 170，故只需设置横向加劲肋，已有的横隔板可兼作横向加劲肋，其间距 $a = 335\text{cm}$，腹板区格划分如图 7.31 所示。

区格 Ⅱ 按式 $\left(\dfrac{\sigma}{\sigma_{cr}}\right)^2 + \left(\dfrac{\tau}{\tau_{cr}}\right)^2 + \dfrac{\sigma_c}{\sigma_{c,cr}} \leqslant 1$ 进行验算。

区格 Ⅱ 左边和右边截面的剪力分别为

$$V_{Ⅱ左} = 780 - 120.05 \times \left(\dfrac{13}{2} - 3.35\right) = 402 (\text{kN})$$

$$V_{Ⅱ右} = 0$$

其平均剪应力为

$$\tau = (V_{Ⅱ左} + V_{Ⅱ右})/(2 h_0 t_w) = \dfrac{402 \times 10^3}{2 \times 1450 \times 11} = 12.6 (\text{N/mm}^2)$$

其左边及右边截面上的弯矩分别为

$$M_{Ⅱ左} = 780 \times 3.35 - 120.05 \times \dfrac{3.15^2}{2} = 2017 (\text{kN} \cdot \text{m})$$

$$M_{Ⅱ右} = M_{max} = 2692 (\text{kN} \cdot \text{m})$$

其平均弯应力为

$$\sigma = (M_{Ⅱ左} + M_{Ⅱ右})/(2I/y_0) = \dfrac{(2017 + 2692) \times 10^6 \times 692}{2 \times 1491697 \times 10^4} = 109.2 (\text{N/mm}^2)$$

区格 Ⅱ 上翼缘扭转受约束，有

$$\lambda_b = \dfrac{h_0/t_w}{177}\sqrt{\dfrac{f_y}{235}} = \dfrac{145}{1.1 \times 177}\sqrt{\dfrac{235}{235}} = 0.75 < 0.85$$

所以 $\qquad \sigma_{cr} = [\sigma] = 160\text{N/mm}^2$

区格长短边之比为 $3.35/1.45 = 2.3 > 1.0$，所以有

$$\lambda_s = \dfrac{h_0/t_w}{41\sqrt{5.34 + 4(h_0/a)^2}}\sqrt{\dfrac{f_y}{235}} = \dfrac{145}{1.1 \times 41\sqrt{5.34 + 4\left(\dfrac{145}{335}\right)^2}}\sqrt{\dfrac{235}{235}} = 1.3145$$

所以 $\tau_{cr} = [1-0.5(\lambda_s-0.8)][\tau] = [1-0.5\times(1.3-0.8)]\times95 = 71.25(\text{N/mm}^2)$

局部压应力 $\sigma_c = 0$

则有 $\left(\dfrac{109.2}{160}\right)^2 + \left(\dfrac{12.6}{71.25}\right)^2 = 0.5 \leqslant 1$（满足局部要求）

故在区格Ⅱ上不必再增设横向加劲肋。

剪力最大的区格Ⅰ，该区格腹板平均高度 $\overline{h_0} = \dfrac{1}{2}\times(145+80) = 112.51(\text{cm})$

虽有 $\overline{h_0}/t_w = 102.2 > 80$，但该区格弯矩和梁高均较小，所以也不必另设横向加劲肋。

6. 面板局部弯曲与主梁整体弯曲的折算应力验算

由面板计算可知，与主梁相接的面板区格中，区格Ⅳ所需要板厚最大，即该区格长边中点应力也较大，所以应验算该点的折算应力。

该点的局部弯曲应力为

$$\sigma_{my} = \frac{k_y p a^2}{t^2} = \frac{0.5\times0.047\times920^2}{10^2} = 199(\text{N/mm}^2)$$

对应点处主梁弯矩和弯应力分别为

$$M = 780\times5.025 - \frac{120.05\times5.025^2}{2} = 2403.8(\text{kN}\cdot\text{m})$$

$$\sigma_{0x} = \frac{M}{W_{max}} = \frac{2403.8\times10^6}{20661\times10^3} = 116.34(\text{N/mm}^2)$$

该中点的折算应力

$$\begin{aligned}\sigma_{zh} &= \sqrt{\sigma_{my}^2 + (\sigma_{mx}-\sigma_{0x})^2 - \sigma_{my}(\sigma_{mx}-\sigma_{0x})}\\ &= \sqrt{199^2 + (59.7-116.34)^2 - 199\times(59.7-116.34)}\\ &= 233(\text{N/mm}^2) \leqslant 1.1\alpha[\sigma] = 1.1\times1.4\times160 = 248(\text{N/mm}^2)\end{aligned}$$

故面板厚度选用 10mm，满足强度要求。

7.8.6 横隔板设计

1. 内力计算

横隔板截面如图 7.32 所示。

每片横隔板在上悬臂的最大负弯矩为

$$M = \frac{3.2\times31.36}{2}\times3.35\times\frac{3.2}{3} = 179.3(\text{kN}\cdot\text{m})$$

2. 截面选择

腹板与主梁腹板同高，采用 1400mm×10mm，上翼缘利用面板，下翼缘采用 200mm×10mm 的扁钢。上翼缘可利用面板的宽度按 $B = \xi_2 b$ 计算，$\dfrac{l_0}{b} = \dfrac{2\times3200}{3350} = 1.91$，查表 7.1 得 $\xi_2 = 0.494$。

则 $B = 0.494\times3350 = 1655(\text{mm})$，取 $B = 1600\text{mm}$。

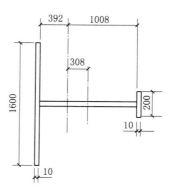

图 7.32 横隔板截面

计算图 7.32 所示的截面几何特性。

截面形心至腹板中心线的距离：$e = \dfrac{1600 \times 10 \times 705 - 200 \times 10 \times 705}{1600 \times 10 + 1400 \times 10 + 200 \times 10} = 308$

（mm）

截面惯性矩：$I_0 = \dfrac{10 \times 1400^3}{12} + 10 \times 1400 \times 308^2 + 10 \times 200 \times 1013^2 + 10 \times 1400 \times$

$397^2 = 5588593333 (\text{cm}^4)$

3. 强度验算

弯应力强度验算：$\sigma_{max} = \dfrac{179.3 \times 10^6 \times 1018}{5588593333} = 32.7 (\text{N/mm}^2) < [\sigma] = $

160N/mm^2

因横隔板截面高度较大，可不必验算剪应力。横隔板翼缘焊缝采用 $h_f = 8\text{mm}$ 的角焊缝。

7.8.7 纵向支撑设计

1. 内力计算

闸门自重由纵向支撑承担，考虑该露顶式平面钢闸门孔口高度为 6m，自重 G 为

$$\begin{aligned} G &= K_z K_c K_g H^{1.43} B^{0.88} \times 9.8 \\ &= 0.81 \times 1.0 \times 0.13 \times 7^{1.43} \times 13^{0.88} \times 9.8 \\ &= 159.4 (\text{kN}) \end{aligned}$$

下游纵向支撑承受荷载为　$0.4G = 0.4 \times 159.4 = 63.8 (\text{kN})$

纵向支撑可视为简支的平面桁架，其腹杆布置如图 7.33 所示。

其节点荷载为　　　　　　　$63.8/4 = 15.95 \text{kN}$。

杆件内力计算结果如图 7.33 所示。

2. 斜杆截面计算

斜杆承受最大拉力 $N = 35.71 \text{kN}$，同时考虑闸门偶然扭曲时可能承受压力，取长细比的限制值与压杆相同，即 $\lambda \leqslant [\lambda] = 200$。

选用单角钢 L110×7，由附表 3.2 查得

截面面积：$A = 1520 \text{mm}^2$

平面外惯性半径：$i_{y0} = 22.0 \text{mm}$

平面外最长斜杆计算长度：　$l_0 = 0.9\sqrt{3.35^2 + 3.0^2 + 0.65^2} = 4.1 (\text{m})$

平面外长细比：　　　$\lambda_y = \dfrac{l_0}{i_{y0}} = \dfrac{4100}{22.0} = 186.4 < [\lambda] = 200$

拉杆强度验算：

$$\sigma_{max} = \dfrac{35.71 \times 10^3}{1520} = 23.5 (\text{N/mm}^2) < 0.85[\sigma] = 133 \text{N/mm}^2$$

0.85 为考虑单角钢斜杆偏心受拉的容许应力折减系数。

3. 斜杆与节点板的连接计算

（1）确定焊角尺寸（节点板厚 12mm）。

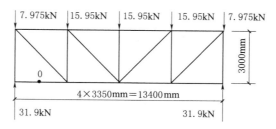

图 7.33 纵向支撑计算图

肢背：$h_{f\min} \geqslant 1.5\sqrt{12} = 5.2\,\text{mm}$，$h_{f\max} \leqslant 1.2 \times 8 = 9.6$，取 $h_{f1} = 8\,\text{mm}$。

肢尖：$h_{f\min} \geqslant 1.5\sqrt{12} = 5.2\,\text{mm}$，$h_{f\max} \leqslant 8 - (1 \sim 2) = (6 \sim 7)\,\text{mm}$，取 $h_{f2} = 6\,\text{mm}$。

（2）确定搭接长度。

肢背：
$$l_{w1} = \frac{N_1}{0.7h_{f1}[\sigma]} = \frac{0.7 \times 35.7 \times 10^3}{0.7 \times 8 \times 160} = 27.9\,(\text{mm})$$

肢尖：$$l_{w2} = \frac{N_2}{0.7h_{f2}[\sigma]} = \frac{0.3 \times 35.71 \times 10^3}{0.7 \times 8 \times 160} = 12\,(\text{mm})$$

故可直接将斜拉杆焊在主梁下翼缘上。

7.8.8 边梁设计

边梁为单腹式截面（图 7.34），其截面尺寸按构造要求确定，即截面高度与主梁端部高度相同，腹板厚度与主梁腹板厚度相同，为便于安装压合胶木滑块，下翼缘宽度不宜小于 300mm，取 400mm，厚度同主梁下翼缘，取 20mm。

边梁是闸门的关键受力构件，受力情况复杂，在工作过程中可能受扭，设计过程中将容许应力值取为 $0.8[\sigma]$。

1. 内力计算

边梁受力复杂，可将其简化为支承在上下滑块上的双悬臂梁来计算，如图 7.35 所示。

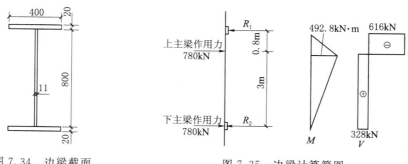

图 7.34 边梁截面　　　　图 7.35 边梁计算简图

（1）水平荷载。为简化起见，假定水平次梁和顶、底梁传来的水平荷载全部传给主梁，再由主梁传给边梁。每个主梁作用于边梁的荷载为 780kN。

（2）竖直荷载。包括闸门自重、滑道摩阻力、止水摩阻力、起吊力等。

上滑块所受的压力 $\qquad R_1 = \dfrac{780 \times 3}{3.8} = 616(\text{kN})$

下滑块所受的压力 $\qquad R_2 = 1560 - 616 = 944(\text{kN})$

最大弯矩 $\qquad M_{max} = 616 \times 0.8 = 492.8(\text{kN} \cdot \text{m})$

最大剪力 $\qquad V_{max} = R_1 = 616(\text{kN})$

最大轴向力为作用在一个边梁上的起吊力，其大小为 $T_启/2$，底止水橡皮采用 $\text{I} 110 - 16$ 型，其规格为宽 16mm、长 110mm。

$$T_启 = 1.1G + 1.2(T_{zd} + T_{zs}) + P_x$$
$$= 1.1 \times 159.4 + 1.2 \times (0.12 \times 3121.3 + 2 \times 0.65 \times 0.06 \times 7 \times 34.3)$$
$$+ 20 \times 13.4 \times 0.016 = 651.6(\text{kN})$$

则最大轴向力为 228kN，在最大弯矩作用截面上的轴向力为

$$N = \frac{1}{2}T_启 - R_1 f = \frac{651.6}{2} - 616 \times 0.12 = 252(\text{kN})$$

2. 边梁的强度验算

截面面积： $\qquad A = 800 \times 11 + 2 \times 400 \times 20 = 24800(\text{mm}^2)$

截面静矩： $\qquad S_{max} = 400 \times 20 \times 410 + 400 \times 11 \times 200 = 4160000(\text{mm}^3)$

截面惯性矩： $\qquad I = \dfrac{11 \times 800^3}{12} + 2 \times 400 \times 20 \times 410^2 = 3158933333(\text{cm}^4)$

抗弯截面模量： $\qquad W = \dfrac{3158933333}{420} = 7521270(\text{mm}^3)$

截面边缘最大弯曲应力验算：

$$\sigma_{max} = \frac{N}{A} + \frac{M_{max}}{W} = \frac{252 \times 10^3}{24800} + \frac{492.8 \times 10^6}{7521270} = 75.6(\text{N/mm}^2) < 0.8[\sigma] = 128\text{N/mm}^2$$

腹板最大剪应力验算：

$$\tau_{max} = \frac{V_{max} S_{max}}{I t_w} = \frac{616 \times 10^3 \times 4160000}{3158933333 \times 11} = 74(\text{N/mm}^2) \leqslant 0.8[\tau] = 0.8 \times 95 = 76\text{N/mm}^2$$

腹板与下翼缘连接处折算应力验算：

$$\sigma = \frac{N}{A} + \frac{M_{max}}{W} \cdot \frac{y'}{y} = \frac{252 \times 10^3}{24800} + \frac{492.8 \times 10^6}{7521270} \times \frac{400}{420} = 72.6(\text{N/mm}^2)$$

$$\tau = \frac{V_{max} S}{I t_w} = \frac{616 \times 10^3 \times 400 \times 20 \times 410}{3158933333 \times 11} = 58.2(\text{N/mm}^2)$$

$$\sigma_{zh} = \sqrt{\sigma^2 + 3\tau^2} = \sqrt{72.6^2 + 3 \times 58.2^2} = 124(\text{N/mm}^2) < 0.8[\sigma] = 128\text{N/mm}^2$$

说明边梁截面满足强度要求。

7.8.9 行走支承设计

胶木滑块设计：滑块位置如图 7.35 所示，下滑块受力最大，其值为 $R_2 = 641\text{kN}$。设滑块长度为 350mm，则滑块单位长度受力为

$$q = \frac{944 \times 10^3}{400} = 2361.5(\text{N/mm})$$

根据上述 q 值由表 7.2 查得轨顶弧面半径 $R = 200\text{mm}$，轨头设计宽度 $S = 40\text{mm}$，胶木滑道与轨顶弧面的接触应力为

$$\sigma_{max} = 104\sqrt{\frac{q}{R}} = 104\sqrt{\frac{2361.5}{200}} = 357.4(N/mm^2) < [\sigma_j] = 500N/mm^2$$

选定胶木高 35mm，宽 120mm，长 350mm。

7.8.10 胶木滑块轨道设计

1. 确定轨道底板宽度

轨道底板宽度按混凝土抗压强度等级确定。根据 C20 混凝土由附表 9.5 查得混凝土的容许承压应力为 $[\sigma_h] = 7N/mm^2$，则所需要的轨道底板宽度为 $B_h = \frac{q}{[\sigma_h]} = \frac{2361.5}{7} = 337.4(mm)$，取 $B_h = 350mm$。对应的轨道底面压应力为 $\sigma_h = \frac{2361.5}{350} = 6.7(N/mm^2)$。

2. 确定轨道底板厚度

轨道底板厚度按其抗弯强度确定。轨道底板的最大弯曲应力为

$$\sigma = 3\sigma_h \frac{c^2}{t^2} \leqslant [\sigma]$$

其中，轨道底板悬臂长度 $c = 155mm$，对于 Q235 钢材由附表 9.2 查得 $[\sigma] = 100N/mm^2$。

故所需轨道底板厚度：$t = \sqrt{\frac{3\sigma_h c^2}{[\sigma]}} = \sqrt{\frac{3\times6.7\times155^2}{100}} = 69(mm)$，取 $t = 80mm$。

7.8.11 闸门闭门力和吊座计算

1. 闭门力计算

$$T_闭 = 1.2(T_{zd} + T_{zs}) - 0.9G = 1.2\times(375 + 18.7) - 0.9\times159.4 = 329(kN)$$

显然仅靠闸门自重不能关闭闸门。为此，宜考虑采用一个重量为 200kN 的加载梁，在闭门时可以依次对需要关闭的闸门加载下压关闭。

2. 吊轴和吊耳板验算

（1）吊轴。采用 Q235 钢，由附表 9.2 查得 $[\tau] = 65N/mm^2$，采用双吊点，每边起吊力为

$$P = 1.2T_闭/2 = 1.2\times\frac{651.6}{2} = 391(kN)$$

吊轴每边剪力 $\qquad V = \frac{P}{2} = \frac{391}{2} = 195.5(kN)$

所需吊轴截面面积为 $\qquad A = \frac{V}{[\tau]} = \frac{195.5\times10^3}{65} = 3007.7(mm^2)$

故吊轴直径 $d \geqslant \sqrt{\frac{4A}{\pi}} = \sqrt{\frac{4\times3007.5}{\pi}} = 61.9(mm)$，取 $d = 85mm$

（2）吊耳板强度验算。按局部紧接承压条件，吊耳板需要厚度 $t = \frac{P}{d[\sigma_{cj}]} =$

$$\frac{391 \times 10^3}{85 \times 80} = 57.5 (\text{mm})$$

因此在边梁腹板上端部的两侧各焊一块厚度为 20mm 的轴承板。轴承板采用圆形，其直径取 $3d = 3 \times 85 = 255 (\text{mm})$。

吊耳孔壁拉应力为

$$\sigma_k = \sigma_{cj} \frac{R^2 + r^2}{R^2 - r^2} = \frac{P}{td} \cdot \frac{R^2 + r^2}{R^2 - r^2} = \frac{391 \times 10^3 \times (127.5^2 + 42.5^2)}{60 \times 85 \times (127.5^2 - 42.5^2)}$$

$$= 95.8 (\text{N/mm}^2) < 0.8 \times 120 = 96 (\text{N/mm}^2)$$

所选尺寸满足强度要求。

思考题

7.1 平面钢闸门根据其功用可分为几种类型？各类型闸门在设计时有何区别？

7.2 门叶结构由哪些构、部件组成？它们的作用如何？水压力是通过何种途径传至闸墩的？

7.3 梁格齐平连接和降低连接各有何优缺点？两种连接中各梁的计算简图如何绘制？

7.4 为何梁的跨度越大，梁的数目宜越少？大跨度平面闸门的主梁数为何又不宜少于 2 个？

7.5 如何确定面板的厚度？

7.6 如何确定面板参与梁截面整体弯曲的宽度？

7.7 边梁的截面形式如何确定？

7.8 行走支承有哪两大类？各自适用条件是什么？

7.9 如何设计平面闸门的主轨？

7.10 为什么要分别计算闸门的启门力和闭门力？若闭门力大于闸门自重时，可采用哪些措施使闸门关闭？

附录 1　钢材的化学成分和力学性能

　　　　　　　　　　　碳素结构钢的化学成分

牌号	质量等级	脱氧方法	C	Mn	Si	S≤	P≤
Q235	A	F B Z	0.14～0.22	0.30～0.63 0.30～0.65 0.30～0.63	≤0.07 ≤0.17 0.12～0.30	0.050	0.045
	B	F B Z	0.12～0.20	0.30～0.60 0.30～0.70 0.30～0.70	≤0.07 ≤0.17 0.12～0.30	0.045	0.045
	C	Z	≤0.18	0.35～0.80	0.12～0.30	0.040	0.040
	D	TZ	≤0.17			0.035	0.035

注　在保证钢材力学性能符合标准规定情况下 Q235A 钢的 C、Mn 含量和 Q235B、C、D、钢的 C、Mn 含量下限可不作为交货条件。

附表 1.2　　　　　　　　　　碳素结构钢的机械性能

牌号		拉伸试验															冲击试验	
屈服点	质量等级	屈服点 f_y/(N/mm^2)						抗拉强度 f_u/(N/mm^2)	伸长率 δ_5/%							温度/℃	A_{kv}/J
		钢材厚度或直径/mm							钢材厚度或直径/mm								
		≤16	>16～40	>40～60	>60～100	>100～150	>150		≤16	>16～40	>40～60	>60～100	>100～150	>150		
		≥							≥							
Q235	A B C D	235	225	215	205	195	185	375～460	26	25	24	23	22	21	— 20 0 −20	27

附表 1.3　　　　　　　　　　合金高强度结构钢的化学成分

牌号	质量等级	C≤	Mn	Si≤	P≤	S≤	V	Nb	Ti	Al≥	Cr≤	Ni≤
Q345	A	0.20	1.00～1.60	0.55	0.045	0.045	0.02～0.15	0.015～0.060	0.02～0.20	—		
	B	0.20		0.55	0.040	0.040				—		
	C	0.20		0.55	0.035	0.035				0.015		
	D	0.18		0.55	0.030	0.030				0.015		
	E	0.18		0.55	0.025	0.025				0.015		
Q390	A	0.20	1.00～1.60	0.55	0.045	0.045	0.02～0.20	0.015～0.060	0.02～0.20	—	0.30	0.70
	B	0.20		0.55	0.040	0.040				—	0.30	0.70
	C	0.20		0.55	0.035	0.035				0.015	0.30	0.70
	D	0.20		0.55	0.030	0.030				0.015	0.30	0.70
	E	0.20		0.55	0.025	0.025				0.015	0.30	0.70

牌号	质量等级	C≤	Mn	Si≤	P≤	S≤	V	Nb	Ti	Al≥	Cr≤	Ni≤
Q420	A	0.20	1.00～1.60	0.55	0.045	0.045	0.02～0.20	0.015～0.060	0.02～0.20	—	0.40	0.70
	B	0.20		0.55	0.040	0.040				—	0.40	0.70
	C	0.20		0.55	0.035	0.035				0.015	0.40	0.70
	D	0.20		0.55	0.030	0.030				0.015	0.40	0.70
	E	0.20		0.55	0.025	0.025				0.015	0.40	0.70

附表 1.4　　　　低合金结构钢的力学性能和工艺性能

牌号	质量等级	屈服点 f_y/(N/mm²) 厚度（直径，边长）/mm ≤16	>16～35	>35～50	>50～100	抗拉强度 f_u /(N/mm²)	伸长率 δ_5/%	冲击功，A_{kv}，（纵向）/J +20℃	0℃	−20℃	−40℃	180°弯曲试验 d 为弯心直径 a 为试样厚度 钢材厚度/mm ≤16	>16～100
Q345	A	345	325	295	275	470～630	21					$d=2a$	$d=3a$
	B						21	34					
	C						22		34				
	D						22			34			
	E						22				27		
Q390	A	390	370	350	330	490～650	19					$d=2a$	$d=3a$
	B						19	34					
	C						20		34				
	D						20			34			
	E						20				27		
Q420	A	420	400	380	360	520～680	18					$d=2a$	$d=3a$
	B						18	34					
	C						19		34				
	D						19			34			
	E						19				27		

附录 2 疲劳计算的构件和连接分类

项次	简　图	说　明	类别
1		无连接处的主体金属 (1) 轧制型钢。 (2) 钢板。 1) 两边为轧制边或刨边。 2) 两侧为自动、半自动切割边（切割质量标准应符合现行国家标准《钢结构工程施工质量验收规范》（GB 50205）	1 1 2
2		横向对接焊缝附近的主体金属 (1) 符合现行国家标准《钢结构工程施工质量验收规范》（GB 50205）的一级焊缝。 (2) 经加工磨平的一级焊缝	3 2
3		不同厚度（或宽度）横向对接焊缝附近的主体金属、焊缝加工成平滑过渡并符合一级焊缝标准	2
4		纵向对接焊缝附近的主体金属，焊缝符合二级焊缝标准	2
5		翼缘连接焊缝附近的主体金属 (1) 翼缘板与腹板的连接焊缝。 1) 自动焊，二级 T 形对接与角接组合焊缝。 2) 自动焊，角焊缝，外观质量标准符合二级。 3) 手工焊，角焊缝，外观质量标准符合二级。 (2) 双层翼缘板之间的连接焊缝。 1) 自动焊，角焊缝，外观质量标准符合二级。 2) 手工焊，角焊缝，外观质量标准符合二级	2 3 4 3 4

项次	简　图	说　明	类别
6		横向加劲肋端部附近的主体金属 （1）肋端不断弧（采用回焊）。 （2）肋端断弧	4 5
7		梯形节点板用对接焊缝焊于梁翼缘、腹板以及桁架构件处的主体金属。过渡处在焊后铲平、磨平、圆滑过渡，不得有焊接起弧、灭弧缺陷	
8		矩形节点板焊接于构件翼缘或腹板处的金属主体 $l > 150\mathrm{mm}$	7
9		翼缘板中断处的主体金属（板端有正面焊缝）	7
10		向正面角焊缝过渡处的主体金属	6
11		两侧面角焊缝连接端部的主体金属	8

续表

项次	简　图	说　明	类别
12		三面围焊的角焊缝端部主体金属	7
13		三面围焊或两侧面角焊缝连接的节点板主体金属 （节点板计算宽度按扩散角 $\theta=30°$ 考虑）	7
14		K 形坡口 T 形对接与角接组合焊缝外的主体金属，两板轴线偏离小于 $0.15t$ 焊缝经无损检验且焊趾角 $\alpha \leqslant 45°$	5
15		十字接头角焊缝外的主体金属，两板轴线偏离小于 $0.15t$	7
16	角焊缝	按有效截面确定的剪应力幅计算	8
17		铆钉连接处的主体金属	3
18		连系螺栓和虚孔处的主体金属	3

项次	简　　图	说　　明	类别
19		高强度螺栓摩擦型连接处的主体金属	2

注　1. 所有对接焊缝及 T 形对接和角接组合焊缝均需焊透。所有焊缝的外形尺寸均应符合现行标准《钢结构焊缝外形尺寸》(JB 7949) 的规定。

　　2. 角焊缝应符合《规范》第 8.2.7 条和第 8.2.8 条的要求。

　　3. 项次 16 中的剪应力幅 $\Delta\tau = \tau_{max} - \tau_{min}$ 其中的正负值为：与 τ_{max} 同方向时，取正值；与 τ_{min} 反方向时，取负值。

　　4. 第 17、18 项中的应力应以净截面面积计算，第 19 项应以毛截面面积计算。

附录 3　型钢规格和截面特性

附表 3.1　　　　　　　热 轧 等 肢 角 钢

单角钢　双角钢　截面尺寸

角钢型号	边宽 b	边厚 d	圆角 r	重心距 Z_0	截面面积	理论质量	惯性矩 I_x	$W_{x\max}$	$W_{x\min}$	i_x	i_{x0}	i_{y0}	6	8	10	12
			mm		cm²	kg/m	cm⁴	cm³			cm				cm	
2	20	3	3.5	0.60	1.13	0.89	0.40	0.67	0.29	0.59	0.75	0.39	1.08	1.16	1.26	1.34
		4		0.64	1.46	1.15	0.50	0.78	0.36	0.58	0.73	0.38	1.12	1.19	1.28	1.37
2.5	25	3	3.5	0.73	1.43	1.12	0.82	1.11	0.46	0.76	0.95	0.49	1.28	1.36	1.44	1.53
		4		0.76	1.86	1.46	1.03	1.36	0.59	0.74	0.93	0.48	1.29	1.38	1.46	1.55
3.0	30	3	4.5	0.85	1.75	1.37	1.46	1.74	0.68	0.91	1.15	0.59	1.47	1.54	1.66	1.71
		4		0.89	2.28	1.79	1.84	2.07	0.87	0.90	1.13	0.58	1.49	1.57	1.69	1.74
3.6	36	3	4.5	1.00	2.11	1.66	2.58	2.56	0.99	1.11	1.39	0.71	1.70	1.75	1.85	1.94
		4		1.04	2.76	2.16	3.29	3.16	1.28	1.09	1.38	0.70	1.73	1.81	1.88	1.97
		5		1.07	3.38	2.65	3.95	3.70	1.56	1.08	1.36	0.70	1.74	1.82	1.90	1.99
4	40	3	5	1.09	2.36	1.85	3.59	3.30	1.23	1.23	1.55	0.79	1.85	1.93	2.01	2.09
		4		1.13	3.09	2.42	4.60	4.10	1.60	1.22	1.54	0.79	1.88	1.96	2.03	2.12
		5		1.17	3.79	2.98	5.53	4.70	1.96	1.21	1.52	0.78	1.90	1.98	2.06	2.14
4.5	45	3	5	1.22	2.66	2.09	5.17	4.20	1.58	1.40	1.76	0.89	2.06	2.13	2.20	2.28
		4		1.26	3.49	2.74	6.65	5.30	2.05	1.38	1.74	0.89	2.09	2.16	2.23	2.32
		5		1.30	4.29	3.37	8.04	6.20	2.51	1.37	1.72	0.88	2.11	2.18	2.26	2.34
		6		1.33	5.08	3.99	9.33	7.00	2.95	1.36	1.70	0.88	2.12	2.20	2.28	2.36
5	50	3	5.5	1.34	2.97	2.33	7.18	5.40	1.96	1.55	1.96	1.00	2.25	2.32	2.40	2.48
		4		1.38	3.90	3.06	9.26	6.70	2.56	1.54	1.94	0.99	2.28	2.36	2.44	2.51
		5		1.42	4.80	3.77	11.21	7.80	3.13	1.53	1.92	0.93	2.30	2.38	2.46	2.53
		6		1.46	5.69	4.47	13.05	9.00	3.68	1.52	1.91	0.93	2.32	2.40	2.48	2.56
5.6	56	3	6	1.48	3.34	2.62	10.19	7.00	2.48	1.75	2.20	1.13	2.49	2.57	2.64	2.71
		4		1.53	4.39	3.45	13.18	8.60	3.24	1.73	2.18	1.11	2.51	2.59	2.66	2.74
		5		1.57	5.42	4.25	16.02	10.20	3.97	1.72	2.17	1.10	2.54	2.61	2.69	2.77
		8		1.68	8.37	6.57	23.63	14.00	6.03	1.68	2.11	1.09	2.60	2.67	2.75	2.83

续表

单角钢　双角钢

角钢型号	截面尺寸							截面模量		回转半径			i_y（当 t 为下列数值）/mm			
	边宽 b	边厚 d	圆角 r	重心距 Z_0	截面面积	理论质量	惯性矩 I_x	$W_{x\max}$	$W_{x\min}$	i_x	i_{x0}	i_{y0}	6	8	10	12
	mm				cm²	kg/m	cm⁴	cm³		cm			cm			
6.3	63	4	7	1.70	4.98	3.91	19.03	11.2	4.13	1.96	2.46	1.26	2.79	2.85	2.93	3.01
		5		1.74	6.14	4.82	23.17	13.2	5.08	1.94	2.45	1.25	2.82	2.88	2.97	3.04
		6		1.78	7.29	5.72	27.12	15.2	6.00	1.93	2.43	1.24	2.84	2.91	3.00	3.06
		8		1.85	9.52	7.47	34.46	18.6	7.75	1.90	2.40	1.23	2.87	2.94	3.02	3.10
		10		1.93	11.66	9.15	41.09	21.3	9.39	1.88	2.36	1.22	2.91	2.99	3.07	3.15
7	70	4	8	1.86	5.570	4.37	26.39	14.5	5.14	2.18	2.76	1.40	3.06	3.14	3.21	3.28
		5		1.91	6.875	5.40	32.21	16.8	6.32	2.16	2.73	1.39	3.08	3.16	3.23	3.30
		6		1.95	8.160	6.41	37.77	19.4	7.48	2.15	2.71	1.38	3.10	3.18	3.25	3.33
		7		1.99	9.424	7.40	43.09	21.6	8.59	2.14	2.69	1.38	3.13	3.20	3.28	3.36
		8		2.03	10.67	8.37	48.17	23.8	9.68	2.12	2.68	1.37	3.15	3.22	3.30	3.37
7.5	75	5	9	2.04	7.37	5.82	39.97	19.6	7.32	2.33	2.92	1.50	3.28	3.35	3.42	3.49
		6		2.07	8.80	6.91	46.95	22.6	8.64	2.31	2.90	1.49	3.30	3.37	3.44	3.52
		7		2.11	10.2	7.98	53.57	25.4	9.93	2.30	2.89	1.48	3.32	3.39	3.46	3.55
		8		2.15	11.5	9.03	59.96	27.8	11.2	2.28	2.88	1.47	3.35	3.42	3.49	3.57
		10		2.22	14.1	11.1	71.98	32.4	13.6	2.26	2.84	1.46	3.38	3.46	3.53	3.61
8	80	5	9	2.15	7.91	6.21	48.79	22.7	8.34	2.48	3.13	1.60	3.49	3.56	3.63	3.71
		6		2.19	9.40	7.38	57.35	26.0	9.87	2.47	3.11	1.59	3.51	3.58	3.65	3.72
		7		2.23	10.9	8.53	65.58	29.3	11.4	2.46	3.10	1.58	3.52	3.60	3.67	3.75
		8		2.27	12.3	9.66	73.49	32.4	12.8	2.44	3.08	1.57	3.55	3.62	3.70	3.77
		10		2.35	15.16	11.9	88.43	37.6	15.6	2.42	3.04	1.56	3.59	3.66	3.74	3.81
9	90	6	10	2.44	10.6	8.35	82.8	33.9	12.6	2.79	3.51	1.80	3.90	3.97	4.04	4.11
		7		2.48	12.3	9.66	94.8	38.2	14.5	2.78	3.50	1.78	3.92	3.99	4.06	4.13
		8		2.52	13.9	10.9	106.5	42.1	16.4	2.76	3.48	1.78	3.94	4.01	4.08	4.16
		10		2.59	17.2	13.5	128.6	49.7	20.1	2.74	3.45	1.76	3.98	4.05	4.13	4.20
		12		2.67	20.3	15.9	149.2	56.0	23.6	2.71	3.41	1.75	4.02	4.10	4.17	4.25

续表

单角钢　双角钢

角钢型号	边宽 b	边厚 d	圆角 r	重心距 Z_0	截面面积	理论质量	惯性矩 I_x	$W_{x\max}$	$W_{x\min}$	i_x	i_{x0}	i_{y0}	i_y（当 t 为下列数值）/mm 6	8	10	12
	mm			cm²		kg/m	cm⁴	cm³		cm			cm			
10 100		6		2.67	11.9	9.37	115	43.1	15.7	3.10	3.90	2.00	4.29	4.36	4.44	4.51
		7		2.71	13.8	10.8	132	48.6	1	3.09	3.89	1.99	4.31	4.38	4.45	4.52
		8		2.76	15.6	12.3	148	53.7	20.5	3.08	3.88	1.98	4.32	4.40	4.47	4.54
		10	12	2.84	19.32	15.1	180	63.2	25.1	3.05	3.84	1.96	4.37	4.44	4.51	4.59
		12		2.91	2.8	17.9	209	71.9	29.5	3.03	3.81	1.95	4.42	4.49	4.56	4.64
		14		2.99	26.3	20.6	237	79.1	33.7	3.00	3.77	1.94	4.45	4.53	4.61	4.68
		16		3.06	29.6	23.3	263	89.6	37.8	2.98	3.74	1.94	4.49	4.56	4.64	4.72
11 110		7		2.96	15.2	11.9	177.1	59.9	22.1	3.41	4.30	2.20	4.71	4.78	4.85	4.92
		8		3.01	17.2	13.5	199.5	64.7	25.0	3.40	4.28	2.19	4.73	4.80	4.88	4.95
		10		3.09	21.3	16.7	242.2	78.4	30.6	3.38	4.25	2.17	4.78	4.86	4.93	5.00
		12		3.16	25.2	19.8	282.6	89.4	36.1	3.35	4.22	2.15	4.81	4.89	4.96	5.03
		14		3.24	29.1	22.8	320.7	99.2	41.3	3.32	4.18	2.14	4.85	4.92	5.00	5.07
12.5 125		8		3.37	19.8	15.5	297	88.1	32.5	3.88	4.88	2.50	5.33	5.40	5.57	5.53
		10		3.45	24.4	19.1	362	105	40.0	3.85	4.85	2.48	5.37	5.45	5.51	5.59
		12		3.53	28.9	22.7	423	120	41.2	3.83	4.82	2.46	5.41	5.48	5.55	5.63
		14	14	3.61	33.4	26.2	482	133	54.2	3.80	4.78	2.45	5.45	5.52	5.50	5.67
14 140		10		3.82	27.4	21.5	515	135	50.6	4.34	5.46	2.78	5.98	6.05	6.12	6.19
		12		3.90	32.5	25.5	604	155	59.8	4.31	5.43	2.76	6.02	6.09	6.16	6.23
		14		3.98	37.6	29.5	689	173	68.8	4.28	5.40	2.75	6.05	6.12	6.20	6.27
		16		4.06	42.8	33.4	770	190	77.5	4.26	5.36	2.74	6.09	6.16	6.24	6.31
16 160		10		4.31	31.5	24.7	780	180	66.7	4.98	6.27	3.20	6.77	6.83	6.90	6.98
		12		4.39	37.4	29.4	917	208	79.8	4.95	6.24	3.18	6.81	6.88	6.95	7.02
		14		4.47	43.3	34.0	1048	234	91.0	4.92	6.20	3.16	6.85	6.85	6.99	7.06
		16	16	4.55	49.1	38.5	1175	258	103	4.89	6.17	3.14	6.89	6.89	7.03	7.10
18 180		12		4.89	42.2	33.2	1321	271	101	5.59	7.05	3.58	7.63	7.70	7.77	7.83
		14		4.97	48.9	38.4	1514	305	116	5.56	7.02	3.58	7.66	7.74	7.81	7.88
		16		5.05	55.5	43.5	1701	338	131	5.54	6.98	3.55	7.70	7.77	7.84	7.91
		18		5.13	62.0	48.6	1875	365	146	5.50	6.94	3.51	7.73	7.80	7.87	7.95

续表

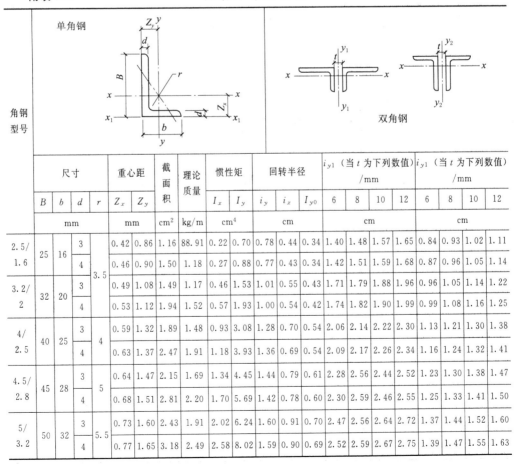

单角钢 / 双角钢

角钢型号	截面尺寸 边宽 b	边厚 d	圆角 r	重心距 Z_0	截面面积	理论质量	惯性矩 I_x	截面模量 $W_{x\max}$	$W_{x\min}$	回转半径 i_x	i_{x0}	i_{y0}	i_y（当 t 为下列数值）/mm 6	8	10	12
	mm			cm²	kg/m	cm⁴	cm³		cm			cm				
20	200	14	18	5.46	54.6	42.9	2104	387	145	6.20	7.82	3.98	8.47	8.53	8.60	8.67
		16		5.54	62.0	48.7	2360	428	164	6.18	7.79	3.96	8.50	8.57	8.64	8.71
		18		5.62	69.3	54.4	2621	467	182	6.15	7.75	3.94	8.53	8.60	8.67	8.74
		20		5.69	76.5	60.1	2867	503	200	6.12	7.72	3.93	8.57	8.64	8.72	8.79
		24		5.87	90.7	71.2	3338	570	236	6.07	7.64	3.90	8.65	8.72	8.80	8.87

附表 3.2　热 轧 不 等 肢 角 钢

单角钢 / 双角钢

角钢型号	尺寸 B	b	d	r	重心距 Z_x	Z_y	截面面积	理论质量	惯性矩 I_x	I_y	回转半径 i_y	i_x	I_{y0}	i_{y1}（当 t 为下列数值）/mm 6	8	10	12	i_{y1}（当 t 为下列数值）/mm 6	8	10	12
	mm				mm		cm²	kg/m	cm⁴		cm			cm				cm			
2.5/1.6	25	16	3	3.5	0.42	0.86	1.16	0.91	0.22	0.70	0.78	0.44	0.34	1.40	1.48	1.57	1.65	0.84	0.93	1.02	1.11
			4		0.46	0.90	1.50	1.18	0.27	0.88	0.77	0.43	0.34	1.42	1.51	1.59	1.68	0.87	0.96	1.05	1.14
3.2/2	32	20	3	3.5	0.49	1.08	1.49	1.17	0.46	1.53	1.01	0.55	0.43	1.71	1.79	1.88	1.96	0.96	1.05	1.14	1.22
			4		0.53	1.12	1.94	1.52	0.57	1.93	1.00	0.54	0.42	1.74	1.82	1.90	1.99	0.99	1.08	1.16	1.25
4/2.5	40	25	3	4	0.59	1.32	1.89	1.48	0.93	3.08	1.28	0.70	0.54	2.06	2.14	2.22	2.30	1.13	1.21	1.30	1.38
			4		0.63	1.37	2.47	1.91	1.18	3.93	1.36	0.69	0.54	2.09	2.17	2.26	2.34	1.16	1.24	1.32	1.41
4.5/2.8	45	28	3	5	0.64	1.47	2.15	1.69	1.34	4.45	1.44	0.79	0.61	2.28	2.36	2.44	2.52	1.23	1.30	1.38	1.47
			4		0.68	1.51	2.81	2.20	1.70	5.69	1.42	0.78	0.60	2.30	2.38	2.46	2.55	1.25	1.33	1.41	1.50
5/3.2	50	32	3	5.5	0.73	1.60	2.43	1.91	2.02	6.24	1.60	0.91	0.70	2.47	2.56	2.64	2.72	1.37	1.44	1.52	1.60
			4		0.77	1.65	3.18	2.49	2.58	8.02	1.59	0.90	0.69	2.52	2.59	2.67	2.75	1.39	1.47	1.55	1.63

单角钢　双角钢

角钢型号	尺寸				重心距		截面积	理论质量	惯性矩		回转半径			i_{y1}（当 t 为下列数值）/mm				i_{y1}（当 t 为下列数值）/mm			
	B	b	d	r	Z_x	Z_y			I_x	I_y	i_y	i_x	I_{y0}	6	8	10	12	6	8	10	12
	mm				mm		cm²	kg/m	cm⁴		cm			cm				cm			
5.6/3.6	56	36	3	6	0.80	1.78	2.74	2.15	2.92	8.88	1.80	1.03	0.79	2.75	2.83	2.90	2.08	1.51	1.58	1.66	1.74
			4		0.85	1.82	3.59	2.82	3.76	11.5	1.79	1.02	0.79	2.77	2.85	2.93	3.01	1.53	1.60	1.68	1.76
			5		0.88	1.87	4.42	3.47	4.49	13.9	1.77	1.01	0.78	2.79	2.87	2.95	3.03	1.55	1.63	1.71	1.79
6.3/4	63	40	4	7	0.92	2.04	4.06	3.19	5.23	16.5	2.02	1.14	0.88	3.08	3.15	3.23	3.31	1.66	1.73	1.81	1.89
			5		0.95	2.08	4.99	3.92	6.31	20.0	2.00	1.12	0.87	3.11	3.19	3.26	3.34	1.68	1.75	1.83	1.91
			6		0.99	2.12	5.91	4.64	7.29	23.4	1.96	1.11	0.86	3.13	3.21	3.29	3.37	1.70	1.78	1.86	1.94
			7		1.03	2.15	6.80	5.34	8.24	26.5	1.98	1.10	0.86	3.16	3.24	3.33	3.40	1.72	1.80	1.89	1.96
7/4	70	45	4	7.5	1.02	2.24	4.55	3.57	7.55	23.2	2.26	1.29	0.98	3.40	3.48	3.56	3.62	1.84	1.92	1.99	2.07
			5		1.06	2.28	5.61	4.40	9.13	27.9	2.23	1.28	0.98	3.41	3.49	3.58	3.64	1.85	1.93	2.01	2.08
			6		1.09	2.32	6.65	5.22	10.6	32.5	2.21	1.26	0.98	3.45	3.52	3.60	3.66	1.88	1.95	2.03	2.12
			7		1.13	2.36	7.66	6.01	12.0	37.2	2.20	1.25	0.97	3.47	3.54	3.63	3.68	1.90	1.97	2.05	2.14
7.5/5	75	50	5	8	1.17	2.40	6.13	4.81	12.6	34.9	2.39	1.44	1.10	3.59	3.67	3.75	3.83	2.05	2.12	2.20	2.28
			6		1.21	2.44	7.26	5.70	14.7	41.1	2.38	1.42	1.08	3.62	3.70	3.78	3.86	2.07	2.15	2.22	2.30
			8		1.29	2.52	9.47	7.43	18.5	52.4	2.35	1.40	1.07	3.67	3.75	3.83	3.91	2.12	2.19	2.27	2.35
			10		1.36	2.60	11.6	9.10	22.0	62.7	2.33	1.38	1.06	3.71	3.81	3.88	3.96	2.16	2.25	2.32	2.40
8/5	80	50	5	8	1.14	2.60	6.38	5.01	12.8	42.0	2.56	1.42	1.10	3.87	3.94	4.02	4.10	2.01	2.08	2.16	2.23
			6		1.18	2.65	7.56	5.94	15.0	49.5	2.56	1.41	1.08	3.90	3.97	4.05	4.13	2.02	2.10	2.18	2.26
			7		1.21	2.69	8.72	6.85	17.0	56.2	2.54	1.39	1.08	3.92	4.00	4.07	4.15	2.06	2.13	2.20	2.27
			8		1.25	2.73	9.87	7.75	18.9	62.8	2.52	1.38	1.07	3.95	4.03	4.10	4.18	2.08	2.16	2.23	2.31
9/5.6	90	56	5	9	1.25	2.91	7.21	5.66	3	60.5	2.90	1.59	1.23	4.32	4.40	4.47	4.54	2.22	2.30	2.36	2.43
			6		1.29	2.95	8.56	6.72	21.4	71.0	2.88	1.58	1.23	4.34	4.43	4.49	4.57	2.24	2.31	2.38	2.45
			7		1.33	3.00	9.88	7.76	24.4	81.0	2.86	1.57	1.22	4.36	4.44	4.52	4.60	2.26	2.33	2.41	2.47
			8		1.36	3.04	11.2	8.78	27.2	91.0	2.85	1.56	1.21	4.39	4.47	4.55	4.62	2.28	2.35	2.43	2.50

续表

单角钢

双角钢

角钢型号	尺寸				重心距		截面积	理论质量	惯性矩		回转半径			i_{y1}（当 t 为下列数值）/mm				i_{y1}（当 t 为下列数值）/mm			
	B	b	d	r	Z_x	Z_y			I_x	I_y	i_y	i_x	i_{y0}	6	8	10	12	6	8	10	12
	mm				mm		cm²	kg/m	cm⁴		cm			cm				cm			
10/6.3	100	63	6		1.43	3.24	9.62	7.55	30.9	99.1	3.21	1.79	1.38	4.76	4.84	4.92	4.99	2.48	2.55	2.62	2.70
			7		1.47	3.28	11.1	8.72	35.3	114	3.20	1.78	1.38	4.79	4.87	4.95	5.02	2.50	2.57	2.64	2.72
			8		1.50	3.32	12.6	9.88	39.4	127	3.18	1.77	1.37	4.82	4.89	4.97	5.04	2.53	2.59	2.67	2.74
10/8	100	80	6	10	1.97	2.95	10.6	8.35	61.2	107	3.17	2.40	1.72	4.54	4.62	4.68	4.77	3.30	3.38	3.44	3.52
			7		2.91	3.00	12.3	9.66	70.1	123	3.16	2.39	1.72	4.56	4.64	4.71	4.79	3.32	3.41	3.46	3.55
			8		2.05	3.04	13.9	11.0	78.6	138	3.14	2.37	1.71	4.58	4.66	4.74	4.82	3.34	3.43	3.48	3.57
			10		2.13	3.12	17.2	13.5	94.7	167	3.12	2.35	1.69	4.62	4.70	4.77	4.86	3.37	3.46	3.52	3.61
11/7	110	70	6		1.57	3.53	10.6	8.35	42.9	133	3.54	2.01	1.54	5.20	5.28	5.36	5.43	2.74	2.81	2.88	2.97
			7		1.61	3.57	12.3	9.66	49.0	153	3.53	2.00	1.53	5.23	5.30	5.37	5.45	2.75	2.82	2.89	2.98
			8		1.65	3.62	13.9	11.0	54.9	172	3.51	1.98	1.53	5.26	5.33	5.41	5.49	2.77	2.84	2.92	2.99
			10		1.72	3.70	17.2	13.5	65.9	208	3.48	1.96	1.51	5.31	5.38	5.48	5.54	2.82	2.90	2.96	3.04
12.5/8	120	80	7	11	1.80	4.01	14.1	11.1	74.4	228	4.02	2.30	1.76	5.89	5.96	6.04	6.11	3.11	3.17	3.24	3.31
			8		1.84	4.06	16.0	12.6	83.4	257	4.01	2.28	1.75	5.91	5.98	6.06	6.13	3.13	3.19	3.27	3.34
			10		1.92	4.14	19.7	15.5	101	312	3.98	2.26	1.74	5.97	6.04	6.11	6.19	3.17	3.23	3.31	3.38
			12		2.00	4.22	23.4	18.3	117	364	3.95	2.24	1.72	6.00	6.08	6.15	6.23	3.21	3.28	3.35	3.43
14/9	140	90	8	12	2.04	4.50	18.0	14.2	121	366	4.50	2.59	1.98	6.57	6.64	6.72	6.79	3.48	3.55	3.61	3.69
			10		2.12	4.58	22.3	17.5	140	456	4.47	2.56	1.96	6.62	6.69	6.77	6.84	3.52	3.59	3.67	3.74
			12		2.19	4.66	26.4	20.7	170	522	4.44	2.54	1.95	6.67	6.73	6.82	6.88	3.56	3.62	3.70	3.77
			14		2.27	4.74	30.5	23.9	192	594	4.42	2.51	1.94	6.72	6.78	6.87	6.92	3.60	3.65	3.73	3.80
16/10	160	100	10	13	2.28	5.24	25.3	19.9	205	669	5.14	2.85	2.19	7.54	7.62	7.69	7.77	3.84	3.90	3.97	4.04
			12		2.36	5.32	30.1	23.6	239	785	5.11	2.82	2.17	7.60	7.67	7.74	7.82	3.88	3.94	4.02	4.09
			14		2.43	5.40	34.7	27.3	271	896	5.08	2.80	2.16	7.64	7.71	7.79	7.86	3.91	3.98	4.05	4.13
			16		2.51	5.48	39.3	30.8	302	1003	5.05	2.77	2.16	7.68	7.76	7.84	7.90	3.95	4.01	4.09	4.16

续表

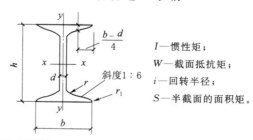

角钢型号 单角钢 / 双角钢

角钢型号	尺寸				重心距		截面积	理论质量	惯性矩		回转半径			i_{y1}（当 t 为下列数值）/mm				i_{y1}（当 t 为下列数值）/mm			
	B	b	d	r	Z_x	Z_y			I_x	I_y	i_y	i_x	I_{y0}	6	8	10	12	6	8	10	12
	mm				mm		cm²	kg/m	cm⁴		cm			cm				cm			
18/11 180 110	180	110	10	14	2.44	5.89	28.4	22.3	278	956	5.80	3.13	2.42	8.48	8.55	8.62	8.70	4.15	4.22	4.29	4.36
			12		2.52	5.98	33.7	26.5	325	1125	5.78	3.10	2.40	8.52	8.60	8.67	8.75	4.19	4.26	4.33	4.40
			14		2.59	6.06	39.0	30.6	370	1290	5.75	3.08	2.39	8.56	8.64	8.71	8.80	4.23	4.31	4.37	4.40
			16		2.67	6.14	44.1	34.7	412	1443	5.72	3.06	2.38	8.60	8.68	8.75	8.84	4.27	4.36	4.42	4.49
20/12.5	200	125	12		2.83	6.54	37.9	29.8	483	1571	6.44	3.57	2.74	9.39	9.46	9.54	9.61	4.75	4.81	4.88	4.95
			14		2.91	6.62	43.9	34.4	551	1801	6.41	3.54	2.73	9.43	9.50	9.58	9.65	4.78	4.85	4.82	4.99
			16		2.99	6.70	49.7	39.1	615	2023	6.38	3.52	2.71	9.48	9.55	9.63	9.70	4.82	4.89	4.96	5.03
			18		3.06	6.78	55.5	43.6	677	2238	6.35	3.49	2.70	9.50	9.58	9.66	9.78	4.86	4.92	5.00	5.07

注 1. 角钢长度 2.5/1.6～5.6/3.6 号，长 3～9m；6.3/4～9/5.6 号，长 4～12m；10/6.3～14/9 号，长 4～19m；16/10～20/12.5 号，长 6～19m。

2. 制造钢号：Q235、Q235 - F。

附表 3.3　　**热 轧 普 通 工 字 钢**

I—惯性矩；

W—截面抵抗矩；

i—回转半径；

S—半截面的面积矩。

型号	尺寸/mm						截面面积 /mm²	理论重量 /(kg/m)	参 考 数 值						
									x - x				y - y		
	h	b	d	t	r	r_1			I_x /cm⁴	W_x /cm³	S_x /cm³	i_x /cm	I_y /cm⁴	W_y /cm³	i_y /cm
10	100	68	4.5	7.6	6.5	3.3	14.33	11.2	245	49.0	28.2	4.14	32.8	9.6	1.51
12.6	126	74	5.0	8.4	7.0	3.5	18.10	14.2	488	77.4	44.4	5.19	46.9	12.7	1.61
14	140	80	5.5	9.1	7.5	3.8	21.50	16.9	712	101.7	58.4	5.75	64.4	16.1	1.73
16	160	88	6.0	9.9	8.0	4.0	26.11	20.5	1130	140.9	80.8	6.57	93.1	21.2	1.89
18	180	94	6.5	10.7	8.5	4.3	30.74	24.1	1660	185.4	106.5	7.37	122	26.0	2.00

续表

型号	尺寸/mm						截面面积/mm²	理论重量/(kg/m)	参考数值					
									x-x			y-y		
	h	b	d	t	r	r_1			I_x/cm⁴	W_x/cm³	S_x/cm³	i_x/cm	I_y/cm⁴	W_y/cm³	i_y/cm
20a	200	100	7.0	11.4	9	4.5	35.50	27.9	2370	236.9	136.1	8.16	158	31.5	2.11
20b	200	102	9.0	11.4	9	4.5	39.55	31.1	2500	250.2	146.1	7.95	169	33.1	2.07
22a	220	110	7.5	12.3	9.5	4.8	42.10	33.0	3400	309.6	177.7	8.99	225	40.9	2.32
22b	220	112	9.5	12.3	9.5	4.8	46.50	36.4	3570	325.8	189.8	8.78	239	42.7	2.27
25a	250	116	8.0	13	10	5	48.51	38.1	5020	401.4	230.7	10.17	280	48.3	2.40
25b	250	118	10.0	13	10	5	53.51	42.0	5280	422.2	246.3	9.93	309	52.4	2.36
28a	280	122	8.5	13.7	10.5	5.3	55.37	43.4	7110	508.2	292.7	11.34	345	56.6	2.49
28b	280	124	10.5	13.7	10.5	5.3	60.97	47.9	7480	534.4	312.3	11.08	379	61.2	2.44
32a	320	130	9.5	15	11.5	5.8	67.12	52.7	11100	692.5	400.5	12.85	460	70.8	2.62
32b	320	132	11.5	15	11.5	5.8	73.52	57.7	11600	726.7	426.1	12.58	502	76.0	2.57
36a	360	136	10	15.8	12	6	76.44	59.5	15800	877.6	508.8	14.38	552	81.2	2.69
36b	360	138	12	15.8	12	6	83.64	65.6	16500	920.8	541.2	14.08	582	84.3	2.64
36c	360	140	14	15.8	12	6	90.84	71.2	17300	964.0	573.6	13.82	612	87.4	26.0
40a	400	142	10.5	16.5	12.5	6.3	86.07	67.6	21700	1085.7	631.2	15.88	660	93.2	2.77
40b	400	144	12.5	16.5	12.5	6.3	94.07	73.8	22800	1139.0	671.2	15.56	692	96.2	2.71
40c	400	146	14.5	16.5	12.5	6.3	102.07	80.1	23900	1192.4	711.2	15.29	727	99.6	2.67
45a	450	150	11.5	18	13.5	6.8	102.40	80.4	32200	1432.9	836.4	17.74	855	114	2.89
45b	450	152	13.5	18	13.5	6.8	111.40	87.4	33800	1500.4	887.1	17.41	894	118	2.84
45c	450	154	15.5	18	13.5	6.8	120.40	94.5	35300	1567.5	937.7	17.12	938	122	2.79
50a	500	158	12	20	14	7	119.25	93.6	46500	1858.9	1084.1	19.74	1120	142	3.07
50b	500	160	14	20	14	7	129.25	101	48600	1942.2	1146.6	19.38	1170	146	3.01
50c	500	162	16	20	14	7	139.25	109	50600	2005.6	1209.1	19.07	1220	151	2.96
56a	560	166	12.5	21	14.5	7.3	135.38	106	65600	2342.0	1368.8	22.01	1370	165	3.18
56b	560	168	14.5	21	14.5	7.3	146.58	115	68500	2446.5	1447.2	21.62	1490	174	3.12
56c	560	170	16.5	21	14.5	7.3	157.78	124	71400	2551.1	1525.6	21.28	1560	183	3.07
63a	630	176	13	22	15	7.5	154.59	121	93900	2984.3	1747.4	24.66	1700	193	3.32
63b	630	178	15	22	15	7.5	167.19	131	98100	3166.6	1846.5	24.23	1810	204	3.25
63c	630	180	17	22	15	7.5	179.79	141	102000	3248.9	1945.9	23.86	1920	214	3.20

注　1. 工字钢长度 10～18 号，长 5～19m；20～63 号，长 6～19m。

　　 2. 一般采用材料：Q235，Q235-F。

附表 3.4　　　　　　　热 轧 普 通 槽 钢

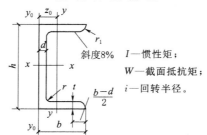

斜度8%　　I—惯性矩；

W—截面抵抗矩；

i—回转半径。

型号	尺寸/mm						截面面积 /mm²	理论重量 /(kg/m)	参 考 数 值							
									$x-x$			$y-y$			y_0-y_0	z_0 /mm
	h	b	d	t	r	r_1			W_x /cm³	I_x /cm⁴	i_x /mm	W_y /cm³	I_y /cm⁴	i_y /mm	I_{y0} /cm⁴	
5	50	37	4.5	7.0	7.0	3.5	693	5.44	10.4	26.0	19.4	3.55	8.30	11.0	20.9	13.5
6.3	63	40	4.8	7.5	7.5	3.8	845	6.63	16.1	50.8	24.5	4.50	11.9	11.9	28.4	13.6
8	80	43	5.0	8.0	8.0	4.0	1024	8.04	25.3	101	31.5	5.79	16.6	12.7	37.4	14.3
10	100	48	5.3	8.5	8.5	4.2	1274	10.00	39.7	198	39.5	7.80	25.6	14.1	54.9	15.2
12.6	126	53	5.5	9.0	9.0	4.5	1569	12.37	62.1	391	49.5	10.2	38.0	15.7	77.1	15.9
14a	140	58	6.0	9.5	9.5	4.8	1851	14.53	80.5	564	55.2	13.0	53.2	17.0	107	17.1
14b	140	60	8.0	9.5	9.5	4.8	2131	16.73	87.1	609	53.5	14.1	61.1	16.9	121	16.7
16a	160	63	6.5	10.0	10.0	5.0	2195	17.23	108	866	62.8	16.3	73.3	18.3	144	18.0
16b	160	65	8.5	10.0	10.0	5.0	2515	19.74	117	935	61.0	17.6	83.4	18.2	161	17.5
18a	180	68	7.0	10.5	10.5	5.2	2569	20.17	141	1270	70.4	20.0	98.6	19.6	190	18.8
18b	180	70	9.0	10.5	10.5	5.2	2929	22.99	152	1370	68.4	21.5	111	19.5	210	18.4
20a	200	73	7.0	11.0	11.0	5.5	2883	22.63	178	1780	78.6	24.2	128	21.1	244	20.1
20b	200	75	9.0	11.0	11.0	5.5	3283	25.77	191	1910	76.4	25.9	144	20.9	268	19.5
22a	220	77	7.0	11.5	11.5	5.8	3184	24.99	218	2390	86.7	28.2	158	22.3	298	21.0
22b	220	79	9.0	11.5	11.5	5.8	3624	28.45	234	2570	84.2	30.1	176	22.1	326	20.3
25a	250	78	7.0	12.0	12.0	6.0	3491	27.47	270	3370	98.2	30.6	176	22.4	322	20.7
25b	250	80	9.0	12.0	12.0	6.0	3991	31.39	282	3530	94.1	32.7	196	22.2	353	19.8
25c	250	82	11.0	12.0	12.0	6.0	4491	35.32	295	3690	90.7	35.9	218	22.1	384	19.2
28a	280	82	7.5	12.5	12.5	6.2	4002	31.42	340	4760	109	35.7	218	23.3	388	21.0
28b	280	84	9.5	12.5	12.5	6.2	4562	35.81	366	5130	106	37.9	242	23.0	428	20.2
28c	280	86	11.5	12.5	12.5	6.2	5122	40.21	393	5500	104	40.3	268	22.9	463	19.5
32a	320	88	8.0	14	14	7	4870	38.22	475	7600	125	46.5	305	25.0	552	22.4

续表

型号	尺寸/mm						截面面积 /mm²	理论重量 /(kg/m)	参 考 数 值							
									$x-x$			$y-y$			y_0-y_0	z_0 /mm
	h	b	d	t	r	r_1			W_x /cm³	I_x /cm⁴	i_x /mm	W_y /cm³	I_y /cm⁴	i_y /mm	I_{y0} /cm⁴	
32b	320	90	10.0	14	14	7	5510	43.25	509	8140	122	49.2	336	24.7	593	21.6
32c	320	92	12.0	14	14	7	6150	48.28	543	8690	119	52.6	374	24.7	643	20.9
36a	360	96	9.0	16	16	8	6089	47.8	660	11900	140	63.5	455	27.3	818	24.4
36b	360	98	11.0	16	16	8	6809	53.45	703	12700	136	66.9	497	27.0	880	23.7
36c	360	100	13.0	16	16	8	7529	59.11	746	13400	134	70.0	536	26.7	948	23.4
40a	400	100	10.5	18	18	9	7505	58.91	879	17600	153	78.8	592	28.1	1070	24.9
40b	400	102	12.5	18	18	9	8305	65.19	932	18600	150	82.5	640	27.8	1140	24.4
40c	400	104	14.5	18	18	9	9105	71.47	986	19700	147	86.2	688	27.5	1220	24.2

附表 3.5　　　　　热轧 H 型钢（按 GB/T 11263—1998 计算）

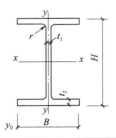

类型	型号（高度×宽度）	截面尺寸/mm				截面面积 /cm²	理论重量 /(kg/m)	截面特性参数					
		$H \times B$	t_1	t_2	r			惯性矩 /cm⁴		惯性半径 /cm		截面模量 /cm³	
								I_x	I_y	i_x	i_y	W_x	W_y
HW	100×100	100×100	6	8	10	21.90	17.2	383	134	4.18	2.47	76.5	26.7
	125×125	125×125	6.5	9	10	30.31	23.8	847	294	5.29	3.11	136	47.0
	150×150	150×150	7	10	13	40.55	31.9	1660	564	6.39	3.73	221	75.1
	175×175	175×175	7.5	11	13	51.43	40.3	2900	984	7.50	4.37	331	112
	200×200	200×200	8	12	16	64.28	50.5	4770	1600	8.61	4.99	477	160
		#200×204	12	12	16	72.28	56.7	5030	1700	8.35	4.85	503	167
	250×250	250×250	9	14	16	92.18	72.4	10800	3650	10.8	6.29	867	292
		#250×255	14	14	16	104.7	82.2	11500	3880	10.5	6.09	919	304
	300×300	#294×302	12	12	20	108.3	85.0	17000	5520	12.5	7.14	1160	365
		300×300	10	15	20	120.4	94.5	20500	6760	13.1	7.49	1370	450
		300×305	15	15	20	135.4	106	21600	7100	12.6	7.24	1440	466

类型	型号 （高度× 宽度）	截面尺寸/mm				截面 面积 /cm²	理论 重量 /(kg/m)	截面特性参数					
								惯性矩 /cm⁴		惯性半径 /cm		截面模量 /cm³	
		$H×B$	t_1	t_2	r			I_x	I_y	i_x	i_y	W_x	W_y
HW	350×350	♯344×348	10	16	20	146.0	115	33300	11200	15.1	8.78	1940	646
		350×350	12	19	20	173.9	137	40300	13600	15.2	8.84	2300	776
	400×400	♯388×402	15	15	24	179.2	141	49200	16300	16.6	9.52	2540	809
		♯394×398	11	18	24	187.6	147	56400	18900	17.3	10.0	2860	951
		400×400	13	21	24	219.5	172	66900	22400	17.5	10.1	3340	1120
		♯400×408	21	21	24	251.5	197	71100	23800	16.8	9.73	3560	1170
		♯414×405	18	28	24	296.2	233	93000	31000	17.7	10.2	4490	1530
		♯428×407	20	35	24	361.4	284	119000	394000	18.2	10.4	5580	1930
		*458×417	30	50	24	529.3	415	187000	60500	18.8	10.7	8180	2900
		*498×432	45	70	24	770.8	605	298000	94400	19.7	11.1	12000	4370
HM	150×100	148×100	6	9	13	27.25	21.4	1040	151	6.17	2.35	140	30.2
	200×150	194×150	6	9	16	39.76	31.2	2740	508	8.30	3.57	283	67.7
	250×175	244×175	7	11	16	56.24	44.1	6120	985	10.4	4.18	502	113
	300×200	294×200	8	12	20	73.03	57.3	11400	1600	12.5	4.69	779	160
	350×250	340×250	9	14	20	101.5	79.7	21700	3650	14.6	6.00	1280	292
	400×300	390×300	10	16	24	136.7	107	38900	7210	16.9	7.26	2000	481
	450×300	440×300	11	18	24	157.4	124	56100	8110	18.9	7.18	2550	541
	500×300	482×300	11	15	28	146.4	115	60800	6770	20.4	6.80	2520	451
		488×300	11	18	28	164.4	129	71400	8120	20.8	7.03	2930	541
	600×300	582×300	12	17	28	174.5	137	103000	7670	24.3	6.63	3530	511
		588×300	12	20	28	192.5	151	118000	9020	24.8	6.85	4020	601
		♯594×300	14	23	28	222.4	175	137000	10600	24.9	6.90	4620	701
	100×50	100×50	5	7	10	12.16	9.54	192	14.9	3.98	1.11	38.5	5.96
	125×60	125×60	6	8	10	17.01	13.3	417	29.3	4.95	1.31	66.8	9.75
	150×75	150×75	5	7	10	18.16	14.3	679	49.6	6.12	1.65	90.6	13.2
	175×90	175×90	5	8	10	23.21	18.2	1220	97.6	7.26	2.05	140	21.7
	200×100	198×99	4.5	7	13	23.59	18.5	1610	114	8.27	2.20	163	23.0
		200×100	5.5	8	13	27.57	21.7	1880	134	8.25	2.21	188	26.8
	250×125	248×124	5	8	13	32.89	25.8	3560	255	10.4	2.78	287	41.1
		250×125	6	9	13	37.87	29.7	4080	294	10.4	2.79	326	47.0
	300×150	298×149	5.5	8	16	41.55	32.6	6460	443	12.4	3.26	433	59.4
		300×150	6.5	9	16	47.53	37.3	7350	508	12.4	3.27	490	67.7
	350×175	346×174	6	9	16	53.19	41.8	11200	792	14.5	3.86	649	91.0
		350×175	7	11	16	63.66	50.0	13700	985	14.7	3.93	782	113

续表

类型	型号（高度×宽度）	截面尺寸/mm					截面面积/cm²	理论重量/(kg/m)	截面特性参数					
									惯性矩/cm⁴		惯性半径/cm		截面模量/cm³	
		$H \times B$	t_1	t_2	r				I_x	I_y	i_x	i_y	W_x	W_y
HN	♯400×150	♯400×150	8	13	16	71.12	55.8	18800	734	16.3	3.21	942	97.9
	400×200	396×199	7	11	16	72.16	56.7	20000	1450	16.7	4.48	1010	145
		400×200	8	13	16	84.12	66.0	23700	1740	16.8	4.54	1190	174
	♯450×150	♯450×150	9	14	20	83.41	65.5	27100	793	18.0	3.08	1200	106
	450×200	446×199	8	12	20	84.95	66.7	29000	1580	18.5	4.31	1300	159
		450×200	9	14	20	97.41	76.5	33700	1870	18.6	4.38	1500	187
	♯500×150	♯500×150	10	16	20	98.23	77.1	38500	907	19.8	3.04	1540	121
	500×200	496×199	9	14	20	101.3	79.5	41900	1840	20.3	4.27	1690	185
		500×200	10	16	20	114.2	89.6	47800	2140	20.5	4.33	1910	214
		♯506×201	11	19	20	131.3	103	56500	2580	20.8	4.43	2230	257
	500×200	596×199	10	15	24	121.2	95.1	69300	1980	23.9	4.04	2330	199
		600×200	11	17	24	135.2	106	78200	2280	24.1	4.11	2610	228
		♯606×201	12	20	24	153.3	120	91000	2720	24.4	4.21	3000	271
	700×300	♯692×300	13	20	28	211.5	166	172000	9020	28.6	6.53	4980	602
		700×300	13	24	28	235.5	185	201000	10800	29.3	6.78	5760	722
	＊800×300	＊792×300	14	22	28	243.4	191	254000	9930	32.3	6.39	6400	662
		＊800×300	14	26	28	267.4	210	292000	11700	33.0	6.62	7290	782
	＊900×300	＊890×299	15	23	28	270.9	213	345000	10300	35.7	6.16	7760	688
		＊900×300	16	28	28	309.8	243	411000	12600	36.4	6.39	9140	843
		＊912×302	18	34	38	364.0	286	498000	15700	37.0	6.56	10900	1040

注　1.　"♯"表示的规格为非常用规格。

2.　"＊"表示的规格，目前国内尚未生产。

3.　型号属同一范围的产品，其内侧尺寸高度是一致的。

4.　截面面积计算公式为：$t_1(H-2t_2)+2Bt_2+0.858r_2$。

附表 3.6　　　　　热 轧 轻 型 H 型 钢

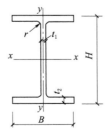

型号	截面尺寸/mm					截面面积/cm²	理论重量/(kg/m)	几何惯性矩/cm⁴		回转半径/cm		截面模量/cm³	
	H	B	t_1	t_2	r			I_x	I_y	i_x	i_y	W_x	W_y
HL80×40	77	40	3	3.5	5	5.11	4.01	48.88	3.77	3.09	0.86	12.70	1.88

续表

型号	截面尺寸/mm					截面面积/cm²	理论重量/(kg/m)	几何惯性矩/cm⁴		回转半径/cm		截面模量/cm³	
	H	B	t_1	t_2	r			I_x	I_y	i_x	i_y	W_x	W_y
HL10×50	97	50	2.3	3.2	6	5.59	4.39	90.64	6.70	4.03	1.09	18.69	2.68
	97	50	3	3.5	6	6.51	5.11	100.6	7.34	3.93	1.06	20.75	2.94
	100	50	3.2	4.5	6	7.72	6.06	128.8	9.43	4.08	1.11	25.76	3.77
HL100×100	97	100	4.5	6	8	16.37	12.85	280.9	100.2	4.14	2.47	57.93	20.03
HL120×60	117	60	3.2	4.5	8	9.41	7.38	219.5	16.31	4.83	1.32	37.53	5.44
	120	60	4.5	6	8	12.61	9.90	296.4	21.79	4.85	1.31	49.40	7.26
HL120×120	117	120	3.2	4.5	8	14.81	11.62	390.5	129.7	5.14	2.96	66.75	21.62
	120	120	4.5	6	8	19.81	15.55	530.5	173.0	5.18	2.96	88.42	28.83
HL140×70	137	70	3.2	4.5	8	10.95	8.59	353.8	25.84	5.69	1.54	51.65	7.38
	140	70	4.5	6	8	14.71	11.55	477.2	34.51	5.70	1.53	68.18	9.86
HL150×75	147	75	3.2	4.5	8	11.72	9.20	437.7	31.76	6.11	1.65	59.55	8.47
	150	75	4.5	6	8	15.76	12.37	590.2	42.40	6.12	1.64	78.70	11.31
HL150×100	147	100	3.2	4.5	8	13.97	10.96	552.0	75.11	6.29	2.32	75.10	15.02
	150	100	4.5	6	8	18.76	14.73	745.8	100.2	6.31	2.31	99.44	20.04
HL150×150	147	149	6	8.5	13	34.58	27.15	1382	469.5	6.32	3.68	188.0	63.02
HL175×90	172	90	4.5	6.5	10	19.71	15.48	1004	79.31	7.14	2.01	116.7	17.62
HL175×175	172	175	6.5	9.5	13	44.65	35.05	2470	849.6	7.44	4.36	287.2	97.10
HL200×100	196	99	4.5	6	13	21.61	16.96	1421	97.65	8.11	2.13	145.0	19.73
HL200×150	191	149	5	7.5	16	33.35	26.18	2266	414.7	8.24	3.53	237.3	55.66
HL200×200	197	199	7	10.5	16	56.31	44.20	4113	1381	8.55	4.95	417.5	138.79
HL250×125	246	124	4.5	7	13	29.25	22.96	3134	223.1	10.35	2.76	254.8	35.98
HL250×175	241	175	6	9.5	16	48.77	38.28	5258	850.1	10.38	4.18	436.4	97.16
HL300×150	296	148	4.5	7	16	35.61	27.95	5583	379.4	12.52	3.26	377.3	51.27
HL300×200	291	199	7	10.5	20	64.12	50.34	9958	1382.6	12.46	4.64	684.4	139.0
HL350×175	343	174	5.5	7.5	16	46.34	36.37	9529	660.0	14.34	3.77	555.6	75.87
HL400×150	396	149	7	11	16	61.16	48.01	15942	608.0	16.15	3.16	805.1	81.73
HL400×200	393	199	6	9.5	16	62.45	49.02	17260	1249.6	16.63	4.47	878.4	125.6

斜 卷 边 Z 型 钢

附表 3.7

h	b	d	t	截面面积 /mm²	每米长重量 /(kg/m)	θ /(°)	I_{x1} /cm⁴	i_{x1} /mm	W_x /cm³	I_{y1} /cm⁴	i_{y1} /mm	W_y /cm³	I_x /cm⁴	i_x /mm	W_{x1} /cm³	W_{x2} /cm³	I_y /cm⁴	i_y /mm	W_{y1} /cm³	W_{y2} /cm³	I_{x1y1} /cm³	I_t /cm⁴	I_ω /cm⁴	k /cm⁴	$W_{\omega1}$ /cm⁴	$W_{\omega2}$ /cm⁴
尺寸/mm							x_1-x_1			y_1-y_1			$x-x$				$y-y$									
140	50	20	2.0	5.392	4.233	21.986	162.065	5.482	23.152	39.363	2.702	6.234	185.962	5.872	30.377	22.470	15.466	1.694	6.107	8.067	59.189	0.0719	1298.621	0.0046	118.281	59.185
140	50	20	2.2	5.909	4.638	21.998	176.813	5.470	25.259	42.928	2.695	6.809	202.926	5.860	33.352	24.544	16.814	1.687	6.659	8.823	64.638	0.0953	1407.575	0.0051	130.014	64.382
140	50	20	2.5	6.676	5.240	22.018	198.446	5.452	28.349	48.154	2.686	7.657	227.828	5.842	37.792	27.598	18.771	1.667	7.468	9.941	72.659	0.1391	1563.520	0.0058	147.558	71.926
160	60	20	2.0	6.192	4.861	22.104	246.830	6.313	30.854	60.271	3.120	8.240	283.680	6.768	40.271	29.603	23.422	1.945	8.018	9.554	90.733	0.0826	2559.036	0.0035	175.940	82.223
160	60	20	2.2	6.789	5.329	22.113	269.592	6.302	33.699	65.802	3.113	9.009	309.891	6.756	44.225	32.367	25.503	1.938	8.753	10.450	99.179	0.1095	2779.796	0.0039	193.430	89.569
160	60	20	2.5	7.676	6.025	22.128	303.090	6.284	37.886	73.935	3.104	10.143	348.487	6.738	50.132	36.445	28.537	1.928	9.834	11.775	111.642	0.1599	3098.400	0.0044	219.605	100.26
180	70	20	2.0	6.992	5.489	22.185	356.620	7.141	39.624	87.417	3.536	10.514	410.315	7.660	51.502	37.679	33.722	2.196	10.191	11.289	131.674	0.0932	4643.994	0.0028	249.609	111.10

续表

尺寸/mm h	b	d	t	截面面积 /mm²	每米长重量 /(kg/m)	θ /(°)	x₁-x₁ I_{x1} /cm⁴	i_{x1} /mm	W_x /cm³	y₁-y₁ I_{y1} /cm⁴	i_{y1} /mm	W_y /cm³	x-x I_x /cm⁴	i_x /mm	W_{x1} /cm³	W_{x2} /cm³	y-y I_y /cm⁴	i_y /mm	W_{y1} /cm³	W_{y2} /cm³	I_{x1y1} /cm⁴	I_t /cm⁴	I_w /cm⁴	k /cm⁴	W_{w1} /cm⁴	W_{w2} /cm⁴
180	70	20	2.2	7.669	6.020	22.193	389.835	7.130	43.315	95.518	3.529	11.502	448.592	7.648	56.570	41.226	36.761	2.189	11.136	12.351	144.034	0.1237	5052.769	0.0031	274.455	121.13
180	70	20	2.5	8.676	6.810	22.205	438.835	7.112	48.759	107.460	3.519	12.964	505.087	7.630	64.143	46.471	41.208	2.179	12.528	13.923	162.307	0.1807	5654.157	0.0035	311.661	135.81
200	70	20	2.0	7.392	5.803	19.305	455.430	7.849	45.543	87.418	3.439	10.514	506.903	8.281	56.094	43.435	35.944	2.205	11.109	11.339	146.944	0.0986	5882.294	0.0025	302.430	123.44
200	70	20	2.2	8.109	6.365	19.309	498.023	7.837	49.802	95.520	3.432	11.503	554.346	8.268	61.618	47.533	39.197	2.200	12.138	12.419	160.756	0.1308	6403.010	0.0028	332.826	134.66
200	70	20	2.5	9.176	7.203	19.314	560.921	7.819	56.092	107.462	3.422	12.964	624.421	8.249	69.876	53.596	43.962	2.189	13.654	14.021	181.182	0.1912	7160.113	0.0032	378.452	151.08
220	75	20	2.0	7.992	6.274	18.300	592.787	8.612	53.890	103.580	3.600	11.751	652.866	9.038	65.085	51.328	43.500	2.333	12.829	12.343	181.661	0.1066	8488.845	0.0022	383.110	148.38
220	75	20	2.2	8.769	6.884	18.302	648.520	8.600	58.956	113.220	3.593	12.860	714.276	9.025	71.501	56.190	47.465	2.327	14.023	13.524	198.803	0.1415	9242.136	0.0024	421.750	161.95
220	75	20	2.5	9.926	7.792	18.305	730.926	8.581	66.448	127.443	3.583	14.500	805.086	9.006	81.096	63.392	53.283	2.317	15.783	15.278	224.175	0.2068	10347.65	0.0028	479.804	181.87
250	75	20	2.0	8.592	6.745	15.389	799.640	9.647	63.791	103.580	3.472	11.732	856.690	9.985	71.976	61.841	46.532	2.327	14.553	12.090	207.280	0.1146	11298.92	0.0020	485.919	169.98
250	75	20	2.2	9.429	7.402	15.387	875.145	9.631	70.012	113.223	3.165	12.860	937.579	9.972	78.870	67.773	50.798	2.321	15.946	14.211	226.864	0.1521	12314.31	0.0022	535.491	184.53
250	75	20	2.5	10.676	8.380	15.385	986.898	9.615	78.952	127.447	3.455	14.500	1057.30	9.952	89.108	76.584	57.044	2.312	18.014	16.169	255.870	0.2224	13797.02	0.0025	610.188	207.38

附表 3.8　　　　　　　　　卷 边 槽 钢

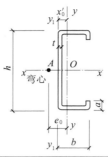

尺寸/mm				截面面积	每米长重量	θ	$x-x$			$y-y$				y_1-y_1	e_0	I_t	I_ω	K	$W_{\omega 1}$	$W_{\omega 1}$
h	b	d	t	/cm²	/(kg/m)	/(°)	I_{x1} /cm⁴	i_{x1} /mm	W_x /cm³	I_y /cm⁴	i_y /mm	$W_{y\max}$ /cm³	$W_{y\max}$ /cm³	I_{y1} /cm⁴	/cm	/cm⁴	/cm⁶	/cm⁻¹	/cm⁴	/cm⁴
80	40	15	2.0	3.47	2.72	1.452	34.16	3.14	8.54	7.79	1.50	5.36	3.06	15.10	3.36	0.0462	112.9	0.0126	16.03	15.74
100	50	15	2.5	5.23	4.11	1.706	81.34	3.94	16.27	17.19	1.81	10.08	5.22	32.41	3.94	0.1090	352.8	0.0109	34.47	29.41
120	50	20	2.5	5.98	4.70	1.706	129.40	4.65	21.57	20.96	1.87	12.28	6.36	38.36	4.03	0.1246	660.9	0.0085	51.04	48.36
120	60	20	3.0	7.65	6.01	2.106	170.68	4.72	28.45	37.36	2.21	17.74	9.59	71.31	4.87	0.2296	1153.2	0.0087	75.68	68.84
140	50	20	2.0	5.27	4.14	1.590	154.03	5.41	22.00	18.56	1.88	11.68	5.44	31.86	3.87	0.0703	794.79	0.0058	51.44	52.22
140	50	20	2.2	5.76	4.52	1.590	167.40	5.39	23.91	20.03	1.87	12.62	5.87	34.53	3.84	0.0929	852.46	0.0065	55.98	56.84
140	50	20	2.5	6.48	5.09	1.580	186.78	5.39	26.68	22.11	1.85	13.96	6.47	38.38	3.80	0.1351	931.89	0.0075	62.56	63.56
140	60	20	3.0	8.25	6.48	1.964	245.42	5.45	35.06	39.49	2.19	20.11	9.79	71.33	4.61	0.2476	1589.8	0.0078	92.69	79.00
160	60	20	2.0	6.07	4.76	1.850	236.59	6.24	29.57	29.99	2.22	16.19	7.23	50.83	4.52	0.0809	1596.28	0.0044	76.92	71.30
160	60	20	2.2	6.64	5.21	1.850	257.57	6.23	32.20	32.45	2.21	17.53	7.82	55.19	4.50	0.1071	1717.82	0.0049	83.82	77.55
160	60	20	2.5	7.48	5.87	1.850	288.13	6.21	36.02	35.96	2.19	19.47	8.66	61.49	4.45	0.1559	1887.71	0.0056	93.87	86.63
160	70	20	3.0	9.45	7.42	2.224	373.64	6.29	46.71	60.42	2.53	27.17	12.65	107.20	5.25	0.2836	3070.5	0.0060	135.49	109.92
180	70	20	2.0	6.87	5.39	2.110	343.93	7.08	38.21	45.18	2.57	21.37	9.25	75.87	5.17	0.0916	2934.34	0.0035	109.50	95.22
180	70	20	2.2	7.52	5.90	2.110	374.90	7.06	41.66	48.97	2.55	23.19	10.02	82.49	5.14	0.1213	3165.62	0.0038	119.44	103.58
180	70	20	2.5	8.48	6.66	2.110	42.20	7.04	46.69	54.42	2.53	25.82	11.12	92.08	5.10	0.1767	3492.15	0.0044	133.99	115.73
200	70	20	2.0	7.27	5.71	2.000	440.04	7.78	44.00	46.71	2.54	23.32	9.35	75.88	4.96	0.0969	3672.33	0.0032	126.74	106.15
200	70	20	2.2	7.96	6.25	2.000	479.87	7.77	47.99	50.64	2.52	25.31	10.13	82.49	4.93	0.1284	3963.82	0.0035	138.26	115.74
200	70	20	2.5	8.98	7.05	2.000	538.21	7.74	53.82	56.27	2.50	28.18	11.25	92.09	4.89	0.1871	4376.18	0.0041	155.14	129.75
220	75	20	2.0	7.87	6.18	2.080	574.45	8.54	52.22	56.88	2.69	27.35	10.50	90.93	5.18	0.1049	5313.52	0.0028	158.43	127.32
220	75	20	2.2	8.62	6.77	2.080	626.85	8.53	56.99	61.71	2.68	29.70	11.38	98.91	5.15	0.1391	5742.07	0.0031	172.92	138.93
220	75	20	2.5	9.73	7.64	2.070	703.76	8.50	63.98	68.66	2.66	33.11	12.65	110.51	5.11	0.2028	6351.05	0.0035	194.18	155.94

附录 4   梁 的 整 体 稳 定 系 数

1. 等截面焊接工字形和轧制 H 型钢简支梁

等截面焊接工字形和轧制 H 型钢简支梁的整体稳定系数应按下式计算，即

$$\varphi_b = \beta_b \frac{4320}{\lambda_y^2} \frac{A_h}{W_x} \left[\sqrt{1 + \left(\frac{\lambda_y t_1}{4.4h} \right)^2} + \eta_b \right] \times \frac{235}{f_y} \qquad (\text{附 } 4.1)$$

式中：β_b 为工字形截面简支梁等效弯矩系数，按附表 4.1 计算取值；λ_y 为梁在侧向支撑点间对截面弱轴 y-y 的长细比；A 为梁的毛截面面积，mm^2；h、t_1 分别为梁的镐和受压翼缘厚度，mm；η_b 为工字形截面不对称影响系数，对双轴对称截面取 $\eta_b = 0$，加强受压翼缘截面取 $\eta_b = 0.8$，$(2\alpha_b - 1)$，加强受拉翼缘截面取 $\eta_b = 2\alpha_b - 1$。

$$\alpha_b = \frac{I_1}{I_1 + I_2} \qquad (\text{附 } 4.2)$$

式中：I_1、I_2 分别为受压、受拉翼缘对对称轴 y 轴的惯性矩，mm^4。

附表 4.1　　　　**H 型钢和等截面工字形简支梁等效弯矩系数 β_b 值**

项次	侧向支撑	荷载		$\xi \leqslant 2.0$	$\xi > 2.0$	适用范围
1	跨中无侧向支撑	均布荷载作用在	上翼缘	$0.69 + 0.13\xi$	0.95	双轴对称及加强受压翼缘的单轴对称工字形和轧制 H 型钢截面
2			下翼缘	$1.73 - 0.2\xi$	1.33	
3		集中荷载作用在	上翼缘	$0.73 + 0.18\xi$	1.09	
4			下翼缘	$2.23 - 0.28\xi$	1.67	
5	跨度中点有一个侧向支撑点	均布荷载作用在	上翼缘		1.15	双轴及单轴对称的工字形截面和轧制 H 型钢
6			下翼缘		1.40	
7		集中荷载作用在截面高度的任意位置			1.75	
8	跨中有不少于两个等距离侧向支撑点	任意荷载作用在	上翼缘		1.20	
9			下翼缘		1.40	
10	梁端有弯矩，但跨中无荷载作用			$1.75 - 1.05\left(\dfrac{M_2}{M_1}\right) + 0.3\left(\dfrac{M_2}{M_1}\right)^2$，但 $\leqslant 2.3$		

注　1. ξ 为参数，$\xi = \dfrac{l_1 t_1}{b_1 h}$，其中 b_1 为受压翼缘的宽度。

2. M_1、M_2 为梁的端弯矩，使梁产生同向曲率时 M_1 和 M_2 取同号，产生反向曲率时取异号，且 $|M_1| \geqslant |M_2|$。

3. 表中项次 3、4 和 7 的集中荷载是指一个或少数几个集中荷载位于跨中央附近的情况，对其他情况的集中荷载，应按表中项次 1、2、5 和 6 内的数值采用。

4. 表中项次 8、9 的 β_b，当集中荷载作用在侧向支承点处时，取 $\beta_b = 1.20$。

5. 荷载作用在上翼缘系指荷载作用点在翼缘表面，方向指向截面形心；荷载作用在下翼缘系指荷载作用点在翼缘表面，方向背向截面形心。

6. 对 $\alpha_b > 0.8$ 的加强受压翼缘工字形截面，下列情况的 β_b 值应乘以相应系数。

项次 1：当 $\xi \leqslant 1.0$ 时，乘以 0.95。

项次 3：当 $\xi \leqslant 0.5$ 时，乘以 0.90；当 $0.5 < \xi \leqslant 1.0$ 时，乘以 0.95。

按式（附 4.1）求得的整体稳定系数 $\varphi_b > 0.6$ 时，应按下式计算修正，用 φ_b' 代替 φ_b，即

$$\varphi_b' = 1.07 - 0.282/\varphi_b \leqslant 1.0 \qquad (\text{附 } 4.3)$$

2. 轧制普通工字钢简支梁

轧制普通工字钢简支梁整体稳定系数，可直接查附表 4.2 取值，当整体稳定系数 $\varphi_b > 0.6$ 时，按式（附 4.3）进行修正。

附表 4.2　　　　　　　轧制普通工字钢简支梁的整体稳定系数

荷载情况			自由长度 l_1/mm 工字钢型号	2	3	4	5	6	7	8	9	10
跨中无侧向支承点的梁	集中荷载作用于	上翼缘	10～20	2.00	1.30	0.99	0.80	0.68	0.58	0.53	0.48	0.43
			22～32	2.40	1.48	1.09	0.86	0.72	0.62	0.54	0.49	0.45
			36～63	2.80	1.60	1.07	0.83	0.68	0.56	0.50	0.45	0.40
		下翼缘	10～20	3.10	1.95	1.34	1.01	0.82	0.69	0.63	0.57	0.52
			22～40	5.50	2.80	1.84	1.37	1.07	0.86	0.73	0.64	0.56
			45～63	7.30	3.60	2.30	1.62	1.20	0.96	0.80	0.69	0.60
	均布荷载作用于	上翼缘	10～20	1.70	1.12	0.84	0.68	0.57	0.50	0.45	0.41	0.37
			22～40	2.10	1.30	0.93	0.73	0.60	0.51	0.45	0.40	0.36
			45～63	2.60	1.45	0.97	0.73	0.59	0.50	0.44	0.38	0.35
		下翼缘	10～20	2.50	1.55	1.08	0.83	0.68	0.50	0.52	0.47	0.42
			22～40	4.00	2.20	1.45	1.10	0.85	0.70	0.60	0.52	0.40
			45～63	5.60	2.80	1.80	1.25	0.95	0.78	0.65	0.55	0.49
跨中有侧向支承点的梁（不论荷载作用点在截面高度上的位置）			10～20	2.20	1.39	1.01	0.79	0.66	0.57	0.52	0.47	0.42
			22～40	3.00	1.80	1.24	0.96	0.76	0.65	0.56	0.49	0.43
			45～63	4.00	2.20	1.38	1.01	0.80	0.66	0.56	0.49	0.43

注　1. 同附表 4.2 中的注 3、注 5。

　　2. 表中的 φ_b 值只适用于 Q235 钢。对于其他钢号，应将表中的数值乘以 $235/f_y$。

3. 轧制槽钢简支梁

轧制槽钢简支梁是单轴对称截面，若横向荷载不通过槽钢形心轴，梁非常容易出现扭转和弯曲，从而整体稳定系数很难精确计算，在钢结构规范给出近似计算公式，即

$$\varphi_b = \frac{570bt}{l_1 h} \times \frac{235}{f_y} \qquad \text{（附 4.4）}$$

式中：h、b、t 分别为槽钢截面高度、翼缘宽度和平均厚度，mm。

按式（附 4.4）求得整体稳定系数 $\varphi_b > 0.6$ 时，应按式（附 4.3）计算修正。

4. 双轴对称工字形等截面（含 H 型钢）悬臂梁

双轴对称工字形等截面（含 H 型钢）悬臂梁的整体稳定系数，仍按式（附 4.1）计算，但式中的 β_b 应按附表 4.3 查得，$\lambda_y = l_1/i_y$ 中的 l_1 为悬臂梁的悬伸长度。当求得的 $\varphi_b > 0.6$ 时，应按式（附 4.3）计算修正。

附表 4.3　　　　　　　双轴对称工字形悬臂梁等效弯矩系数 β_b 值

项次	荷载形式		$0.60 \leqslant \xi \leqslant 1.24$	$1.24 < \xi \leqslant 1.96$	$1.96 < \xi \leqslant 3.10$
1	自由端一个集中荷载作用在	上翼缘	$0.21 + 0.67\xi$	$0.72 + 0.26\xi$	$1.17 + 0.03\xi$
2		下翼缘	$2.94 - 0.65\xi$	$2.64 - 0.40\xi$	$2.15 - 0.15\xi$
3	均布荷载作用在上翼缘		$0.62 + 0.82\xi$	$1.25 + 0.31\xi$	$1.66 + 0.10\xi$

注　1. 本表是按支承端为固定的情况确定的，当用于由邻跨延伸出来的伸臂梁时，应在构造上采取措施以加强支承处的抗扭能力。

　　2. 表中的 ξ 见附表 4.1 中的注 1。

附录 5　轴心受压构件的稳定系数

附表 5.1　　　　　　　　a 类截面轴心受压构件的稳定系数 φ

$\lambda\sqrt{\dfrac{f_y}{235}}$	0	1	2	3	4	5	6	7	8	9
0	1.000	1.000	1.000	1.000	0.999	0.999	0.998	0.998	0.997	0.996
10	0.995	0.994	0.993	0.992	0.991	0.989	0.988	0.986	0.985	0.983
20	0.981	0.979	0.977	0.976	0.974	0.972	0.970	0.968	0.966	0.964
30	0.963	0.961	0.959	0.957	0.954	0.952	0.950	0.948	0.946	0.944
40	0.941	0.939	0.937	0.934	0.932	0.929	0.927	0.924	0.921	0.918
50	0.916	0.913	0.910	0.907	0.903	0.900	0.897	0.893	0.890	0.886
60	0.883	0.879	0.875	0.871	0.867	0.862	0.858	0.854	0.849	0.844
70	0.839	0.834	0.829	0.824	0.818	0.813	0.807	0.801	0.795	0.789
80	0.783	0.776	0.770	0.763	0.756	0.749	0.742	0.735	0.728	0.721
90	0.713	0.706	0.698	0.691	0.683	0.676	0.668	0.660	0.653	0.645
100	0.637	0.630	0.622	0.614	0.607	0.599	0.592	0.584	0.577	0.569
110	0.562	0.555	0.548	0.541	0.534	0.527	0.520	0.513	0.507	0.500
120	0.494	0.487	0.481	0.475	0.469	0.463	0.457	0.451	0.445	0.439
130	0.434	0.428	0.423	0.417	0.412	0.407	0.402	0.397	0.392	0.387
140	0.382	0.378	0.373	0.368	0.364	0.360	0.355	0.351	0.347	0.343
150	0.339	0.335	0.331	0.327	0.323	0.319	0.316	0.312	0.308	0.305
160	0.302	0.298	0.295	0.292	0.289	0.285	0.282	0.279	0.276	0.273
170	0.270	0.267	0.264	0.261	0.259	0.256	0.253	0.250	0.248	0.245
180	0.243	0.240	0.238	0.235	0.233	0.231	0.228	0.226	0.224	0.222
190	0.219	0.217	0.215	0.213	0.211	0.209	0.207	0.205	0.203	0.201
200	0.199	0.197	0.196	0.194	0.192	0.190	0.188	0.187	0.185	0.183
210	0.182	0.180	0.178	0.177	0.175	0.174	0.172	0.171	0.169	0.168
220	0.166	0.165	0.163	0.162	0.161	0.159	0.158	0.157	0.155	0.154
230	0.153	0.151	0.150	0.149	0.148	0.147	0.145	0.144	0.143	0.142
240	0.141	0.140	0.139	0.138	0.136	0.135	0.134	0.133	0.132	0.131

附表 5.2　　　　　　　　b 类截面轴心受压构件的稳定系数 φ

$\lambda\sqrt{\dfrac{f_y}{235}}$	0	1	2	3	4	5	6	7	8	9
0	1.000	1.000	1.000	0.999	0.999	0.998	0.997	0.996	0.995	0.994
10	0.992	0.991	0.989	0.987	0.985	0.983	0.981	0.978	0.976	0.973
20	0.970	0.967	0.963	0.960	0.957	0.953	0.950	0.946	0.943	0.939

续表

$\lambda\sqrt{\dfrac{f_y}{235}}$	0	1	2	3	4	5	6	7	8	9
30	0.936	0.932	0.929	0.925	0.921	0.918	0.914	0.910	0.906	0.903
40	0.899	0.895	0.891	0.886	0.882	0.878	0.874	0.870	0.865	0.861
50	0.856	0.852	0.847	0.842	0.837	0.833	0.828	0.823	0.818	0.812
60	0.807	0.802	0.796	0.791	0.785	0.780	0.774	0.768	0.762	0.757
70	0.751	0.745	0.738	0.732	0.726	0.720	0.713	0.707	0.701	0.694
80	0.687	0.681	0.674	0.668	0.661	0.654	0.648	0.641	0.634	0.628
90	0.621	0.614	0.607	0.601	0.594	0.587	0.581	0.574	0.568	0.561
100	0.555	0.548	0.542	0.535	0.529	0.523	0.517	0.511	0.504	0.498
110	0.492	0.487	0.481	0.475	0.469	0.464	0.458	0.453	0.447	0.442
120	0.436	0.431	0.426	0.421	0.416	0.411	0.406	0.401	0.396	0.392
130	0.387	0.383	0.378	0.374	0.369	0.365	0.361	0.357	0.352	0.348
140	0.344	0.340	0.337	0.333	0.329	0.325	0.322	0.318	0.314	0.311
150	0.308	0.304	0.301	0.297	0.294	0.291	0.288	0.285	0.282	0.279
160	0.276	0.273	0.270	0.267	0.264	0.262	0.259	0.256	0.253	0.251
170	0.248	0.246	0.243	0.241	0.238	0.236	0.234	0.231	0.229	0.227
180	0.225	0.222	0.220	0.218	0.216	0.214	0.212	0.210	0.208	0.206
190	0.204	0.202	0.200	0.198	0.196	0.195	0.193	0.191	0.189	0.188
200	0.186	0.184	0.183	0.181	0.179	0.178	0.176	0.175	0.173	0.172
210	0.170	0.169	0.167	0.166	0.164	0.163	0.162	0.160	0.159	0.158
220	0.156	0.155	0.154	0.152	0.151	0.150	0.149	0.147	0.146	0.145
230	0.144	0.143	0.142	0.141	0.139	0.138	0.137	0.136	0.135	0.134
240	0.133	0.132	0.131	0.130	0.129	0.128	0.127	0.126	0.125	0.124
250	0.123	—	—	—	—	—	—	—	—	—

附表 5.3　　　　　　　　c 类截面轴心受压构件的稳定系数 φ

$\lambda\sqrt{\dfrac{f_y}{235}}$	0	1	2	3	4	5	6	7	8	9
0	1.000	1.000	1.000	0.999	0.999	0.998	0.997	0.996	0.995	0.993
10	0.992	0.990	0.988	0.986	0.983	0.981	0.978	0.976	0.973	0.970
20	0.966	0.959	0.953	0.947	0.940	0.934	0.928	0.921	0.915	0.909
30	0.902	0.896	0.890	0.883	0.877	0.871	0.865	0.858	0.852	0.845
40	0.839	0.833	0.826	0.820	0.813	0.807	0.800	0.794	0.787	0.781
50	0.774	0.768	0.761	0.755	0.748	0.742	0.735	0.728	0.722	0.715
60	0.709	0.702	0.695	0.689	0.682	0.675	0.669	0.662	0.656	0.649
70	0.642	0.636	0.629	0.623	0.616	0.610	0.603	0.597	0.591	0.584
80	0.578	0.572	0.565	0.559	0.553	0.547	0.541	0.535	0.529	0.523
90	0.517	0.511	0.505	0.499	0.494	0.488	0.483	0.477	0.471	0.467

续表

$\lambda\sqrt{\dfrac{f_y}{235}}$	0	1	2	3	4	5	6	7	8	9
100	0.462	0.458	0.453	0.449	0.445	0.440	0.436	0.432	0.427	0.423
110	0.419	0.415	0.411	0.407	0.402	0.398	0.394	0.390	0.386	0.383
120	0.379	0.375	0.371	0.367	0.363	0.360	0.356	0.352	0.349	0.345
130	0.342	0.338	0.335	0.332	0.328	0.325	0.322	0.318	0.315	0.312
140	0.309	0.306	0.303	0.300	0.297	0.294	0.291	0.288	0.285	0.282
150	0.279	0.277	0.274	0.271	0.269	0.266	0.263	0.261	0.258	0.256
160	0.253	0.251	0.248	0.246	0.244	0.241	0.239	0.237	0.235	0.232
170	0.230	0.228	0.226	0.224	0.222	0.220	0.218	0.216	0.214	0.212
180	0.210	0.208	0.206	0.204	0.203	0.201	0.199	0.197	0.195	0.194
190	0.192	0.190	0.189	0.187	0.185	0.184	0.182	0.181	0.179	0.178
200	0.176	0.175	0.173	0.172	0.170	0.169	0.167	0.166	0.165	0.163
210	0.162	0.161	0.159	0.158	0.157	0.155	0.154	0.153	0.152	0.151
220	0.149	0.148	0.147	0.146	0.145	0.144	0.142	0.141	0.140	0.139
230	0.138	0.137	0.136	0.135	0.134	0.133	0.132	0.131	0.130	0.129
240	0.128	0.127	0.126	0.125	0.124	0.123	0.123	0.122	0.121	0.120
250	0.119	—	—	—	—	—	—	—	—	—

附表 5.4　　　　　**d 类截面轴心受压构件的稳定系数 φ**

$\lambda\sqrt{\dfrac{f_y}{235}}$	0	1	2	3	4	5	6	7	8	9
0	1.000	1.000	0.999	0.999	0.998	0.996	0.994	0.992	0.990	0.987
10	0.984	0.981	0.978	0.974	0.969	0.965	0.960	0.955	0.949	0.944
20	0.937	0.927	0.918	0.909	0.900	0.891	0.883	0.874	0.865	0.857
30	0.848	0.840	0.831	0.823	0.815	0.807	0.798	0.790	0.782	0.774
40	0.766	0.758	0.751	0.743	0.735	0.727	0.720	0.712	0.705	0.697
50	0.690	0.682	0.675	0.668	0.660	0.653	0.646	0.639	0.632	0.625
60	0.618	0.611	0.605	0.598	0.591	0.585	0.578	0.571	0.565	0.559
70	0.552	0.546	0.540	0.534	0.528	0.521	0.516	0.510	0.504	0.498
80	0.492	0.487	0.481	0.476	0.470	0.465	0.459	0.454	0.449	0.444
90	0.439	0.434	0.429	0.424	0.419	0.414	0.409	0.405	0.401	0.397
100	0.393	0.390	0.386	0.383	0.380	0.376	0.373	0.369	0.366	0.363
110	0.359	0.356	0.353	0.350	0.346	0.343	0.340	0.337	0.334	0.331
120	0.328	0.325	0.322	0.319	0.316	0.313	0.310	0.307	0.304	0.301
130	0.298	0.296	0.293	0.290	0.288	0.285	0.282	0.280	0.277	0.275
140	0.272	0.270	0.267	0.265	0.262	0.260	0.257	0.255	0.253	0.250
150	0.248	0.246	0.244	0.242	0.239	0.237	0.235	0.233	0.231	0.229
160	0.227	0.225	0.223	0.221	0.219	0.217	0.215	0.213	0.211	0.210

续表

$\lambda \sqrt{\dfrac{f_y}{235}}$	0	1	2	3	4	5	6	7	8	9
170	0.208	0.206	0.204	0.202	0.201	0.199	0.197	0.196	0.194	0.192
180	0.191	0.189	0.187	0.186	0.184	0.183	0.181	0.180	0.178	0.177
190	0.176	0.174	0.173	0.171	0.170	0.168	0.167	0.166	0.164	0.163
200	0.162	—	—	—	—	—	—	—	—	—

附录6 各种界面回转半径的近似值

附表 6.1 各种界面回转半径的近似值

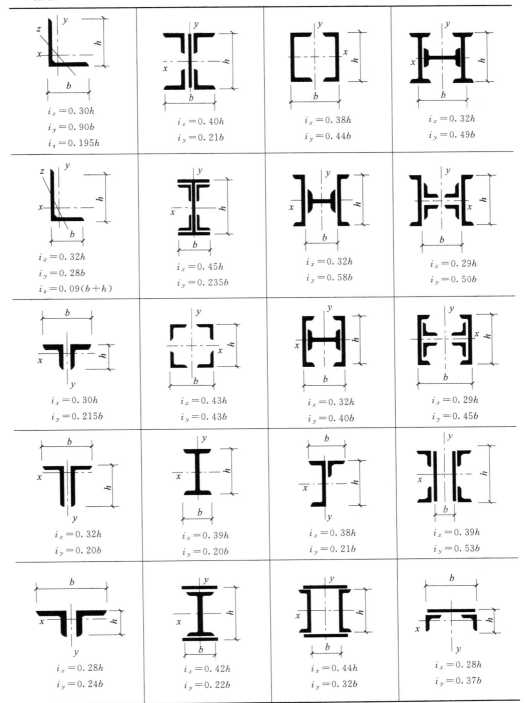

续表

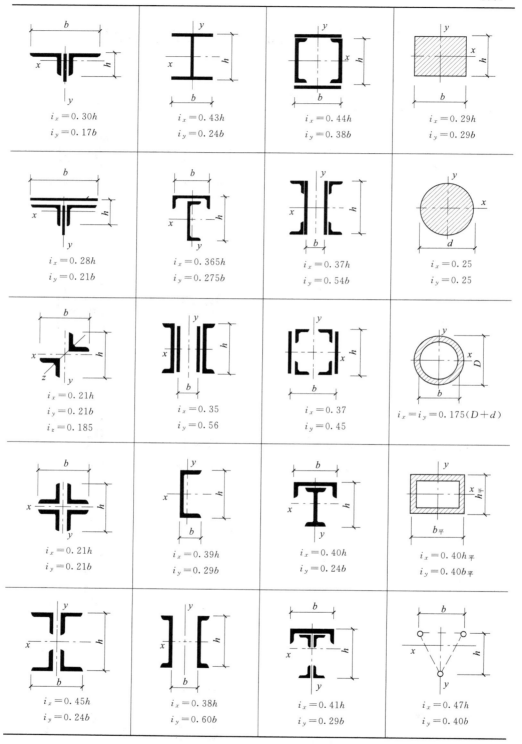

$i_x=0.30h$ $i_y=0.17b$	$i_x=0.43h$ $i_y=0.24b$	$i_x=0.44h$ $i_y=0.38b$	$i_x=0.29h$ $i_y=0.29b$
$i_x=0.28h$ $i_y=0.21b$	$i_x=0.365h$ $i_y=0.275b$	$i_x=0.37h$ $i_y=0.54b$	$i_x=0.25$ $i_y=0.25$
$i_x=0.21h$ $i_y=0.21b$ $i_z=0.185$	$i_x=0.35$ $i_y=0.56$	$i_x=0.37$ $i_y=0.45$	$i_x=i_y=0.175(D+d)$
$i_x=0.21h$ $i_y=0.21b$	$i_x=0.39h$ $i_y=0.29b$	$i_x=0.40h$ $i_y=0.24b$	$i_x=0.40h_平$ $i_y=0.40b_平$
$i_x=0.45h$ $i_y=0.24b$	$i_x=0.38h$ $i_y=0.60b$	$i_x=0.41h$ $i_y=0.29b$	$i_x=0.47h$ $i_y=0.40b$

附录7 柱的计算长度系数

附表7.1 无侧移框架柱的计算长度系数 μ

K_2 ＼ K_1	0	0.05	0.1	0.2	0.3	0.4	0.5	1	2	3	4	5	≥10
0	1.000	0.990	0.981	0.964	0.949	0.935	0.922	0.875	0.820	0.791	0.773	0.760	0.732
0.05	0.990	0.981	0.971	0.955	0.940	0.926	0.914	0.867	0.814	0.784	0.766	0.754	0.726
0.1	0.981	0.971	0.962	0.946	0.931	0.918	0.906	0.860	0.807	0.778	0.760	0.748	0.721
0.2	0.934	0.955	0.946	0.930	0.916	0.903	0.891	0.846	0.795	0.767	0.749	0.737	0.711
0.3	0.949	0.940	0.931	0.916	0.902	0.889	0.878	0.834	0.784	0.756	0.739	0.728	0.701
0.4	0.935	0.926	0.918	0.903	0.889	0.877	0.866	0.823	0.774	0.747	0.730	0.719	0.693
0.5	0.922	0.914	0.906	0.891	0.878	0.866	0.855	0.813	0.765	0.738	0.721	0.710	0.685
1	0.875	0.867	0.860	0.846	0.834	0.823	0.813	0.774	0.729	0.704	0.688	0.677	0.654
2	0.820	0.814	0.807	0.795	0.784	0.774	0.765	0.729	0.686	0.663	0.648	0.638	0.615
3	0.791	0.784	0.778	0.767	0.756	0.747	0.738	0.704	0.663	0.640	0.625	0.616	0.593
4	0.773	0.766	0.760	0.749	0.739	0.730	0.721	0.688	0.648	0.625	0.611	0.601	0.580
5	0.760	0.754	0.748	0.737	0.728	0.719	0.710	0.677	0.638	0.616	0.601	0.592	0.570
≥10	0.732	0.726	0.721	0.711	0.701	0.693	0.685	0.654	0.615	0.593	0.580	0.570	0.549

注 1. 表中的计算长度系数 μ 值系按下式所得，即

$$\left[\left(\frac{\pi}{\mu}\right)^2 + 2(K_1 + K_2) - 4K_1K_2\right]\frac{\pi}{\mu}\sin\frac{\pi}{\mu} - 2\left[(K_1 + K_2)\left(\frac{\pi}{\mu}\right)^2 + 4K_1K_2\right]$$

$$\cos\frac{\pi}{\mu} + 8K_1K_2 = 0$$

式中：K_1、K_2 分别为相交于柱上端、柱下端的横梁线刚度之和与柱线刚度之和的比值。当横梁远端为铰接时，应将横梁刚度乘以 1.5；当横梁远端为嵌固时，则将横梁线刚度乘 2。

2. 当横梁与柱铰接时，取横梁线刚度为零。

3. 对低层框架柱：当柱与基础铰接时，应取 $K_2 = 0$，当柱与基础刚接时，应取 $K_2 = 10$，平板支座可取 $K_2 = 0.1$。

4. 当与柱刚接的横梁所受轴心压力 N_b 较大时，横梁线刚度应乘以折减系数 α_N。

横梁远端与柱刚接和横梁远端与柱铰接时，有

$$\alpha_N = 1 - \frac{N_b}{N_{Eb}}$$

横梁远端嵌固时，有

$$\alpha_N = 1 - \frac{N_b}{2N_{Eb}}$$

其中
$$N_{Eb} = \pi^2 EI_b/l^2$$

式中：I_b 为横梁界面惯性矩，mm^4；l 为横梁长度，mm。

附表 7.2　　　　　　　　　　　　　　有侧移框架柱的计算长度系数 μ

K_2 \ K_1	0	0.05	0.1	0.2	0.3	0.4	0.5	1	2	3	4	5	$\geqslant 10$
0	∞	6.02	4.46	3.42	3.01	2.78	2.64	2.33	2.17	2.11	2.08	2.07	2.03
0.05	6.02	4.16	3.47	2.86	2.58	2.42	2.31	2.07	1.94	1.90	1.87	1.86	1.83
0.1	4.46	3.47	3.01	2.56	2.33	2.20	2.11	1.90	1.79	1.75	1.73	1.72	1.70
0.2	3.42	2.86	2.56	2.23	2.05	1.94	1.87	1.70	1.60	1.57	1.55	1.54	1.52
0.3	3.01	2.58	2.33	2.05	1.90	1.80	1.74	1.58	1.49	1.46	1.45	1.44	1.42
0.4	2.78	2.42	2.20	1.94	1.80	1.71	1.65	1.50	1.42	1.39	1.37	1.37	1.35
0.5	2.64	2.31	2.11	1.87	1.74	1.65	1.59	1.45	1.37	1.34	1.32	1.32	1.30
1	2.33	2.07	1.90	1.70	1.58	1.50	1.45	1.32	1.24	1.21	1.20	1.19	1.17
2	2.17	1.94	1.79	1.60	1.49	1.42	1.37	1.24	1.16	1.14	1.12	1.12	1.10
3	2.11	1.90	1.75	1.57	1.46	1.39	1.34	1.21	1.14	1.11	1.10	1.09	1.07
4	2.08	1.87	1.73	1.55	1.45	1.37	1.32	1.20	1.12	1.10	1.08	1.08	1.06
5	2.07	1.86	1.72	1.54	1.44	1.37	1.32	1.19	1.12	1.09	1.08	1.07	1.05
$\geqslant 10$	2.03	1.83	1.70	1.52	1.42	1.35	1.30	1.17	1.10	1.07	1.06	1.05	1.03

注　1. 附表中的计算长度系数 μ 值系按下式所得，即

$$\left[36K_1K_2-\left(\frac{\pi}{\mu}\right)^2\right]\sin\frac{\pi}{\mu}+6(K_1+K_2)\frac{\pi}{\mu}\cos\frac{\pi}{\mu}=0$$

　　式中：K_1、K_2 分别为相交于柱上端、柱下端的横梁线刚度之和与柱线刚度之和的比值。当横梁远端为铰接时，应将横梁线刚度乘以 0.5；当横梁远端为嵌固时，则应乘以 2/3。

2. 当横梁与柱铰接时，取横梁线刚度为零。

3. 对低层框架柱：当柱与基础铰接时，应取 $K_2=0$，当柱与基础刚接时，应取 $K_2=10$，对平板支座可取 $K_2=0.1$。

4. 当与柱刚性连接的横梁所受轴心压力 N_b 较大时，横梁线刚度应乘以折减系数 α_N。

横梁远端与柱刚接时，有

$$\alpha_N=1-\frac{N_b}{4N_{Eb}}$$

横梁远端与柱铰接时，有

$$\alpha_N=1-\frac{N_b}{N_{Eb}}$$

横梁远端嵌固时，有

$$\alpha_N=1-\frac{N_b}{2N_{Eb}}$$

其中

$$N_{Eb}=\pi^2EI_b/l^2$$

式中：I_b 为横梁界面惯性矩，mm^4；l 为横梁长度，mm。

附录8 连接的容许应力值

附表8.1 焊缝的容许应力 单位：N/mm²

焊接方法和焊条型号	构件钢材		对接焊缝					贴角焊缝
			抗压 $[\sigma_c^h]$	抗拉 $[\sigma_l^h]$			抗剪 $[\tau^h]$	抗拉、抗压和抗剪 $[\tau_f^h]$
	钢号	组别		采用自动焊	采用半自动焊或手工焊			
					精确方法	普通方法		
自动焊、半自动焊和用 E43××型焊条的手工焊	Q215	第1组	145	145	145	125	85	105
		第2组	130	130	130	110	75	95
		第3组	125	125	125	105	70	90
	Q235	第1组	160	160	160	135	95	115
		第2组	150	150	150	120	90	105
		第3组	145	145	145	115	85	100
自动焊、半自动焊和用 E43××型焊条的手工焊	16Mn、16Mnq	第1组	230	230	230	200	135	160
		第2组	220	220	220	190	130	150
		第3组	205	205	205	175	120	140
		第4组	190	190	190	165	110	130

注 1. 检查焊缝质量的普通方法系指外观检查、测量尺寸、钻孔检查等方法，精确方法是在普通方法的基础上，用 X 射线、超声波等方法进行补充检查。

2. 仰焊焊缝的容许应力按表中降低 20%。

3. 安装焊缝的容许应力按表中降低 20%。

附表8.2 螺栓的容许应力

螺栓的钢号	构件钢材		精制螺栓			粗制螺栓			锚栓
	钢号	组别	抗拉 $[\sigma_t^l]$	抗剪（Ⅰ类孔）$[\tau^l]$	承压（Ⅰ类孔）$[\sigma_c^l]$	抗拉 $[\sigma_t]$	抗剪 $[\tau]$	承压 $[\sigma_c]$	抗压 $[\sigma_c^d]$
Q235			125	130	—	125	85	—	105
16Mn			185	190	—	185	125	—	150
碳素结构钢	Q215	第1组	—	—	265	—	—	175	—
		第2组	—	—	240	—	—	160	—
		第3组	—	—	—	—	—	—	—
	Q235	第1组	—	—	290	—	—	190	—
		第2组	—	—	275	—	—	185	—
		第3组	—	—	—	—	—	—	—
低合金结构鋼	16Mn、16Mnq	第1组	—	—	420	—	—	280	—
		第2组	—	—	395	—	—	265	—
		第3组	—	—	370	—	—	250	—
		第4组	—	—	345	—	—	235	—

注 1. 孔壁情况属于下列情况者为Ⅰ类孔。

（1）在装配好的构件上按设计孔径钻成的孔。

（2）在单个零件和构件上按设计孔径分别用钻模钻成的孔。

（3）在单个零件上先钻成或冲成较小的孔，然后在装配好的构件上扩钻至设计孔径的孔。

2. 当螺栓直径大于 40mm 时，螺栓容许应力应予降低，对于 Q235 降低 4%，对于 16Mn 降低 6%。

附录9 材料和机械零件的容许应力值

附表 9.1 　　　　　　　　　　　**钢材的尺寸分组**

组别	钢材尺寸/mm		
	Q215、Q235		16Mn、16Mnq
	钢材厚度（直径）	型钢和异型钢的厚度	钢材厚度（直径）
第 1 组	≤16	≤15	≤16
第 2 组	>16～40	>15～20	>16～25
第 3 组	>40～60	>20	>25～36
第 4 组	>60～100	—	>36～50
第 5 组	>100～150	—	>50～100 方钢、圆钢
第 6 组	>150	—	—

注　1. 型钢包括角钢、工字钢和槽钢。

　　2. 工字钢和槽钢的厚度系指腹板厚度。

附表 9.2 　　　　　　　　　　**钢材的容许应力** 　　　　　　　单位：N/mm²

钢材			抗拉、抗压和抗弯 $[\sigma]$	抗剪 $[\tau]$	局部承压 $[\sigma_{cd}]$	局部紧接承压 $[\sigma_{cj}]$
钢种	钢号	组别				
碳素结构钢	Q215	第 1 组	145	90	220	110
		第 2 组	135	80	200	100
		第 3 组	125	70	190	95
		第 4 组	120	65	180	90
		第 5 组	115	60	170	85
		第 6 组	110	55	160	80
	Q235	第 1 组	160	95	240	120
		第 2 组	150	90	230	115
		第 3 组	145	85	220	110
		第 4 组	135	80	210	105
		第 5 组	130	75	200	100
		第 6 组	125	70	190	95
低合金结构钢	16Mn、16Mnq	第 1 组	230	135	350	175
		第 2 组	220	130	330	165
		第 3 组	205	120	310	155
		第 4 组	190	110	290	145
		第 5 组	180	105	270	135

注　1. 局部承压应力不乘调整系数。

　　2. 局部承压是指构件腹板的小部分表面受局部荷载的挤压或端面承压（磨平顶紧）等情况。

　　3. 局部紧接承压是指可动性小的铰在接触面的投影平面上的压应力。

附表 9.3　　　　　　　灰 铸 铁 的 容 许 应 力　　　　　单位：N/mm²

应力种类	符号	灰铸铁牌号		
		HT15-33	HT20-40	HT25-47
轴心抗压和弯曲抗压	[σ_a]	120	150	200
弯曲抗拉	[σ_w]	35	45	60
抗剪	[τ]	25	35	45
局部承压	[σ_cd]	170	210	260
局部紧接承压	[σ_cj]	60	75	90

附表 9.4　　　　　　　套 轴 的 容 许 应 力　　　　　单位：N/mm²

轴和轴套的材料	符号	轴向承压
钢对 10-1 铸锡磷青铜	[σ_cg]	40
钢对 9-4 铸铝铁青铜		50
钢对钢基铜塑复合材料		40

附表 9.5　　　　　　　混 凝 土 的 容 许 应 力　　　　　单位：N/mm²

应力种类	符号	混凝土标号				
		C15	C20	C25	C30	C40
承压	[σ_h]	5	7	9	11	14

附表 9.6　　　　　　　木 材 的 容 许 应 力　　　　　单位：N/mm²

应力种类	符号	针叶材		阔叶材	
		东北落叶松	红松	栎木	桦木
横纹承压	[σ_ah]	1.7	1.3	3	2.2

附表 9.7　　　　　　　机 械 零 件 的 容 许 应 力　　　　　单位：N/mm²

应力种类	符号	碳素结构钢		低合金钢	优质碳素结构钢		铸造碳钢				合金铸钢		合金结构钢	
		Q235	Q275	16Mn	35	45	ZG230-450	ZG270-500	ZG310-570	ZG340-640	ZG50Mn2	ZG35CrMo	35Mn2	40Cr
抗拉、抗压和抗弯	[σ]	100	120	140	130	145	115	120	140	150	190	170 (235)	130 (280)	(320)
抗剪	[τ]	65	75	90	85	95	85	90	105	115	150	130 (180)	85 (190)	(215)
局部承压	[σ_od]	150	180	210	195	220	170	180	200	220	280	250 (345)	195 (430)	(485)
局部紧接承压	[σ_cj]	80	95	110	105	120	90	95	110	120	155	135 (190)	105 (230)	(265)
孔壁抗拉	[σ_k]	120	145	180	150	170	130	140	155	170	220	190 (265)	150 (330)	(375)

注　1. 括号内为调质处理后的数值。

2. 孔壁抗拉容许应力系指固定结合的情况，若系活动结合，则应按表值降低 20%。

3. 表列"合金结构钢"的容许应力，适用于钢材厚（径）不大于 25mm 者。如因厚度影响，屈服点有减少时，各类容许应力，可按屈服点减少比例予以减少。

附录 10 钢材和铸钢件的物理性能指标

弹性模量 E /(N/mm²)	剪切模量 G /(N/mm²)	线胀系数 α （以每℃计）	质量密度 ρ /(kg/m³)
206×10^3	79×10^3	12×10^{-6}	7850

附录 11　胶　木　滑　道

荷载/(kN/mm)	1.0 以下	1.0~2.0	2.0~3.5
轨道弧面半径 R/mm	100	150	200
轨头设计宽度 S/mm	25	35	40

附录 12　弹　性　薄　板　弯　矩　系　数

附表 12.1　四边固定矩形薄板受均布荷载时的弯矩和弯应力系数（$\mu = 0.3$）

	b/a	1.0	1.1	1.2	1.3	1.4	1.5	1.6	1.7	1.8	1.9	2.0	2.5	∞
支承长边中点 A	$\dfrac{M_y}{qa^2}$	−0.0513	−0.0581	−0.0639	−0.0687	−0.0726	−0.0757	−0.0780	−0.0799	−0.0812	−0.0822	−0.0829	−0.0833	−0.0833
	k_y	0.308	0.349	0.383	0.412	0.436	0.454	0.468	0.479	0.487	0.493	0.497	0.500	0.500
支承短边中点 B	$\dfrac{M_x}{qa^2}$	−0.0513	−0.0538	−0.0554	−0.0563	−0.0568	−0.0570	−0.0571	−0.0571	−0.0571	−0.0571	−0.0571	−0.0571	−0.0571
	k_x	0.308	0.323	0.332	0.338	0.341	0.342	0.343	0.343	0.343	0.343	0.343	0.343	0.343
薄板中心	$\dfrac{M_y}{qa^2}$	0.0231	0.0264	0.0299	0.0327	0.0349	0.0368	0.0381	0.0392	0.0401	0.0407	0.0412	0.0416	0.0417
	$\dfrac{M_x}{qa^2}$	0.0231	0.0231	0.0228	0.0222	0.0212	0.0203	0.0193	0.0182	0.0174	0.0165	0.0158	0.0134	0.0125
	$\dfrac{\omega D}{qa^4}$	0.00126	0.00150	0.00172	0.00191	0.00207	0.00220	0.00230	0.00238	0.00245	0.00249	0.00254	0.00259	0.00260

附表 12.2　三边固定、一边简支的矩形薄板受均布荷载时的弯矩和弯应力系数（$\mu = 0.3$）

		b/a	1	1.25	1.5	1.75	2.0	2.5	3.0	∞
情况 I	固支长边中点 A	$\dfrac{M_y}{qa}$	−0.0547	−0.0787	−0.0942	−0.1051	−0.1139	−1220.0000	−0.1233	−0.1250
		k_y	0.328	0.472	0.565	0.632	0.683	0.732	0.740	0.750
	固支短边中点 B	$\dfrac{M}{qa}$	−0.6000	−0.0709	−0.0758	−0.0775	−0.0783	−0.0784	−0.0785	−0.0786
		k_x	0.360	0.425	0.455	0.465	0.470	0.470	0.471	0.472
	板中心 O	$\dfrac{M}{qa}$	0.0277	0.0306	0.0301	0.0275	0.0259	0.0222	0.0200	0.0188
		$\dfrac{M}{qa}$	0.0236	0.0357	0.0452	0.0514	0.0564	0.0610	0.0623	0.0625
情况 II	固支长边中点 A	$\dfrac{M}{qa}$	−0.0600	−0.0747	−0.0788	−0.0815	−0.0833	−0.0833	−0.0833	−0.0833
		k_y	0.360	0.448	0.473	0.489	0.500	0.500	0.500	0.500
	固支短边中点 B	$\dfrac{M}{qa}$	−0.0547	−0.0569	0.0569	−0.0569	−0.0570	−0.0570	−0.0570	−0.0570
		k_x	0.328	0.341	0.341	0.341	0.342	0.342	0.342	0.342
	板中心 O	$\dfrac{M}{qa}$	0.0236	0.0215	0.0190	0.0168	0.0150	0.0133	0.0125	0.0125
		$\dfrac{M}{qa}$	0.0277	0.0347	0.0387	0.0410	0.0416	0.0417	0.0417	0.0417

附录 13 材料的摩擦系数

种类	材料及工作条件	系 数 值	
		最大	最小
滑动摩擦	（1）钢对钢（干摩擦）。	0.5～0.6	0.15
	（2）钢对铸铁（干摩擦）。	0.35	0.16
	（3）钢对木材（有水时）。	0.65	0.3
	（4）胶木滑道，胶木对不锈钢在清水中（见注1、2）。		
	压强 $q>2.5\text{kN/mm}$	0.10～0.11	
	压强 $q=2.5～2\text{kN/mm}$	0.11～0.13	0.065
	压强 $q=2～1.5\text{kN/mm}$	0.13～0.15	0.075
	压强 $q<1.5\text{kN/mm}$	0.17	0.085
	（5）钢基铜塑三层复合材料滑道及增强聚四氟乙烯板滑道对不锈钢，在清水中（见注1）。		
	压强 $q>2.5\text{kN/mm}$	0.09	0.04
	压强 $q=2.5～2\text{kN/mm}$	0.09～0.11	0.05
	压强 $q=2～1.5\text{kN/mm}$	0.11～0.13	0.05
	压强 $q=1.5～1\text{kN/mm}$	0.13～0.15	0.06
	压强 $q<1\text{kN/mm}$	0.15	0.06
滑动轴承摩擦因数	（1）钢对青铜（干摩擦）。	0.30	0.16
	（2）钢对青铜（有润滑）。	0.25	0.12
	（3）钢基铜塑复合材料对铬钢（不锈钢）	0.12～0.14	0.05
止水摩擦因数	（1）橡胶对钢。	0.70	0.35
	（2）橡胶对不锈钢。	0.50	0.20
	（3）橡塑复合止水对不锈钢	0.20	0.05
滚动摩擦因数	（1）钢对钢。	1mm	
	（2）钢对铸钢	1mm	

注　1. 工件表面粗糙度、轨道工作面应达到 $Ra=1.6\mu\text{m}$；胶木（增强聚四氟乙烯）工作面应达到 $Ra=3.2\mu\text{m}$。

　　2. 表中胶木滑道所列数值适用于事故闸门和快速闸门，用于工作门时，应根据工作条件专门研究。

参 考 文 献

［1］ 钢结构设计规范：GB 50017—2017［S］. 北京：中国计划出版社，2017.

［2］ 建筑结构荷载规范：GB 50009—2012［S］. 北京：中国建筑工业出版社，2012.

［3］ 冷弯薄壁型钢结构技术规范：GB 50018—2016［S］. 北京：中国计划出版社，2016.

［4］ 门式刚架轻型房屋钢结构技术规范：GB 51022—2015［S］. 北京：中国计划出版社，2012.

［5］ 拱形钢结构技术规程：JGJ/T 249—2011［S］. 北京：中国建筑工业出版社，2011.

［6］ 水利水电工程钢闸门设计规范：SL 74—2013［S］. 北京：中国水利水电出版社，2013.

［7］ 范崇仁. 水工钢结构［M］. 北京：中国水利水电出版社，2008.

［8］ 周绪红. 钢结构设计指导与实例精选［M］. 北京：中国建筑工业出版社，2008.

［9］ 董军. 钢结构原理与设计［M］. 北京：中国建筑工业出版社，2008.

［10］ 王燕. 钢结构设计［M］. 北京：中国建筑工业出版社，2009.

［11］ 张耀春. 钢结构设计原理［M］. 北京：高等教育出版社，2011.

［12］ 张耀春. 钢结构设计［M］. 北京：高等教育出版社，2011.

［13］ 佟国红. 钢结构［M］. 北京：中国水利水电出版社，2011.

［14］ 陈绍蕃. 钢结构［M］. 北京：中国建筑工业出版社，2013.

［15］ 陈志华. 建筑钢结构设计［M］. 天津：天津大学出版社，2004.

［16］ 杜新喜. 钢结构设计［M］. 南京：东南大学出版社，2017.

［17］ 戴国欣. 钢结构［M］. 武汉：武汉理工大学出版社，2014.

［18］ 郭彦林. 现代拱形钢结构设计原理与应用［M］. 北京：科学出版社，2013.

［19］ 刘细龙. 闸门与启闭设备［M］. 北京：中国水利水电出版社，2003.

［20］ 周学军. 门式刚架轻钢结构设计与施工［M］. 济南：山东科学技术出版社，2001.

［21］ 张其林. 轻型门式刚架计算原理和设计实例［M］. 济南：山东科学技术出版社，2004.